油气集输用双金属复合管
制造及应用关键技术

李发根　吴　泽　曾德智　李为卫　等著

石油工业出版社

内 容 提 要

本书从复杂工况油气集输管道防腐技术需求入手，以破解双金属复合管制造和应用难题为主线，系统介绍了作者团队近年来关于油气集输用双金属复合管成型数值解析、工艺参数控制、性能评价体系建立和焊接施工技术开发方面的研究成果。主要内容包括：双金属复合管应用需求及现状概述、机械复合管液压成型理论及工艺控制、冶金复合管成型工艺控制及组织性能分析、双金属复合管关键性能指标及适用性评价方法、双金属复合管道环焊缝新型焊接工艺及评定方法，以及双金属复合管制造及应用技术发展趋势。

本书可供从事双金属复合管生产制造、科学研究、现场应用人员参考使用，也可供高等院校相关专业师生参考阅读。

图书在版编目(CIP)数据

油气集输用双金属复合管制造及应用关键技术 / 李
发根等著 . —北京：石油工业出版社，2022.6
ISBN 978-7-5183-5332-3

Ⅰ. ①油… Ⅱ. ①李… Ⅲ. ①油气集输-金属复合材
料-石油管道 Ⅳ. ①TE973

中国版本图书馆 CIP 数据核字(2022)第 060970 号

出版发行：石油工业出版社
　　　　　(北京安定门外安华里 2 区 1 号楼　100011)
　　　网　　址：www.petropub.com
　　　编辑部：(010)64523687　图书营销中心：(010)64523633
经　　销：全国新华书店
印　　刷：北京晨旭印刷厂

2022 年 6 月第 1 版　2022 年 6 月第 1 次印刷
787×1092 毫米　开本：1/16　印张：19.5
字数：476 千字

定价：100.00 元

序

石油天然气是现代经济最重要的一种战略资源，被誉为工业的"血液"，其安全稳定供应对保障国家经济安全和经济社会正常运行具有重要意义。加大油气勘探开发力度，确保油气运输通道安全，是维护油气安全稳定供应的重要举措。

改革开放以来，随着经济突飞猛进地发展，油气消费量迅猛增长，目前国内前期的大多数主力油气田已逐步进入开采的中后期，油气勘探正不得不向深层和深海进军。然而，大量石油和天然气开发的同时也伴生了日益复杂苛刻的流体输送环境，高温高压及高含 $H_2S/CO_2/Cl^-$ 多相流体的腐蚀性远超现有油气集输管材用碳钢/低合金钢的耐蚀能力，管道面临的腐蚀风险不断增加，据不完全统计我国某些油气田管道年均腐蚀失效近万次。如何从根本上提升高腐蚀性油气集输管道的制造及应用水平，在兼顾经济性的前提下增强管材抗腐蚀能力，保障高腐蚀风险油气集输管网的平稳运行，从而有效地解决油气集输管道腐蚀环境日趋苛刻与管材安全和经济性要求不断攀升的矛盾，已成为油气田提质增效、绿色低碳发展的重点攻关方向之一。

本书立足于破解油气集输用双金属复合管的制造和应用技术难题，涵盖了作者团队十余年的管材成型数值解析、工艺参数控制、性能评价体系建立和焊接施工技术开发方面的研究成果。书中通过理论分析、数值模拟、室内试验和现场验证，详细阐述了油气集输用双金属复合管应用现状与发展趋势，解析了液压成型基/衬管材应力应变动态协调变形行为，创建了基于材料非线性随动强化的压力模型和计算方法，提出了复合板焊接法制冶金复合管成型工艺控制方法，构建了双金属复合管的关键性能指标及适用性评价方法，开发了双金属复合管道新型环焊缝焊接工艺及工艺评定方法。全书研究成果具有极高的创新性，大量应用于工程实际，大幅度提升了我国油气集输用双金属复合管制造和应用水平。

值此书付梓出版之际，我谨向作者表示祝贺，相信该书可以从理论和实践两方面为从事油气集输用双金属复合管的生产制造、科学研究和现场应用人员提供有益的参考。

中国工程院院士：李鹤林

2022 年 5 月

前　言

　　油气集输管线是油气田地面工程的重要组成部分，是油气田生产运行的"生命线"。近年来，随着塔里木盆地和四川盆地等高温高压高腐蚀油气田的大规模开发，油气集输管道面临的腐蚀环境日益复杂苛刻，高温高压及高含$H_2S/CO_2/Cl^-$多相流体输送环境导致管道腐蚀失效频发，油气管道腐蚀风险不断增加。管道腐蚀泄漏不但会产生巨大的经济损失，而且会因环境污染造成严重的社会影响。油气管道腐蚀泄漏失效已不仅仅是经济问题，更重要的是安全问题、环保问题和生态问题，油气集输管道腐蚀防治受到了前所未有的关注。

　　高腐蚀性油气集输管道面临许多腐蚀难题，如碳钢或低合金钢管材防腐效果不佳，耐蚀合金纯材虽然能够防腐但成本太高。双金属复合管以薄壁耐蚀合金作为内衬管与油气介质接触，以碳钢或低合金钢作为外层基管承受压力，不仅经济而且抗腐蚀，被石油天然气工业领域视作解决管道腐蚀难题的一种经济且安全的防腐技术。近年来，我国双金属复合管生产制造和应用技术上发展迅速，目前已形成了多项制造工艺并举、机械复合管和冶金复合管共存的局面。如今，双金属复合管产品在我国石油天然气工业已累计使用 3000 余千米，主要应用在关乎国计民生且腐蚀风险突出的重要工业领域，如西气东输源头供气管线、储气库调峰管网和海洋集输管道。然而，由于制造工艺和应用关键技术缺乏，双金属复合管在应用过程中暴露出产品性能不稳定和焊接施工技术不成熟等问题。双金属复合管的基管和衬层间材料性能跨度过大，基/衬材料在热载—力学—环境作用下动力学响应和冶金性能完全不同；基管和衬层相互约束，两者过盈配合但又非线性接触。材料组成和结构特性决定了双金属复合管产品开发和工业应用面临巨大技术挑战，其成型理论、制造工艺、评价手段和焊接施工技术难度远高于纯材管。

　　本书从复杂工况油气集输管道防腐技术需求入手，详细介绍了笔者团队通过十余年多学科联合攻关取得的一系列双金属复合管生产制造和应用关键技术研究成果。全书共分六章，第一章概述了我国油气集输管网用双金属复合管技术需求和应用现状，梳理了应用过程中暴露的产品质量和应用技术问题；第二章和第三章围绕双金属复合管成型理论和制造工艺难题，分别介绍了在液压法制机械复合管成型理论和复合板焊接法制冶金复合管成型工艺控制方面的研究成果；第四章主要针对双金属复合管产品质量控制和环境适用性评价技术问题，详细介绍了产品关键技术指标确立、性能评价和环境适用性评价方法构建等方面的技术成果；第五章基于双金属复合管道的环焊缝失效案例分析，介绍了端部处理工艺、环焊缝手工焊接工艺和全自动焊接工艺及工艺评定方法方面的研究成果；第六章围绕油气开发需求展望了双金属复合管制造和应用技术未来发展趋势。

本书笔者均为长期工作在石油管材研究机构、制造企业及油气田的科研工作者和技术研究人员，本书由中国石油集团工程材料研究院有限公司(原中国石油集团石油管工程技术研究院)牵头编写，参与编写单位有西安向阳航天材料股份有限公司和西南石油大学等。本书总体思路和编写提纲由李发根提出，尹成先审定，各章的编写人员顺序依次为：第一章由李发根主笔，吴泽、蔡锐、邵晓东、赵雪会、袁军涛、范磊、姜瑞景和陈庆国参与编写；第二章由曾德智主笔，李发根、喻智明、董宝军和吴泽参与编写；第三章由李发根和李为卫主笔，何小东、刘海璋、徐秀清、杨专钊、来维亚、王邃、陈子晗、毛学强和牛靖参与编写；第四章由吴泽和李发根共同主笔，李华军、魏帆、曾德智、李先明、吕乃欣、王少龙、李轩鹏、苏航和黄居峰参与编写；第五章由李发根和吴泽共同主笔，李为卫、王斌、韩燕、李磊、王小艳、王富铎、梁国栋、梁国萍、王东红、赵志勇和许小波参与编写；第六章由李发根和付安庆主笔，李为卫、吴泽、冯泉、刘琰、马卫锋、李文升、杨专钊和卢攀辉参与编写。全书由李发根统稿，李为卫和白真权审校，中国石油集团工程材料研究院有限公司赵新伟院长和西安向阳航天材料股份有限公司张燕飞总工程师审定。

本书是集体智慧的结晶，本书部分内容是在国家自然科学基金委员会青年项目"基于材料非线性随动强化的双金属复合管成型机理及其强度特性研究(51004084)"、国家自然科学基金委员会面上项目"双金属冶金复合管互扩散梯度界面微观结构特征及复杂油气开采环境损伤机制(52071338)"、陕西省重大科技创新项目"海洋用新型双金属复合管道开发(2011ZKC01-5)"、陕西省科技创新项目"新型镍基复合管道开发(2016KCT-32)"、陕西省重点研发计划项目"双金属复合管失效机制及控制技术研究(2019KJXX-091)"和中国石油集团科学研究与技术开发项目"复合管应用关键技术研究(2008A-3001)"等项目支持下完成的。本书在编写过程中得到了中国石油集团工程材料研究院有限公司"石油管材及装备材料服役行为与结构安全国家重点实验室"及西安向阳航天材料股份有限公司"陕西省金属复合管道工程技术研究中心"研究团队大力支持，油气田用户和施工单位也为本书提供了大量宝贵的第一手现场资料和统计数据。在此，一并表示衷心感谢！

由于笔者的知识范围和水平所限，书中难免存在疏漏和错误之处，敬请读者批评指正！

目　　录

第一章 双金属复合管应用需求及现状概述

第一节 油气集输管网防腐需求概述

一、油气集输管网苛刻腐蚀工况梳理

石油天然气是全球最重要的一次能源，人类社会的生存和发展高度依赖石油工业对油气产品的供应。近年来，为了满足石油天然气日益增长的需求，国内加大了油气开发力度，目前，我国已初步形成了两大油区、两大油气区和两大气区并存的局面。近10年来我国西部盆地油气储量增长速度最快，其中约90%来自埋深超过4500m的目的层。海洋油气资源的开发也取得重大进展，我国已形成四个主要海上油气产区：渤海湾、南海西部、南海东部和东海，海上油气产量正在逐年不断增长。2010年国内建成了"海上大庆油田"，其近海油气产量超过5000×10⁴t油当量，2015年我国首个水深超过千米的气田——荔湾3-1气田投产[1-3]。

在油气开发大潮席卷下，我国油气勘探逐渐向深层和深海深入。如今，我国已在塔里木盆地、四川盆地和南海莺歌盆地等建立了多个大型高温高压油气田，其中，中国石油克拉苏气田、中国石化元坝气田、中国海油东方1-1气田部分区块井下环境已达超高温高压等级。未来随着油气开采技术进步和油气勘探领域进一步深入，势必还有更多复杂苛刻油气区块陆续开发。

高温高压油气田的开发，带来了苛刻的腐蚀工况介质，表1-1给出了国内外主要复杂油气区块井下腐蚀环境对比情况，从中可以看出我国近年来开发的高温高压气井腐蚀工况环境极其恶劣，环境苛刻程度达到甚至超过国外同类区块。

表1-1 国内外主要复杂油气区块井下腐蚀环境对比情况

地区	井深，m	地层温度，℃	地层压力，MPa	CO_2含量，%	H_2S含量，ppm
新疆塔里木	6800~8098	130~200	86.9~138	0.1~15	10000~410000
四川元坝	6000~7500	130~180	60~135	7.5	130000~230000
墨西哥湾	6000~10000	240~275	70~240	6	25
北海	5000~6500	180~220	≤115	3~4	30~40
巴西近海	3000~6000	≤160	≤82	50~78	—
中东	3000~6500	≤204	≤151	3	3

注：1ppm H_2S 为 1.517mg/m³。

1. 塔里木盆地

从塔里木盆地库车山前所属各区块的工况环境来看，目前已建成气田都属于高温高压

高产类型，气井工况环境苛刻，产出流体腐蚀性强。

（1）牙哈区块目前天然气中 CO_2 含量为 0.57%~1.09%，地面管网 CO_2 分压在 0.07~0.12MPa 区间，不含 H_2S，温度为 50~70℃，个别井温度能达到 80℃，输送环境处于 CO_2 和 Cl^- 腐蚀加剧敏感区域内。采出水矿化度较高为（20~26）×10^4mg/L，Cl^- 含量高为（12~16）×10^4mg/L，水中富含 Ca^{2+} 为 5300~7200mg/L、SO_4^{2-} 为 1300~1400mg/L、HCO_3^- 为 55~74mg/L 等，pH 值在 4.5~6.5 之间。

（2）克拉 2 天然气中 CO_2 含量为 0.11%~0.74%，分压最高为 0.1MPa，H_2S 含量为 0~0.36mg。气井初始流动压力约为 54~58MPa、流动温度为 70~80℃，经节流至 12.2~12.4MPa 后，温度降为 47~48℃，输送环境位于 CO_2 腐蚀敏感温度段。从 2010 年开始，输送介质中逐渐析出气田水，最高达到 2020m³/d。气田产水属于 $CaCl_2$ 型，Cl^- 含量为 100677mg/L，HCO_3^- 含量为 200~800mg/L，pH 值位于 5.91~7.23 之间。

（3）迪那 2 区块天然气 CO_2 含量范围较宽，介于 0.07%~0.63% 之间，平均值约为 0.32%，地面部分 CO_2 分压为 0.04MPa，不含 H_2S；温度达到 23~70℃，处于 CO_2 和 Cl^- 腐蚀敏感区域内。地层水水样 pH 值为 3.91~6.68，呈酸性至弱酸性区间；输送流体密度为 1.00~1.05g/cm³，平均密度为 1.03g/cm³。流体水型为 $CaCl_2$ 型，Cl^- 含量为 4000~59000mg/L（平均 27303mg/L），总矿化度为 28330~95540mg/L（平均 64933mg/L）。

（4）大北区块内部集输天然气中 CO_2 含量为 0.13%~1.69%（平均约为 0.62%），CO_2 最大分压为 0.34MPa，不含 H_2S。单井节流后部分井温度区间为 60~65℃，集气干线输送温度为 20~50℃。地层水水型为 $CaCl_2$ 型，pH 值平均为 6.28，Cl^- 含量为 116800~125200mg/L（平均 119050mg/L），总矿化度为 192000~207900mg/L（平均 196036mg/L）。

（5）克深 2 区块天然气 CO_2 含量为 0.59%~1.04%（平均 0.766%），CO_2 最高分压为 0.19MPa，不含 H_2S。部分井温度高于 60℃，输送环境处于 CO_2 腐蚀敏感温度段。地层水水型为 $CaCl_2$ 型，Cl^- 含量为 125333mg/L，总矿化度为 216733mg/L。

（6）博孜区块天然气 CO_2 含量平均为 0.31%，不含 H_2S。单井节流后部分井温度高于 60℃，高温将使 CO_2 局部腐蚀倾向加剧。地层水水型为 $CaCl_2$ 型，Cl^- 含量最高达 110000mg/L，密度为 1.1248g/cm³。

2. 四川盆地

我国高含硫天然气资源十分丰富，累计探明高含硫天然气储量逾 10000×10^8m³，其中四川盆地占了 90% 以上的高含硫天然气资源，包括罗家寨、渡口河、铁山坡、龙岗、普光和元坝等。2007 年以来陆续成功规模开发了龙岗、普光、元坝和罗家寨等大型高含硫气田，表 1-2 列出了四川盆地主要高含硫气田（藏）的工况环境[4]。

表 1-2　四川盆地主要高含硫气田（藏）工况环境

气田	储量，10^8m³	H_2S 含量，%	CO_2 含量，%
中坝	186.3	6.7~13.3	2.9~10.0
卧龙河	408.8	5.0~7.8	1.3~1.5
渡口河	359.0	9.7~17.1	6.4~8.3

续表

气田	储量，$10^8 m^3$	H_2S 含量,%	CO_2 含量,%
铁山坡	373.9	14.3	
罗家寨	797.3	6.7~16.6	5.8~9.1
龙岗	720.3	1.2~4.5	2.4~7.1
普光	3812.6	15.2	8.6
元坝	1834.2	2.5~6.6	1.6~11.3

3. 近海油气田

对我国近海 4 个海域已开发及部分待开发油气田井下腐蚀环境进行统计，发现仅番禺 4-2/5-1 油田、流花 11-1 油田及渤海的深层油气田含 H_2S，绝大部分油气田腐蚀环境表现为低含 CO_2、不含 H_2S 的特征。如图 1-1 所示，我国近海 94% 油气田 CO_2 分压小于 2.31MPa，油层温度介于 50~150℃ 之间，处于易发生腐蚀区域，不过在南海西部还存在部分更为苛刻的油气腐蚀工况区域。总体而言，近海油气田部分区块呈现出了较为苛刻的腐蚀环境特征，对防腐新策略提出了新需求[5]。

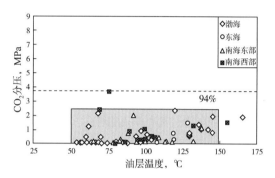

图 1-1　近海油气田井下腐蚀环境统计结果

4. 海外油气田

位于中亚地区的土库曼斯坦右岸区块为复杂碳酸盐岩酸性气田。气藏天然气 H_2S 和 CO_2 并存，分压较高，地层水矿化度和地层温度较高，为典型高温高压高含 CO_2 和 H_2S 酸性环境[6]。中国石油川庆钻探工程公司在土库曼斯坦钻探作业区域分布在阿姆河右岸 A、B 区和南约洛坦，储层酸性气体含量高，产层卡洛夫阶—牛津阶的 H_2S 含量变化较大，位于 0.0004%~6.25% 之间，而 CO_2 含量为 1.0%~6.5%，属中高含硫、中含二氧化碳酸性气藏（表 1-3）。产层区域温度高，碳酸盐岩储层埋藏深度在 2500~4000m 区域，地层温度变化在 94~129℃ 范围内，多数气田温度在 100℃ 以上[7]。

表 1-3　阿姆河右岸和南约洛坦目的层参数表

作业区域	H_2S 含量，mg/L	CO_2 含量，mg/L
阿姆河右岸 A 区	16000~350000	35000
阿姆河右岸 B 区	40~62470	—
南约洛坦	40~60000	10000~60000

二、油气集输管网腐蚀情况概述

1. 防腐设计情况

在进行管道系统防腐设计时，碳钢或低合金钢管通常是首选材料，管材制造工艺成熟、力学性能优良，规格齐全、管材造价低，在各大油气田广泛应用。然而对于高腐蚀性油气集输工况，管材不仅要面对 CO_2、H_2S 和 Cl^- 等腐蚀性介质的电化学腐蚀困扰，还要承受含硫工况下环境开裂失效损伤风险。

氢致开裂（HIC）和硫化物应力开裂（SSC）为含 H_2S 湿气的碳钢或低合金钢输送管道主要失效模式。输送气体介质中 H_2S 分压直接关系到两种开裂失效的严重程度，一般 H_2S 分压大于 0.3kPa 时就应考虑管道的环境开裂问题。

欧洲钢管公司抗 HIC 油气输送管销售量已占 30%以上，目前国外批量供应的抗 HIC 管线钢主要是 X65 钢级，抗 HIC 的 X70 级钢管也已研制成功，并在墨西哥一条管线上使用。提高管材抗 HIC 能力的措施有：（1）提高钢的纯净度，采用精料及高效铁水预处理（三脱）及复合炉外精炼；（2）提高成分和组织的均匀性，在降低硫含量的同时，进行钙处理；钢水和连铸过程的电磁搅拌；连铸过程缓慢压缩（轻压下）；多阶段控制轧制及加速冷却工艺；限制带状组织等；（3）晶粒细化，主要在微合金化和控轧工艺上下功夫；（4）尽量降低碳含量[一般碳含量≤0.06%（质量分数）]，控制 Mn 含量，加 Cu 元素[8]。

国内外典型耐酸管线钢的化学成分和力学性能分别见表1-4 和表1-5。从成分和性能上看，目前国内研发的耐酸管与国外水平相当，但批量生产时的性能稳定性还有待实践检验[9]。

表1-4 典型耐酸管线钢化学成分 单位:%（质量分数）

钢级	厂家	C	Si	Mn	P	S	其他	CE_{IIW}	CE_{pcm}
X65MS	国内×厂	0.039	0.29	1.31	0.011	0.0013	Cr、Cu、Nb、Ti、V	—	0.15
X70MS	国内×厂	0.039	0.29	1.31	0.01	0.0012	Cr、Cu、Nb、Ti、V	—	0.15
X65MS	Europipe	0.04	0.28	1.38	0.015	0.0015	Nb、V	0.33	0.13
X70MS	JFE	0.05	0.28	1.13	0.014	0.0005	Mo、Ni、Cr、Cu、Nb	—	0.14
X70MS	Europipe	0.038	0.30	1.43	0.009	0.0005	Mo、Ni、Cr、Cu、Nb、V	0.41	0.17

表1-5 典型耐酸管线钢力学性能

钢级	厂家	屈服强度 MPa	抗拉强度 MPa	屈强比	延伸率 %	CVN 吸收功 J	CVN 温度,℃	DWTT 剪切面积 %	DWTT 温度,℃	CLR %	CSR %
X65MS	国内	519	595	0.87	40	454	0	100	0	0	0
X70MS	国内	521	600	0.87	48	449	0	98	0	0	0
X65MS	Europipe	480	564	0.86	50.0	433	−10	89	0	≤5	≤0.5
X70MS	JFE	531	613	0.87	23.0	373	−10	100	0	0	—
X70MS	Europipe	521	619	0.84	54.2	452	−20	94	0	≤4	≤0.2

影响 SSC 敏感性因素主要有材料、环境和力学因素。管材化学成分对抗 SSC 的影响迄今尚无统一看法，但在碳钢或低合金钢中镍、锰、硫和磷为有害元素这一点上早已形成共识。管材强度（或硬度）也是控制 SSC 的主要指标，相同化学成分的管材，其强度（或硬度）越高，SSC 敏感性越大，通常认为碳钢或低合金钢不发生 SSC 的最大硬度为 HRC22。显微组织也直接影响着碳钢或低合金钢抗 SSC 性能，当其强度相似时，不同显微组织对 SSC 敏感性由小到大的排列顺序为：铁素体均匀分布的球状碳化物<完全淬火+回火组织<正火+回火组织<正火组织<贝氏体及马氏体组织。另外，pH 值为 3~4 时，SSC 敏感性最高，随着 pH 值增加，SSC 敏感性下降。对碳钢或低合金钢而言，室温下 SSC 最敏感，温度升高，材料的氢脆敏感性下降，存在一个不发生 SSC 的最高临界温度。影响 SSC 的力学因素包括管材承受的外应力和焊接残余应力，管材所受拉应力越大，断裂时间越短，有些对硫化氢敏感的钢材也会在低应力下发生破坏。随着承受应力增加，氢的渗透率增加，同时钢材获得阳极活化能越大，因此，裂纹的萌生和扩展速度增大。焊接会产生组织、成分、应力等一系列不均匀性，从而增加钢材的 SSC 敏感性。焊缝和热影响区由于应力分布不均会产生残余应力，成分不均和热历程不同也会形成对氢敏感的显微组织，成为脆性破坏的断裂源[10]。

GB/T 20972.2—2008《石油天然气工业 油气开采中用于含硫化氢环境的材料 第 2 部分：抗开裂碳钢、低合金钢和铸铁》[11] 和 SY/T 0599—2018《天然气地面设施抗硫化物应力开裂和抗应力腐蚀开裂的金属材料要求》[12] 分别描述了 H_2S 分压和溶液原位 pH 值协同作用下碳钢或低合金钢 SSC 严重程度的环境分区。如图 1-2 所示，当 $p_{H_2S} < 0.0003MPa$ 时，SSC 环境区域为 0 区；当 $p_{H_2S} \geq 0.0003MPa$ 时，SSC 环境区域依次分为 1 区、2 区和 3 区。酸性环境的严重程度由高到低排列为：3 区（严重酸性区）、2 区（过渡区）、1 区（中等酸性区）和 0 区（非酸性区），

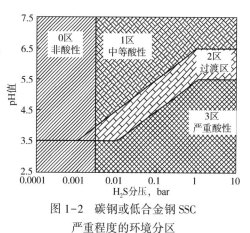

图 1-2 碳钢或低合金钢 SSC
严重程度的环境分区

具体工况环境计算方法和对应分区情况可进一步参见标准附录条款。另外，为了便于使用，GB/T 20972.2—2008[11] 和 SY/T 0599—2018[12] 还详细规定了各 SSC 区域内材料成分、硬度和热处理工艺要求，并给出了各分区环境下允许使用的耐酸管材（表 1-6）。

表 1-6 各 SSC 区域环境下允许使用的耐酸管材

材料类别	标准	牌号	环境分区	用途
碳钢	GB 3087—2008[16]	20	SSC 3 区	设备壳体、接管，采集气管道、管件等
	GB/T 6479—2013[17]	20		
	GB/T 5310—2017[18]	20G		

材料类别	标准	牌号	环境分区	用途
碳钢或低合金钢	GB/T 9711—2017[19]	酸性环境用 S 类 L245、L290、L360 钢级	SSC 3 区	设备管束、采集气管线、管件等
		酸性环境用 S 类 L415、L450 钢级	SSC 1 区，SSC 2 区，用于 SSC 3 区应进行 SSC 评定，使用者需谨慎采用	
	API Spec 5L[20]	酸性环境用 S 类 B，以及 X42 到 X52 钢级	SSC 3 区，规范水平为 PSL2	
		酸性环境用 S 类 X56 到 X65 钢级	SSC 1 区，SSC 2 区，用于 SSC 3 区应进行 SSC 评定，使用者需谨慎采用	

上述提及的耐酸管材及其影响因素，主要展示了碳钢或低合金管材在含硫化氢湿气环境中的抗环境开裂的能力。然而对于高腐蚀性油气集输工况下，碳钢或低合金钢管材除了要具备抗环境开裂能力外，还应着重考虑抗电化学腐蚀问题，因为腐蚀穿孔是该类管材主要呈现的失效形式。魏丹等[13]通过利用多相流环路实验装置给出了碳钢或低合金钢管材 CO_2 多相流冲刷腐蚀速率（图 1-3），路民旭等[14]给出了在不同 CO_2 分压、温度条件下碳钢或低合金钢管材腐蚀程度及相应分区下管材选用策略（图 1-4），Kermani B[15]等进一步给出了不同温度、H_2S/CO_2 比例和介质环境中管材腐蚀速率（图 1-5）。总体来看，由于较低的耐蚀元素含量设计，碳钢或低合金钢管材呈现的抗电化学腐蚀能力有限，很难适应前文所述高腐蚀环境应用需求。

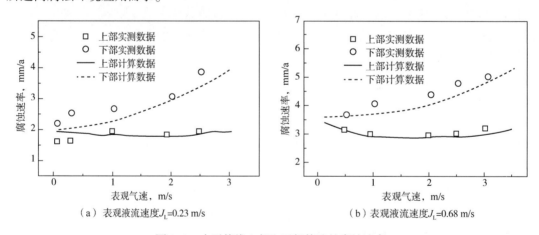

（a）表观液流速度 J_L=0.23 m/s   （b）表观液流速度 J_L=0.68 m/s

图 1-3　水平管线上部和下部管壁的腐蚀速率

对于输送环境腐蚀性的界定，GB/T 23258—2020《钢制管道内腐蚀控制规范》[21]对环境腐蚀性评价有明确规定（表 1-7），实际应用中应以管材均匀腐蚀和点蚀中两项最严重的结果确定等级。SY/T 5329—2012《碎屑岩油藏注水水质推荐指标及分析方法》[22]和 SY/T 0611—2008《高含硫化氢气田集输管道系统内腐蚀控制要求》[23]进一步提出了腐蚀速率应控制在 0.076mm/a 以下的具体指标，油气田防腐设计一般也以此指标控制腐蚀，高于此

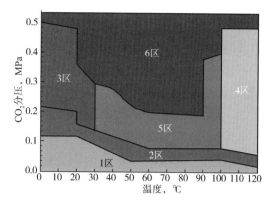

图 1-4　碳钢或低合金钢管材腐蚀程度及选用策略

1 区—腐蚀轻微，可选用碳钢材质；2 区—以均匀腐蚀为主，要考虑流速、含水率等参数；

3 区—局部腐蚀倾向很小，能否选用碳钢或低合金钢取决于平均腐蚀速率；

4 区—腐蚀膜的保护性强，但可能发生局部腐蚀，应进行模拟试验；

5 区—腐蚀比较严重，可能出现局部腐蚀，应进行模拟试验；

6 区—腐蚀严重，可能出现局部腐蚀，如采用碳钢风险较高

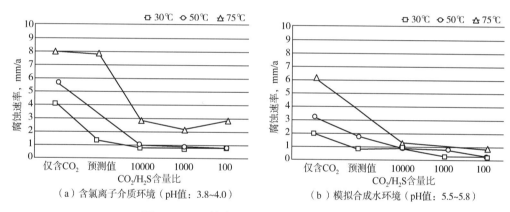

（a）含氯离子介质环境（pH值：3.8~4.0）　　　（b）模拟合成水环境（pH值：5.5~5.8）

图 1-5　X65 管线钢在不同环境中的腐蚀速率

值通常要采取适当防护措施。当然，在具体选材时，腐蚀速率属于哪一级别并不是选材考虑的唯一因素，也不能因为实验测得某材料的腐蚀速率大于 0.076mm/a 或者 0.13mm/a，就排除对该材料的选择，实际防腐选材中还需结合设计寿命、材料性能和腐蚀控制措施综合考量。考虑到碳钢或低合金钢管材在高腐蚀性工况下会呈现极高的腐蚀速率，仅通过提高腐蚀裕量可能难以满足设计需求，具体选材还要结合管道设计寿命和经济评估情况后方可做出最终决策。

表 1-7　管道内腐蚀性评价指标

腐蚀级别	均匀腐蚀速率，mm/a	点蚀速率，mm/a
低	<0.025	<0.13
中	0.025~0.12	0.13~0.20
较重	0.13~0.25	0.21~0.38
严重	>0.25	>0.38

2. 典型腐蚀失效案例

在油气田应用过程中，防腐工程师们发现碳钢或低合金钢管材难以有效地应对高腐蚀环境集输要求，油气集输管材腐蚀严重。据统计，2017 年底中国石油下属典型油气田管道失效率高达 300 次/(10^3km·a)，其中腐蚀失效统计数量占比高达 89.24%（图 1-6）。

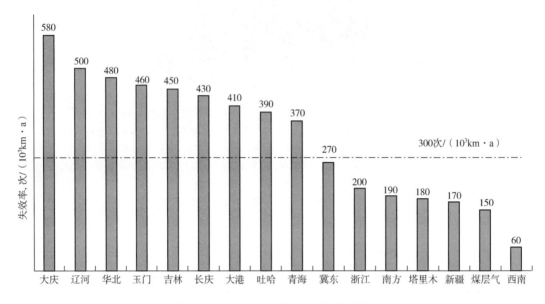

图 1-6　典型油气田管道失效率统计图

下面以塔里木油田早期集输管网腐蚀失效统计数据为例，集中展现碳钢或低合金钢管材在高腐蚀性油气集输工况下严重的腐蚀问题。

（1）牙哈凝析气田地面集输系统初期采用 16Mn 材质，投产一年后采油树及站外集气管线陆续出现腐蚀刺漏失效。两年间管线累计腐蚀失效 170 次，这其中还发生了爆管 5 次，管材典型失效形貌如图 1-7 至图 1-8 所示。

图 1-7　井场内爆管形貌　　　　　　图 1-8　单井切断阀后管线爆裂形貌

（2）迪那 2 集气站和集气干线早期使用碳钢管材，投产 3 个月后集气站、处理厂原料气系统等用碳钢材质管线连续腐蚀穿孔，集气干线发生三通爆管，最严重一次造成某集气站以西全部关井，管材典型冲蚀形貌如图 1-9 至图 1-10 所示。

（3）克拉二期工程 6 口单井最初采用了 L360 管材，一年后检验发现管线存在不同程度冲蚀减薄现象，壁厚测量结果见表 1-8。

图 1-9　单井三通冲蚀情况形貌

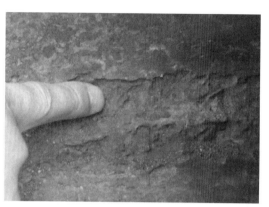

图 1-10　单井三通下游 10m 管道冲蚀形貌

表 1-8　单井管线壁厚检验结果

序号	井号	管道规格，材质		设计厚度，mm	实测最大厚度，mm	实测最小厚度，mm
1	KL2-10	直管	ϕ219mm×11mm，L360	11	12.5	5.9
		弯头	ϕ219mm×12.5mm，L360	12.5	12.5	11.5
2	KL2-11	直管	ϕ219mm×11mm，L360	11	12.7	11.7
		弯头	ϕ219mm×12.5mm，L360	12.5	12.0	10.7
3	KL2-12	直管	ϕ219mm×11mm，L360	11	13.0	6.0
		弯头	ϕ219mm×12.5mm，L360	12.5	12.4	11.3
4	KL2-13	直管	ϕ219mm×11mm，L360	11	11.0	7.0
		弯头	ϕ219mm×12.5mm，L360	12.5	12.5	8.5
5	KL2-14	直管	ϕ219mm×11mm，L360	11	18.5/13.0	15.8/11.5
		弯头	ϕ219mm×12.5mm，L360	12.5	12.5	11.5

第二节　传统防腐措施适用区间及存在问题

面对油气集输管网严重的腐蚀失效问题，防腐工作者开展了多方面技术攻关，已经形成多种途径用于管材防护和降低介质腐蚀性，具体可以归结为以下四类[24]：

（1）提高材料自身的抗腐蚀能力——选用耐腐蚀材料和材料表面工程。

（2）减弱介质的腐蚀性——加注缓蚀剂。

（3）电化学保护——由于金属材料在 H_2S/CO_2 环境中的腐蚀是一种电化学腐蚀，腐蚀速率与金属材料在该环境中的电化学特性有密切的关系，可以通过施加一定的电流密度或电位，即采用电化学阴极或阳极保护来抑制或减轻腐蚀。

（4）改善服役条件——如脱水、降低工作压力等。

对于石油管材而言，后两类措施有一定局限性，对于严酷腐蚀环境，往往仅用作辅助措施。比如湿气脱水设备复杂、成本高，目前该方法主要应用在大型集输干线上。在生产井口及小型输气支线，运行脱水干燥设备极不经济，而且脱水干气也不是绝对干燥，遇冷时仍会在管壁上产生少量凝析水，形成顶部腐蚀隐患。

目前，提高材料自身的抗腐蚀能力和减弱介质的腐蚀性是油气田常用防腐措施，下文将重点分析碳钢或低合金钢管材自身的抗腐蚀能力，阐述各类经济型耐蚀管材、不锈钢管材、铁镍基/镍基合金管材、非金属管材的适用性和使用局限性，梳理防腐涂层及加注缓蚀剂等防腐措施使用情况及存在问题，指出新型防腐措施攻关方向。

一、耐腐蚀材料的选用

1. 经济型耐蚀管材

为了提高管道抗 CO_2 腐蚀能力，目前国内外开始尝试通过调节 Cr 含量和成形工艺来开发经济型低 Cr 钢材。其作用机理在于形成富 Cr 保护性腐蚀产物膜以降低 CO_2 均匀腐蚀速率和抑制局部腐蚀的发生。

在 CO_2+Cl^- 腐蚀环境中，X65 钢表面腐蚀产物膜由 $FeCO_3$ 晶体堆垛组成，晶粒堆垛间隙较大，难以阻止溶液中腐蚀介质通过腐蚀产物膜到达基体表面，进而与基体接触发生腐蚀反应，且介质中 Cl^- 等阴离子到达基体表面后，还会促进点蚀的形核与发展，导致严重的局部腐蚀。而 3Cr 钢表面会形成富 Cr 腐蚀产物膜，无晶体堆垛特征，腐蚀产物膜结构较致密。腐蚀介质不能轻易通过 3Cr 钢腐蚀产物膜到达基体表面，对基体可起到有效的保护作用，不仅能够降低平均腐蚀速率，而且可以有效避免局部腐蚀的发生。

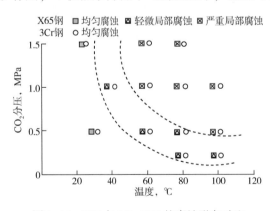

图 1-11　X65 与 3Cr-X65 的腐蚀形态对比

胡丽华[25]等给出了不同工况环境下 X65 与 3Cr-X65 的腐蚀形态对比情况（图 1-11），文献[26]进一步给出了 3Cr 管材的适用区间（图 1-12）。一般来说，3Cr 钢耐蚀性能要稍优于 X65，在耐局部腐蚀方面表现会更为明显一些，不过 3Cr 钢总体呈现的耐蚀性能依旧有限。笔者注意到很多腐蚀工况下 3Cr 钢也可能不一定比碳钢或低合金钢耐蚀性能更好，使用中必须要做好环境适用性的评价，多数条件下 3Cr 管材使用需要搭配防腐措施。究其原因，主要是由于 3Cr 材料 Cr 元素含量不足，管材表面 Cr_2O_3 膜有限，难以有效覆盖整个管材表面，而且一旦 Cr_2O_3 膜破坏，依靠仅有的 Cr 元素含量修复起来相对困难，一般来说只有当合金表面 Cr 含量超过 12% 时，合金表面才能真正形成自修复能力较强的 Cr_2O_3 膜。因此,考虑到面对的是高温高压苛刻腐蚀环境,3Cr 管材将难以抵抗高腐蚀损伤,经济型耐蚀材料不适宜作为该类环境中直接应用的防腐管材。

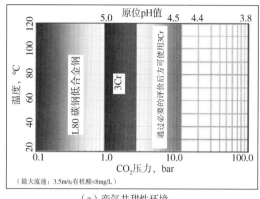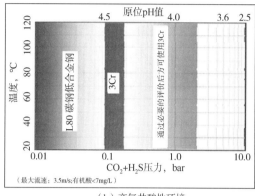

（a）产气井甜性环境　　　　　　　　　　（b）产气井酸性环境

图 1-12　3Cr 管材适用区间

2. 耐蚀合金纯材管

前面已经阐述了 3Cr 管材由于耐蚀合金元素含量有限,无法应对高腐蚀环境,当再进一步提升耐蚀合金元素含量后,很自然想到了不锈钢等耐蚀合金材料。目前常用于集输管道的耐蚀合金种类繁多,主要材料包括:316L 奥氏体不锈钢、2205 双相不锈钢、N08825 铁镍基合金和 N06625 镍基合金。

316L 奥氏体不锈钢具有较强的耐腐蚀性、良好的机械性能和焊接性能。一般来说,在 CO_2+Cl^- 工况环境中 316L 不锈钢总体适用性较好,其耐蚀性能够满足大部分气田集输工况使用要求,但其对温度和氯离子比较敏感,温度和氯离子越高管材发生腐蚀风险越大。316L 不锈钢还易发生硫化物应力腐蚀开裂,在湿 H_2S 环境中应用范围需要被严格限制。

2205 双相不锈钢主要由奥氏体和铁素体两相组成,具有良好的机械性能和耐腐蚀性。在 CO_2+Cl^- 工况环境中,2205 双相不锈钢具有比 316L 不锈钢更为优良的耐点蚀及应力腐蚀开裂能力,适用范围涵盖绝大部分含 CO_2 和 Cl^- 气田集输工况。不过 2205 双相不锈钢比较容易发生硫化物应力腐蚀开裂,而且比 316L 不锈钢材料更易受到低 pH 值和高 H_2S 分压影响,失效通常表现为相间氢致开裂和穿晶腐蚀,使用中应做好环境适用性评价。

对于 316L 奥氏体不锈钢和 2205 双相不锈钢在油气集输环境的应用,文献[27]给出了两种材料在 CO_2+Cl^- 环境下的使用范围(图 1-13、图 1-14),在该范围内材料失重腐蚀速率低于 0.05mm/a 且没有应力腐蚀开裂问题。考虑到上述图谱没有给出 pH 值的影响,而 pH 值同样是重要环境影响因素,于是李科等[28]进一步提出了 316L 奥氏体不锈钢在典型气田环境条件下的应用边界条件,图 1-15 具体展示了 CO_2 分压为 0.5MPa 而 pH 值分别为 4.5 和 3.5 时管材的适用区间。

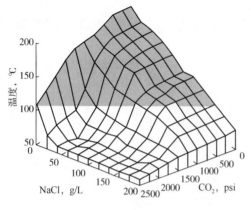

图 1-13　316L 奥氏体不锈钢适用范围

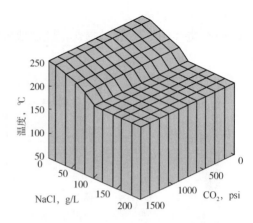

图 1-14　2205 双相不锈钢适用范围

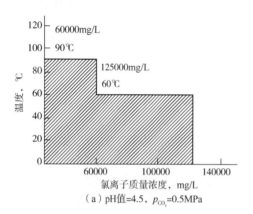

（a）pH值=4.5，p_{CO_2}=0.5MPa

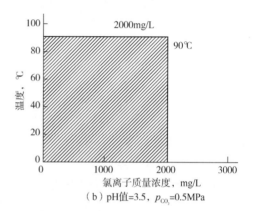

（b）pH值=3.5，p_{CO_2}=0.5MPa

图 1-15　含 CO_2 气田用 316L 不锈钢应用边界条件

　　对于面向 $H_2S+CO_2+Cl^-$ 腐蚀环境的应用，表 1-9 给出了 316L 奥氏体不锈钢及 2205 双相不锈钢等典型耐蚀合金选择指南[29]，ISO 15156 标准做了详细的酸性环境要求限制（表1-10、表 1-11），图 1-16 又进一步明确了 2205 双相不锈钢在 H_2S+Cl^- 环境中的 SCC 敏感性。316L 奥氏体不锈钢和 2205 双相不锈钢两者在含 $H_2S+CO_2+Cl^-$ 环境中应用范围都较窄，限制条件比较多，具体应用中应做好环境适用性评价，避免盲目应用。

表 1-9　普通耐蚀合金[1,2]在 H_2S 环境中的应用指南

合金		最大氯化物浓度，%	最小允许 pH 值	最高温度，℃[3]	最大 H_2S 分压，bar
奥氏体 不锈钢	316	1	3.5	120	0.1
		5	3.5	120	0.01
		5	3.5	120	0.1
	6Mo	5	3.5	150	1.0
		5	5	150	2.0

续表

合金		最大氯化物浓度,%	最小允许 pH 值	最高温度,℃③	最大 H₂S 分压,bar
双相不锈钢	2205	3	3.5	150	0.02
		1	3.5	150	0.1
	2507	5	3.5	150	0.1
		5	4.5	150	0.4

① 极限使用条件是针对无氧环境的。

② 若列出的某项参数超出所规定的极限使用条件范围,则需按 ISO 15156-3 规定的测试条件,对其使用条件进行评估。

③ 温度极限使用条件可根据特定的现场应用数据和前期的使用经验进行上调,也可以要求进行测试。

表 1-10 316L 奥氏体不锈钢在酸性工况中应用环境限制

材料	最高温度 ℃	最大 H₂S 分压 MPa	最大氯化物浓度 mg/L	pH 值	是否抗元素硫
奥氏体不锈钢	60	0.1	①	①	否
	②	②	50	②	否
S31600	93	0.01	5000	≥5.0	否
S31603	149	0.01	1000	≥4.0	否

① 开采环境中的氯化物浓度和原位 pH 值的组合均可接受。

② 对于温度、H₂S 分压或原位 pH 值单个参数没有限制,但是参数组合不被接受。

表 1-11 2205 双相不锈钢在酸性工况中应用环境限制

材料	最高温度,℃	最大 H₂S 分压,MPa	最大氯化物浓度,mg/L	pH 值	是否抗元素硫
30≤F_{PREN}①≤40 Mo 含量≥1.5%	232	0.01	②	②	没有提交确定这些材料是否可用于有元素硫环境的资料
40<F_{PREN}①≤45	232	0.02	②	②	
30≤F_{PREN}①≤40 Mo 含量≥1.5%	③	③	50	③	
40<F_{PREN}①≤45	③	③	50	③	

① 用来反映和预示 CRA 抗点蚀能力,依据合金化学成分中 Cr、Mo、W 和 N 的配比来定。

② 开采环境中的氯化物浓度和原位 pH 值的组合均可接受。

③ 对于温度、H₂S 分压或原位 pH 值单个参数没有限制,但是这些参数的某些组合不被接受。

Ding[30-31]等进一步开展了环境适用性评价试验,评价结果也间接验证了 316L 奥氏体不锈钢和 2205 双相不锈钢材质在 H₂S+CO₂+Cl⁻ 环境中使用区间较窄。图 1-17 为两种材料

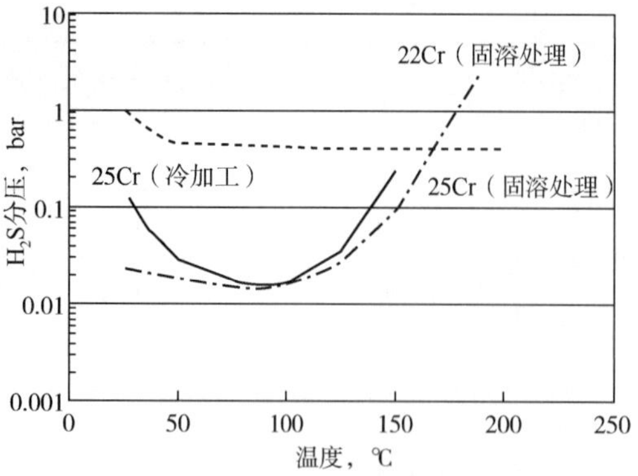

图 1-16　在 Cl^-+H_2S 环境中 2205 双相不锈钢 SCC 敏感性区间

在 60℃含 150000mg/L 氯离子的 H_2S+CO_2 溶液中电化学腐蚀试验结果（H_2S 和 CO_2 分压详见表 1-12）。H_2S 和 CO_2 总压为 500kPa 时两种材料平均腐蚀速率较低，都有较好的耐蚀性能；当 H_2S 和 CO_2 总压进一步提高到 1000kPa 和 1500kPa 时管材出现了不同程度点蚀痕迹，平均腐蚀速率也会明显提升。其中，在 1000kPa 时 316L 奥氏体不锈钢点蚀现象更为明显，平均腐蚀速率已经为 2205 双相不锈钢 2.4 倍；而到 1500kPa 时 2205 双相不锈钢又出现了大量点蚀痕迹，平均腐蚀速率开始反超 316L 奥氏体不锈钢并达到其 1.3 倍。另外，SCC 评价结果显示两种材料在表 1-12 腐蚀环境中都出现了开裂，不具备抗环境腐蚀开裂的能力。

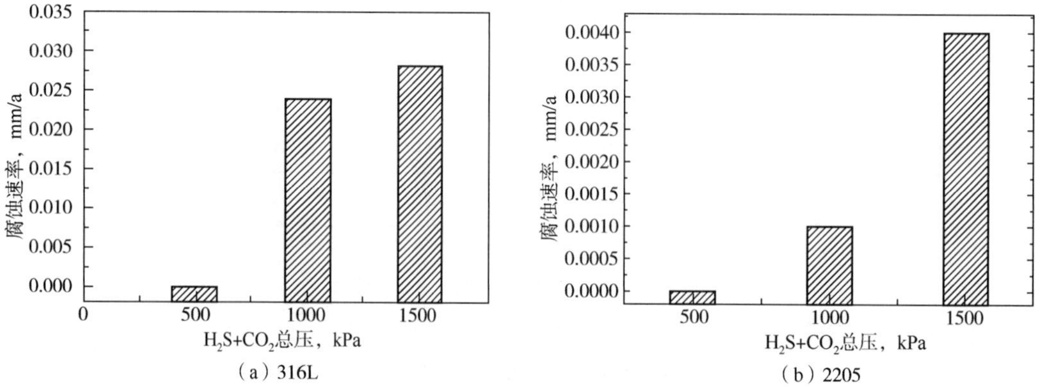

图 1-17　不同 H_2S+CO_2 总压下的腐蚀速率

表 1-12　不同 H_2S+CO_2 总压下的 SCC 试验结果

H_2S+CO_2 总压	2205 双相不锈钢	316L 奥氏体不锈钢
300kPa H_2S+200kPa CO_2	开裂	开裂
600kPa H_2S+400kPa CO_2	开裂	开裂
900kPa H_2S+600kPa CO_2	开裂	开裂

当油气集输环境进一步苛刻，316L 和 2205 两类不锈钢材料无法使用，在采气、集输系统的一些关键部位需要采用铁镍基合金/镍基合金管材。在石油天然气开采过程中，通常使用的铁镍基合金/镍基合金材料为 N08825 和 N06625 等。

N08825 铁镍基合金是稳定化处理的全奥氏体镍铁铬合金，具有耐各种形式腐蚀破坏的能力，同时还有很好的力学和加工性能。但 N08825 铁镍基合金熔点较低，导热系数较碳素钢低得多，焊接工艺要求高、难度大。N06625 镍铬合金由于其高强度、优异的可加工性(包括焊接)以及出色的抗蚀性能而得到广泛应用,主要适用于含 CO_2 或 H_2S/CO_2 共存工况。高合金化的 N06625 合金能够承受很宽范围的强腐蚀环境;在大气、淡水、海水、中性盐类以及碱性介质等中等环境中几乎不会发生腐蚀;在更强的腐蚀环境中,大量耐蚀元素的存在也提供了很好的材料耐蚀性能,其中元素 Ni 和 Cr 的组合对氧化性介质有抗蚀性,Ni 和 Mo 的组合提供了在非氧化性介质环境的抗腐蚀能力,高 Mo 元素含量使该合金具有很好的抗点蚀和缝隙腐蚀能力,而 Nb 元素作用是促进合金在焊接过程中稳定性且不被敏化进而提高材料抗沿晶开裂的能力,同样高 Ni 含量保证了不会出现氯离子应力腐蚀开裂。

ISO 15156 标准给出了 N08825 和 N06625 酸性工况中应用环境限制(表 1-13),文献[27]进一步给出了两种材料在 H_2S/CO_2 环境下使用门槛值,在如图 1-18 所示的范围内 N08825 和 N06625 材料不会发生 SSC/SCC,且腐蚀速率低于 0.05mm/a。

表 1-13　N08825 和 N06625 在酸性工况中应用环境限制

材质	最高温度,℃	最大 H_2S 分压,MPa	氯化物浓度最大值,mg/L	pH 值	是否抗元素硫
N08825	132	见注	见注	见注	是
N06625	149	见注	见注	见注	是

注:开采环境中温度、硫化氢、氯化物浓度和原位 pH 值的任何组合都是可以接受的。

（a）N08825　　　　　　　　　　　　　　　（b）N06625

图 1-18　N08825 铁镍基合金和 N06625 镍基合金适用范围

当然,对于耐蚀合金纯材管应用也应严格执行使用环境限制,一旦选用不当耐蚀合金管材腐蚀失效的案例也不在少数[32-36]。管材除了有使用范围局限外,环焊缝焊接和经济性选用问题也是其规模应用的制约问题。

(1)环焊缝焊接问题。

奥氏体不锈钢材料热敏感性较强,在 450~850℃ 温度区内停留时间过长,焊缝及热影响区耐腐蚀性能严重下降,而且一旦保护不良,会高温氧化严重,管材容易发生晶间腐蚀和应力腐蚀等腐蚀问题。奥氏体不锈钢在焊接时容易发生热裂纹、脆化倾向严重,此外,因导热系数低而膨胀系数大,焊接残余应力和变形较大。

双相不锈钢两相比例不仅与其成分相关，而且与加热历程也有关。在焊接热循环作用下相比例会发生明显的变化，当加热温度足够高时，就会发生相 $\gamma-\alpha$ 转变。如果冷却过程中来不及重新析出，可使铁素体增多、奥氏体减少，甚至可能完全变成铁素体组织，进而失去双相组织所独有的特性，使焊接接头的力学性能和耐蚀性能下降。另外双相不锈钢中由于有较大比例铁素体存在，而铁素体组织所固有的脆化倾向，如 475℃ 脆性、σ 相析出和晶粒粗化问题依然存在，对无 Ni 或低 Ni 双相不锈钢焊接时，在热影响区会存在单相铁素体和晶粒粗化的倾向。

铁镍基合金 N08825 材料具有更高的 Ni 含量，因此更易产生 NiS 低熔点共晶。同时，材料导热性差，容易出现过热，进而造成晶粒粗大、焊缝金属所处液—固的时间加长，更易产生热裂纹。另外材料表面存在难熔的氧化膜，焊前若不能去除，会导致熔池流动性较差，易产生气孔。同时焊接 N08825 合金时，由于熔池流动性差熔池凝固时产生的氢来不及逸出，还容易形成气孔。

（2）经济性选用问题。

对于含 H_2S、CO_2 和 Cl^- 腐蚀性介质的集输管线，在开展防腐选材选择时，虽然选择耐蚀性能越好的合金，管材安全性能越高，但相应的投入成本也会大幅度提高。因此，在进行耐蚀合金材质选择时，应遵循如下原则：一是要与集输管道所含腐蚀介质的腐蚀程度相匹配；二是要符合集输管道的设计使用年限要求。

在符合第一项要求的前提下，对所有符合条件的耐蚀合金管材进行分类、比较，结合不同材质管材的成本情况（图 1-19、图 1-20）[29]，从经济效益方面出发，最终确定一种既经济又实用的耐蚀合金集输管材。

3. 非金属管材

由于具有耐腐蚀、无需内外防腐、内壁光滑、抗结垢结蜡、流体阻力小、抗磨和抗冲刷、电绝缘、重量轻、便于运输和施工及后期维护费用低等一系列优点，非金属与复合材料管材成为油气田集输管网防腐的重要解决方案之一，现已广泛应用于采油、采气、集输、注水等工程。下面将结合实际应用情况，从产品制造工艺、产品使用范围和产品应用问题三个方面着重梳理非金属管材在油气集输环境中的适用性和存在问题[35-36]。

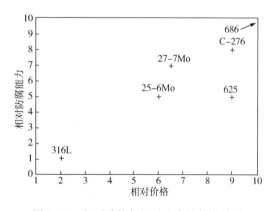

图 1-19　相对价格与相对防腐蚀能力关系

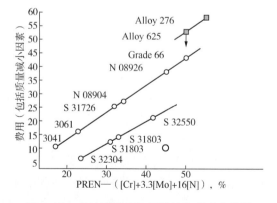

图 1-20　点蚀当量指数与耐蚀合金成本关系

1）产品制造工艺

国内外油气田常用非金属管可以分为塑料管、增强塑料管和内衬管三大类，其中地面集输系统中应用材料主要是增强塑料管。根据基体材料不同，增强塑料管可分为增强热固性塑料管和增强热塑性塑料管。其中增强热固性塑料管主要包括玻璃钢管和塑料合金复合管（即以塑料合金为内衬的玻璃钢管），增强热塑性塑料管主要包括钢骨架增强聚乙烯复合管和增强热塑性塑料连续管（也称连续管、RTP 管、柔性复合管）。不同类型非金属管材的制造工艺及主要原材料也存在较大差异，详见表 1-14。

表 1-14　油气田常用非金属管材对比

名称	类型	制造工艺	制造标准
高压玻璃纤维管线管	增强热固性非金属管	采用无碱增强纤维为增强材料、环氧树脂和固化剂为基质，经过连续缠绕成型、固化而成	SY/T 6267—2018[37]（API 15HR：2005，IDT）
钢骨架聚乙烯复合管	增强热塑性非金属管	以钢骨架为增强体，以热塑性塑料为连续基材，采用一次成型、连续生产工艺，将金属和塑料两种材料复合在一起成型	SY/T 6662.1—2012[38] HG/T 3690—2012[39] CJ/T 123—2016[40]
增强热塑性塑料复合管	增强热塑性非金属管	以内管（热塑性塑料管）为基体，通过正反交错缠绕芳纶纤维增强带增强，再挤出覆盖热塑性塑料外保护层复合而成	SY/T 6794—2018[41]（API 15S：2006，IDT）
柔性复合高压输送管	增强热塑性内衬管	以内管（热塑性塑料管）为基体，通过缠绕聚酯纤维或钢丝等材料增强，并外加热塑性材料保护层复合而成	SY/T 6662.2—2020[42]
塑料合金复合管	增强热固性内衬非金属管	以内管（聚乙烯、增强聚乙烯塑料或多种塑料合金）为基体，外管采用无碱增强纤维和环氧树脂连续缠绕成型	HG/T 4087—2009[43]
钢骨架增强热塑性树脂	复合连续管增强热塑性内衬非金属管	由介质传输层（热塑性塑料）、增强层（钢带或钢丝）、黏结层、保温层和防护层复合而成	SY/T 6662.4—2014[44]

2）产品使用范围

从油气田生产条件和管道性能来看，非金属管道可用于油气田地面工程的油气集输、输油、供水和注水（注醇）等系统介质的输送。不同类型的非金属管道具有特定的性能特点，适用范围和使用条件也不同。根据管材特点、输送介质要求及油气田应用经验，确定了玻璃钢管、钢骨架聚乙烯复合管等非金属管道推荐适用条件和范围，详见表 1-15 至表 1-20，其中温度修正系数见表 1-21。

表 1-15　玻璃钢管推荐适用条件和范围

应用范围	公称直径，mm	允许使用压力，MPa	允许使用温度，℃
集油	40~200	5.5	65（酸酐固化）85（芳胺固化）
输油（单向）	100~200	10.0	65（酸酐固化）85（芳胺固化）

应用范围	公称直径，mm	允许使用压力，MPa	允许使用温度，℃
供水	40~200	10.0	常温（酸酐固化）
注水、注聚合物	40~100	25.0	常温（酸酐固化）
	150	16.0	
	200	14.0	
注聚合物、碱、表面活性剂	40~50	22.0	常温（芳胺固化）
	65~80	20.0	
	100、150	14.0	
	200	8.5	

表 1-16　钢骨架聚乙烯复合管推荐适用条件和范围

应用范围	公称直径，mm	允许使用压力，MPa	允许使用温度，℃
低压集气	50、65、80	2.5	70
低压集气、供水	100、125、150	2.5	
	200	2.0	
供水	250	1.6	
	300~500	1.0	

注：使用温度在 $0<T \leqslant 20℃$ 时，可按公称压力选取；使用温度在 $20<T \leqslant 70℃$ 时，根据表 1-21 对管道最高工作压力进行修正。

表 1-17　（芳纶）增强热塑性塑料复合管推荐适用条件和范围

应用范围	公称直径，mm	允许使用压力，MPa	允许使用温度，℃
输油	65	10.0	70
	100	6.8	
	150	4.3	
输气	65	9.6	
	100	6.0	
	150	3.8	

注：使用温度在 $0<T \leqslant 20℃$ 时，可按公称压力选取；使用温度在 $20<T \leqslant 70℃$ 时，根据表 1-21 对管道最高工作压力进行修正。

表 1-18　柔性高压复合管推荐适用条件和范围

应用范围	公称直径，mm	允许使用压力，MPa	允许使用温度，℃
低压集气	40、50、65、80、100	2.5	70
注水	40、50、65、80、100	25.0	常温
		16.0	常温
注醇	15、25	32.0	常温
	40、50	25.0	常温

注：低压集气系统中，使用温度在 $0<T \leqslant 20℃$ 时，可按公称压力选取；使用温度在 $20<T \leqslant 70℃$ 时，根据表 1-21 对管道最高工作压力进行修正。

表 1-19　塑料合金复合管推荐适用条件和范围

应用范围	公称直径，mm	允许使用压力，MPa	允许使用温度，℃
集油	40~80	6	65
供水	40~200	10	常温
注水	40~100	25	常温
	125~200	16	常温

表 1-20　钢骨架增强热塑性树脂复合连续管推荐适用条件和范围

应用范围	公称直径，mm	允许使用压力，MPa	允许使用温度，℃
集油	40、50、65、80、100	5.5	70
注水、注聚合物	40、65	25.0	常温
	80、100	16.0	
	150	7.0	

注：集油系统中，使用温度在0<T≤20℃时，可按公称压力选取；使用温度在20<T≤70℃时，根据表1-21对管道最高工作压力进行修正。

表 1-21　钢骨架聚乙烯复合管不同温度下公称压力修正系数

温度 T,℃	修正系数	温度 T,℃	修正系数
0<T≤20	1.00	40<T≤50	0.86
20<T≤30	0.95	50<T≤60	0.81
30<T≤40	0.90	60<T≤70	0.70

3）产品应用问题

非金属管材种类多，产品质量及性能影响因素复杂，设计及施工人员对非金属管材认识不充分，其在应用中存在着质量差别大、检测手段及设计方法不完善、施工不规范等问题，影响了非金属管材更加广泛地推广应用。具体来看，非金属管在油气田应用中有以下主要问题。

（1）产品自身的局限性，主要体现在三个方面，既有产品应用局限性也有技术方面的局限性。①非金属管耐温性比金属差，大部分管材使用温度在90℃以下，使用温度存在局限性。塑料合金复合管、钢骨架复合管和增强热塑性连续管通常最高使用温度不超过70℃，部分玻璃钢产品虽然使用温度可达120℃，但其价格比普通玻璃钢管高出近一倍，而且在一些高温输送领域仍然不能满足要求。②由于连接部位结构不连续性以及接头施工特殊要求，非金属管之间、非金属管与金属管之间在一定温度和压力作用下可能会发生变形不协调，从而造成连接接头处失效，该失效形式已成为目前非金属管最主要失效形式之一。③非金属管材修复手段比较特殊，维修专业性较强，需要专业队伍进行维修和维护，由于非金属管材种类繁多，目前还没有统一的维修方法可以解决各种类型管材修复问题。此外，由于非金属管材结构特殊性，多数管材维修时需要停产，无法实现在线修复。

（2）非金属管应用过程尚不规范，主要体现在两个方面，不仅涉及设计选材不规范，而且还包括施工过程中出现的各种问题。①设计和选材：目前还没有完善的非金属管材设计和选材标准，设计部门通常根据经验进行初始设计和选材。但是，由于非金属管的种类比较多，相互间性能差异比较大，拥有非金属管材相关专业知识的设计人员极度缺乏，这就造成了管材选用具有很大的盲目性和片面性。②施工过程：非金属管材施工对管线运行质量具有重要影响。然而，通过在油气田现场跟踪发现，施工过程各个环节均存在不规范现状，如施工队伍对施工产品特点和标准不熟悉，忽略了对施工关键点的控制；施工队伍责任心不强，不能严格依据操作规范进行精确施工；施工前产品质量检测过程不完善，检测项目不完整，现场产品与质检产品存在不一致现象。以上施工过程存在众多薄弱环节严重影响了管道安全运行。

二、内涂层和 HDPE 内衬应用

1. 内涂层涂敷[45-49]

为了防止油气集输管道内腐蚀性介质对金属管道的腐蚀，提高流体介质的输送效率，常常进行管道的内涂层涂敷。管道内涂层不但可将腐蚀性介质和管壁金属隔离开来，保护金属不受腐蚀，还改善了金属内表面的光洁度，减少了输送的摩阻损失，提高了输送效率。基于以上原因，内涂层防腐及减阻在油气生产中获得了广泛的应用。

环氧树脂涂料是目前在集输管道内防腐应用最广泛的一种涂料，它属于有机类涂层。有机涂层是由有机涂料固化形成，具有良好的黏结力、抗渗透性、耐磨性、耐压性、耐热性、耐化学稳定性和耐腐蚀性等。因为价格低廉、涂敷工艺简单、涂敷效率较高并容易实现自动化等优点，有机涂层应用极其广泛，但是却特别容易发生老化并剥落，失去对金属基体的保护作用。

涂层除了应具备很好的防腐性能外，还要求与金属基体能够紧密结合，在一定的外力和变形机制下，仍能保持涂层完好；涂层还要有优良的抗渗性能，能够长期服役于腐蚀性介质浸泡和冲刷环境中。有机涂层的防腐蚀性能是通过涂层对腐蚀性组分的屏蔽，防止其与金属表面接触（屏蔽机理），或对金属表面发生的腐蚀反应进行干扰破坏（电化学保护机理）来实现防止金属发生腐蚀的目的。

就涂层本身而言，涂层涂料中基料的耐蚀性能、颜料的耐蚀性和挥发性以及涂层是否有大量的针孔等缺陷决定了涂层的寿命；涂层对腐蚀性组分的渗透性和涂层抗湿附着力的能力很大程度上决定了涂层屏蔽性能。附着力实质是一种界面作用力，有机涂层的附着力主要包括两个方面：首先是有机涂层与基体金属表面的黏附力，其次是有机涂层本身的凝聚力。湿附着力是指在有水存在条件下的附着力，与涂层吸水性有很大关系，渗入到金属/涂层界面间的水能破坏涂层与金属表面化学键结合，使涂层附着力降低。研究表明，涂层抗水渗透能力是决定涂层附着力消失速度的主要因素。图 1-21 依次为纳米涂层、风送挤涂涂层、无溶剂环氧涂层在模拟工况试验后的宏观形貌，从试验结果来看三种涂层局部起泡发生失效，进一步说明涂层仅能在有限环境中展现防腐性能，使用中要做好环境适用性评价。

就施工质量角度考虑，内涂层管道预制时基体表面处理质量和内涂层涂敷质量对涂层

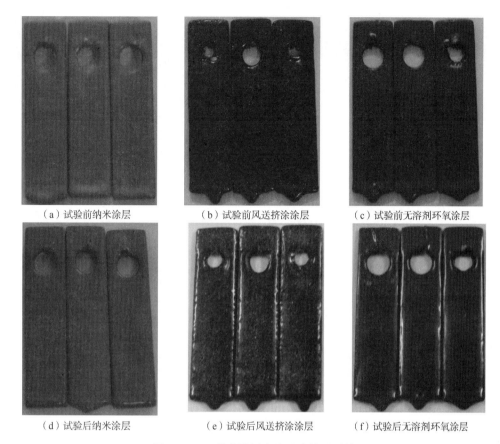

| （a）试验前纳米涂层 | （b）试验前风送挤涂涂层 | （c）试验前无溶剂环氧涂层 |
| （d）试验后纳米涂层 | （e）试验后风送挤涂涂层 | （f）试验后无溶剂环氧涂层 |

图1-21　三种内涂层腐蚀试验前后形貌

失效有重要影响。随着我国无溶剂涂料技术的进步，工厂单根预制阶段的管道内防腐涂层质量基本可以满足各类输送介质条件下耐腐蚀要求，且预制生产也实现了工业自动化操作。不过现场涂敷处理的质量可控性较差，常用的挤压涂敷法工艺复杂，做一次清管和涂敷操作的涂敷长度一般只有5~8km，仅适合于小口径短距离管道的施工，而风送涂挤防腐蚀工艺单次涂敷距离可达10km、修复速度快，但对管道内表面在线处理质量要求较高，仅适合于大管径、长距离管线的修复。实际上，管道内涂层将不可避免地存在微孔、裂缝及涂料组分不均匀等缺陷，随着时间的推移腐蚀性介质会经过逐步形成的传输通道到达金属表面致使金属发生腐蚀，涂层也将随之很快失效并脱落［图1-22（a）、图1-22（b）］。现场应用中曾发现过涂层出现厚薄不均匀、流坠和剥落等现象，为管道安全运行留下了腐蚀隐患［图1-22（c）、图1-22（d）］。

就内涂层管道应用情况来看，现场内补口工序还存在一些缺陷和不完善的地方，油气田发生的相关失效案例较多，内补口工艺发展一定程度上也限制了管道内防腐蚀涂层的普及（图1-23）。近些年来开发出来了不少管道内补口方法，如：记忆合金法、内衬短节法、机械压接法、螺纹连接法、管端加焊不锈钢短节法、热喷涂焊法和智能补口机法等。但有的方法因苛刻工艺条件限制，在焊接现场没有办法得到有效应用，如记忆合金和内衬短节法；有的因需要繁杂的前期施工工序配合，在现场得不到有效推广，如机械压接和螺纹连

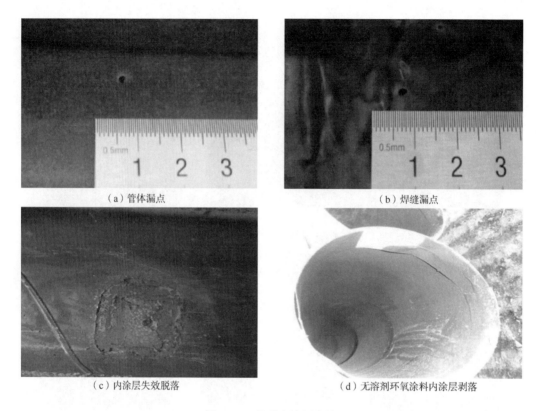

(a) 管体漏点　　　　　　　　　　　　　　(b) 焊缝漏点

(c) 内涂层失效脱落　　　　　　　　　(d) 无溶剂环氧涂料内涂层剥落

图 1-22　管道内涂层失效

接法；有的因施工成本高昂或现场技术不成熟等原因，失去了现场应用实际价值，如加焊不锈钢短节和各种材质内衬短节法等。对于长距离输送管线特别是较大口径的长距离输送管线，上述诸多方法均显示出了自身应用的局限性。

(a)　　　　　　　　　　　　　　　　(b)

图 1-23　内涂层焊缝补口失效

2. HDPE 内衬[50-54]

高密度聚乙烯（HDPE）内衬是利用非金属材料良好的化学稳定性和耐腐蚀性能，将高密度聚乙烯管内穿插在原金属管道中形成非金属内衬和原金属管道包裹的"管中管"复合结构的一种技术。该技术主要针对使用年代已久，腐蚀、渗漏和穿孔等现象经常发生的管道，同时这些管道常年维护费用居高不下，严重影响了油气田正常生产秩序，而如今修复周期要求较短，所以不得不摈弃传统维修模式。

HDPE 内穿插管道修复一般使用一种外径比原管道内径稍大的改性 HDPE 管，经多级等径压缩，暂时缩小 HDPE 管的外径(一般缩小比例为 10%)，经牵引机拉入清洗除垢好的主管道内。HDPE 管完全进入主管道后，大约 24 小时后改性 HDPE 管慢慢恢复并与原管道内壁紧密贴合进而完成管道修复。修复后的管道将内衬管的防腐性能与原管道的机械性能合二为一，具备了原管道和 HDPE 管双重特性，达到了防腐和维持原管道承压能力、延长使用寿命的目的。该技术适用于口径在 100~1000mm 范围内管道的修复，修复技术原理如图 1-24 和图 1-25 所示。

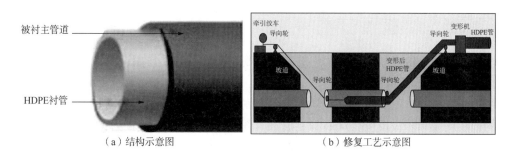

（a）结构示意图　　　　　　　　　（b）修复工艺示意图

图 1-24　HDPE 内穿插结构及修复工艺示意图

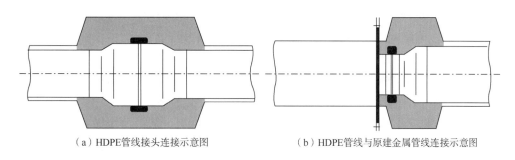

（a）HDPE管线接头连接示意图　　　　　（b）HDPE管线与原建金属管线连接示意图

图 1-25　HDPE 管线接头连接示意图

HDPE 内穿插管道修复技术特点为修复速度快，一次性修复距离长、全线焊接、无法兰、整体性能好，而且是原位修复、地下穿越，质量可靠、综合成本相对较低，使用寿命长，是目前管道内腐蚀修复比较成熟的技术之一。

当然，HDPE 内衬碳钢或低合金钢管道技术也存在一些使用局限性，普通 HDPE 内衬管一般应用于操作温度不超过 60℃工况，输气管道、油水管道、油气水单井和集输管道一般不超过 50℃，注水管道和原油管道不超过 60℃。目前，随着 HDPE 性能改进，在输水介质工况下 HDPE 内衬管不宜超过操作温度 80℃；在碳氢化合物和多相流介质工况下，其适用温度应基于流体性质而定，但不宜超过 60℃。

图1-26 HDPE管失效形貌

目前，HDPE 内衬技术已成功应用于输油、输气及输水介质工况。不过，在高温高气油比工况下 H_2S 和 CO_2 渗透过 HDPE 的速率明显增加，在钢管与内衬管之间会产生气压，当压力超过 HDPE 内衬管强度时，将会导致 HDPE 衬层出现屈曲失效（图1-26）。一般情况下，当气油比大于100时不推荐采用 HDPE 内衬技术防腐方案，焊口处由于温度较高必须进行焊后补口处理且原位补口难度较大的情况也不推荐使用。

三、缓蚀剂的应用[55-58]

1. 防腐作用

缓蚀剂在油气生产和运输过程中的腐蚀控制方面具有重要作用，添加合适的缓蚀剂能有效地控制管道和设备的内腐蚀。

缓蚀剂主要通过物理吸附和化学吸附在金属表面形成一层稳定的防护膜，控制电化学腐蚀的阳极反应和阴极反应，从而抑制腐蚀。缓蚀剂的吸附过程主要依赖环境（例如：温度、pH 值和液体剪切力等）、金属表面状态（例如：结垢、氧化膜、表面损害程度和碳酸盐膜），以及与其他表面活性物的竞争（如防垢剂、破乳剂）。此外，在缓蚀剂选择时，还必须进行全面的相容性试验，以证实管道所用药剂组合中不同化学品在一定限制条件下相互间不会产生不利影响。此外，缓蚀剂的实验室评价结果和现场应用效果之间可能会存在一定差异，考虑到油气田环境多变性，在设计和使用过程中，应在缓蚀剂加注下游配备腐蚀监测，以评价缓蚀剂现场应用效果。

针对油气田集输系统中存在的不同腐蚀环境，缓蚀剂种类也多种多样。根据缓蚀剂使用介质、对电极过程的影响、在金属表面形成保护膜特征等差异会采用不同的分类方法：根据缓蚀剂对电化学腐蚀控制部位分类，分为阳极型缓蚀剂，阴极型缓蚀剂和混合型缓蚀剂；根据缓蚀剂形成保护膜的类型，可分为氧化膜型、沉积膜型和吸附膜型缓蚀剂；按照化学组成可将其分为无机缓蚀剂和有机缓蚀剂两大类。

添加缓蚀剂的好处主要体现在五个方面：第一，可以直接投加到系统中，除了加注设备外无需附加设备，操作简单、见效快；第二，可以保护整个系统，包括管道、仪表和阀门等，这是其他方法不具备的；第三，有良好的保护效果，不但能抑制均匀腐蚀，而且可以抑制局部腐蚀；第四，多种缓蚀剂的配合使用，可以保护同一体系中的多种金属；第五，用量少，不会改变介质性质，技术容易掌握，投资少、成本低。

添加缓蚀剂在应用上也存在一些不便之处：一是需要不断加注缓蚀剂，期间还得配合经常通球、预膜清管，累计生产成本高、管理难度大；二是对于一些高压井油气水介质流速较高，缓蚀剂吸附比较困难，缓蚀效果不易保证；三是需要频繁清管作业，高压开启盲板动作，增加了安全风险。

2. 存在的问题

油气田用户在选用缓蚀剂时尤其看重缓蚀效率指标，相同实验条件下缓蚀效率越高的缓蚀剂防腐效果越好。缓蚀效率的影响因素有很多，除了与缓蚀剂和金属本身性质和结构等因素有关外，还包括流速和温度等使用环境工况因素。从表1-22中可以看出高流速下管材预测的腐蚀速率很高，因此，添加缓蚀剂防护并维持高的缓蚀效率十分必要。流速对缓蚀剂成膜质量影响程度高而且机制复杂，介质流动特性的影响使得管壁上很难形成完整的缓蚀膜。图1-27为添加CP50缓蚀剂后L360NC管线钢腐蚀速率和流速关系图。随着流速增加，平均腐蚀速率增大，当流速达到8m/s时管材平均腐蚀速率为0.0933mm/a，此时缓蚀剂的缓蚀效果大体满足工程需要；当流速超过8m/s后管材平均腐蚀速率迅速增加，如流速提升至10m/s时，管材平均腐蚀速率达到0.2142mm/a。将试样的腐蚀产物除去，在光学显微镜下观察到的表面形貌如图1-28所示。流速为5m/s或8m/s时，试样表面光滑，表现为均匀腐蚀；当流速增大到10m/s时，表面出现了许多微小的坑点；当流速为15m/s时，试样表面分布着较大的腐蚀坑。这说明在高于8m/s的流体冲刷下，缓蚀剂已不能抑制管材点蚀的发生。由此可知，CP50缓蚀剂在实验中模拟NY气田地面管线使用的临界流速为8m/s。

表1-22　雅克拉气田冲击流水平管腐蚀速率预测表

单井	绝对粗糙度，mm	剪切力，Pa	腐蚀速率，mm/a
Y1	0.05	240	7.92
	1	545	8.59
Y2	0.05	124	6.57
	1	283	7.13
Y5	0.05	134	6.55
	1	295	7.09
Y6	0.05	171	6.74
	1	375	7.29
Y10	0.05	78	7.65
	1	178	8.30
Y14	0.05	88	5.57
	1	195	6.03

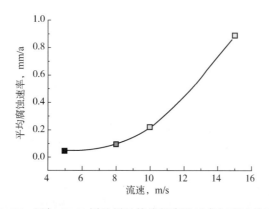

图1-27　添加CP50缓蚀剂后管线钢腐蚀速率和流速关系图

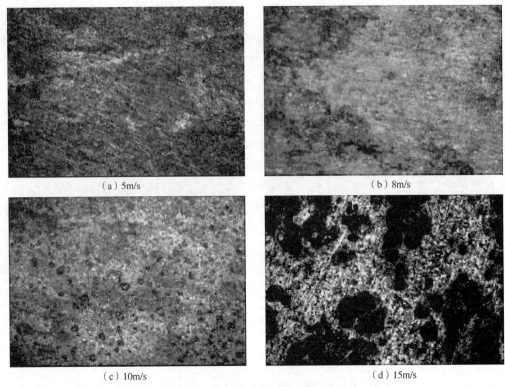

(a) 5m/s (b) 8m/s

(c) 10m/s (d) 15m/s

图 1-28 L360NC 管线钢除去腐蚀产膜后的形貌(100×)

对于加注缓蚀剂防腐措施的使用局限性，文献[58]指出碳钢管材 CO_2 腐蚀较为严重，温度是主要影响因素。在运行温度 $T \geqslant 50℃$ 的敏感区腐蚀速率迅速上升，CO_2 分压的大小对腐蚀速率影响较小。根据现场运行经验，目前尚无有效缓蚀剂适用于 $T \geqslant 50℃$ 的含 CO_2 工况，这也是迪那等区块在投加缓蚀剂后仍然发生严重管道腐蚀的原因之一。因此，在含 CO_2 工况下，当 $T \geqslant 50℃$ 时，碳钢管材不适用；当 $T < 50℃$ 时，碳钢的 CO_2 腐蚀速率下降明显，处于轻度或中度腐蚀，此时碳钢管材+缓蚀剂方案具有较好的适用性。

第三节 双金属复合管应用现状及问题梳理

一、管材分类及工艺特点

前文提到经济型耐蚀管材、耐蚀合金纯材、非金属管材以及内涂层涂敷、HDPE 内衬和缓蚀剂加注等众多防腐措施，要么如经济型耐蚀管材耐蚀性能有限，要么像耐蚀合金管材那样经济性不佳，要么如非金属管材、内涂层涂敷、HDPE 内衬和缓蚀剂加注等使用范围有限。总之，现有防腐措施都有或多或少的使用局限性，难以有效应对高腐蚀性集输管材防腐需求。为了提高防腐措施的可靠性、降低管道建设和维护成本，双金属复合管应运而生。双金属复合管在耐蚀性能方面可以与耐蚀合金管材相当，强度不亚于普通碳钢或低合金管，价格比相应的耐蚀合金管材低约 50%。

从 20 世纪 70 年代末开始，日本 Kawasaki 公司便开发了双金属复合管产品。复合管外部基管负责承压和管道刚性支撑作用，内覆或衬里层金属承担耐蚀功能。根据输送介质的流量和压力要求，基管选用不同规格和钢级的碳钢或低合金管材，直径从 20mm 到 1422mm、壁厚从 2.5mm 到 50mm，钢级从 X42 到 X80 不等。内覆或衬里层则依据输送介质腐蚀性差异，选用不同耐蚀合金材料，譬如 304、316L、2205、2507、N08825 和 N06625 等，壁厚则由使用寿命和焊接工艺要求决定，范围一般为 0.5~4mm(图 1-29)[59-64]。

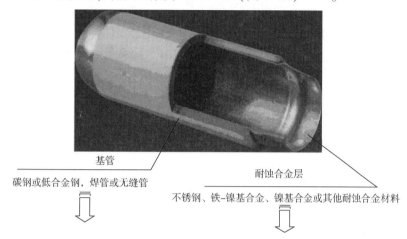

基管
碳钢或低合金钢，焊管或无缝管

耐蚀合金层
不锈钢、铁-镍基合金、镍基合金或其他耐蚀合金材料

保证了管道各项力学性能，降低了成本，提高了管道耐蚀性和耐磨性，延长了使用寿命

图 1-29　双金属复合管材料、结构及功能示意图

目前，双金属复合管制造已发展形成了多种工艺，包括冷成型法、复合板焊接法和热挤压法等。产品结合方式分为机械结合与冶金结合两种，杨专钊[59]对现有双金属复合管材按照结合方式的不同进行了具体分类，如图 1-30 所示。

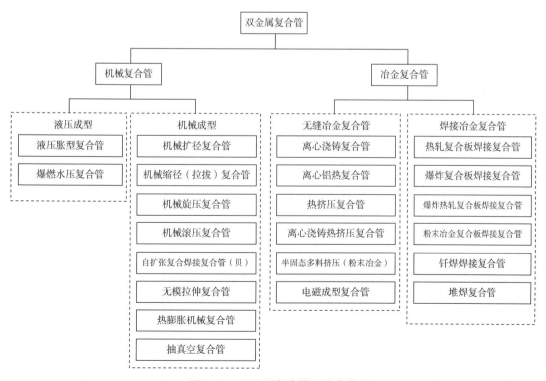

图 1-30　双金属复合管工艺分类

　　机械复合管是通过冷加工扩径或缩径，从而实现基/衬管材过盈紧密配合。其优点是生产工艺比较简单，价格较便宜，适合长距离管线用管，但也存在以下不足：在高温条件下因碳钢、低合金钢与耐蚀合金间膨胀系数的差异、受热约束应力释放而削弱结合力或层间存在气体而造成衬里层失稳或鼓包；机械复合管不宜进行冷、热加工制造弯头、三通等配件。冶金复合管是通过高温、高压或者焊接等作用，在基材和内覆材界面之间形成原子扩散，实现冶金结合，有较好的界面结合强度，可以二次加工来制作复合弯管或复合管件，适合于高温或温度波动较大环境下使用。但冶金复合管也存在生产成本高，工艺复杂，内覆层和基管各自的最佳热处理状态难以兼顾，而且对产品材质类型和规格有较强选择性的缺点。每一种工艺方法都有自身技术特点及工艺限制，表1-23给出了国内涉及的主要双金属复合管的制造工艺及其工艺特点，仅供参考。

表1-23　双金属复合管主要制造工艺及工艺特点

结合方式	工艺分类	工艺特点
机械复合管	液压法	采用水压机对复合管坯扩径，形成机械复合，几何精度高，基管与衬层结合强度较低
	水下爆燃法	采用液压动力管爆炸技术、测控技术，定性定量对复合管坯精准扩径，不受管径限制，生产效率高，基管与衬层结合强度较低
	机械拉拔法	采用拉挤模对复合管坯拉拔成型，生产效率较高，基管与衬里结合强度低，易对衬里材料造成机械损伤或局部减薄
	机械旋压法	采用旋压模对复合管坯旋压成型，基管与衬里结合强度低，易对衬里或基管材料造成机械损伤
冶金复合管	复合板焊接法	直缝或螺旋焊管，适合管径大于300mm产品，界面及管体残余应力较大，异种钢焊接焊缝较长，质量控制难度较大
	热挤压法	双金属结合面产生"锻压焊接效应"，当内覆层为镍基合金时，易出现壁厚波动及内覆层中产生节状裂纹，适于203.2mm以下小口径复合管
	堆焊法	材料组合仅限于熔化焊下具有相容性的材料之间，结合强度高，但效率低，成本高，适宜管端或管件
	钎焊法	内覆层和基管间放置钎焊料经连续感应加热复合而成，生产成本较低
	爆炸+轧制法	基管和内覆层材料先后经过爆炸复合成坯后又轧制成管，两步冶金成型整体结合强度较高

　　在图1-30展示的众多制造工艺中，目前真正在油气田大量推广应用的生产工艺其实并不多。我国油气集输管线用双金属复合管主要以机械复合管为主，冶金复合管还只是近几年才开始少量使用。在国内油气集输管网应用的几种机械复合工艺中，液压复合法和水下爆燃复合法的用户认可度较高，油气田应用业绩相对较多。

二、技术经济性分析

1. 技术性分析

　　双金属复合管的使用主要针对高腐蚀油气田[60]，并依据环境中展现的材料腐蚀速率和经济性综合选择，Binder Singh 等[61]研究认为：

（1）当总腐蚀速率小于 5mm/a 时，并采取腐蚀监测措施的话，支持使用碳钢加缓蚀剂，但要求缓蚀率和利用率均大于 95%（特殊情况下，需高于 97%）。在有些地段，当缓蚀效率和利用率下降特别严重的话，腐蚀裕量和使用寿命需重新核定。

（2）当总腐蚀速率介于 5~10mm/a 时，使用碳钢加内涂层，同时添加缓蚀剂，没有涂层处和涂层破裂处，需要加强腐蚀监测。

（3）当总腐蚀速率大于 10mm/a 时，出油管道的全部或关键部分可以考虑使用耐蚀合金复合管。

（4）当总腐蚀速率大于 12mm/a 时，基于使用周期内经济可行性分析，推荐使用耐蚀合金复合管。

高腐蚀性油气田集输工况恶劣，腐蚀速率高，采用双金属复合管，一方面为环境所迫，另一方面也有其自身独特的技术优势。双金属复合管结合了基管强度及内衬管耐蚀性两大优势，较之其他防腐措施及管道材质具有一定的优越性。

其他防腐措施中，缓蚀剂不够稳定，效果很难控制；内涂层防腐效果与涂层或镀层材料及工艺技术水平有关，一旦出现漏点还会加快腐蚀；耐蚀合金价格昂贵，价格相对较低的耐蚀合金抗硫化物应力开裂效果有限。文献[62]分别阐述了缓蚀剂、内涂层和耐蚀合金几种常用防腐措施的优缺点，指出它们在耐蚀可靠性和经济性指标上难以平衡，为了降低管道材料和维护成本、同时保持其耐蚀可靠性，双金属复合管以其完美兼顾管材经济性和耐蚀性能被推向油气田。

在常用管道中，普通碳钢或低合金钢耐蚀性能不够；不锈钢管、特种耐蚀合金管价格昂贵；热塑性复合管，使用压力和温度低，而且还有老化现象；玻璃钢管，力学性能不足，使用温度也受限。文献[63]通过双金属复合管与普通碳钢、不锈钢管、特种耐蚀合金管道、热塑复合管和玻璃钢管等几种常用防腐管道的比较，指出了双金属复合管具有独特的优越性。文献[64]中进一步对双金属复合管、镍磷镀管、碳钢管、不锈钢管、涂层管、钛合金、锆合金、玻璃钢内衬钢管、玻璃钢管和铝塑管进行了综合性能评价分析，考虑承压能力、耐腐蚀能力、焊接性能、连接性能、耐高温能力、力学性能以及价格等 7 类因素，每一因素分三个水平，即优（2 分）、中（1 分）、差（0 分），综合性能评价分析见表 1-24，评价结果进一步凸显了双金属复合管的综合性能优势。

表 1-24　不同管材综合性能评价分析

管道种类	承压能力	耐腐蚀能力	焊接性能	连接性能	耐高温能力	力学性能	价格	综合评价
双金属复合管	2	2	2	2	2	2	2	14
镍磷镀管	2	1	1	2	2	2	2	12
碳钢管	2	0	2	1	2	2	2	11
不锈钢管	1	2	2	2	2	1	0	10
涂层管	2	2	1	1	0	1	2	9
钛合金	1	2	1	1	2	1	0	8
锆合金	1	2	1	1	2	1	0	8

管道种类	承压能力	耐腐蚀能力	焊接性能	连接性能	耐高温能力	力学性能	价格	综合评价
玻璃钢内衬钢管	2	2	0	1	0	1	1	7
玻璃钢管	1	2	0	1	0	0	1	5
铝塑管	0	0	0	0	0	0	0	0

注：2分—优，1分—中，0分—差。

2. 经济性分析

防腐工程技术方案的确定一方面要考虑技术上是否先进、工程上是否可行，但更重要的是考虑经济上是否合算，即采用这一方案是否带来最大的利润，这样就要对技术方案的经济效益进行分析和比较，选优去劣。

耐蚀合金品种众多，譬如不锈钢有 316L、2205、2507 和 904L 等，铁镍基合金/镍基合金有 N08825 和 N06625 等，合金元素含量不同，价格差异较大，相应的双金属复合管价格也差异明显，详见表 1-25[61]。使用中需要针对具体腐蚀环境，在保证可靠性的前提下，筛选出经济适用的合金种类，经济性评价显得至关重要。

表 1-25　双金属复合管价格对比

管材种类	价格，美元/t	相对碳钢管价格比值
316L 机械复合管	6500	4.063
316L 冶金复合管	10000	6.250
22Cr 双相不锈钢	11000	6.875
25Cr 双相不锈钢	21000	13.125
904L 机械复合管	9000	5.625
N08825 机械复合管	11000	6.875
N08825 冶金复合管	17000	10.625
N06625 机械复合管	15000	9.375
N06625 冶金复合管	25000	15.625

以大庆油田徐深 1 集气站环境为基础，气井 CO_2 分压为 0.648MPa，对碳钢加腐蚀裕量、碳钢加注缓蚀剂、耐蚀合金纯材和双金属复合管四种防腐措施经济对比分析，结果表明，在气井开发年限中，腐蚀速率超过 0.45mm/a 时，316L 双金属复合管为最经济的防腐措施，详表 1-26[65]。

表 1-26　四种防腐措施投入对比

序号	腐蚀速率，mm/a	四种防腐措施投入经济对比，10^4 元				投入顺序
		A[①]	B[②]	C[③]	D[④]	
1	0.15	989.63				A
2	0.3	1068.75	1616.95	2321.43	1286.23	C>B>D>A
3	0.45	1375.48	1616.95	2321.43	1286.23	C>B>A>D
4	0.6	1691.41	1696.07	2321.43	1286.23	C>B>A>D

续表

序号	腐蚀速率，mm/a	四种防腐措施投入经济对比，10⁴元				投入顺序
		A①	B②	C③	D④	
5	0.75	2041.38	1696.07	2321.43	1286.23	C>A>B>D
6	0.9	2186.49	1696.07	2321.43	1286.23	C>A>B>D
7	1.0	2334.02	1696.07	2321.43	1286.23	A>C>B>D
8	1.2	2423.02	1908.10	2321.43	1286.23	A>C>B>D
9	1.5	2925.40	2187.48	2321.43	1286.23	A>C>B>D
10	1.8	3446.50	2503.64	2321.43	1286.23	A>B>C>D
11	2.0	4049.10	3007.41	2321.43	1286.23	A>B>C>D

① 碳钢加腐蚀裕量。

② 碳钢加注缓蚀剂。

③ 含 Cr 不锈钢。

④ 双金属复合管。

双金属复合管和耐蚀合金两种管材都具有较好的耐腐蚀性，在某些集输工况下二者虽然都能从技术上满足要求，但工程造价却差异巨大。采用 2017 年度主材价格（含税），计算分析常用设计压力下（以 16MPa 为例）两类管材的价格，计算结果见表 1-27。其中，双金属复合管壁厚为碳钢基管壁厚+耐腐蚀合金衬管壁厚，管材价格数据为每千米主材价格[66]。

通过对不同管道材质主材价格的分析可以看出，在经济性方面，316L 双金属复合管具有优势，825 铁镍基合金复合管价格较高，约为 316L 复合管的 2.5 倍左右；316L 不锈钢管和 825 铁镍基合金管屈服强度低，同等压力下壁厚大、用量多，主材价格高于 316L 复合管，且在直径 168.3mm 及以上随着管径增大价格差距有进一步加大趋势，而 825 铁镍基合金管单价更高，约为 316L 复合管的 6~9 倍；2205 双相不锈钢屈服强度较高，用钢量少，在直径 168.3mm 以下管径与 316L 复合管价格相差不大或略有优势。管材的经济性不是绝对的，一方面会随着使用材料发生变化，同时也会根据管径的不同经济性也会发生明显改变，因此，实际应用中应做好管材的经济性比对，为油气田寻求最为经济适用的防腐管材。

表 1-27 不同管道材质主材价格对比

管道直径 mm	316L 不锈钢		2205 双相不锈钢		825 铁镍基合金		L360/316L 复合管		L360/825 复合管	
	壁厚 mm	价格 万元	壁厚 mm	价格 万元	壁厚 mm	价格 万元	壁厚 mm	价格 万元	壁厚 mm	价格 万元
273	16	356	8	252	16	1576	8.5+3	170	8.5+3	442
219	13	215	6	182	13	1010	8+3	130	8+3	335
168.3	10	125	5	105	10	582	8+3	110	8+3	255
114	8	63	4	60	8	283	8+3	65	8+3	168

三、现场应用

双金属复合管，利用碳钢基管保强度依托耐蚀合金衬层金属抗腐蚀，一直被石油天然气工业视为高腐蚀性油气集输管材相对经济安全的防腐措施[67-76]。目前双金属复合管在国内油气田已累计使用 3000 余千米，主要应用在关乎国计民生但又腐蚀风险突出的重要领域，如西气东输源头供气管线、储气库调峰管网和海洋集输管道[73-76]。国外于 20 世纪 90 年代初德国 BUTTING 公司、英国 PROCLAD 公司已开发出冶金复合、液压复合的专用生产线，管道在油气行业内主要用于陆地和海底油气输送管道系统[67-72]。目前，美国墨西哥湾 Fairwei 以及英国近海的 Buzzard 等油气田已经广泛应用双金属复合管，约有 20 多年成功应用历史。据不完全统计，国外双金属复合管的应用里程已超过 5000km，表 1-28 梳理了国外双金属复合管产品部分应用情况。

表 1-28　国外双金属复合管部分应用情况

使用年份	业主/项目名称	数量，m	材料组合
2013	UPC/Plansal	2300	API 5L X65/Alloy 625
2012	CalEnergy/Field Requirement	3300	API 5L X52/Alloy 625
2012	Technip/Field Requirement	505	API 5L X52/Alloy 625
2011	CalEnergy/Field Requirement	330	API 5L X52/Alloy 625
2011	Statoil/Reeling	600	API 5L X52 / Duplex 2205
2011	Saipem/Glng Gas	870	API 5L X70 / Duplex 2205
2011	Saipem/Husky Liwan	14000	DNV450 / 316L 或 625
2009	CalEnergy/Trial Order	500	API 5L X52 / 2507
2009	Shell Global Solutions/Lined Pipe Study	720	DNV450 / 316L
2009	Woodside/Sunrise Test Program	120	DNV450 / 316L
2009	Tenaris/Kashagan UHP Pipe Qualification Pipes	240	DNV450 / 316L
2009	Shell Houston / Tenaris	240	API 5L X65 / 316L
2008	ENI B. V/Urgent Requirement	2000	API 5L X65/Alloy 625
2008	Pertamina/Reeling Test Program/PPGJ	29000	API 5L X52 / Alloy 825
2008	Hess/Jambi Merang	10000	API 5L X65 /316LMo
2008	Medco/Singa Lematang	2400	API 5L X52 / Alloy 825
2007	Comercial/Enagas	412	API 5L X70 / Duplex 2205
2006	Aramco/Khursaniyah Gas	919	API 5L X42 / 316L
2006	Tenaris/Test Program	2400	API 5L X65 / 316LMo
2006	British Gas/Hasdrubal	11000	DNV450 / Alloy 825
2006	Petrofac Ltd/PDO / Shell Harweel	29000	API 5L X65 / Alloy 825
2005	Pertamina/South Sumatra Gas	49000	API 5L X52 / Alloy 825
2004	SantosMutineer/Exeter	10000	DNV450 / 316L (2.5% Mo)

2003 年起，国内开始在油气田推广应用双金属复合管，2005 年起复合管开始应用到塔里木牙哈凝析气田含腐蚀介质高压天然气集输中，表 1-29 详细给出了截止到 2016 年 10

月机械复合管在国内天然气集输管网的主要应用情况。截至 2016 年底，中国石油已使用内衬 316L 等各种规格和材质组合的双金属复合管已经超过 2000km；自 2011 年起中国海油开始在海底天然气输送中应用复合管产品后，目前应用里程已超过 300km；2013—2014 年间双金属复合管被进一步应用到含硫高压天然气集输领域，目前中国石化元坝气田和塔河油田等油气田已使用超过 100km 的 N08825 铁镍基合金复合管，其中中国石化西北局塔河 9 区 N08825 铁镍基合金复合管项目为国内首个也是目前为止应用里程最长的含硫高压天然气集输管线。

表 1-29 机械复合管在国内油气集输管网的主要应用情况

序号	使用单位	使用时间	材质	规格，mm×mm	数量，m
1	中国石化胜利油建工程有限公司 DN1-3 项目	2016.10	L360N/316L	$\phi114\times(8.8+2.5)$	2407
2	中国石油大庆油田徐深区块	2006.10	20#/316L	$\phi89\times(8+2)$	1055
				$\phi76\times(7+2)$	572
				$\phi89\times(11+2)$	4072
				$\phi89\times(5+1)$	973
			20G/316L	$\phi89\times(5+1)$	3750
				$\phi60\times(5+1)$	7446
			20#/316L	$\phi76\times(5+1)$	345
				$\phi76\times(9+2)$	3760
				$\phi89\times(10+2)$	2821
				$\phi60\times(8+2)$	2204
3	中国石化西北公司塔河采油一厂项目	2016.08	20#/N08825	$\phi89\times(6+2)$	3125
4	中国石化洛阳中水项目	2016.06	20#/06Cr19Ni10	$\phi108\times(4+2)$	1099
				$\phi57\times(3.5+1.5)$	
				$\phi159\times(6+2)$	
5	中国石化东北分公司 YP12、13 井地面工程	2015.10	L360/316L	$\phi88.9\times(10+2)$	3732
6	中国石油塔里木克深 5 项目	2015.05	L245N/316L	$\phi114.3\times(8+2)$	2900
				$\phi168.3\times(11+2)$	400
				$\phi168.3\times(8+2)$	5790
			L360N/316L	$\phi219.1\times(10+2.5)$	1230
				$\phi219.1\times(9+2.5)$	2550
				$\phi273\times(12.5+2.5)$	600
				$\phi273\times(9+2.5)$	14030
			L415Q/316L	$\phi355.6\times(10+2.5)$	5280
				$\phi355.6\times(14+2.5)$	300

序号	使用单位	使用时间	材质	规格，mm×mm	数量，m
7	中国石油塔里木 YH23-1-20H井集输工程	2015.04	20G/316L	ϕ114×(10+2)	1765
8	中海石油金州 管道有限公司	2015.03	X65+316L	ϕ219.1×(12.7+3) ϕ508×(14.3+3)	2000
9	中国石化西南公司元坝气田	2014.12	L360QS/N08825	ϕ114.3×(10+3)	3743
				ϕ168.3×(8+3)	1569
10	中国海油黄岩项目	2014.12	X65QO/316L	ϕ273×(12.7+3)	8000
11	中国石油塔里木克 深8项目增补	2014.10	L245/316L	ϕ219.1×(10+2)	7170
				ϕ219.1×(16+2)	2118
				ϕ168.3×(8.8+2)	1400
				ϕ168.3×(11+2)	800
				ϕ114.3×(8+2)	2025
12	新疆石油管理局 呼图壁储气库	2014.10	L415QB/316L	ϕ114.3×(10+2)	1000
13	中国海油黄岩及 周边滚动开发项目	2014.09	X65QO+316L	ϕ219.1×(12.7+3)	1000
14	塔里木油田 分公司	2014.08	L415Q/316L	ϕ508×(15+2.5)	300
				ϕ508×(19+3)	4800
15	塔里木 大北项目	2014.06	L245/316L	ϕ88.9×(5.6+2)	9000
				ϕ88.9×(6.3+2)	1000
				ϕ114.3×(5.6+2)	5580
				ϕ114.3×(8+2)	420
16	塔里木油田 分公司	2014.06	L245/316L	ϕ168.3×(11+2)	3190
17	四川油建克 深2区块	2104.05	L415/316L	ϕ355.6×(10+2)	2300
18	中国石化物资装备 华东有限公司 塔河9区	2014.02	20#/N08825	ϕ76×(5+2)	16300
				ϕ89×(6+2)	11500
				ϕ89×(12+2)	1500
19	四川油建克 深2区块	2014.01	L245/316L	ϕ114.3×(5.6+2)	9300
20	中国石油塔里木 克深8地面 工程C包	2013.12	L245/316L	ϕ114.3×(8+2)	12300
				ϕ168.3×(8+2)	1900
				ϕ168.3×(11+2)	1100

序号	使用单位	使用时间	材质	规格，mm×mm	数量，m
21	中国石油塔里木克深 8 地面工程 B 包	2013.12	L360/316L	φ323.9×(10+2)	9100
				φ323.9×(16+2)	700
			L245/316L	φ219×(10+2)	3100
				φ219×(16+2)	600
22	中国石油塔里木克深 8 地面工程 A 包	2013.12	L415Q/316L	φ508×(14.2+2.5)	1600
			L415Q/316L	φ508×(20+2.5)	450
23	中国海油平黄一期	2013.11	X65/316L	φ219.1×(11.1+3)	18958
24	中国海油东方项目	2013.10	X65/316L	φ323.9×(14.3+3)	283
25	中国石油塔里木 DN2-11/DN-B2	2013.09	L245/316L	φ168.3×(11+2)	1000
26	四川油建塔里木克深地面建设	2013.08	L415/316L	φ355.6×(14.2+2)	500
			L360/316L	φ219.1×(10+2)	250
27	四川油建塔里木克深地面建设	2013.08	L415/316L	φ355.6×(10+2)	9800
28	中国海油番禺项目二期	2013.06	X65/316L	φ168.3×(12.7+3)	10600
29	中国石油塔里木克拉苏气田大北项目	2013.06	L360N/316L	φ273×(8.8+2)	6050
				φ273×(12.5+2)	770
			L415N/316L	φ355.6×(10+2)	3780
				φ355.6×(14.2+2)	722
				φ406.4×(11+2.5)	4808
				φ406.4×(16+2.5)	415
			L245N/316L	φ88.9×(5.6+2)	384
				φ88.9×(6.3+2)	1497
				φ114.3×(5.6+2)	5705
				φ114.3×(8+2)	2875
				φ168.3×(8+2)	2213
				φ168.3×(11+2)	1284
30	中国石化西南分公司元坝试采项目	2013.04	L360N/N08825	φ114.3×(8.8+2)	580
31	塔里木油田 DN2-25	2013.02	L245NB/316L	φ168.3×(11+2)	1200
32	中国石化西北分公司雅克拉气田项目	2012.12	20#/316L	φ114.3×(8+2)	4469
				φ168.3×(11+2)	560

续表

序号	使用单位	使用时间	材质	规格，mm×mm	数量，m
33	中国海油流花项目	2012.11	X70/625	φ168.3×(9.5+3)	48
				φ114.3×(8.6+3)	48
34	中国海油番禺项目一期	2012.09	X65/316L	φ168.3×(12.7+3)	21500
			X70/316L	φ273.1×(15.9+3)	20854
35	呼图壁储气库—温压一体化元件	2012.09	20G/316L	φ114×(11+2)	162
				φ219×(6+2)	73
36	中国石油西南分公司蜀南气矿	2012.09	20#/316L	φ108×(5+1.5)	1280
37	塔里木油田DN2-25	2102.09	L245NB/316L	φ168.3×(11+2)	6000
38	大庆油田徐深项目	2012.08	20#/00Cr17Ni14Mo2	φ89×(11+2)	16500
				φ60×(7+2)	4790
39	塔里木克深2气田	2012.08	L415NB/316L	φ508×(14.2+2.5)	15963
				φ508×(20+2.5)	5757
				φ355.6×(10+2)	8000
				φ355.6×(14.2+2)	870
				φ323.9×(8.8+2)	11872
				φ323.9×(14.2+2)	1140
				φ323.9×(12.5+2)	15856
			L360NB/316L	φ168.3×(5.6+2)	585
				φ219.1×(10+2)	341
			L245NB/316L	φ114.3×(5.6+2)	8696
40	中国石油吉林油田长岭气田登娄库组地面工程	2012.06	L245NB/316L	φ88.9×(5+2)	21770
				φ114.3×(6.3+2)	5510
				φ168.3×(6.3+2)	2700
41	中国石油塔里木克拉污水处理	2012.03		φ100×(5+1)	4200
42	中国石油辽河油田公司双6储气库	2011.11	L485MB/316L	φ660×(22.2+2)	410
				φ660×(20+2)	9330
			L360QB/316L	φ114.3×(7.1+1.5)	1140
				φ219.1×(11+2)	3500
				φ273×(14.2+2)	1800
			L485QB/316L	φ406.4×(14.2+2)	180

序号	使用单位	使用时间	材质	规格，mm×mm	数量，m
43	中国石油新疆油田公司 呼图壁储气库项目	2011.08	L415/316L	φ114×（10+2）	13924
				φ168×（14.2+2）	21238
				φ355.6×（14.2+2）	5418
				φ508×（16+2）	2127
44	塔里木克拉-3项目	2011.07		φ219.1×（12.5+1.5）	27000
45	塔里木克深7试采	2011.02		φ114×（8+2）	700
46	塔里木大北区块试采	2010.10	L245NB/316L	φ88.9×（4.5+2）	5690
47	塔里木迪那作业区增补	2009.09		φ168×（11+2）	5126
				φ114×（8+2）	2485
48	塔里木牙哈 作业区单井	2009.06	20#/316L	φ168×（14+2）	3400
49	塔里木迪那气田 天然气集输管道	2008年	L360/316L	φ89×（4+2）	5100
			L245/316L	φ114×（8+2）	9600
				φ168×（10+2）	16800
				φ168×（11+2）	3200
50	中国石油塔里木 牙哈作业区安全隐患 治理二期工程	2008年	20G/316L	φ114×（10+2）	465
				φ168×（14+2）	2800
				φ219×（18+2）	11300
51	中国石油塔里木 牙哈作业区安全 隐患治理一期工程	2007年	20G/316L	φ89×（8+2）	6052
				φ114×（10+2）	9420
				φ168×（14+2）	8200
				φ219×（18+2）	100
				φ273×（22+2）	3716
52	中国石油吉林 油田长岭试采项目	2007年		φ88.9×（5+2）	8560
				φ114×（6.3+2）	3330
				φ168×（10+2）	2800
				φ273×（6.3+2）	5800
53	中国石油塔里木 牙哈作业区站外改造	2005年	L245NB/316L	φ89×（10+1.5）	1000
				φ114×（12+1.5）	3000
				φ168×（18+1.5）	640
				φ219×（24+1.5）	250
				φ273×（28+1.5）	250

在国内双金属复合管应用实践中，管材应用技术也随着用户要求的提升不断创新改进，近些年发展迅速。

从机械复合管的管端处理发展历程来看，2003—2011 年的管端处理形式均采用封焊，这一时期的现场施工对接焊工艺主要采用耐蚀合金焊材进行手工氩弧焊打底、过渡，碳钢焊材进行填充和盖面的工艺。采用管端封焊交付并施工投产的双金属复合管项目约占国内复合管应用项目的 60%，典型项目有 2005 年交付的牙哈一期项目 27.5km 双金属复合管道、2008 年交付的牙哈二期项目 14.6km、2012 年交付克拉玛依油田呼图壁储气库项目 43.7km 双金属复合管、吉林油田长岭气田 150km 以及迪那项目 54.8km 双金属复合管。管径范围涵盖 DN100~DN600mm，耐蚀合金内衬主要以 304 不锈钢和 316L 奥氏体不锈钢为主。

从机械复合管现场焊接发展历程来看，2011 年起为解决中国海油船上双金属复合管对接焊接难题，国内制造厂家开发了管端堆焊工艺。堆焊工艺具体以熔化极气体保护焊方式呈现，船上施工环焊缝焊接与管端堆焊采用同材质的焊材、窄间隙半自动氩弧焊一次打底、过渡、填充及盖面。上述堆焊及环焊缝焊接工艺已被用于国内首条海洋油气输送双金属复合管道崖城项目，填补了国内海洋油气输送双金属复合管自主生产的空白。2013 年国内双金属复合管生产厂家继续开发出管端自动热丝惰性气体钨极保护焊（TIG）焊堆焊形式，船上施工焊接采用与管端堆焊同材质焊材、窄间隙的全自动热丝氩弧焊焊接工艺进行环焊缝打底、过渡、填充及盖面。上述堆焊及环焊缝焊接工艺已被用于中国海油番禺项目。为了保证番禺项目质量，国内复合管生产厂家还提供了一体化的全自动海上铺设整体方案：定制双金属复合管产品、开发海上对接焊接施工工艺、提供焊工培训和配套焊接装备、提供海上作业售后服务和技术保障等。方案实施后，效果较好，最终实现管径 168mm 管道每天可铺设 1600~2000m，而管径 273mm 管道每天可铺设 1300~1500m，船上一次焊接合格率达到 98%，番禺项目的成功应用标志着国内机械复合管研制和应用水平达到国际一流水平。

基于管端堆焊工艺在中国海油油气集输项目中的成功应用，2013 年起两端堆焊的机械复合管开始在国内陆地管线上试用，施工和应用效果俱佳。后来，管端堆焊技术迅速在陆上项目推广应用，目前已成为陆地复合管道主要的管端处理方式，塔里木油田克深 5 区块和克深 8 区块用机械复合管均要求管端堆焊。

四、存在问题

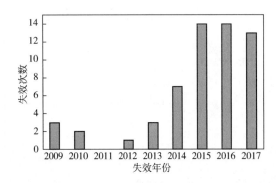

图 1-31　316L 内衬机械复合管失效案例统计

由于国外技术封锁，我国双金属复合管产品制造和应用一直都是在摸索中前行，产品制造、设计及应用经验缺乏，机械复合管在应用过程中暴露了一些产品性能不稳定和焊接技术不成熟的问题，陆续发生了一些失效。图 1-31 统计了国内某油气田用 316L 机械复合管失效事故，但是纵观国内多年应用实践来看，双金属复合管材失效案例主要集中在少数油气田的局部管线上，失效案例极其有限。总体来说，使用双金属复合管道有效地解决了高腐蚀性集输管网的防腐难题，保障了油气田安全平稳运行，整体技术上是可行的，少量的失效不足以影响管材的应用趋势。

为了更好地梳理失效问题，对图1-31中机械复合管失效数据进一步展开，可以发现管材失效形式既有管材直焊缝失效，也有衬层腐蚀失效个案，但更多表现为环焊缝开裂和环焊缝腐蚀为主。另外，失效样品时常伴随衬层鼓包或塌陷现象，严重的衬层鼓包或塌陷不仅会影响油气正常输送，还将不利于后期管道维护，因此，衬层起皱也是需要重点关注的问题。总体来看，双金属复合管失效主要集中在三类问题上：第一类为管材质量控制问题，主要体现为管材制造水平不稳定，结合性能控制不到位，衬层鼓包或塌陷失效问题突出；第二类问题聚焦于管材环境适用性环境评价上，主要表现为衬层腐蚀问题和衬层鼓包或塌陷问题；第三类问题集中在环焊缝焊接工艺上，主要表现为焊接工艺不成熟，既包括钢管端部封焊失效，又包括环焊缝失效[77-89]。下面结合具体失效案例，逐一呈现各类失效问题。

地面集输管线的衬层鼓包或塌陷问题主要出现在两个阶段：一是管道外防腐阶段，二是后期运行阶段。某工程应用的双金属复合管产品，由于制造工艺控制不到位，个别规格管材在做管道外防腐过程中，衬层发生了严重的鼓包现象[图1-32(a)]，管材的返修率高达6%~8%。近年来，在对刺漏失效的双金属复合管截取管段时也时常能发现衬层鼓包现象，为此，某油气田还抽查了风险较高的个别在役管道也发现有不同程度的衬层鼓包或塌陷现象。图1-32(b)至图1-32(d)展示了三起典型失效管样形貌：(1)某段大口径管线检测不足200m发现多处衬层塌陷[图1-32(b)]；(2)某小口径复合管线排查1.5km发现有6处衬层鼓包或塌陷失稳损伤[图1-32(c)]；(3)环焊缝腐蚀失效管道也往往伴随衬层变形损伤问题[图1-32(d)]。

（a）外防腐阶段衬层塌陷形貌

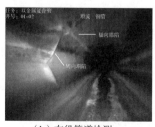

（b）在役管道检测

（c）排查发现管道

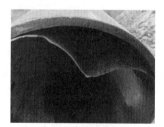

（d）失效管道截断

图1-32　运行阶段衬层鼓包或塌陷问题

在双金属复合管应用环境选择上，设计单位首先要解决的就是高腐蚀环境下耐蚀合金衬层金属腐蚀适用性问题。从目前国内双金属复合管应用情况来看，管材总体上经受住了腐蚀环境的考验，但也存在个别管道由于实际工况超出管道设计要求造成管道腐蚀的案例。如图 1-33(a)所示的衬层腐蚀主要是由于 93℃管道运行温度远高于设计要求的 60℃，同时伴有大量残酸进入管线降低了介质的 pH 值，进而导致了 316L 不锈钢的腐蚀。如图 1-33(b)所示的海洋集输管线腐蚀主要是停工待产期间防护不当致使海水进入了管道内部，最终导致了 316L 不锈钢衬层腐蚀。

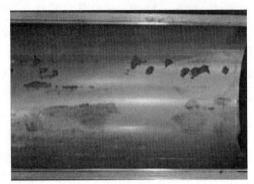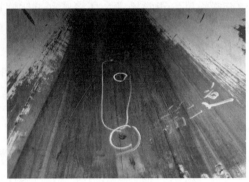

(a)地面集输管线   (b)海洋集输管线

图 1-33 耐蚀合金层腐蚀失效形貌

另外，当双金属复合管用于海洋环境时，工程师们不得不考虑铺管对管材结构稳定性影响。机械复合管在海上油气田安装中对管材弯曲性能有很特殊的要求，海上铺管船铺设时，管道必须先后通过上部大弯曲和下部大弯曲才能到达海床，在这个过程中，管道会经历两次不同方向的弯曲。这种弯曲加载历程对于单一材料的管道，其管道结构的完整性不受影响。但是由于机械复合管的基管和衬层之间双层过盈配合的特殊结构，管材在弯曲过程中衬层存在较大屈曲失稳风险。如图 1-34 所示的正是机械复合管材在海洋铺管或其模拟试验过程中发生的衬层鼓包失稳形貌。

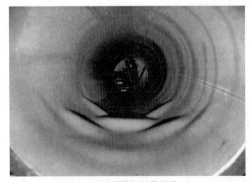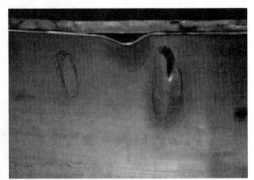

(a)衬层鼓包整体形貌   (b)衬层鼓包局部形貌

图 1-34 海洋铺管或模拟试验过程中衬层鼓包失稳形貌

双金属复合管产品在国内应用早期，曾出现过耐蚀合金层焊缝开裂失效问题(图 1-35)，但随着厂家进行工艺改进，目前该失效问题已得到解决。后续焊接问题主要出现在管端处理结构(图 1-36)和环焊缝位置(图 1-37、图 1-38)。在对待 316L 机械复合管焊接问题上，国内通常采用不锈钢焊丝完成管端封焊、不锈钢衬层和过渡层焊接，选用强度性能匹配的碳钢焊条焊接碳钢基管。不过该类焊接工艺在焊接过程中也存在较多问题，焊接成功率较低，有时一次合格率甚至只有 65%。而且焊接质量不易保证，封焊后的复合管现场焊接难度仍然较大，对焊工焊接手法要求较高，封焊层容易产生孔洞和裂纹等缺陷，封焊部位的内衬层容易出现过烧、渗碳、甚至烧穿现象，焊接接头在使用过程中陆续出现了基管焊接接头开裂及衬层环焊缝腐蚀等失效事故。

（a）衬层直焊缝开裂　　　　　　　　　　（b）直焊缝开裂致基管腐蚀

图 1-35　直焊缝开裂失效形貌

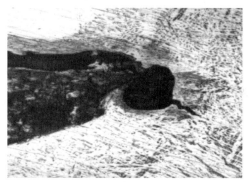

（a）衬层过烧或烧穿　　　　　　　（b）基管/衬层/封焊界面处孔洞和裂纹缺陷

图 1-36　管端封焊结构损伤形貌

（a）失效环焊缝一　　　　　　　　　　（b）失效环焊缝二

图 1-37　环焊缝开裂失效形貌

（a）失效环焊缝一　　　　　　　　　　　　　　（b）失效环焊缝二

图 1-38　环焊缝腐蚀失效形貌

根据前期失效问题梳理来看，双金属复合管制造和应用存在产品性能不稳定和焊接施工技术不可靠等问题，突出表现为管材成型缺乏成熟的理论体系和制管工艺、管材应用缺乏系统可靠的产品质量控制标准和适用性评价技术、管道施工缺乏可靠的焊接工艺和评定技术。双金属复合管的基管和衬层间材料性能跨度过大，基/衬材料在热载—力学—环境作用下动力学响应和冶金性能完全不同；基管和衬层相互约束，两者过盈配合但又非线性接触。材料组成和结构特性决定了双金属复合管产品开发和工业应用面临巨大技术挑战，其成型理论、制造工艺、评价手段和焊接施工技术难度远高于纯材。

参 考 文 献

[1] 贾承造，庞雄奇，姜福杰．中国油气资源研究现状与发展方向[J]．石油科学通报，2016，1（1）：2-23．

[2] 贾承造．中国石油工业上游发展面临的挑战与未来科技攻关方向[J]．石油学报，2020，41（12）：445-464．

[3] 李鹭光，何海清，范土芝．中国石油油气勘探进展与上游业务发展战略[J]．中国石油勘探，2020，25（1）：1-10．

[4] 邢希金，周建良，刘书杰，等．中国近海油套管防腐设计方法优化与防腐新策略[J]．中国海上油气，2014，26（6）：75-79．

[5] 唐永帆，张强．高含硫气藏开发腐蚀控制技术与实践[M]．北京：石油工业出版社，2018．

[6] 孙杰文，邹洪岚，丁云宏，等．土库曼斯坦酸性气田老井试气前的井筒腐蚀评估[J]．油气井测试，2011，20（4）：45-46，49．

[7] 王勇，叶林祥，罗良仪．土库曼阿姆河右岸区块和南约洛坦地质特点井控风险及对策[J]．钻采工艺，2010，33（B6）：1-11．

[8] 李鹤林，吉玲康，谢丽华．中国石油钢管的发展前景展望[J]．河北科技大学学报，2006，（2）：97-102．

[9] 李鹤林．海洋石油装备与材料[M]．北京：化学工业出版社，2016．

[10] 李鹤林．石油管工程学[M]．北京：石油工业出版社，2016．

[11] GB/T 20972.2—2008 石油天然气工业油气开采中用于含硫化氢环境的材料第2部分：抗开裂碳钢、

低合金钢和铸铁[S].

[12] SY/T 0599—2018 天然气地面设施抗硫化物应力开裂和抗应力腐蚀开裂的金属材料要求[S].

[13] 魏丹,叶东,王献昉,等.含CO$_2$多相流相态的非均匀性对输油管冲刷腐蚀的影响[J].科技导报,2009(16):49-52.

[14] 路民旭,张雷,杜艳霞.油气工业的腐蚀与控制[M].北京:化学工业出版社,2015.

[15] Kermani B, Esaklul K, Martin J. Materials Design Strategy:Effects of H$_2$S/CO$_2$ Corrosion on Materials Selection[J]. NACE - International Corrosion Conference Series, 2006.

[16] GB 3087—2008 低中压锅炉用无缝钢管[S].

[17] GB/T 6479—2013 高压化肥设备用无缝钢管[S].

[18] GB/T 5310—2017 高压锅炉用无缝钢管[S].

[19] GB/T 9711—2017 石油天然气工业 管线输送系统用钢管[S].

[20] API Spec 5L Specification for line pipe[S].

[21] GB/T 23258—2020 钢制管道内腐蚀控制规范[S].

[22] SY/T 5329—2012 碎屑岩油藏注水水质推荐指标及分析方法[S].

[23] SY/T 0611—2008 高含硫化氢气田集输管道系统内腐蚀控制要求[S].

[24] 李鹤林.关于CO$_2$腐蚀与防护问题[R].

[25] 胡丽华,常炜,张雷,等.X65钢和3Cr钢作为海底管道用钢抗CO$_2$腐蚀性能研究[J].中国海上油气,2011(2):131-134.

[26] Kermani B, Perez T, Morales C, et al. Window of Application and Operational Track Record of Low Carbon 3Cr Steel Tubular[J]. Corrosion, 2006.

[27] Bruce D Craig. Selection Guidelines for Corrosion Resistant Alloys in The Oil and Gas Industry[R].

[28] 李科,施岱艳,李天雷,等.含CO$_2$气田用316L奥氏体不锈钢的应用边界条件[J].机械工程材料,2012(11):26-28.

[29] 赵章明.油气井腐蚀防护与材质选择指南[M].北京:石油工业出版社,2011.

[30] Jinhui Ding, Lei Zhang, Dapeng Li, at el. Corrosion and Stress Corrosion Cracking Behavior of 316L Austenitic Stainless Steel in High H$_2$S-CO$_2$-Cl$^-$ Environment[J].Journal of Materials Science, 2013, 48:3708.

[31] Jinhui Ding, Lei Zhang, Yong Yu, at el. Stress Corrosion Cracking Mechanism of UNS 31803 Duplex Stainless Steel under High H$_2$S-CO$_2$ pressure With High Cl$^-$ Content[C]. NACE Annual Corrosion Conference, 2013, Paper No. 2531.

[32] 郭强,何琪,孙乔,等.用于高含硫气田的镍基合金管材服役后局部腐蚀的成因[J].天然气工业,2017, 37(6):93-98.

[33] 张绳,张津,郑卉凌,等.316L不锈钢波纹管海水腐蚀失效机理对比分析[J].腐蚀与防护,2012, 33(2):106-109.

[34] 穆瑞三,张志远,顾顺杰,等.2205双相不锈钢硫化物应力腐蚀机理研究[J].钢管,2018, 47(6):20-24.

[35] 韩方勇,丁建宇,孙铁民,等.油气田应用非金属管道技术研究[J].石油规划设计,2012, 23(6):5-9

[36] 李厚朴,李鹤林,戚东涛,等.油田集输管网用非金属管存在问题分析及建议[J].石油仪器,2014, 28(6):4-8.

[37] SY/T 6267—2018 高压玻璃纤维管线管[S].

[38] SY/T 6662.1—2012 石油天然气工业用非金属复合管第 1 部分：钢骨架增强聚乙烯复合管［S］．

[39] HG/T 3690—2012 工业用钢骨架聚乙烯塑料复合管［S］．

[40] CJ/T 123—2016 给水用钢骨架聚乙烯塑料复合管［S］．

[41] SY/T 6794—2018 可盘绕式增强塑料管线管的评定［S］．

[42] SY/T 6662.2—2020 石油天然气工业用非金属复合管 第 2 部分：柔性复合高压输送管［S］．

[43] HG/T 4087—2009 塑料合金防腐蚀复合管［S］．

[44] SY/T 6662.4—2014 石油天然气工业用非金属复合管 第 4 部分：钢骨架增强热塑性树脂复合连续管及接头［S］．

[45] Tache I A , Tache C. Coatings&Linings for Oil & Gas Pipelines-the Most Effective Method of Corrosion Protection for Aged Pipelines ［J］. MATEC Web of Conferences, 2020, 305：00016.

[46] 臧国军．油气管道段塞流腐蚀机理与内防腐技术研究［D］．成都：西南石油学院，2003．

[47] 羊东明，朱原原，肖雯雯，等．在役油气集输管道内涂层性能研究［J］．新技术新工艺，2017(8)：34-37.

[48] 李芳，孙海礁，石鑫，等．浅谈塔河油田集输管线防腐工艺［J］．腐蚀科学与防护技术，2015，27(1)：103-105.

[49] 黄本生，王兆坤．油气集输管道内涂层技术的现状及发展趋势［J］．腐蚀科学与防护技术，2012，24(4)：345-348.

[50] 樊学华，祝亚男，于勇，等．油气田管道 HDPE 内衬技术的应用［J］．油气储运，2021，40(3)：326-332.

[51] Design and Engineering Practice. DEP 31.40.30.34-Gen Thermoplastic Lined Pipelines for Onshore Use ［S］. Hague：SHELL Global Solutions International B. V., 2017：5-33.

[52] De Mul L M, Haterd N V D, Gerretsen J H. Experience with Polyethylene Lined Pipeline System in Oman ［C］. Orlando：NACE International, 2000, 1-6.

[53] Rueda, Marquez A, Otegui J L, et al. Buckling Collapse of HDPE Liners：Experimental Set-Up and FEM Simulations［J］. Thin-Walled Structures, 2016, 109：103-112.

[54] Rueda F, Torres J P, Machado M, et al. External Pressure Induced Buckling Collapse of High Density Polyethylene (HDPE) Liners：FEM Modeling and Predictions［J］. Thin-Walled Structures, 2015, 96：56-63.

[55] 扈俊颖，陈龙俊，孙志勇．流速对缓蚀剂成膜效率的影响［J］．油气田地面工程，2016，35(5)：22-24.

[56] 荣明，任呈强，李刚，等．流速对管线中缓蚀剂作用效果的影响［J］．天然气与石油，2015，33(1)：77-79.

[57] 叶帆．介质流态对凝析气集输管道的腐蚀影响分析［J］．天然气与石油，2009，27(6)：22-25.

[58] 朱景义，赵海燕，巴玺立，等．酸性气田集输管材的选用［J］．石油规划设计，2019，30(4)：23-25.

[59] 杨专钊．油气集输用双金属复合管［M］．北京：石油工业出版社，2018：1-25.

[60] 李发根，魏斌，邵晓东，等．高腐蚀性油气田用双金属复合管［J］．油气储运，2010，32(12)：92-96.

[61] BinderSingh, Tom Folk etc. Engineering Pragmatic Solutions for CO_2 Corrosion Problems［C］. Corrosion/2007, NACE, Houston, TX, 2007, paper no. 07310.

[62] 曾德智．双金属复合管液压成型理论与试验研究［D］．成都：西南石油大学，2007．

[63] 腾常青，柴红卫．采用新技术提高油管防腐能力．石油矿场机械，2004，33(6)：107.

［64］曾德智，杜清松，谷坛，等．双金属复合管防腐技术研究进展［J］．油气田地面工程，2008，27（12）：64-65.

［65］傅广海．徐深气田 CO_2 防腐技术分析［J］．油气田地面工程，2008，27（4）：66-67.

［66］朱景义，赵海燕，巴玺立，等．酸性气田集输管材的选用［J］．石油规划设计，2019，30（4）：23-25.

［67］Anonymous. Bimetallic Pipe Chosen for Corrosive Service［J］. Oil & Gas Journal, 1991, 89(30): 82.

［68］MACRAE C. One Pipe or Two? —Manufacturing Clad Pipe for Energy Applications［J/OL］. https://www. thefabricator. com/article/hydroforming/one-pipe-or-twor, 2008-06-17.

［69］Rommerskirchen I. New Progress Caps 10 Years of Work with Bubi Pipes［J］. World Oil, 2005, 226(7): 69-70.

［70］Spence R A , Schafer K , Hutchison J , et al. Bi-metal, CRA-Lined Pipe Employed for North Sea Field Development［J］. Oil & Gas Journal, 1999, 97(18): 80-88.

［71］Miuraa R, Sakuraba M. Clad Steel Pipe for Corrosive Gas Transportation［C］. OTC'95, Annual Offshore Technology Conference. Houston, Texas, USA: [s. n]: 845-851.

［72］Russell D K, Wilhelm S M. Analysis of Bimetallic Pipe for Sour Service［J］. SPE Production Engineering, 1991, 6 (3): 291-296.

［73］Li Fagen, Wei Bin, Bai Zhenquan, at el. Fit for Purpose Analysis on Bimetallic Lined Pipe in Yaha Gas Condensate Field［C］. ICPTT 2011: Sustainable Solutions For Water, Sewer, Gas, And Oil Pipelines, Beijing, China, 2011, 81-89.

［74］席治国．双金属复合管及管件在油气工程中的应用［J］．油气田地面工程，2017，36（6）：32-35.

［75］周声结，郭崇晓，张燕飞．双金属复合管在海洋石油天然气工程中的应用［J］．中国石油和化工标准与质量．2011（11）：115-116.

［76］罗世勇，贾旭，徐阳，等．机械复合管在海底管道中的应用［J］．管道技术与设备，2012（1）：32-34.

［77］李磊，邝献任，姬蕊，等．某油田 316L/L360NB 机械式双金属复合管失效行为及原因分析［J］．表面技术，2018，47（6）：224-231.

［78］潘旭，周永亮，冯志刚，等．双金属复合管内衬塌陷问题与建议［J］．石油工程建设，2017，43（1）：57-59.

［79］郭崇晓，蒋钦荣，张燕飞，等．双金属复合管内覆（衬）层应力腐蚀开裂失效原因分析［J］．焊管，2016，39（2）：33-38.

［80］陈浩，顾元国，江胜飞．20G/316L 双金属复合管失效的原因［J］．腐蚀与防护，2015，36（12）：1194-1197.

［81］A Q Fu, X R Kuang, Y Han. Failure Analysis of Girthweld Cracking of Mechanically Lined Pipe sed in Gasfield Gathering System［J］. Engineering Failure Analysis, 2016 (68): 64-75.

［82］李发根，等．抗 H_2S/CO_2 双金属复合管研制与评价研究［R］．西安：中国石油集团石油管工程技术研究院，2018.

［83］LIN Yuan, Kyriakids Stelios. Wrinking Failure of Lined Pipe under Bending［C］. 32nd International Conference on Ocean, Offshore and Arctic Engineering, Nantes, France, 2013: 1-7.

［84］Vasilikis D, Karamanos S A. Mechanical Behavior and Wrinkling of Lined Pipes［J］. International Journal of Solids and Structures, 2012 (49): 3432-3446.

［85］常泽亮，金伟，陈博，等．焊接工艺对 316L 内衬复合管焊接接头点蚀电位的影响［J］．全面腐蚀控制，2017，30（11）：18-22.

［86］魏帆，姜义，吴泽，等．双金属复合管鼓包机理分析和试验研究［J］．天然气与石油，2017，35(5)：6-11.

［87］李循迹，王福善，李发根，等．机械复合管衬层塌陷失效分析及对策研究［J］．金属热处理，2019，44(S1)：556-559.

［88］陈海云，曹志锡．热载荷对双金属复合管残余接触压力的影响［J］．塑料工程学报，2007，14(2)：86-89.

［89］李发根，孟繁印，郭琳，等．双金属复合管焊接技术分析［J］．焊管，2014，37(6)：40-43.

第二章 机械复合管液压成型理论及工艺控制

第一节 国内外研究现状

一、机械复合管成型工艺概述

机械复合管是通过冷加工扩径或缩径实现基管与衬管之间过盈配合，基/衬层间并未发生原子扩散，实质上还是独立结构。成型工艺影响基/衬管材之间的过盈配合质量，直接决定了复合管的实际使用性能。目前，在机械复合管成型工艺方面，管材生产厂家和研究机构开展了的大量研究工作[1-4]，国内在用的成型工艺有液压复合、水下爆燃复合和机械冷成型法等，相关厂家申报了大量专利保护。

1. 液压复合法

液压复合的基本原理是将组合装配好的内衬管和基管，经过液体压力作用于内部耐蚀合金层上，耐蚀合金衬层发生塑性变形后与基管贴合。随着内部液体压力升高，基管也发生变形，达到一定的液体压力后，卸载内压，基管和衬层会发生回弹，但由于基管回弹量大于衬层回弹量，最终使得基管紧缩衬管，并在两管之间产生残余接触应力或紧密度，从而形成液压复合的双金属复合管[5-6]。

液压复合成型工艺如图 2-1 所示，通常包含三个阶段：一是衬管在压力作用下首先发生弹性变形，由于衬管和基管间存在间隙，当衬管没有与基管贴合前，在高压液体作用下衬管发生塑性变形不断胀大，直至与基管内壁贴合；二是当衬管和基管内壁贴合后，压力继续升高，管间产生较大的接触力使基管发生弹性变形；三是在基管发生一定变形后，高压压力卸载，基管和内衬耐蚀合金管都发生回弹变形，由于基管弹性回弹量大于衬管回弹量，形成双金属复合管。

液压复合法接触压力分布均匀，便于控制，衬层表面无擦伤和机械破坏，国内外油气田用户接受程度较高。德国 BUTTING、英国 PROCLAD、国内西安向阳航天材料股份有限公司、浙江久立特材科技股份有限公司、上海海隆防腐技术工程有限公司和番禺珠江钢管股份有限公司等复合管生产厂家都在应用此工艺制备双金属复合管。

2. 水下爆燃复合法

水下爆燃复合法是液压复合工艺的一种延伸，利用导爆索爆炸瞬间产生的能量驱动水介质产生液压力，使套装后的异种金属材料管材在微秒量级时间内实现高强度压力复合。该工艺是由西安向阳航天材料股份有限公司自主开发，制造产品在国内外陆地和海洋油气田集输系统广泛应用。

双金属复合管水下爆炸成型安装工艺如图 2-2 所示。其安装步骤为，首先使用牵引装置将耐蚀合金衬管套装进入基管内，工业上要求基/衬管材之间的间隙必须大于 1mm 以便于装配；然后采用橡胶活塞密封管材两端暴露的间隙，并且把间隙抽成真空；最后把导爆索铺设于衬管内轴线上组成复合管坯，将复合管坯水平放置于水槽内。从导爆索的一端引爆，导爆索爆炸产生的冲击波压力释放入水介质中，获得能量的水介质以均匀的冲击液压力快速传至衬管内壁，使衬管直径增大并产生塑性变形。在液压力作用下，衬管外壁以一定的速度与基管内壁碰撞后贴合，衬管与基管继续胀大，依靠衬管外壁与基管内壁的接触压力使基管产生弹性变形。当冲击波压力消失后，基管与衬管会弹性回缩，基管自由弹性回缩量大而衬管自由弹性回缩量小，利用自由弹性回缩量的不同使基管内壁与衬管外壁牢固地挤压在一起，最终实现两管间的压力复合[7]。

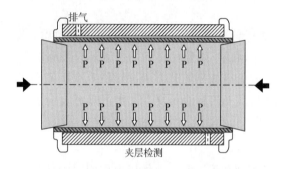

图 2-1 液压复合成型工艺示意图

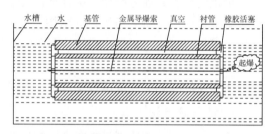

图 2-2 双金属复合管水下爆炸成型安装工艺

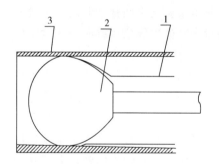

图 2-3 机械拉拔法复合工艺示意图
1—内衬管；2—拉挤模具；3—基管

3. 机械冷成型法

机械冷成型法具体包括机械拉拔法与机械旋压法。机械拉拔法是将预加工好的薄壁不锈钢或耐蚀合金衬管制成异形管，使管径缩小，然后套入基管内，用一拉挤模具放置在衬管一端内作轴向扩挤动作，衬里与基管均产生塑性变形，使衬管贴合于基管内表面（图 2-3）。另一种拉拔法是用大小不同的锥形拉挤模穿入内衬管，外部动力通过拉杆带动拉挤模具向管材作相对移动，对衬管完成轴向扩径挤压的过程，达到衬管与基管紧密的机械结合。由于机械拉拔法模具表面与管材表面会全面接触，在拉拔过程中摩擦阻力大，会对衬管内表面造成机械损伤。另外，在拉拔后一般还要辅以缩径或扩径加工才能制成最终要求的双金属复合管[8]。

该类工艺优点为复合工艺简单、复合管内表面圆整度好；其缺点是拉拔易产生应力松弛而产生分层失效，内衬管材没有达到充分塑性变形，层间结合力较小，不能达到过盈结合，并对基管内壁表面平整性要求较高，同时由于层间结合力小，焊缝处一旦反复受到介质扭曲，易出现疲劳开裂[9]。

机械旋压法是将组合好的复合坯管在旋转的同时，三个呈锥形的旋轮反方向旋转并推进，基管均匀地贴于不锈钢衬里管上，形成静配合的细螺纹连接。机械拉拔法与旋压法主要用于小管径复合管生产，而且由于基管与衬管层间结合强度低，用于油气输送管道案例并不多。

图2-4是旋压复合法原理图，将装配好的内衬管和基管，通过一个模具沿内衬管轴线拉拔前行，该模具通过滚珠与内衬管接触，滚珠有一定的锥度（通常为1:25、1:50）和一定的扩张与收缩范围。通过旋压模具挤压、扩张的方式，将内衬管在直径方向复合到基管内表面上，并通过继续扩张使基管也处于弹性变形的范围内。当外力去除后，衬管发生塑性变形无法收缩，基管处于弹性变形呈收缩趋势，但受内衬管限制，基管内表面强力地嵌合在衬管外表面上，复合成型。同时，模具推动内衬层去挤压基管，能够将内衬管和基管间的空气较大限度地排除，进而提升内层间结合力。机械旋压法适用于薄壁内衬复合钢管，主要缺点为内衬层机械损伤风险较高[10]。

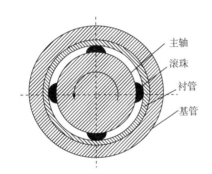 

主轴
滚珠
衬管
基管

图2-4 机械旋压复合法原理图

二、液压成型理论研究现状

在上述机械成型工艺中，液压复合工艺起源较早，制造的机械复合管接触压力分布均匀、成型力便于控制、管内表面光滑，国内外油气田用户接受程度高。关于液压复合工艺成型理论的研究和完善，一直深受学者和生产单位关注。

复合管液压成型是指将耐蚀合金衬管和外部基管套装在一起，形成如图2-5(a)所示的结构。然后依照如图2-5(b)所示对管内加压，随着管内压力升高，衬管由弹性变形状态进入塑性变形状态，并贴紧基管。具体管材成型过程如图2-5(c)所示，当管内压力达到一定值时，基管发生弹性变形，两管紧密贴合在一起；当衬管压力卸除后，若基管弹性回复能力大于衬管的弹性回复能力，则两管紧密贴合，完成管材的成型过程[11]。

基/衬间的结合强度是液压复合管的重要性能指标，主要通过层间过盈配合程度来体现。基管强度是复合管能否实现有效复合的直接影响因素，必须满足衬管与基管的弹性模量比值大于屈服强度比值[12]。对于液压复合管来说，液压成型力直接决定了管材结合性能，成型力的准确计算和施加是复合管生产过程中最关键的技术问题[13]。API Spec 5LD[14]标准虽然对复合管的规格、材料和力学等性能指标进行了明确规定，但是该方法只

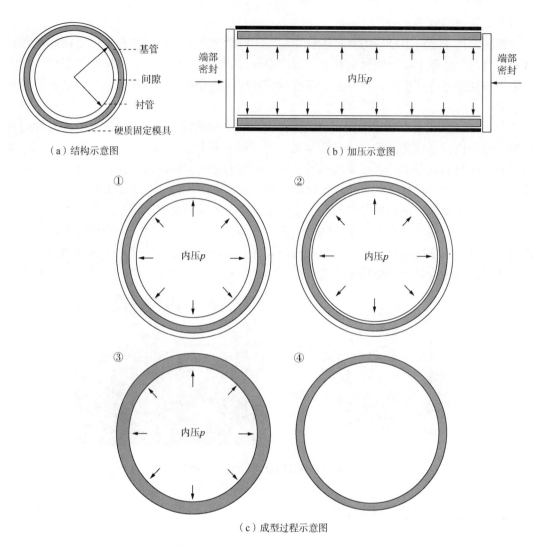

（a）结构示意图   （b）加压示意图

（c）成型过程示意图

图 2-5　液压复合管成型原理示意图

能用于生产检验，缺乏对管材成型工艺参数设计的前期指导。

在管材成型理论研究方面，关于机械复合管成型的力学机理和成型力精确计算的具体方法的报道较少。国内对金属管自由胀形方面的理论研究较多，而在机械复合管液压成型理论方面的研究成果少见报道。

王纯和周飞宇[15-16]等开展了机械复合管液压成型原理分析和试验研究等，马海宽等[17-19]研究分析了机械复合管高压液胀成形原理、成型力学计算模型和选材标准，采用有限元方法模拟了液压复合工艺。研究认为：（1）基管和衬管发生塑性变形至进入屈服状态；（2）判断基管和衬管材料特性能否复合的标准为基管的屈服强度与管弹性模量比值大于衬管两参数间的比值；（3）有限元模拟计算的残余接触应力同理论分析一致。上述结果认为基管和衬管都需要进入屈服状态，忽略了材料由于形变强化和材料硬化等引起的屈服强度变化，没有充分考虑基管和衬管弹塑性变形过程和回弹过程。

部分学者进一步以线性强化弹塑性模型和理想弹塑性模型对机械复合管液压成型力计算问题进行了理论研究[20-22]。颜惠庚[23]等利用图解法将管材假设为理想弹塑性材料，屈服强度为材料实际屈服强度，得到了残余挤压应力与胀接液压力的理论解析式。Yuan[24]等采用数值模拟，分析了机械复合管的液压成型过程，得到复合管所受内压、残余环向应力与径向位移的关系。机械复合管在服役使用过程中会受到多种荷载的联合作用而发生屈曲失效。王学生[25]等对液压膨胀加工过程进行了力学分析，基于弹塑性理论创建了一套理论模型，利用加载液压法计算复合管残余接触压力，给出了成型液压的确定方法。李明亮[26]等从多层复合管出发，分析了多层管液压胀接成形的原理，根据弹塑性基本理论，建立了三层及二层复合管胀接液压力与残余挤压应力的解析表达式。Wang[27]等基于液压膨胀过程中衬管和基管的线弹性和随动强化行为建立了理论模型，通过相应的液压成形压力计算残余接触压力，并给出了液压极限的确定方法。Huang[28]等结合 Von Mises 屈服准则、不可压缩材料和平面应变假设的一般应力—应变模型，建立了计算液压膨胀管—管板接头的残余接触压力或膨胀压力的分析模型，可以分析材料应变强化、初始间隙、杨氏模量和泊松比等参数对成型的影响。唐越[29]等考虑衬管应变强化现象，分析了在管内液压逐渐增大的过程中基管和衬管间的应力—应变关系，得到管道复合所需胀接内压力的选择范围及残余接触压力与胀接内压力的关系。但上述研究中内衬管的塑性变形过程被假设成了理想弹塑性模型，在计算残余接触压力时，当衬管/基管胀形量达到最大的情况下，内衬管的等效塑性应力值是按照两管之间刚发生接触时，即衬管/基管之间的间隙刚好消除时内衬管的塑性应力值来计算的，显然这一估值比实际内衬管应力值要低，最终会导致理论分析结果不准确。

另外，当前研究所建立的成型力计算模型通常是根据残余接触压力图解法得到的，未充分考虑复合管成型过程中由于衬管塑性变形引起的塑性强化应力，成型力理论力学模型和计算方法有一定局限性。并且，大多数耐蚀合金材料塑性强化过程是非线性的，但现有的液压复合管成型过程力学分析模型通常仅考虑为弹塑性或者线性强化[30]，未充分考虑非线性随动强化。Akisanya A R 等[31]重点研究了两根同心管的液压膨胀成型在油井管中的应用，基于弹性和塑性理论建立了液压、管件几何尺寸和管件之间残余接触压力相关的分析模型，采用非线性有限元分析验证了理论结果并探讨了端部支撑条件的影响，但关于非线性随动强化应力的计算方法鲜见报道。

目前，通过数值模型并结合有限元分析方法，可以更深入地开展液压复合管成型理论及工艺参数控制研究[32-34]。Vedeld K 等[35]推导出了预测衬管承受轴向力的机械复合管材中应力分布方法，建立了轴向应力和接触压力相互作用的公式，并通过详细的有限元分析进行了验证。Dong 等[36]开发了一种基于 ABAQUS 的二维有限元模型来研究内衬复合管的后屈曲行为。Guo 等[37]建立了内衬耐蚀合金管材液压膨胀制造过程的理论模型，得到液压成型压力与残余接触压力、最小和最大临界液压压力之间的关系公式，并建立了二维轴对称有限元模型来模拟水力膨胀过程。晁利宁等[38]应用有限元软件对机械复合管成型过程中的力学行为进行弹塑性分析，建立了不同材料复合管胀管压力与残余接触压力之间的对应关系。通过有限元模拟，得出不同材料在间隙消除阶段的最小成型胀管压力、外部基管弹性极限胀管压力及接触压力、基管刚发生屈服时的胀管压力和接触压力以及基管完全发生塑性变形的极限胀管压力和接触压力，卸载后的残余接触压力。

此外，通过将实验数据与有限元分析结果进行比较，可以评估有限元模型的准确性，指导模型的优化，为工艺参数研究提供进一步指导。郑茂盛等[39]以平面应变假定和理想弹塑性为材料模型，对机械复合管液压成形过程进行了简化分析，建立了成形过程简化模型和有关力学公式，并验证了试验结果。研究结果表明，未考虑材料加工硬化时，预测结果与试验结果走势一致，且是试验结果的下限；考虑材料加工硬化时，预测结果与试验结果良好符合，所建立的预测公式能给出较好的预测结果。

综上所述，现有文献中关于机械复合管液压成型的实物工艺试验研究有限，报道的液压成型力计算方法偏差较大，对机械复合管液压成型力和强度特性的相关性还没有准确的认识。现有成型理论难以满足用户要求，精准设计并控制液压复合管的生产制造，这也是制约机械复合管更广泛应用于油气田开发的关键技术问题之一[40-42]。

因此，在前人研究的基础上，本章拟采用理论分析、数值模拟和工艺实验相结合的方法，创建液压成型过程中衬管和基管的应力应变动态协调变形图版[43]，构建考虑材料非线性随动强化、衬管和基管协调变形及接触应力的复合管液压成型力学模型[44]，提出基于材料非线性随动强化的复合管液压成型力计算方法，设计一种新型复合管液压成型的密封结构，采用新型液压成型装置开展了复合管液压成型工艺试验，进一步揭示复合管液压成型的力学机理，同时验证理论模型及成型力计算方法的正确性和准确程度[45]。本章研究成果将试图为机械复合管液压成型试验和生产提供理论依据，支撑国产液压复合管制造能力提升。

第二节　衬管材料非线性随动强化规律分析

一、弹塑性力学行为分析

1. 力学模型

耐蚀合金衬管通常为直焊缝薄壁管，存在较小的壁厚不均度和较大的不圆度。计算中，耐蚀合金圆筒自由膨胀的力学问题假设为理想圆筒，其力学模型如图 2-6 所示。采用极坐标 (r, θ) 表示各应力、应变和位移分量。理想圆筒属于轴对称问题，应力、应变和位移是关于对称轴对称分布的。因此，$\tau_{r\theta} = 0$，径向应力与周向应力仅是 r 的函数，与 θ 无关，即为 $\sigma_r(r)$，$\sigma_\theta(r)$；同理，应变分量为 $\varepsilon_r(r)$，$\varepsilon_\theta(r)$；在外载作用下，筒体只产生沿半径方向的均匀膨胀或收缩，即只产生径向位移 $u(r)$，轴向位移仅与 z 有关，即 $\omega(z)$。

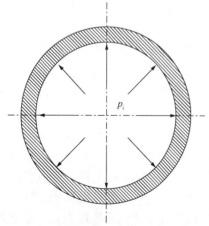

图2-6　耐蚀合金衬管自由膨胀力学模型

2. 圆筒问题的弹性分析

根据弹塑性力学原理，平面轴对称问题中的平

衡方程为[46]

$$\frac{\mathrm{d}\sigma_r}{\mathrm{d}r} + \frac{\sigma_r - \sigma_\theta}{r} = 0 \tag{2-1}$$

几何方程为

$$\begin{cases} \varepsilon_r = \dfrac{\mathrm{d}u}{\mathrm{d}r} \\[2mm] \varepsilon_\theta = \dfrac{u}{r} \end{cases} \tag{2-2}$$

本构方程(平面应力)为

$$\begin{cases} \varepsilon_r = \dfrac{1}{E}(\sigma_r - \mu\sigma_\theta) \\[2mm] \varepsilon_\theta = \dfrac{1}{E}(\sigma_\theta - \mu\sigma_r) \\[2mm] \varepsilon_z = -\dfrac{\mu}{E}(\sigma_\theta + \sigma_r) \end{cases} \tag{2-3}$$

由式(2-2)得变形协调方程为

$$\frac{\mathrm{d}\varepsilon_\theta}{\mathrm{d}r} - \frac{\varepsilon_\theta - \varepsilon_r}{r} = 0 \tag{2-4}$$

将式(2-3)代入式(2-4),则得以应力分量表示的协调方程为

$$\frac{\mathrm{d}\sigma_\theta}{\mathrm{d}r} - \mu\frac{\mathrm{d}\sigma_r}{\mathrm{d}r} = \frac{1+\mu}{r}(\sigma_r - \sigma_\theta) \tag{2-5}$$

由式(2-1)可得

$$\sigma_\theta = \sigma_r + r\frac{\mathrm{d}\sigma_r}{\mathrm{d}r} \tag{2-6}$$

式(2-6)对 r 求导,可得

$$\frac{\mathrm{d}\sigma_\theta}{\mathrm{d}r} = r\frac{\mathrm{d}^2\sigma_r}{\mathrm{d}r^2} + 2\frac{\mathrm{d}\sigma_r}{\mathrm{d}r} \tag{2-7}$$

将式(2-6)和式(2-7)代入式(2-5),可得

$$\frac{\mathrm{d}^2\sigma_r}{\mathrm{d}r^2} + \frac{3}{r}\frac{\mathrm{d}\sigma_r}{\mathrm{d}r} = 0 \tag{2-8}$$

式(2-8)可写成:

$$\frac{\mathrm{d}\sigma'_r}{\sigma'_r} = -3\frac{\mathrm{d}r}{r} \tag{2-9}$$

对式(2-9)积分,得

$$\ln\sigma'_r = -3\ln r + \ln C \tag{2-10}$$

由此可得

$$\sigma'_r = Cr^{-3} \tag{2-11}$$

对式(2-11)进行积分，得

$$\sigma_r = -\frac{C}{2r^2} + C_1 = C_1 + \frac{C_2}{r^2} \tag{2-12}$$

将式(2-12)代入平衡方程式(2-1)，则得

$$\sigma_\theta = C_1 - \frac{C_2}{r^2} \tag{2-13}$$

当圆筒内壁受均匀内压力 p_a、圆筒外壁受均匀外压力 p_b 时，其内外壁边界条件可写为

$$\begin{cases} (\sigma_r)_{r=b} = p_b \\ (\sigma_r)_{r=a} = p_a \end{cases} \tag{2-14}$$

将式(2-14)两个边界条件代入式(2-12)，可得

$$\begin{cases} C_1 = \dfrac{1}{b^2 - a^2}(a^2 p_a - b^2 p_b) \\ C_2 = \dfrac{a^2 b^2}{b^2 - a^2}(p_b - p_a) \end{cases} \tag{2-15}$$

由式(2-12)和式(2-13)可求得圆筒的应力分量为

$$\begin{cases} \sigma_r = \dfrac{a^2 b^2 (p_b - p_a)}{b^2 - a^2}\dfrac{1}{r^2} + \dfrac{a^2 p_a - b^2 p_b}{b^2 - a^2} \\ \sigma_\theta = -\dfrac{a^2 b^2 (p_b - p_a)}{b^2 - a^2}\dfrac{1}{r} + \dfrac{a^2 p_a - b^2 p_b}{b^2 - a^2} \end{cases} \tag{2-16}$$

显然，式(2-16)和弹性常数无关，因而式(2-16)可同时适用于平面应力问题和应变问题。

将式(2-16)代入式(2-2)，可得应变分量为

$$\begin{cases} \varepsilon_r = \dfrac{1}{E}\left[(1+\mu)\dfrac{a^2 b^2 (p_b - p_a)}{b^2 - a^2}\dfrac{1}{r^2} + (1-\mu)\dfrac{a^2 p_a - b^2 p_b}{b^2 - a^2}\right] \\ \varepsilon_\theta = \dfrac{1}{E}\left[-(1-\mu)\dfrac{a^2 b^2 (p_b - p_a)}{b^2 - a^2}\dfrac{1}{r^2} + (1-\mu)\dfrac{a^2 p_a - b^2 p_b}{b^2 - a^2}\right] \end{cases} \tag{2-17}$$

将式(2-17)代入平面应力的本构方程式(2-3)可得

$$\varepsilon_z = -\frac{2\mu}{E(b^2 - a^2)}(a^2 p_a - b^2 p_b) \tag{2-18}$$

将式(2-17)代入几何方程式(2-2)，可得径向位移分量为

$$u = \frac{1}{E}\left[-(1+\mu)\frac{a^2 b^2 (p_b - p_a)}{b^2 - a^2}\frac{1}{r} + (1-\mu)\frac{a^2 p_a - b^2 p_b}{b^2 - a^2}r\right] \tag{2-19}$$

式中：b 为圆筒外径，mm；a 为圆筒内径，mm；p_b 为圆筒外压，MPa；p_a 为圆筒内压，

MPa；μ 为材料的泊松比；E 为材料的弹性模量，MPa。

3. 塑性屈服条件

塑性屈服条件就是材料进入塑性状态时应力分量之间所必须满足的条件。1864 年法国工程师 Tresca 根据 Coulomb 对土力学的研究以及他自己在金属挤压试验中得到的结果，提出如下假设：当最大剪应力达到某一定值 k 时，材料就发生屈服。因此，Tresca 屈服条件可用数学式表示为 $\tau_{max} = k$。当 $\sigma_1 \geqslant \sigma_2 \geqslant \sigma_3$ 时，有

$$\sigma_1 - \sigma_3 = 2k \tag{2-20}$$

式(2-20)与简单拉伸时滑移线与轴线大致成 45°，以及静水应力不影响屈服的事实相符。1913 年 Tresca 指出，Tresca 屈服条件在偏量平面 π 上的六个角点虽由试验得出，但是六边形则是直线连接假设的结果。Mises 提出用圆来连接这六个角点似乎更合理，并可避免因曲线不光滑而在数学上引起的困难。这样，按 Mises 屈服条件，在偏量平面 π 上的屈服线就是 Tresca 六边形的外接圆，如图 2-7 所示。在应力空间中的屈服面是一个垂直于偏量平面 π 的圆柱面，它与坐标轴平面 σ_1 和 σ_2 平面的截线是一个椭圆[47]，如图 2-8 所示。

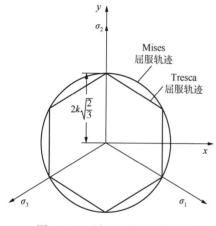

图 2-7 π 平面上的屈服轨迹

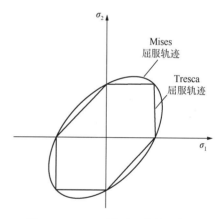

图 2-8 $\sigma_3 = 0$ 平面上的屈服轨迹

Tresca 六边形的外接圆半径为 $2k\sqrt{2/3}$，故在偏量平面 π 上的 Mises 屈服圆的方程为

$$x^2 + y^2 = \left(2k\sqrt{2/3}\right)^2 \tag{2-21}$$

极坐标下，Mises 屈服条件可写为

$$(\sigma_r - \sigma_\theta) + (\sigma_\theta - \sigma_z)^2 + 6(\tau_{r\theta}^2 + \tau_{\theta z}^2 + \tau_{zr}^2) = 2\sigma_s^2 \tag{2-22}$$

由于圆筒问题的轴对称性，则有 $\tau_{r\theta} = \tau_{\theta z} = \tau_{zr} = 0$ 即 σ_r，σ_θ，σ_z 均为主应力，且 $\sigma_z = 0$，代入 Mises 屈服条件，则得

$$\sigma_\theta - \sigma_r = \frac{2}{\sqrt{3}}\sigma_s = 1.155\sigma_s \tag{2-23}$$

取 $\sigma_\theta = \sigma_1$，$\sigma_z = \sigma_2$，$\sigma_r = \sigma_3$，且 $\sigma_\theta > 0$，$\sigma_r < 0$，则 Mises 屈服条件为

$$\sigma_\theta - \sigma_r = \sigma_s \tag{2-24}$$

由式(2-23)和式(2-24)可知，按两种屈服条件进入塑性状态时，其应力组合相同，所满足的条件仅差一个系数，即 Tresca 屈服条件中 σ_s 的系数为 1，而 Mises 屈服条件为 1.155，因此，后续分析可利用式(2-24)计算，若将分析结果中的 σ_s 乘以 1.155，则就变成了按 Mises 屈服条件计算的结果。

4. 自由膨胀过程中的应力变形分析

衬管在内压 p_i 作用下，其应力分量由式(2-16)可得

$$\begin{cases} \sigma_r = \dfrac{p_i}{k^2 - 1}\left(1 - \dfrac{r_o^2}{r^2}\right) \\[3mm] \sigma_\theta = \dfrac{p_i}{k^2 - 1}\left(1 + \dfrac{r_o^2}{r^2}\right) \end{cases} \tag{2-25}$$

式中：p_i 为加载内压，MPa；r 为衬管半径，mm；r_o 为衬管外半径，mm；k 为衬管的径比，其值等于 d_o/d_i 或 r_o/r_i。

在弹性变形阶段，衬管的径向位移由式(2-19)可得

$$u = \frac{1}{E_i}\frac{p_i}{k^2 - 1}\left[(1 - \mu_i)\,r + (1 + \mu_i)\,\frac{r_o^2}{r}\right] \tag{2-26}$$

式中：E_i 为衬管的弹性模量，MPa；μ_i 为衬管的泊松比。

由式(2-25)和 Tresca 屈服条件可得衬管内壁开始发生塑性变形的压力为

$$p_{iie} = \frac{\sigma_{si}(k^2 - 1)}{2k^2} \tag{2-27}$$

式中：σ_{si} 为衬管的屈服强度(此处指管材刚发生塑性变形时的应力，而不是 $\sigma_{0.2}$)，MPa。

将式(2-27)代入式(2-26)可得衬管刚发生屈服时，外壁的径向位移 u_{ioe} 为

$$u_{ioe} = \frac{\sigma_{si}r_o}{E_i k^2} \tag{2-28}$$

当加载压力超过衬管弹性极限压力 p_{iie} 时，管材塑性区由内壁向外壁扩展，进一步发生塑性变形。在衬管未完全屈服时，材料还不会被强化。

将 Tresca 屈服条件代入平衡方程，可得

$$\frac{d\sigma_r}{dr} - \frac{\sigma_s}{r} = 0 \tag{2-29}$$

由式(2-29)可得

$$d\sigma_r = \sigma_s \frac{dr}{r} \tag{2-30}$$

对式(2-30)进行积分，得

$$\sigma_r = \sigma_s \ln r + C \qquad (2\text{-}31)$$

式(2-31)中 C 为积分常数，将 $r = r_i$ 处力的边界条件 $\sigma_r |_{r=r_i} = -p_i$ 代入式(2-31)可得 $C = -p_i - \sigma_s \ln r_i$。将其代入式(2-31)，由 Tresca 屈服条件可求得 σ_θ。由此可得衬管完全屈服时的应力分量为

$$\begin{cases} \sigma_r = \sigma_{si} \ln \dfrac{r}{r_i} - p_i \\[3mm] \sigma_\theta = \sigma_{si} \left(1 + \ln \dfrac{r}{r_i} \right) - p_i \end{cases} \qquad (2\text{-}32)$$

将 $r = r_o$ 处力的边界条件 $\sigma_r |_{r=r_o} = 0$ 代入式(2-32)可得，衬管完全屈服时的压力为

$$p_{iip} = \sigma_{si} \ln k \qquad (2\text{-}33)$$

由式(2-32)、式(2-33)及轴对称平面应力问题的几何方程式(2-2)、本构方程式(2-3)和 Tresca 屈服条件可得，衬管完全屈服时外壁的径向位移为

$$u_{iop} = \frac{\sigma_{si}}{E_i} r_o \qquad (2\text{-}34)$$

在实际生产中，管材存在壁厚不均性和截面的不圆性，为了便于衬管和基管的套装，衬管和基管的间隙一般都比较大。当衬管完全屈服时，衬管外壁的径向位移 u_{iop} 较小，其值小于衬管和基管的间隙 Δ，即 $u_{iop} < \Delta$。当内压超过衬管完全屈服压力 p_{iip} 后继续加载，衬管进一步发生塑性变形，衬管材料将被强化。由于衬管在内压作用下的膨胀量很小，可认为衬管在成型的整个过程中其壁厚不变，当衬管和基管的间隙完全消除时有

$$p_i = \sigma_{si\Delta} \ln k \qquad (2\text{-}35)$$

式中：$\sigma_{si\Delta}$ 为衬管和基管间隙完全消除时衬管材料的塑性强化应力，MPa。

二、本构关系及其力学参数测定方法

1. 理论分析

采用常规拉伸试验法很难准确获取薄壁耐蚀合金衬管的力学性能参数及其在加卸载过程中的应力应变关系。况且，管材单向拉伸试验的应力应变状态不能完全反映复合管成型时衬管的应力应变状态。为此，对耐蚀合金管进行胀管试验，在加压和卸压过程中对管材外壁进行应变测试，从而获得耐蚀合金管在加压和卸压过程中的变形规律，通过理论计算可定量得出材料的力学参数及其应力应变关系，为复合管成型力获取和后续实验奠定基础。同时，通过测量衬管破裂或刺漏瞬间对应的应变值，获取其在极限变形情况下的应力应变状态。上述操作对于衬管为焊接管的复合管成型能力分析具有重要意义，为后续实验及复合管成型力计算和强度分析奠定了基础。

根据弹塑性力学原理，当衬管膨胀过程处于弹性阶段时，加载产生的弹性变形应完全

恢复，卸载后试件外壁的应变应恢复为零。因此，在加载和卸载过程中测试管材外壁的应变变化规律可确定试件的弹性极限压力，并通过理论计算可得出耐蚀合金管材的屈服强度（不可恢复变形的应力状态点）。当加载压力超过耐蚀合金管弹性极限压力后继续加载，管材将塑性膨胀，此时耐蚀合金管被强化。测量该塑性膨胀过程中管材外壁的应变，并结合理论计算可得出材料的塑性强化应力。当管材塑性膨胀后卸载，耐蚀合金管将回弹，且该过程服从弹性规律。测量卸载过程中管材外壁应变值，结合理论计算可得出耐蚀合金管材的弹性参数。

根据本章采用的液压密封装置的结构特点，在内压作用下，耐蚀合金管所受轴向力极小，管材的膨胀问题可看成平面应力问题，据式（2-35）可得耐蚀合金管材的屈服强度为

$$\sigma_{si} = \frac{p_{iip}}{\ln k} \tag{2-36}$$

当加载压力超过耐蚀合金管屈服压力后，管材继续膨胀，材料被强化。由式（2-36）可得

$$p_i = \sigma'_{si} \ln k \tag{2-37}$$

由式（2-37）可得耐蚀合金管材塑性强化应力为

$$\sigma'_{si} = \frac{p_i}{\ln k} \tag{2-38}$$

卸载过程服从弹性规律，由轴对称平面应力问题的物理方程可得耐蚀合金管外壁应卸掉的周向应变为

$$\Delta \varepsilon_{\theta io} = \frac{\Delta \bar{\sigma}_{\theta io}}{E_i} \tag{2-39}$$

由式（2-39）和轴对称平面应变问题的几何方程和 Tresca 屈服条件可得耐蚀合金管材的弹性模量为

$$E_i = \frac{1}{\Delta \varepsilon_{\theta io}} \frac{\Delta p_i}{\ln k} = \frac{1}{\Delta \varepsilon_{\theta io} / \Delta p_i} \frac{1}{\ln k} \tag{2-40}$$

令 $k_{\varepsilon\theta p} = \dfrac{\Delta \varepsilon_{\theta io}}{\Delta p_i}$，式（2-40）可写为

$$E_i = \frac{1}{k_{\varepsilon\theta p}} \frac{1}{\ln k} \tag{2-41}$$

式中：$k_{\varepsilon\theta p}$ 为卸载曲线 $\varepsilon_{\theta io}$ - p_i 的斜率，MPa^{-1}。

由式（2-41）可知，耐蚀合金管材弹性模量只和其管径比 k 和周向应变—压力曲线的卸载斜率有关。因此，只需测量耐蚀合金管在卸载过程中的周向应变值即可测得其弹性模量。

在内压作用下，由式(2-28)可得耐蚀合金管轴向弹性应变为

$$\varepsilon_{zio} = -\frac{2\mu_i}{E_i(k^2-1)}p_i \tag{2-42}$$

由式(2-42)可得卸掉的弹性轴向应变为

$$\Delta\varepsilon_{zio} = -\frac{2\mu_i}{E_i(k^2-1)}\Delta p_i \tag{2-43}$$

由式(2-43)和式(2-39)可得耐蚀合金管材的泊松比为

$$\mu_i = -\frac{\dfrac{\Delta\varepsilon_{zio}}{\Delta p_i}}{\dfrac{\Delta\varepsilon_{\theta io}}{\Delta p_i}}\frac{k^2-1}{\ln k} = -\frac{\Delta\varepsilon_{zio}}{\Delta\varepsilon_{\theta io}}\frac{k^2-1}{\ln k} \tag{2-44}$$

令 $k_{\varepsilon zp} = \dfrac{\Delta\varepsilon_{zio}}{\Delta p_i}$，式(2-44)可写为

$$\mu_i = -\frac{k_{\varepsilon zp}}{k_{\varepsilon\theta p}}\frac{k^2-1}{\ln k} \tag{2-45}$$

式中：$k_{\varepsilon zp}$ 为卸载曲线 $\varepsilon_{zio} - p_i$ 的斜率，MPa^{-1}。

由式(2-45)可知，管材泊松比只和耐蚀合金管径比 k、轴向卸载斜率 $k_{\varepsilon zp}$、周向卸载斜率 $k_{\varepsilon\theta p}$ 有关。因此，只需测量耐蚀合金管在卸载过程中周向应变和轴向应变即可测得其泊松比。

2. 实验材料

在规格为 ϕ63mm×1.16mm 的耐蚀合金衬管上截取长为 300mm 的圆筒 2 件，然后加工成如图 2-9 所示的形状及尺寸。另外，为了消除应变测试过程中的测试误差，需进行温度补偿。温度补偿片一般贴在与被测试件材料相同，但不承受载荷的试件表面。为此，在规格为 ϕ63mm×1.16mm 的耐蚀合金衬管上截取长为 20mm 的圆环 1 件用于温度补偿。

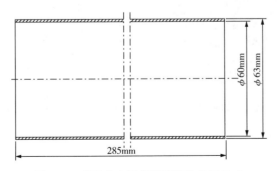

图 2-9　耐蚀合金衬管膨胀试件几何尺寸

3. 实验步骤

耐蚀合金衬管液压膨胀过程中应变测试实验按下述步骤进行：

（1）在试件表面画线，指定贴片位置（首先在距试件一端 142.5mm 处横向画线 1 条，然后在焊缝处纵向画线 1 条，再在离焊缝较远处的周向三等分位置纵向画线 2 条），划痕不能太深。

（2）用细砂纸将试件贴片表面进行打磨，以消除表面划痕直至镜面，保证贴片处的表面粗糙度在 1.6 以上。

（3）用丙酮将试件擦净，然后用酒精清洗，再吹干试件表面，保证贴片处的清洁程度。

（4）检查应变片在运输和存放过程中有无损坏。

（5）用专用黏结剂将应变片贴在指定位置，粘贴时需对应变片施加一定压力，将多余黏结剂挤出，粘贴过程中不能将应变片的引线粘在试件表面，以免引起短路。

（6）将接线端子粘在应变片附近，并将应变片引线和接线端子用电焊焊接在一起，并检查应变片之间及应变片和试件之间是否短路。

（7）将应变片用专用封存剂封存，以防水、防潮，并对应变片进行编号。

（8）检查试压泵、压力表及连接管线的密封能力，保证应变测试过程中液压系统完好，试压保持 30 分钟以上，检查有无泄漏现象。

（9）将试件与液压密封装置装配在一起，然后向管材内部灌入清水，然后接油泵。

（10）将三芯屏蔽线按半桥连接电路进行接线，按接线通道号对屏蔽线进行编号，以免应变片一端线路接错，本实验应变仪的接线如图 2-10 所示。

（11）将接入转换箱的三芯屏蔽线的另一端按对应编号用电焊焊接在应变片接线端子上，如图 2-11 所示。

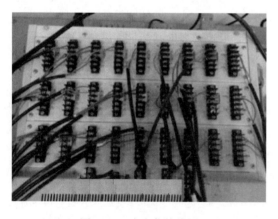

图 2-10　应变仪接线图

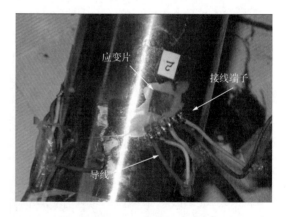

图 2-11　应变片接线图

（12）检查应变片在接线操作中是否损坏，检查应变仪电桥是否平衡。

（13）确保所有连接正确完成后，测量耐蚀合金管在加载和卸载过程中的应变，管材膨胀试验试件一和试件二的连接总成如图 2-12 和图 2-13 所示。

（14）基本测量完成后拆去应变片接线，在膨胀试件四周加保护罩，然后加载至耐蚀合金管刺漏或破裂为止。

图 2-12　膨胀试验试件一　　　　　　　　图 2-13　膨胀试验试件二

4. 误差分析及数据处理方法

应变测试过程中，由于仪器设备、测量环境和人工操作等因素的影响，可能产生测量误差。本实验可能产生的误差主要有：

（1）测试系统的零点漂移。零点漂移是指安装在试件上的应变片在试件不承受应力的情况下，温度恒定时指示应变随时间的变化。导线分布电容变化、引线和导线焊接质量差、黏结剂层中有气泡等都会引起零点漂移。

（2）由于应变片基本特性的差异而产生的误差。应变片的基本特性包括：灵敏系数、横向效应系数和机械滞后。灵敏系数是指安装在被测试件上的应变片，在其周向受到单向应力时引起的电阻相对变化值，与由此单向应力引起的试件表面轴向应变之比。灵敏系数大小及其分散程度主要取决于应变片制造质量和检定时安装质量。横向效应系数是指在同一单向应变作用下，垂直于单向应变方向安装应变片的指示应变与平行于单向应变方向安装应变片的指示应变之比。横向效应系数大小与敏感栅的结构尺寸和材料性能有关。机械滞后是指安装在试件上的应变片在恒温下，增加或减少试件应变过程中，对同一机械应变量指示应变的差值。机械滞后反映了应变片的重复工作特性，其大小主要取决于应变片和黏结剂材料在承受应变后的内部残余变形程度。因此，本章应变测试均选用中航电测仪器股份有限公司生产的高精度应变计，其型号为 BE120-2CA(11)。

（3）由于环境因素改变而产生的误差。应变测试过程中的环境因素主要包括：温度、湿度和环境干扰。温度对应变片特性、导线电容影响较大，应变测试一般都要进行温度补偿，其方法是在与被测试件材料相同的温度补偿件上粘贴与被测试件上相同型号、相同阻值和相同灵敏度的补偿片，并使它处于与工作片相同温度的环境下，但不使其受力，然后将补偿片接入测量电桥。应变片系统受潮可能引起应变片基底及黏结剂的体积膨胀、黏结强度和绝缘电阻的下降，因此，应变片系统需要采取防潮措施。应变测试过程中还可能存在电压不稳、电器系统之间的环境干扰。

（4）操作因素生产的误差。应变片的粘贴质量不好、应变片引线与导线的连接不牢或相互干扰、导线与转换箱连接不牢等都会引起测量误差。

（5）读数或记录误差。

衬管基本力学参数确定需要进行线性拟合，而数据线性拟合一般可采用最小二乘法。为了减小误差，首先对受力状态相同而位置不同的应变片的测量值求解应变平均值，然后应用曲线拟合的最小二乘法求解式（2-41）和式（2-45）中应变—压力卸载曲线的斜率。

若记测量数据 $p_i = x_i$，$\varepsilon_i = y_i$（$i = 0$，1，$\cdots$，m），则在测定数据（x_i，y_i）中，总能找到函数 $S(x)$，使其误差最小。若记拟合函数 $S(x)$ 为

$$S(x) = \sum_{j=0}^{n} a_j \phi_j(x_i) = a_0 \phi_0(x) + a_1 \phi_1(x) + \cdots + a_n \phi_n(x) \quad (n < m) \qquad (2-46)$$

可得函数 $S(x)$ 相对 y_i 的误差为

$$\| \delta \|_2^2 = \sum_{i=0}^{m} \omega(x_i) \left[S(x_i) - y_i \right]^2 \qquad (2-47)$$

式中：$\omega(x_i)$ 为权函数，它表示不同测点数据的比重。

要使拟合函数 $S(x)$ 的误差最小，向量 $a = (a_0$，a_1，$\cdots$，$a_n)$ 应满足[48]：

$$\sum_{j=0}^{n} (\phi_k, \phi_j) a_j = d_k \quad (k = 0，1，\cdots，n) \qquad (2-48)$$

其中

$$d_k = (f, \phi_k) = \sum_{i=0}^{m} \omega(x_i) f(x_i) \phi_k(x_i) \qquad (2-49)$$

$$(\phi_k, \phi_j) = (\phi_j, \phi_k) = \sum_{i=0}^{m} \omega(x_i) \phi_j(x_i) \phi_k(x_i) \qquad (2-50)$$

求解式（2-46）可得

$$S^*(x) = a_0^* \phi_0(x) + a_1^* \phi_1(x) + \cdots + a_n^* \phi_n(x) \qquad (2-51)$$

对耐蚀合金管膨胀试验而言，其卸载过程服从弹性规律，应变—压力卸载曲线为一直线，因而式（2-48）中 $n = 1$。令应变—压力曲线的斜率 $k_{\varepsilon p} = a_1$，可得

$$\begin{cases} (\phi_0, \phi_0) a_0 + (\phi_0, \phi_1) a_1 = (\phi_0, f) \\ (\phi_1, \phi_0) a_0 + (\phi_1, \phi_1) a_1 = (\phi_1, f) \end{cases} \qquad (2-52)$$

其中

$$(\phi_0, \phi_0) = \sum_{i=0}^{m} \omega_i$$

$$(\phi_0, \phi_1) = \sum_{i=0}^{m} \omega_i p_i \qquad (2-53)$$

$$(\phi_1, \phi_1) = \sum_{i=0}^{m} \omega_i p_i^2$$

$$\begin{cases} (\phi_0, f) = \sum_{i=0}^{m} \omega_i \varepsilon_i \\ (\phi_1, f) = \sum_{i=0}^{m} \omega_i x_i \varepsilon_i \end{cases} \tag{2-54}$$

求解式(2-52)中的 a_1，即可求得应变—压力曲线的斜率 $k_{\varepsilon p}$。

三、自由膨胀、回弹和非线性随动强化规律分析

实验测得耐蚀合金衬管试件一的刺漏压力为17MPa，管材刺漏后形貌如图2-14所示。实验过程中发现该试件刺漏点正好在焊缝处，且位于耐蚀合金管轴向中部，肉眼观察未见裂纹。耐蚀合金衬管试件一在加载膨胀和卸载回弹过程中外壁的应变测量值(本体测量值为平均值)见表2-1。

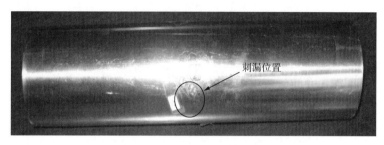

图 2-14　耐蚀合金衬管膨胀刺漏后形貌(试件一)

表 2-1　耐蚀合金衬管试件一加卸载过程中应变测量值

加载压力，MPa	本体应变的平均值，10^{-6}		焊缝处的应变，10^{-6}	
	周向	轴向	周向	轴向
0	0	0	0	0
1	111	−27.5	122	−20
2	324	−81.5	282	−59
3	389.5	−126.5	445	−93
4	603.5	−166.5	573	−136
5	706	−240	698	−186
6	993	−342	818	−260
7	1248.5	−420	1031	−333
8	1606	−545	1253	−428
9	2039	−684.5	1554	−556
10	2459	−839	1820	−680

续表

加载压力，MPa	本体应变的平均值，10^{-6}		焊缝处的应变，10^{-6}	
	周向	轴向	周向	轴向
11	2870.5	−980	2150	−819
12	3710	−1165	2644	−976
13	4134.5	−1314	2843	−1158
14	4741.5	−1532.5	3224	−1352
15	7639.5	−2605	5031	−2358
16	9104.5	−3182.5	6017	−2882
14	9041	−3122	6008	−2844
12	8860	−3050.5	5732	−2766
9.9	8448.5	−2954.5	5285	−2722
7.8	8241.5	−2815.5	5062	−2626
6	8022.5	−2658.5	4895	−2552
4	7701.5	−2545.5	4509	−2432
2	7248.5	−2462	4114	−2318
0	6778	−2438.5	3727	−2152
1	6888.5	−2510	3782	−2199
2	7008	−2567.5	3898	−2249
3	7187.5	−2611	4060	−2299
4	7359.5	−2651	4203	−2346
5	7481.5	−2697	4371	−2392
6	7602.5	−2733.5	4436	−2429
7	7756.5	−2784.5	4593	−2471
8	7945	−2834.5	4779	−2527
9	8085	−2879	4902	−2571
8	7946	−2845	4800	−2545
6	7612.5	−2752.5	4450	−2448
4	7342.5	−2682.5	4219	−2371
2	7012	−2592	3901	−2263
0	6775	−2501.5	3718	−2158

为了直观地看出耐蚀合金衬管在液压作用下的膨胀变形规律，将表 2-1 中的数据绘成如图 2-15 至图 2-18 所示的曲线。

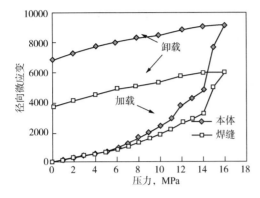

图 2-15　第一次加载和卸载过程中周向应变

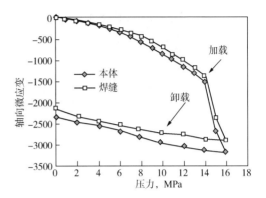

图 2-16　第一次加载和卸载过程中轴向应变

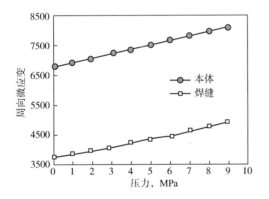

图 2-17　第二次加载和卸载过程中周向应变

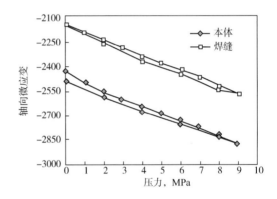

图 2-18　第二次加载和卸载过程中轴向应变

由图 2-15 和图 2-16 可知，随着加载压力增加，耐蚀合金管的膨胀变形呈非线性增加，无明显屈服阶段。当加载压力小于 6MPa 以前，管材本体和焊缝变形差别不大；当加载压力大于 8MPa 以后，管材本体和焊缝变形出现差异化，可能是由于高强匹配的焊缝与管材强度、硬度和壁厚上的差异所致。当管材发生塑性变形并强化后，结合前述图表数据可推断耐蚀合金试件屈服压力在 6~8MPa 之间。当压力加至 16MPa 后卸载，耐蚀合金管的变形将按弹性规律回复。完全卸载后，管材本体的周向残余应变比焊缝处的周向残余应变大得多。在 14MPa 的加载点曲线斜率急剧上升，这可能是由于加载速度太快和试件膨胀变形还未稳定就读数造成的。

由图 2-17 和图 2-18 可知，在第二次加载过程中，随着加载压力增加耐蚀合金管膨胀变形呈线性增加，当压力加至 9MPa 卸载后管材回弹基本按原路径返回。对比图 2-15 至图 2-18 加卸载曲线可知，卸载曲线的线性性质较好，因此选取 0~9MPa 区间卸载数据（本体）作为定量计算耐蚀合金衬管材料力学参数的基础数据。对该组数据进行最小二乘法拟合，并由式（2-41）和式（2-45）计算出管材弹性模量和泊松比。

在借鉴试件一测试的经验和测量数据基础上，制订了新的实验方案。测得耐蚀合金衬管试件二的破裂压力为17MPa，破裂后的形貌如图2-19所示。试件二在加载膨胀和卸载回弹过程中外壁的应变测量结果见表2-2(本体测量值为平均值)。

图2-19 耐蚀合金衬管膨胀破裂后形貌(试件二)

表2-2 耐蚀合金衬管试件二加卸载过程中应变测量值

加载压力，MPa	本体应变平均值，10^{-6}		焊缝处应变，10^{-6}	
	周向	轴向	周向	轴向
0	0	0	0	0
2	205	−101.5	143	−75
3	332	−148	236	−123
4	467	−200.5	341	−132
2	190	−103	145	−83
3	329.5	−157	234	−113
4	469	−222.5	350	−142
6	736	−313.5	518	−239
5	595	−263.5	419	−188
4	464	−209.5	330	−136
5	587.5	−253	443	−193
6	760.5	−319	516	−226
7	951	−393.5	623	−284
6	783	−351.5	558	−277
5	616.5	−302	469	−224
6	770	−353	557	−270
7	1007.5	−408	666	−339
8	1276	−517.5	767	−387
6	1048.5	−430	598	−303
4	789.5	−369	406	−254
6	1058	−424	592	−330
8	1346.5	−508	787	−377
9	1669	−663.5	925	−503

加载压力，MPa	本体应变平均值，10^{-6}		焊缝处应变，10^{-6}	
	周向	轴向	周向	轴向
8	1538.5	−645	827	−489
0	500.5	−270.5	87	−216
8	1620.5	−639	829	−483
9	1768	−669	944	−536
10	2121	−791.5	1100	−616
11	2793.5	−1110.5	1377	−881
12	3487	−1353.5	1646	−1103
13	4537	−1746	1972	−1487
14	5812	−2234.5	2344	−1914
15	7106	−2707.5	2707	−2347
16	9342.5	−3621	3355	−3100
14	9080.5	−3537	3167	−3132
12	8798.5	−3463.5	2943	−3059
10	8469	−3350	2668	−2943
8	8201	−3280.5	2390	−2851
6	7881.5	−3191	2185	−2741
4	7589.5	−3086.5	1935	−2635
2	7259.5	−2984	1691	−2505
0	6961	−2896.5	1446	−2378

为了直观地看出耐蚀合金管在液压作用下的膨胀变形规律，将表 2-2 中数据绘成如图 2-20 至图 2-23 所示曲线。

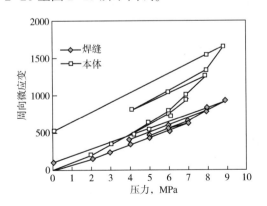

图 2-20 加卸载过程中周向应变（9MPa 以内）

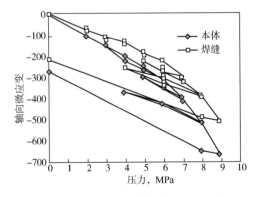

图 2-21 加卸载过程中轴向应变（9MPa 以内）

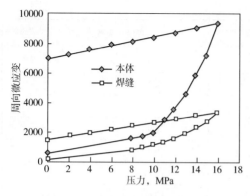

图 2-22　耐蚀合金衬管试件二在加
卸载过程中周向应变

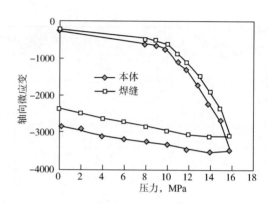

图 2-23　耐蚀合金衬管试件二在加
卸载过程中轴向应变

由表 2-2，图 2-20 和图 2-21 可知，耐蚀合金衬管在加载过程中，变形呈非线性增加。在膨胀压力加载至 6MPa 以前卸载，变形可完全恢复；当加载至 7MPa 卸载后变形不能恢复，并有较小的残余应变；当加载至 8MPa 以上卸载，残余应变急剧升高。据此可知管材屈服压力为 7MPa，由式(2-36)可计算出耐蚀合金管材屈服强度为 180MPa。

由表 2-2，图 2-22 和图 2-23 可知，在加载至 9MPa 以前，耐蚀合金衬管按线性规律膨胀；当加载压力超过 9MPa 以后，管材膨胀呈非线性增加。与试件一相同，焊缝处的塑性变形比管材本体小。膨胀压力加载至 16MPa 后卸载，管材的变形线性回弹。对卸载数据(管材本体)进行最小二乘法拟合，并由式(2-41)和式(2-45)可计算出耐蚀合金衬管试件一和试件二的弹性模量和泊松比，计算结果见表 2-3。

表 2-3　耐蚀合金衬管的弹性参数测量值

编号	周向应变卸载曲率，10^{-6}MPa	弹性模量，GPa	轴向应变卸载曲率，10^{-6}MPa	泊松比
试件一	147.93	190.18	−43.20	0.28
试件二	149.95	187.62	−45.58	0.30
平均值	—	188.90	—	0.29

对比图 2-15 至图 2-23 可知，耐蚀合金衬管试件二的测试数据更为准确。因此，以试件二的测量数据为基础，计算管材外壁周向应力，求得的应力应变数据见表 2-4 和如图 2-24 所示。值得注意的是，本章采用的实验装置对试件轴向力很小，管材外壁应力状态可近似看成单向拉伸，因而所得周向应力应变数据可视为单向拉伸时材料的应力应变数据。

表 2-4　耐蚀合金衬管在加载过程中应力应变数据

压力，MPa	应变，10^{-6}	应力，MPa
0	0	0
2	205	51
3	332	77

压力，MPa	应变，10^{-6}	应力，MPa
4	467	103
6	736	154
7	951	180
8	1276	205
9	1669	231
10	2121	257
11	2793.5	282
12	3487	308
13	4537	334
14	5812	359
15	7106	385
16	9342.5	411

如图 2-24 所示应力应变曲线为计算复合管液压成型力和成型后强度分析提供了基础数据。从耐蚀合金管材应力应变曲线可以看出，随着管材膨胀变形，材料呈现出明显的非线性强化效应。值得注意的是，在复合管成型前，衬管和基管的套装间隙不能超过衬管的极限膨胀能力，这在复合管液压成型试验的准备工作中应充分考虑。

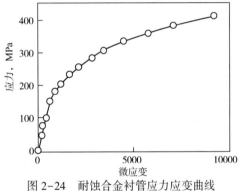

图 2-24　耐蚀合金衬管应力应变曲线

第三节　液压成型力学模型与成型力计算方法建立

一、衬管和基管协调变形关系分析

分析机械复合管液压成型的力学原理，需要对衬管和基管材料形变规律进行深入分析，探究液压成型过程中材料发生弹塑性变形行为，得出衬管和基管材料的应力应变状态及其相互关系，为成型力的计算奠定基础。

1. 金属材料力学特性分析

1）简单拉伸时的应力应变曲线

不同材料在受单向拉伸时其应力应变规律有所不同。一般说来，当变形较小时，即应力小于弹性比例极限，应力和应变之间的关系是线弹性的，因而是可以恢复的。卸去外载后，材料可以完全恢复到变形前的初始状态，在材料内没有任何残余变形和残余应力。对于普通碳钢，其应力应变曲线如图 2-25 所示。

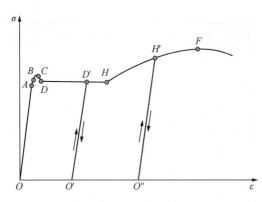

图 2-25　简单拉伸时普通碳钢的应力应变曲线

在图 2-25 中，A 点对应的应力称为比例极限。由 A 点到 B 点已经不能用线性关系来表示，但变形依然是弹性的。B 点对应的应力称为弹性极限，若从 B 点开始卸载，不会产生残余应变。对大多数材料而言，A 点到 B 点的间距是很小的。C 点和 D 点对应的应力分别称为材料的上屈服极限和下屈服极限。应力到达 C 点时，材料开始屈服。一般来说，上屈服极限受外界因素的影响较大，如试件截面的形状和大小，加载速率等都对它有影响。因此，在实际运用中都采用下屈服极限作为材料的屈服极限，并记做 σ_s。应力由 C 点降到 D 点是突然的，但应变却是继续增加的。由 D 点到 H 点为一接近水平的线段，在这一阶段中，虽然应力并没有增加，应变却在不断地增加，所以这一阶段又称为塑性流动阶段。有些材料的流动阶段是很长的，应变值可以达到 0.01。由 H 点开始出现强化现象，即试件只有在应力增加时，应变才能增加。如果在屈服阶段或强化阶段卸载，则卸载线分别对应为图 2-25 中的 $D'O'$ 和 $H'O''$。

如图 2-25 所示，$D'O'$，$H'O''$ 都平行于 AO 线，即材料虽然有了塑性变形，但它卸载时仍然服从弹性规律。如果由点 O'' 开始再加载，则加载过程还是沿 $O''H'$ 线进行，直到 H' 点后材料才开始屈服。在 F 点之前，试件还处于均匀的应变状态，到达 F 点后，试件往往出现颈缩现象，如果再继续拉伸，则变形将集中在颈缩区进行。由于颈缩区的截面逐渐缩小，所以试件很快将被拉断。试件在被拉断之前，一般将有较大的塑性变形。这些现象是塑性较好的低碳钢在拉伸实验时的典型特征，本章分析的基管材料也符合上述特征。

对于衬管材料，材质一般为不锈钢等耐蚀合金，材料应力应变曲线如图 2-26 所示。

对比图 2-25 和图 2-26 可知，不锈钢这类耐蚀合金材料没有明显的屈服阶段，工程中常以产生 0.2% 的塑性应变对应的应力为屈服极限，记为 $\sigma_{0.2}$，如图 2-26 中 B 点所示。B 点对应的应变为 ε_B，从 B 点卸载产生的残余应变即为 0.2%。A 点对应的应力为弹性极限，记为 σ_s，其对应的应变为 ε_A。当应力从 O 点加载到 A 点，对应的应变则由 0 增加到 ε_A，若此时卸载，则应变将完全恢复，应力沿原路径回到 O 点。当材料的加载路径超过 A 点后，材料将被强化，C 点对应的应力记为 σ'_s，

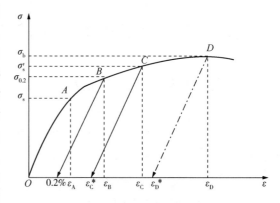

图 2-26　耐蚀合金应力应变曲线

对应的应变为 ε_C。若从 C 点卸载，材料将产生 ε_C^* 的残余应变。当加载路径超过 C 点后，材料将被继续强化，直至出现缩径，如图 2-26 中 D 点所示。D 点对应的应力为 σ_b，对应

的应变为 ε_D。若刚达到 D 点开始卸载，则材料产生的残余应变为 ε_D^*。显然，B 点、C 点和 D 点对应的应力应变状态有如下关系：$\sigma_s < \sigma_{0.2} < \sigma'_s < \sigma_b$，$0.2\% < \varepsilon_C^* < \varepsilon_D^*$。因此，若以 B 点的应力应变状态取代 A 点或 C 点的应力应变状态分析材料的残余变形或塑性强化应力，将导致较大误差。

2）材料应力应变曲线简化

复合管所使用的金属材料的应力应变关系实际为非线性关系，为了建立理论分析和计算的力学模型，一般需对金属材料的应力应变关系进行简化。工程上常用的简化力学模型有理想弹塑性模型、理想刚塑性模型、线性强化弹塑性模型和线性强化刚塑性模型，如图 2-27 至图 2-30 所示。

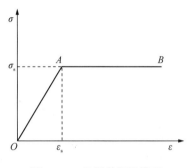

图 2-27　理想弹塑性模型

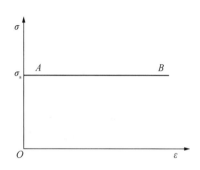

图 2-28　理想刚塑性模型

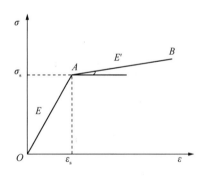

图 2-29　线性强化弹塑性模型

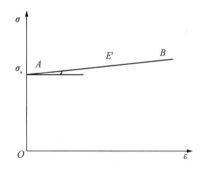

图 2-30　线性强化刚塑性模型

当材料有明显的塑性流动阶段，流动阶段较长或强化的程度较小，则可忽略强化效应。这时可以得到如图 2-27 所示的理想弹塑性模型的应力—应变曲线。线段 OA 是弹性阶段，AB 为塑性阶段。应力—应变关系的数学表达式为

$$\sigma = \begin{cases} E\varepsilon & |\varepsilon| \leq \varepsilon_s \\ \sigma_s \mathrm{sign}\varepsilon & |\varepsilon| > \varepsilon_s \end{cases} \qquad (2\text{-}55)$$

其中

$$\mathrm{sign}\varepsilon = \begin{cases} 1 & \varepsilon > 0 \\ -1 & \varepsilon < 0 \end{cases} \qquad (2\text{-}56)$$

当所研究的问题变形比较大，则相应的弹性应变部分可以忽略。此时可简化为如图2-28所示的理想刚塑性模型，材料达到屈服后应力恒为σ_s。

对于强化材料，应力—应变曲线可以用如图2-29所示的折线来简化，称为线性强化弹塑性模型。应力—应变关系的数学表达式为

$$\sigma = \begin{cases} E\varepsilon & |\varepsilon| \leq \varepsilon_s \\ [\sigma_s + E'(|\varepsilon| - \varepsilon_s)] \operatorname{sign}\varepsilon & |\varepsilon| > \varepsilon_s \end{cases} \tag{2-57}$$

若变形比较大，略去弹性变形部分，就称为如图2-30所示的线性强化刚塑性模型。

2. 液压成型可行性分析

采用液压成型法制造机械复合管具有结合力均匀、成型力容易控制、生产成本低等优点，但其本质仍然是机械复合，成型过程是衬管和基管同步发生变形的过程。液压成型力卸载后，要使衬管和基管紧密贴合在一起，衬管和基管材的力学性质必须满足一定的条件。通过分析衬管和基管在加载和卸载过程中的变形特征可得出机械复合管液压成型的必要条件，从而判断出不同类型金属管材液压成型的可行性。

在液压成型过程中，若忽略衬管和基管的初始间隙，则衬管外壁和基管内壁始终保持贴合，直至卸载。将管材的应力应变关系简化为线性强化弹塑性模型，可得加载和卸载过程中衬管和基管贴合点的应力应变曲线。根据衬管和基管材料屈服强度和强化程度的差异，可将衬管和基管应力应变关系曲线分为两类，如图2-31和图2-32所示。

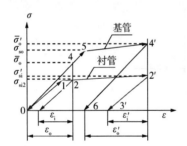
图2-31　可成型的两种管材应力应变关系

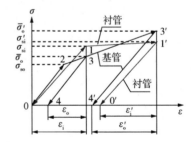
图2-32　可能成型的两种管材应力应变关系

在图2-31中，0点为两种材料加载的初始点，基管的应力路径为$0 \rightarrow 4 \rightarrow 5 \rightarrow 4' \rightarrow 6$，衬管的应力路径为$0 \rightarrow 1 \rightarrow 2(2') \rightarrow 3(3')$。如图2-31所示，1点对应的应力为衬管材料的屈服强度σ_{si}，若从1点卸载，材料的变形正好恢复，应力沿原路径回到0点。2点对应的应力为σ_{si2}，从1点加载到2点，衬管材料被强化，同时发生塑性变形。若从2点卸载，卸载路径为$2 \rightarrow 3$，且卸载服从弹性规律，线段2—3的斜率即为衬管的弹性模量E_i，卸掉的应变为ε_i。$2'$点对应的应力为σ'_{si}，从2点加载到$2'$点，衬管材料被进一步强化，同时发生新的塑性变形。若从$2'$点卸载，卸载路径沿$2'$—$3'$线段，卸载仍然服从弹性规律，线段$2'$—$3'$平行于线段2—3，卸掉的应变为ε'_i。4点对应的应力为$\bar{\sigma}_o$，该点应力低于基管屈服应力σ_{so}，从4点卸载基管变形应完全恢复，恢复到0点，卸掉的弹性应变为ε_o。5点对应的应力为基管材料的屈服强度σ_{so}，从4点加载到5点，基管材料只发生弹性变形。

若从 5 点卸载，材料的变形正好恢复，应力沿原路径回到 0 点。$4'$ 点对应的应力为 $\overline{\sigma}'_{o}$，从 5 点加载到 $4'$ 点，基管材料被强化，同时发生塑性变形。若从 $4'$ 点卸载，卸载路径为 $4' \rightarrow 6$ 线段，同样，卸载服从弹性规律，线段 $4'$—6 的斜率即为基管的弹性模量 E_o，卸掉的应变为 ε'_o。

当衬管加载到 2 点时，基管对应为 4 点，此时 $\overline{\sigma}_o > \sigma_{si2}$。若此时卸载，基管应卸掉的应变 ε_o 大于衬管应卸掉的应变 ε_i，卸载后要保持变形协调，基管将存在残余变形，在衬管和基管贴合面形成残余压力，该残余压力即为液压成型后的层间结合力。若衬管的应力达到 2 点后，继续加载至 $2'$ 点时，基管对应为 $4'$ 点，基管发生了塑性变形，此时 $\overline{\sigma}'_o > \sigma'_{si}$。若此时卸载，基管应卸掉的应变 ε'_o 仍然大于衬管应卸掉的应变 ε'_i，由于卸载后要保持变形协调，基管将存在残余变形，在衬管和基管贴合面形成更大的残余压力。

在图 2-32 中，0 点为两种材料加载的初始点，基管的应力路径为 $0 \rightarrow 2 \rightarrow 3(3') \rightarrow 4(4')$，衬管的应力路径为 $0 \rightarrow 1 \rightarrow 1' \rightarrow 0'$。如图 2-32 所示，1 点对应的应力为衬管材料的屈服强度 σ_{si}，若从 1 点卸载，材料的变形正好恢复，应力沿原路径回到 0 点；$4'$ 点对应的应力为 σ'_{si}，从 1 点加载到 $1'$ 点，衬管材料被强化，同时发生塑性变形，若从 $1'$ 点卸载，应力应变沿 $1' \rightarrow 0'$ 线段弹性卸除，线段 $1' \rightarrow 0'$ 的斜率即为衬管的弹性模量 E_i，卸掉的应变为 ε_i；2 点对应的应力为基管材料的屈服强度 σ_{so}，从 0 点加载到 2 点，基管材料只发生弹性变形，若从 2 点卸载，材料的变形正好恢复，应力沿原路径回到 0 点；3 点对应的应力为 $\overline{\sigma}_o$，从 2 点加载到 3 点，基管材料被强化，同时发生塑性变形，若从 3 点卸载，应力应变沿 $3 \rightarrow 4$ 线段弹性卸除，线段 $3 \rightarrow 4$ 的斜率即为基管的弹性模量 E_o，卸掉的应变为 ε_o；$3'$ 点对应的应力为 $\overline{\sigma}'_o$，从 3 点到 $3'$ 点基管材料被进一步强化，同时发生新的塑性变形，若从 $3'$ 点卸载，卸载路径沿 $3' \rightarrow 4'$ 线段弹性卸载，线段 $3' \rightarrow 4'$ 平行于线段 $3 \rightarrow 4$，卸掉的应变为 ε'_o。

当衬管加载到 1 点时，基管对应为 3 点，此时 $\sigma_{so} < \sigma_{si}$。若此时卸载，衬管完全恢复变形，基管有残余应变，且基管卸掉的应变 ε_o 小于衬管应卸掉的应变 ε_i，卸载后衬管和基管将会脱离，不能形成层间结合力。若衬管的应力达到 1 点后，继续加载至 $1'$ 点时，基管对应为 $3'$ 点，衬管和基管同时发生了塑性变形，基管应力发生了较大强化，$3'$ 点对应的应力 $\overline{\sigma}'_o > \sigma'_{si}$。此时卸载，基管应卸掉的应变 ε'_o 大于衬管应卸掉的应变 ε'_i，由于卸载后要保持变形协调，基管将存在残余变形，在衬管和基管贴合面会形成结合力。

值得一提的是，在复合成型过程中，为了保证基管使用性能不发生改变，基管所承受内压不能超过其抗内压屈服强度。因此，基管一般只发生弹性变形，在图 2-31 和图 2-32 中基管发生塑性变形并被强化的情况极少出现。因此，本章在讨论机械复合管液压成型的必要条件时不考虑基管发生塑性变形情况。

综合上述分析可知，机械复合管液压成型的充要条件为：基管应卸掉的应变大于衬管应卸掉的应变，即 $\varepsilon_o > \varepsilon_i$。此时，基管对应的应力为 $\overline{\sigma}_o$，衬管对应的应力为 σ'_{si}。当基管的弹性模量不小于衬管的弹性模量时，有关系式 $\overline{\sigma}_o > \sigma'_{si}$。而对于衬管有 $\sigma'_{si} > \sigma_{si}$，对于基管有 $\sigma_{so} > \overline{\sigma}_o$。可见，机械复合管液压成型的必要条件为：$\sigma_{so} > \sigma_{si}$。若考虑衬管和基管的间隙时，机械复合管液压成型的必要条件为

$$\sigma_{so} > \sigma_{si\Delta} > \sigma_{si} \tag{2-58}$$

式中：σ_{si} 为衬管的屈服强度，MPa；$\sigma_{si\Delta}$ 为衬管残余变形等于衬管和基管间隙时材料的塑性强化应力，MPa；σ_{so} 为基管的屈服强度，MPa。

3. 衬管和基管应力应变状态及其相互关系

为了更为直接地分析机械复合管液压成型过程中衬管外壁和基管内壁的应力应变状态及其相互关系，本章以衬管外壁和基管内壁的周向应变为横坐标，以衬管外壁和基管内壁的应力为纵坐标绘制了衬管和基管协调变形的关系曲线。复合管液压成型加载过程中，衬管发生塑性变形、基管发生弹性变形，当卸载后衬管回弹量等于基管回弹量时，衬管和基管正好贴合。此时，结合力正好为零，衬管外壁和基管内壁的应力应变关系曲线如图 2-33 所示。若继续加载，基管内壁和衬管外壁将产生结合力，衬管和基管紧密贴合。该过程中的衬管外壁和基管内壁的应力应变关系曲线如图 2-34 所示。

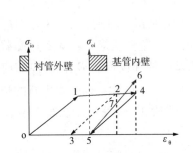

图 2-33　复合管成型时应力应变关系

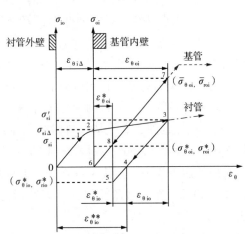

图 2-34　复合管成型过程中应力应变状态及其关系曲线

在图 2-33 中，衬管外壁应力应变曲线的坐标原点为 0 点（考虑衬管和基管在实际成型过程中的间隙），基管内壁应力应变曲线的坐标原点为 5 点。衬管外壁的应力路径为 0→1→2→4→5，基管的应力路径为 5→7→6→7→5。衬管外壁应力加载到 1 点时，衬管材料开始发生塑性变形，当衬管应力加载至 2 点时，对应基管内壁的应力为 7 点，若此时卸载，衬管外壁应力按弹性规律沿路径 2→3 弹性卸载到 3 点，基管内壁应力沿路径 7→5 弹性恢复至 5 点。显然，基管内壁和衬管外壁存在间隙，衬管和基管不能贴合。衬管外壁的应力继续加载至 4 点，对应基管内壁的应力为 6 点。此时卸载，衬管外壁的应力按弹性规律沿路径 4→5 卸载到 5 点，基管内壁的应力沿路径 6→7→5 弹性恢复至 5 点。可见，卸载后衬管和基管无间隙，基管内壁和衬管外壁的结合力为零，复合管正好成型。

在图 2-34 中，衬管外壁应力应变曲线的坐标原点为 0 点，基管内壁应力应变曲线的坐标原点为 6 点。衬管外壁的应力路径为 0→1→2→3→4→5，基管内壁的应力路径为 6→8→7→8。衬管外壁应力从 0 点加载到 1 点时，衬管材料开始发生塑性变形，此时衬管外

壁的应力为 σ_{si}。当继续加载至 2 点时，衬管外壁的应力为 $\sigma_{si\Delta}$，衬管外壁产生的周向应变为 $\varepsilon_{\theta i\Delta}$，此时衬管和基管的间隙消除，基管开始发生弹性变形，基管内壁对应的应力状态为 6 点。继续加载至 3 点，衬管的应力被强化为 σ'_{si}，对应基管的应力为 7 点，其应力为 $(\overline{\sigma}_{\theta oi}, \overline{\sigma}_{roi})$。此时卸载，衬管外壁应卸掉的应力为 σ'_{si}（对应产生的塑性应变为 $\varepsilon_{\theta io}^{**}$），应卸掉的应变为 $\varepsilon_{\theta io}$，基管内壁应卸掉的应力为 $(\overline{\sigma}_{\theta oi}, \overline{\sigma}_{roi})$，应卸掉的应变为 $\varepsilon_{\theta oi}$，$\varepsilon_{\theta oi} > \varepsilon_{\theta io}$。显然，基管弹性变形不能从 7 点完全恢复至 6 点，基管内壁将产生残余内压力，衬管外壁产生与基管内壁大小相等方向相反的残余外挤压力。衬管外壁和基管内壁变形应相互协调，此时衬管外壁应力沿路径 3→4→5 弹性卸载到 5 点，基管内壁应力沿路径 7→8 弹性卸载至 8 点，8 点对应基管的应力为 $(\sigma_{\theta oi}^{*}, \sigma_{roi}^{*})$，对应的周向应变为 $\varepsilon_{\theta oi}^{*}$。在残余压力(结合力)作用下，衬管产生新的弹性变形，产生的周向应变为 $\varepsilon_{\theta io}^{*}$（其值为负，在本章的理论分析中约定：拉应力为正，压应力为负），产生的应力为 $(\sigma_{\theta io}^{*}, \sigma_{rio}^{*})$。

因此，衬管和基管变形协调关系为

$$\varepsilon_{\theta io} - \varepsilon_{\theta io}^{*} = \varepsilon_{\theta oi} - \varepsilon_{\theta oi}^{*} \tag{2-59}$$

式中：$\varepsilon_{\theta io}$ 为成型过程中衬管外壁卸掉的周向应变；$\varepsilon_{\theta io}^{*}$ 为结合力作用下衬管外壁产生的周向应变；$\varepsilon_{\theta oi}$ 为成型过程中基管内壁卸掉的周向应变；$\varepsilon_{\theta oi}^{*}$ 为结合力作用下基管内壁产生的周向应变。

成型后衬管总的塑性应变为

$$\varepsilon_{\theta io}^{**} = \varepsilon_{\theta i\Delta} + \varepsilon_{\theta oi}^{*} - \varepsilon_{\theta io}^{*} \tag{2-60}$$

式中：$\varepsilon_{\theta io}^{**}$ 为成型过程中衬管外壁发生的总的塑性应变；$\varepsilon_{\theta i\Delta}$ 为成型过程中间隙消除时衬管外壁产生的周向应变。

二、基于材料非线性随动强化的管材液压成型解析力学模型

基管通常为无缝钢管、直缝焊管或螺旋焊缝钢管，其材质一般为碳钢或低合金钢。无缝管有一定的壁厚不均度和不圆度，直缝焊管和螺旋焊缝钢管壁厚一般比较均匀，但具有一定不圆度。耐蚀合金衬管通常为直焊缝薄壁管，存在较小的壁厚不均度和较大的不圆度。另外，在管材生产过程中，都会产生一定残余应力。在管材焊缝处及其附近材料的力学性质可能与其余部分差异较大。这些因素在计算机械复合管成型力的理论模型中很难考虑，为了便于分析，作以下假设：(1)衬管和基管均为壁厚均匀的理想圆筒；(2)金属管焊缝处的力学性能与本体相同；(3)整个机械复合管成型过程中所受轴向力为零。

基于以上假设，可将机械复合管的成型过程视为轴对称平面应力问题。

套装在一起的机械复合管结构如图 2-35 所示，p_i 为加载压力，MPa；d_i 为衬管内径，mm；d_o 为衬管外径，mm；D_i 为基管内径，mm；D_o 为基管外径，mm。衬管和基管成型过程中变形过程如图 2-36 所示。在图 2-36 中，复合管成型后衬管外壁和基管内壁的结

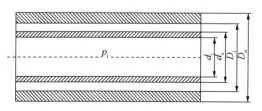

图 2-35　机械复合管套装结构示意图

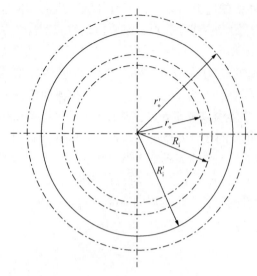

图 2-36 衬管和基管成型过程中变形示意图

合面半径为 R_i'，即为结合力作用下基管弹性膨胀后的内半径，mm；R_i 为基管未发生变形前的内半径，mm；r_o 为衬管未发生变形前的外半径，mm；r'_o 为加载过程中衬管塑性膨胀的最大半径，mm；在整个成型过程中衬管外壁变形过程为 $(r_o \rightarrow R_i \rightarrow r'_o \rightarrow R'_i)$，基管内壁变形过程为 $(R_i \rightarrow r'_o \rightarrow R'_i)$。

具体来看，机械复合管液压成型过程分为三个阶段。

1）第一阶段衬管应力变形分析

在液压复合管成型第一阶段，即衬管和基管间隙消除阶段，衬管在成型压力 p_i 作用下发生变形，直至衬管和基管的间隙 Δ 消除，该阶段基管无作用力。故衬管在内压 p_i 作用下的应力变形分析与自由膨胀过程一致，见本章第二节。

2）第二阶段衬管和基管的应力应变分析

当在衬管和基管的间隙 Δ 消除后继续加载，衬管和基管同步发生变形，衬管内壁受内压 p_i 作用，衬管外壁受外压 p_c 作用，基管内壁受内压 p_c 作用，如图 2-37 所示。

图 2-37（a）为复合管受力示意图，图 2-37（b）为衬管受力示意图，图 3-37（c）为基管受力示意图。在第二阶段中，衬管将发生较大的塑性变形，材料被进一步强化，期间基管只会发生弹性变形。

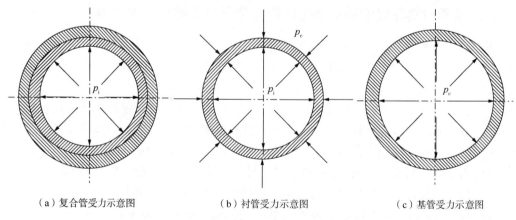

（a）复合管受力示意图　　　　（b）衬管受力示意图　　　　（c）基管受力示意图

图 2-37 液压复合管成型阶段受力示意图

将 $r = r_o$ 处力的边界条件 $\sigma_r|_{r=r_o} = -p_c$ 代入式（2-32）可得

$$p_i = p_c + \sigma'_{si} \ln k \tag{2-61}$$

式中：σ'_{si} 为成型压力 p_i 作用下衬管材料塑性强化应力，MPa。

卸载时，衬管和基管卸掉的应力应变应服从弹性规律。在内压 p_i、外压 p_c 作用下，由式(2-16)可得衬管应卸掉的应力为

$$\begin{cases} \overline{\sigma}_r = \dfrac{p_i}{k^2-1}\left(1-\dfrac{r_o^2}{r^2}\right) - \dfrac{p_c k^2}{k^2-1}\left(1-\dfrac{r_i^2}{r^2}\right) \\[3mm] \overline{\sigma}_\theta = \dfrac{p_i}{k^2-1}\left(1+\dfrac{r_o^2}{r^2}\right) - \dfrac{p_c k^2}{k^2-1}\left(1+\dfrac{r_i^2}{r^2}\right) \end{cases} \tag{2-62}$$

由式(2-62)可得衬管外壁 $(r=r_o)$ 应卸掉的应力为

$$\begin{cases} \overline{\sigma}_{rio} = -p_c \\[3mm] \overline{\sigma}_{\theta io} = -p_c + 2\sigma'_{si}\dfrac{\ln k}{k^2-1} \end{cases} \tag{2-63}$$

式中：$\overline{\sigma}_{rio}$ 为衬管外壁应卸掉的径向应力分量，MPa；$\overline{\sigma}_{\theta io}$ 为衬管外壁应卸掉的周向应力分量，MPa。

由轴对称平面应力问题的本构方程式(2-3)可得衬管外壁应卸掉的应变为

$$\varepsilon_{\theta io} = \dfrac{1}{E_i}(\overline{\sigma}_{\theta io} - \mu_i\overline{\sigma}_{rio}) \tag{2-64}$$

将式(2-63)代入式(2-64)可得

$$\varepsilon_{\theta io} = \dfrac{1}{E_i}\left[(\mu_i-1)p_c + 2\sigma'_{si}\dfrac{\ln k}{k^2-1}\right] \tag{2-65}$$

在内压 p_c 作用下，由式(2-16)可得基管应卸掉的应力为

$$\begin{cases} \sigma_r = \dfrac{p_c}{K^2-1}\left(1-\dfrac{R_o^2}{R^2}\right) \\[3mm] \sigma_\theta = \dfrac{p_c}{K^2-1}\left(1+\dfrac{R_o^2}{R^2}\right) \end{cases} \tag{2-66}$$

式中：p_c 为基管所受内压，MPa；R 为基管半径，mm；R_o 为基管外半径，mm；K 为基管的径比，其值等于 D_o/D_i 或 R_o/R_i。

由式(2-66)可得基管内壁应卸掉的应力为

$$\begin{cases} \overline{\sigma}_{roi} = -p_c \\[3mm] \overline{\sigma}_{\theta oi} = \dfrac{K^2+1}{K^2-1}p_c \end{cases} \tag{2-67}$$

式中：$\overline{\sigma}_{roi}$ 为基管内壁应卸掉的径向应力分量，MPa；$\overline{\sigma}_{\theta oi}$ 为基管内壁应卸掉的周向应力分量，MPa。

由轴对称平面应力问题的本构方程式(2-3)可得，基管内壁应卸掉的应变为

$$\varepsilon_{\theta oi} = \frac{1}{E_o}(\overline{\sigma}_{\theta oi} - \mu_o \overline{\sigma}_{roi}) \tag{2-68}$$

将式(2-67)代入式(2-68)可得

$$\varepsilon_{\theta oi} = \frac{1}{E_o}\left(\frac{K^2+1}{K^2-1} + \mu_o\right)p_c \tag{2-69}$$

式中：E_o 为基管的弹性模量，MPa；μ_o 为基管的泊松比，无量纲。

3）第三阶段衬管和基管的应力应变分析

衬管和基管同步卸载，基管沿原路径回弹，衬管弹性卸载。当衬管内压 p_i 卸载后，作用于基管内壁的残余内压力为 p^*（即结合力），衬管外壁同样受到与之大小相等、方向相反的外挤压力作用。液压复合管成型后受力如图 2-38 所示，其中图 2-38(a) 为成型后的复合管结构，图 2-38(b) 为成型后的衬管受力示意图，图 2-38(c) 为成型后的基管受力示意图。

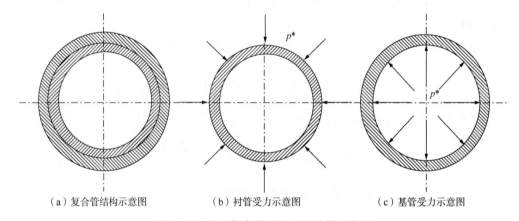

（a）复合管结构示意图　　（b）衬管受力示意图　　（c）基管受力示意图

图 2-38　液压复合管成型后的受力示意图

由式(2-16)可得，在外挤压力 p^* 作用下衬管的应力分量为

$$\begin{cases} \sigma_r^* = \frac{p^* k^2}{k^2-1}\left(1 - \frac{r_i^2}{r^2}\right) \\ \sigma_\theta^* = -\frac{p^* k^2}{k^2-1}\left(1 + \frac{r_i^2}{r^2}\right) \end{cases} \tag{2-70}$$

由式(2-70)可得衬管外壁 $(r=r_o)$ 的应力分量为

$$\begin{cases} \sigma_{rio}^* = -p^* \\ \sigma_{\theta io}^* = -\frac{k^2+1}{k^2-1}p^* \end{cases} \tag{2-71}$$

式中：σ_{rio}^* 为衬管外壁的径向应力分量，MPa；$\sigma_{\theta io}^*$ 为衬管外壁的周向应力分量，MPa。

由轴对称平面问题本构方程式(2-3)可得，在外挤压力 p^* 作用下衬管外壁产生应

变为

$$\varepsilon_{\theta io}^{*} = \frac{1}{E_i}(\sigma_{\theta io}^{*} - \mu_i \sigma_{rio}^{*}) \tag{2-72}$$

将式(2-71)代入式(2-72)可得

$$\varepsilon_{\theta io}^{*} = -\frac{1}{E_i}\left(\frac{k^2+1}{k^2-1} - \mu_i\right)p^{*} \tag{2-73}$$

在内压 p^{*} 作用下，由式(2-16)可得基管的应力分量为

$$\begin{cases} \sigma_r = \dfrac{p^{*}}{K^2-1}\left(1 - \dfrac{R_o^2}{R^2}\right) \\[3mm] \sigma_\theta = \dfrac{p^{*}}{K^2-1}\left(1 + \dfrac{R_o^2}{R^2}\right) \end{cases} \tag{2-74}$$

由式(2-74)可得基管内壁($R=R_i$)的应力为

$$\begin{cases} \sigma_{roi}^{*} = -p^{*} \\[3mm] \sigma_{\theta oi}^{*} = \dfrac{K^2+1}{K^2-1}p^{*} \end{cases} \tag{2-75}$$

式中：σ_{roi}^{*} 为基管外壁径向应力分量，MPa；$\sigma_{\theta oi}^{*}$ 为基管外壁周向应力分量，MPa。

由轴对称平面应力问题本构方程式(2-3)可得，在内压 p^{*} 作用下基管内壁的应变为

$$\varepsilon_{\theta oi}^{*} = \frac{1}{E_o}(\sigma_{\theta oi}^{*} - \mu_o \sigma_{roi}^{*}) \tag{2-76}$$

将式(2-75)代入式(2-76)可得

$$\varepsilon_{\theta oi}^{*} = \frac{1}{E_o}\left(\frac{K^2+1}{K^2-1} + \mu_o\right)p^{*} \tag{2-77}$$

三、管材液压成型力精确计算方法

1. 液压成型力与复合管结合力关系方程建立

在液压复合管制造过程中，成型力的安全确定非常关键，合理的成型力才能达到预期的成型效果，使衬管和基管间具有理想的结合强度。

衬管外壁卸载后产生的总应变为 $(\varepsilon_{\theta io} - \varepsilon_{\theta io}^{*})$，由式(2-65)式(2-73)可得

$$\varepsilon_{\theta io} - \varepsilon_{\theta io}^{*} = \frac{1}{E_i}\left[(\mu_i - 1)p_c + 2\sigma_{si}'\frac{\ln k}{k^2-1}\right] + \frac{1}{E_i}\left(\frac{k^2+1}{k^2-1} - \mu_i\right)p^{*} \tag{2-78}$$

基管内壁卸载后产生的总应变为 $(\varepsilon_{\theta oi} - \varepsilon_{\theta oi}^{*})$，由式(2-69)和式(2-77)可得

$$\varepsilon_{\theta oi} - \varepsilon_{\theta oi}^{*} = \frac{1}{E_o}\left(\frac{K^2+1}{K^2-1}+\mu_o\right)p_c - \frac{1}{E_o}\left(\frac{K^2+1}{K^2-1}+\mu_o\right)p^{*} \tag{2-79}$$

由衬管和基管变形协调关系式(2-59)、式(2-61)、式(2-78)和式(2-79)可得

$$\frac{2\sigma'_{si}}{E_i}\frac{\ln k}{k^2-1} + \left[\frac{1}{E_i}\left(\frac{k^2+1}{k^2-1}-\mu_i\right)+\frac{1}{E_o}\left(\frac{K^2+1}{K^2-1}+\mu_o\right)\right]p^{*}$$
$$= \left[\frac{1}{E_i}(1-\mu_i)+\frac{1}{E_o}\left(\frac{K^2+1}{K^2-1}+\mu_o\right)\right]p_c \tag{2-80}$$

由式(2-61)和式(2-80)可得

$$\frac{2\sigma'_{si}}{E_i}\frac{\ln k}{k^2-1} + \left[\frac{1}{E_i}\left(\frac{k^2+1}{k^2-1}-\mu_i\right)+\frac{1}{E_o}\left(\frac{K^2+1}{K^2-1}+\mu_o\right)\right]p^{*}$$
$$= \left[\frac{1}{E_i}(1-\mu_i)+\frac{1}{E_o}\left(\frac{K^2+1}{K^2-1}+\mu_o\right)\right](p_i-\sigma'_{si}\ln k) \tag{2-81}$$

令

$$A = \frac{2\sigma'_{si}}{E_i}\frac{\ln k}{k^2-1} \tag{2-82}$$

$$B = \frac{1}{E_i}(1-\mu_i)+\frac{1}{E_o}\left(\frac{K^2+1}{K^2-1}+\mu_o\right) \tag{2-83}$$

$$C = \frac{1}{E_i}\left(\frac{k^2+1}{k^2-1}-\mu_i\right)+\frac{1}{E_o}\left(\frac{K^2+1}{K^2-1}+\mu_o\right) \tag{2-84}$$

$$D = \sigma'_{si}\ln k \tag{2-85}$$

则式(2-81)变为

$$p_i = \frac{A}{B}+\frac{C}{B}p^{*}+D \tag{2-86}$$

式(2-81)至式(2-86)是在平面应力条件下推导的结果，若液压复合管成型过程符合平面应变问题时，只需将推导过程中平面应力的本构方程换成平面应变的本构方程即可得平面应变条件下成型力的计算式。实际上将式(2-81)至式(2-86)中材料的弹性常数按式(2-87)替换可得平面应变条件下成型力的计算式。

$$\left.\begin{array}{l} E'_i = \dfrac{E_i}{1-\mu_i^2} \\[3mm] \mu'_i = \dfrac{\mu_i}{1-\mu_i} \\[3mm] E'_o = \dfrac{E_o}{1-\mu_o^2} \\[3mm] \mu'_o = \dfrac{\mu_o}{1-\mu_o} \end{array}\right\} \tag{2-87}$$

当衬管和基管材料的弹性模量和泊松比很接近（$E_i \approx E_o$，$\mu_i \approx \mu_o$）的时候，由式（2-81）可得

$$p_i = \left(\frac{K^2-1}{2K^2} + \ln k\right)\sigma'_{si} + \frac{k^2K^2-1}{K^2(k^2-1)}p^*$$ （2-88）

在式（2-88）中，成型压力 p_i 与衬管和基管材料的弹性参数无关。因此，该式同样既适用于平面应力问题也适用于平面应变问题。

由式（2-81）至式（2-86）、式（2-88）可知，复合管成型力 p_i 与衬管和基管的弹性参数 E_i、μ_i、E_o 和 μ_o 以及几何参数 k 和 K 有关，与衬管塑性强化应力 σ'_{si} 及层间结合力 p^* 也有关。对一定规格和材料的液压复合管，其成型压力的大小取决于衬管塑性强化应力和结合力的大小。结合力可由用户和生产厂家协议，因而合理获取衬管的塑性强化应力是准确计算成型力的基础。

由耐蚀合金的应力应变曲线可知，塑性强化应力 σ'_{si} 与其塑性应变 ε^* 有逐一对应关系。当已知衬管塑性应变 ε^* 后，可从管材应力应变关系曲线中找到对应的塑性强化应力 σ'_{si}。在衬管和基管结合面残余压力一定的情况下，式（2-60）、式（2-73）和式（2-77）可得，衬管在成型过程中发生的总的塑性应变为

$$\varepsilon_{\theta io}^{**} = \frac{\Delta}{r_o} + \frac{1}{E_o}\left(\frac{K^2+1}{K^2-1}+\mu_o\right)p^* + \frac{1}{E_i}\left(\frac{k^2+1}{k^2-1}-\mu_i\right)p^*$$ （2-89）

由式（2-89）可以看出，当衬管和基管在成型压力作用下刚好贴合在一起（结合力 p^* 为0）时，此时的加载压力为最小成型压力，进一步加载压力后衬管将继续产生较大塑性变形，材料也会进一步强化。当对衬管塑性变形考虑不足时，必然使计算值偏小。若以材料屈服强度取代塑性强化应力进行分析，便会引起较大的误差，当衬管塑性变形较大时误差更大。

由式（2-89）和式（2-84）可得

$$\varepsilon_{\theta io}^{**} = \frac{\Delta}{r_o} + Cp^*$$ （2-90）

可见，在已知复合管几何参数、管材力学参数和结合力 p^* 的条件下，由式（2-90）和衬管材料的应力应变曲线可求得塑性强化应力 σ'_{si}，然后由式（2-86）可直接计算出成型压力，成型压力计算程序流程如图 2-39 所示。但在已知成型压力时却不能由式（2-86）直接计算出复合管结合面的结合力，因为在式（2-86）中包含 p^* 和 σ'_{si} 两个未知数。此时需通过迭代方法求解，迭代计算程序流程如图 2-40 所示。

2. 衬管塑性应变与塑性强化应力关系方程建立

根据材料力学性质，提出两种衬管塑性强化应力计算方法。当没有衬管的应力应变关系曲线及其数据时，采用线性强化刚塑性模型进行推导，得出了基于常规材料力学参数的塑性强化应力计算方法；当获得了应力应变曲线时，以实测数据为基础，对相邻测点采用线性强化模型进行插值，得出了基于应力应变曲线的塑性强化应力计算方法。

通常，耐蚀合金生产商会提供衬管材料的常规力学参数，包括：弹性模量 E_i(MPa)、泊松比 μ_i、屈服强度 $\sigma_{0.2}$(MPa)、抗拉强度 σ_b(MPa)、延伸率 ψ(%)。

由前述分析可知，成型力的大小取决于衬管的塑性变形能力及衬管与基管的回弹力学特性，与衬管弹性变形无关。据此，此处假设衬管材料的应力应变关系符合线性强化刚塑性模型，如图 2-41 所示，A 点对应的应力为 σ_{sA}($\sigma_{sA} = \sigma_{0.2}$)，对应的应变为 ε_A，对应的塑性应变为 ε_A^*($\varepsilon_A^* = 0.2\%$)；B 点对应的应力为 σ_{sB}($\sigma_{sB} = \sigma_b$)，对应的应变为 ε_B($\varepsilon_B = \psi$)；C 点为衬管最大塑性变形点，对应的塑性应变为 ε_C^*[其值由式(2-90)计算可得]，对应的应力为 σ'_s；C' 点对应的应力为 0，应变为 ε_C^*。

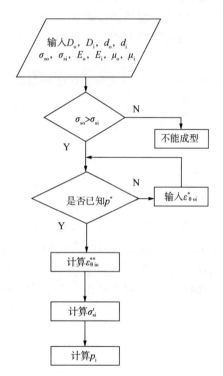

图 2-39 成型力计算流程图

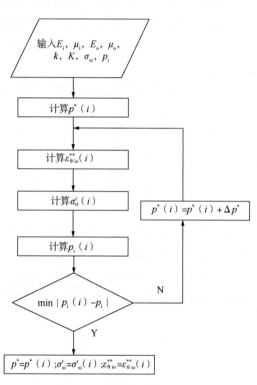

图 2-40 结合力计算流程图

由图 2-41 中的几何关系可得

$$\tan\alpha = E_i \tag{2-91}$$

$$\varepsilon_A = \varepsilon_A^* + \frac{\sigma_{sA}}{\tan\alpha} = 0.2\% + \frac{\sigma_{0.2}}{E_i} \tag{2-92}$$

$$\tan\beta = \frac{\sigma_B - \sigma_A}{\varepsilon_B - \varepsilon_A} = \frac{\sigma_b - \sigma_{0.2}}{\psi - \varepsilon_A} \tag{2-93}$$

进一步地由卸载曲线 CC' 的斜率及卸载点的残余应变可得直线 CC' 的方程为

$$\sigma - 0 = \tan\alpha(\varepsilon - \varepsilon_C^*) \tag{2-94}$$

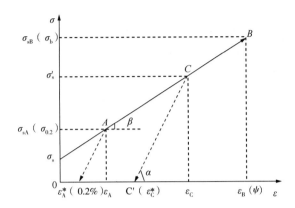

图 2-41　刚塑性模型中塑性强化应力插值示意图

由 A 点和 B 点的应力应变可得直线 AB 的方程为

$$\sigma - \sigma_{sB} = \tan\beta(\varepsilon - \varepsilon_B) \qquad (2\text{-}95)$$

直线 CC' 交直线 AB 于 C 点，由式(2-94)和式(2-95)可求得 C 点对应的应力为

$$\sigma'_s = \frac{\tan\alpha\,\sigma_{sB} + \tan\alpha\tan\beta(\varepsilon_C^* - \varepsilon_B)}{\tan\alpha - \tan\beta} \qquad (2\text{-}96)$$

令 $k_E = \dfrac{\tan\beta}{\tan\alpha}$ 可得

$$\sigma'_s = \frac{\sigma_{sB} + \tan\beta(\varepsilon_C^* - \varepsilon_B)}{1 - k_E} \qquad (2\text{-}97)$$

3. 材料非线性随动强化应力计算方法

实际材料的强化并非线性关系，按上述基于常规材料力学参数的塑性强化应力方法计算误差较大。当获得衬管的应力应变曲线后，对相邻测点采用线性强化模型进行插值，可更为准确地计算塑性强化应力。这样，塑性强化应力的计算精度取决于测点数据的疏密程度和测点数据的测量精度。若 C 点为衬管的最大塑性变形点，则 C 点对应的塑性应变为 ε_C^*［其值由式(2-90)计算可得］，对应的应力为 σ'_s。在应力应变测点数据中，总能找到与 C 点相隔最近的 A 点和 B 点，如图 2-42 所示。

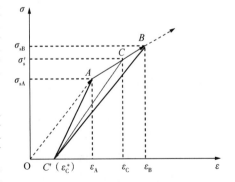

图 2-42　应力应变曲线中塑性强化应力插值示意图

在图 2-42 中，A 点对应的应力为 σ_{sA}，对应的应变为 ε_A；B 点对应的应力为 σ_{sB}，对应的应变为 ε_B；C'对应的应力为 0，对应的应变为 ε_C^*。根据衬管材料卸载服从弹性规律的特点，线段 CC' 的斜率即为衬管材料的弹性模量，线段 AC' 斜率可由 A 点和 C' 点对应的应力应变求得，线段 BC' 的

斜率可由 B 点和 C' 点对应的应力应变求得。由此推之，在应力应变曲线中，所有测点(记为 C_i)与 C' 点相连的线段 C_iC' 的斜率(记为 k_C)都可求得。显然，在这些线段中，只有线段 AC' 和线段 BC' 的斜率最接近材料的弹性模量。

在图 2-42 中，线段 CC' 的方程可由弹性模量和 C' 对应的应变求得。线段 AB 的方程可由 A 点和 B 点对应的应力应变求得。然后可计算出线段 C_iC' 和线段 AB 的交点 C 对应的应力应变。可得 C 点对应的塑性强化应力为

$$\sigma'_s = \frac{\sigma_{sB} + \dfrac{\sigma_B - \sigma_A}{\varepsilon_B - \varepsilon_A}(\varepsilon_C^* - \varepsilon_B)}{1 - \dfrac{\sigma_B - \sigma_A}{(\varepsilon_B - \varepsilon_A)E_i}} \tag{2-98}$$

由测点应力应变数据计算塑性强化应力的程序流程如图 2-43 所示。

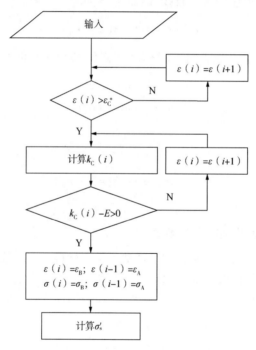

图 2-43　塑性强化应力计算程序流程图

四、基于材料非线性随动强化的管材成型有限元力学模型

在现代工业设计和科学研究中，有限元分析软件是解决各种复杂问题，特别是非线性问题的强有力工具。ABAQUS 是国际上最先进的大型通用有限元计算分析软件之一，具有强大的计算功能和广泛的模拟性能，拥有大量不同种类的单元类型、材料模型和分析模块。对一些复杂的非线性问题，应用该软件计算分析都能得到较满意的结果。

有限元模拟分析的主要目的是对前面的解析法提供补充和验证。对本章所分析的机械复合管液压成型问题，是典型的大变形弹塑性问题，具有明显的非线性。因此，选择有限

元软件 ABAQUS 模拟分析机械复合管的膨胀和回弹力学特性。有限元计算需要解决的问题是机械复合管液压加载膨胀及卸载回弹的力学问题，其中包括了衬管的弹塑性大变形以及基管的弹性小变形。针对加载过程比较缓慢的特点，可以按照准静态分析，选择 ABAQUS/Standard 模块（隐式求解）来分析。

1. 有限元力学模型

在本节分析中，没有考虑管材初始几何缺陷(椭圆度、壁厚不均度等)，即认为这些管材材质均匀，壁厚均匀，管体内、外径的圆度和同心度很高，也就是说假定这些管材为理想的同心管。根据机械复合管成型过程可知，衬管和基管几何特征以及加载压力分布都具有轴对称性特点，因此可以将该问题简化为轴对称平面应力问题处理。

本章建立的有限元模型实为参数化模型，为了阐述有限元模拟过程，均以 ϕ88.9mm×(6.45+1)mm 复合管材成型过程为例进行说明。

1）几何模型与有限元网格划分

基管外径为 88.9mm、壁厚 6.45mm，衬管壁厚 1mm，衬管和基管间半径间隙为 1mm。建立复合管平面应力分析的几何模型如图 2-44 所示，有限元网格模型如图 2-45 所示。

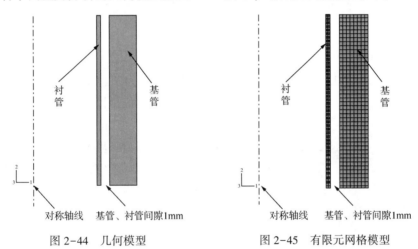

图 2-44 几何模型　　　　图 2-45 有限元网格模型

2）材料模型

ABAQUS 软件支持按材料应力应变曲线为基础分析问题，此处为了便于和理论分析算例对比，选取与前述要求相同的管材。衬管为 316L 不锈钢管，基管为 NT80SS，衬管和基管材料基本力学参数见表 2-5，衬管材料模型也按刚塑性线性强化模型计算。由于基管变形在弹性变形范围内，故按线弹性模型计算。

表 2-5　管材力学参数

材料代号	屈服强度，MPa	抗拉强度，MPa	延伸率，%	弹性模量，MPa	泊松比
316L 衬管	240	500	45	1.95×10^5	0.3
NT80SS 基管	551	760	18	2.06×10^5	0.3

3）边界条件

由于复合管几何结构和成型过程中受力均具有轴对称性，属于轴对称平面应力问题，因此对衬管和基管施加轴对称约束。

2. 有限元模拟过程

对于衬管和基管有间隙的复合管需要以下几个加载步骤完成整个成型过程的模拟。

（1）消除间隙：由于衬管和基管间有1mm的间隙，因此首先要使衬管外壁径向膨胀1mm以消除间隙，具体分析时可采取对衬管加压或直接对衬管外壁施加位移约束。

（2）建立接触对：由于衬管外壁已经靠近基管的内壁，可建立衬管和基管间的接触对，使复合管在后续加载过程中同步变形。

（3）对衬管加压：在衬管内壁施加一压力载荷 p，此时衬管和基管同步膨胀变形。

（4）卸载：将衬管内壁上的加载压力逐步减小为零。

有限元计算最小加载压力 p_{min} 的基本思路是：首先输入一定的加载压力 p，然后再卸载，载卸后查看衬管和基管的结合力以及两管间的间隙是否为零，如果不满足上述两条件不断改变加载压力，直到条件满足为止，此时的加载压力就是所求的最小加载压力 p_{min}。

3. 模拟结果分析

1）成型力计算结果

当加载压力 p 为43.90MPa时，得到衬管和基管间间隙（如图2-46所示衬管外壁的径向位移约为1mm）以及衬管和基管结合面的结合力（图2-47）大约为0，因此可以认为最小加载压力 p_{min} 为43.90MPa。这与解析法算得的最小加载压力 p_{min} 为45.29MPa相比，相对误差仅为3.07%。可见，利用建立的有限元模型模拟的机械复合管成型过程是正确的，计算方法也是合理的，同时也说明了本理论模型和计算方法的正确性。

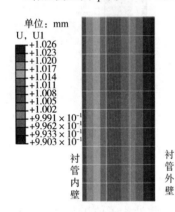

单位：mm
U, U1
+1.026
+1.023
+1.020
+1.017
+1.014
+1.011
+1.008
+1.005
+1.002
+9.991×10⁻¹
+9.962×10⁻¹
+9.933×10⁻¹
+9.903×10⁻¹

衬管内壁　　衬管外壁

图2-46　卸载后衬管径向位移

2）成型过程中接触压力分析

机械复合管成型后衬管和基管间的接触压力（结合力）是衡量复合管力学特性的重要指标。为了分析液压成型过程中衬管和基管间接触压力的变化，按照加载步骤来分析每一个加载步骤完成后的接触压力，有限元模拟结果如图2-47所示。

在间隙消除和建立接触阶段，衬管和基管处于从未接触到刚好接触的状态，两管间的接触压力为0；在加载阶段，接触压力由0增加到最大值；在卸载阶段，当衬管内壁上的加载压力逐渐卸载到0后，接触压力也逐渐降为0。这与实际情况是相吻合的，可见所建立的有限元模型是合理的，可模拟复合管在成型过程中的力学特性。

3）成型过程中基管周向应变分析

复合管在加载过程中，衬管和基管同步膨胀变形。对于实验测量而言，直接而且容易

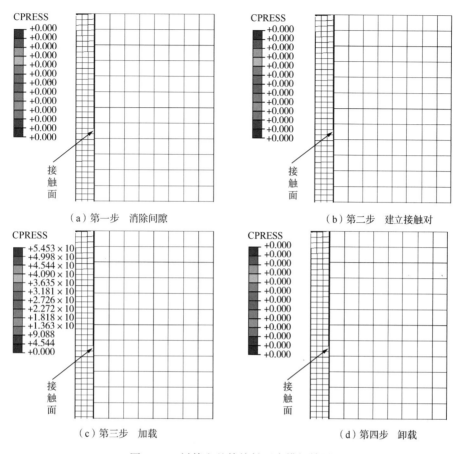

图 2-47　衬管和基管接触压力模拟结果

测量到的数据就是基管的变形。根据复合管成型原理可知，基管在成型后由于残余接触压力(结合力)的作用，将有一定的残余弹性应变。根据这一力学特性，可由测得的实验数据来验证有限元模型计算分析的正确性。基管在各个加载步骤的周向应变模拟结果如图 2-48 所示，从图 2-48 中可以看出，基管应变是与如图 2-47 所示衬管和基管间的接触压力是相对应的，其变化规律与接触压力的变化规律完全相同。这和理论分析是一致的，后续实验也正是利用这一特性来验证理论模型的正确性。

从以上分析可以看出，本部分所构建的力学模型可以为复合管成型提供理论指导。

(1) 绘制出了液压成型过程中衬管和基管应力应变状态及其相互关系的曲线，得出了在液压成型过程中衬管和基管变形协调关系，可以为机械复合管液压成型力学分析和强度分析奠定基础。

(2) 建立了复合管液压成型的力学分析模型，根据成型过程中衬管和基管变形协调关系推导出了成型压力与复合管几何参数、材料力学参数和结合力的关系式，可以为机械复合管的液压成型试验和生产提供理论依据。

(3) 建立了衬管成型塑性应变与塑性强化应力的关系方程，推导出了衬管塑性强化应

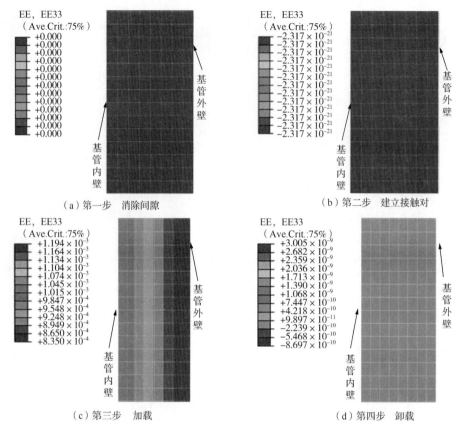

图2-48 基管周向应变模拟结果

力的计算公式，提出了材料非线性随动强化应力的计算方法，得到了准确获取机械复合管液压成型力的计算方法。

（4）基于材料非线性随动强化规律，建立了模拟机械复合管液压成型的参数化有限元力学模型。该模型的几何尺寸、材料模型以及加载压力等参数均可以根据计算需要设定，可用于模拟不同材质和不同规格的机械复合管在液压成型过程中的力学特性。

第四节 成型工艺参数对液压成型的影响分析

一、实验材料的影响分析

复合管液压成型实验选取的基管取材于 $\phi73mm×5.5mm$ 管材，衬管取材于外径为63mm的不锈钢管。为了检验所述基管和不锈钢管液压成型的可能性以及为成型力计算提供基础数据，首先需要获取基管和不锈钢管材料的力学参数，测定材料的基本力学参数一般采用拉伸试验法。

1. 基管预成型

据前面的理论分析可知，在复合管液压成型过程中基管只发生弹性变形，因此，只需获取基管的弹性力学参数和屈服强度。而对于普通碳钢或低合金钢，弹性模量一般为 206GPa，泊松比为 0.3，材料其余力学参数与管材生产状况有关，生产厂家会给出力学性能大致范围。

为了获得基管屈服强度，在规格为 ϕ73mm×5.5mm 的基管上截取长为 220mm 的圆筒，然后根据材料力学评价实验标准进行取样。轴向圆弧试样的形状及尺寸如图 2-49 所示。

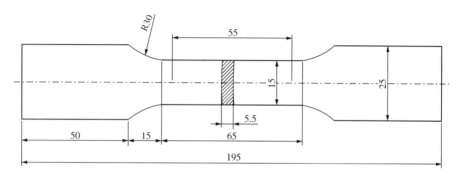

图 2-49　基管拉伸试件形状及尺寸（单位：mm）

为了消除试件在加工过程中产生的尺寸偏差和在实验过程中可能产生的测量误差影响，在同一根基管相同位置的圆周上取样 2 件，在 MTS810 材料试验机进行拉伸试验，实验结果见表 2-6。

表 2-6　基管试件拉伸实验结果

编号	截面面积，mm²	屈服强度，MPa	抗拉强度，MPa	延伸率，%
1	83.44	636	821	13.64
2	82.88	633	820	14.57
平均值	—	634.5	820.5	14.11

2. 衬管预成型

在规格为 ϕ63mm×1.16mm 的不锈钢管上截取长为 300mm 的圆筒 2 件，然后加工成如图 2-50 所示形状及尺寸。为了探索喷砂—液压复合法的可行性及其对复合管成型工艺的影响，对其中一件衬管试件外表面进行喷砂。喷砂过程中，需要保护不锈钢管两端的密封面，为防止试件表面氧化和污染尘埃，喷砂后需封装。

在规格为 ϕ63mm×0.76mm 的不锈钢管上截取长为 300mm 的圆筒 2 件，然后将轴向尺寸加工为 285mm，试件两端倒平。

在规格为 ϕ73mm×5.5mm 的基管上截取长为 250mm 的圆筒 4 件，按如图 2-50 所示的基本尺寸进行加工。其中 2 件与 ϕ63mm×1.16mm 不锈钢管紧配合，另外 2 件与 ϕ63mm×0.76mm 不锈钢管松配合。

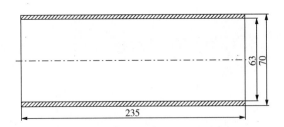

图 2-50　基管试件基本尺寸(单位：mm)

对于工业化批量生产的不锈钢管，除焊缝外几何形状很规则，试件加工后椭圆度增大、平均外径和壁厚不变，对复合管液压成型的影响可不考虑。由于车床精度和车工操作等方面的原因，基管加工后其内径产生了较大尺寸偏差。经测量，加工后 4 件基管的几何参数见表 2-7，2 号基管内径稍大，因而选取该试件进行内表面喷砂，喷砂后将基管两端封堵，以免喷砂表面氧化和污染尘埃。

表 2-7　基管几何参数测量结果

试件号	内径，mm					外径，mm
	左端最大值	左端最小值	右端最大值	右端最小值	平均值	
基管 1	63.00	62.98	63.02	62.98	63.00	69.98
基管 2	63.02	63.00	63.00	62.98	63.00	69.98
基管 3	63.06	63.00	63.04	62.98	63.02	70.00
基管 4	63.08	63.02	63.10	63.06	63.07	70.00

二、实验方法的影响分析

1. 实验装置

液压成型试验采用的主要设备与不锈钢管胀管试验相同，主要包括试压泵、电测转换箱、静态应变测试仪和复合管密封装置。

在借鉴以往液压成型装置的基础上，设计了以下新型结构，如图 2-51 所示。

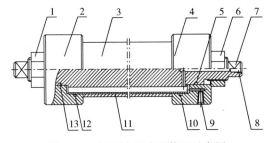

图 2-51　新型液压成型装置示意图

1—螺母；2—密封堵头；3—基管；4—密封堵头；5—密封圈；6—螺母；7—芯杆；
8—高压液入口；9—排气口；10—密封圈；11—衬管；12—密封圈；13—密封圈

该新型液压成型装置有以下特点：(1)结构简单，无大型油缸和过多的高压管汇；(2)采用芯杆结构，一方面可减少高压空间，另一方面使成型装置端部件的轴向力大大减小；（3）仅对衬管密封，衬管和基管之间无需预先焊接或单独密封；（4）对衬管密封为外表面径向密封，利用了不锈钢管外表面的光泽特性，即使衬管外表面有划痕或坑点，也方便抛光打磨；（5）衬管轴向尺寸大于基管轴向尺寸（根据需要可预先设计出衬管多余的长度），便于成型后对衬管进行翻边或与另一根复合管的对焊操作，无需大量切边，节约管材。

利用该装置进行液压复合管的成型操作按以下步骤进行：（1）将密封圈 5 和密封圈 13 装入芯杆 7 相应位置；（2）将密封圈 12 装入密封堵头 2 相应位置，将密封圈 10 装入密封堵头 4；（3）将衬管 11 和基管 3 套装，衬管 11 两端预留一定尺寸，然后将其一端与不带排气口的密封堵头 2 套装；（4）将芯杆 7 套入预先和衬管、基管装配的密封堵头 2，在已装配端旋入螺母；（5）将带排气口的密封堵头 4 套入装配组件的另一段，并旋入螺母；（6）将排气口 9 接真空泵，高压液入口 8 接高压泵管线；（7）用真空泵抽掉密封空间的空气；（8）泵入高压液体进入衬管密封空间，成型复合管。

综合上述分析可知，所设计的新型复合管液压成型装置成型工艺简单、成本低、安全性高，特别适用于小尺寸复合管的液压成型，结合现有液压成型装置的相关配件和复合管的尺寸系列进行改进，有望实现工业化应用。

2. 实验方案

液压成型工艺实验分为 4 组，具体包括：

（1）选取规格为 $\phi63mm×1.16mm$ 的不锈钢管衬管，规格为 $\phi70mm×3.5mm$ 碳钢基管进行液压成型，成型压力加压至 40MPa，检验所设计的复合管液压成型装置的可靠性。

（2）选取规格为 $\phi63mm×1.16mm$ 喷砂不锈钢管衬管，规格为 $\phi70mm×3.5mm$ 喷砂碳钢基管，探索喷砂-液压复合法的可行性和表面状况对复合管成型的影响。测量加载和卸载过程中基管的应变，获取成型压力与基管残余变形数据，考察衬管和基管结合面喷砂对液压成型工艺的影响。最终加压至与第一组未喷砂复合管相同的压力 40MPa，对比喷砂复合管和不喷砂复合管的抗剪强度。

（3）选取规格为 $\phi63mm×0.76mm$ 的不锈钢管衬管，规格为 $\phi70mm×3.5mm$ 碳钢基管进行液压成型，考察衬管壁厚对复合管成型的影响，测量加载和卸载过程中基管的应变，获取临界成型压力和加载压力与基管残余变形数据。考虑到液压系统的安全，最大成型力加压至 48MPa，该组试件将用于验证复合管强度计算力学模型中发生衬管反向屈服的可能性。

（4）选取规格为 $\phi63mm×0.76mm$ 不锈钢衬管，规格为 $\phi70mm×3.5mm$ 碳钢基管液压成型复合，考察不同间隙对复合管成型的影响，并探索粘接—液压复合法的可行性。粘接前对衬管外表面和基管内表面用丙酮和酒精清洗，并吹干，然后将衬管外表面和基管内表面均匀涂抹常温固化黏结剂（使用固化时间大于 5 小时的黏结剂）。黏结后擦除衬管两端密封面多余的黏结剂，再进行液压成型，并测量加载和卸载过程中基管的应变，分析粘接—液压成型复合管的可行性及其对成型工艺的影响。

根据基管力学参数（弹性模量取 206GPa，泊松比取 0.3）和几何参数（表 2-8）、衬管几何参数（表 2-8）和力学参数（基本力学参数见表 2-3，应力应变数据见表 2-4），由本章理论计算模型及方法可计算出四组复合管最小成型压力，并制订了四组复合管成型试验的方案，见表2-8。

表2-8 复合管成型实验方案

复合管编号	基管几何尺寸，mm		衬管几何尺寸，mm		成型压力，MPa		复合管成型方法
	外径	内径	外径	壁厚	最小值	最大值	
试件一	69.98	63.00	63	1.16	25.65	40	液压
试件二	69.98	63.00	63	1.16	25.65	40	喷砂—液压
试件三	70.00	63.02	63	0.76	28.18	48	液压
试件四	70.00	63.07	63	0.76	35.45	46	粘接—液压

3. 实验步骤

每组试件的成型及成型过程中的应变测试均按下述基本步骤进行：

（1）在试件表面画线，指定贴片位置（应变片布点位置在试件中间沿周向三等分点）。

（2）用细砂纸将试件贴片表面进行打磨，以消除表面车刀痕迹，直到镜面（保证贴片处的表面粗糙度在1.6以上），然后用丙酮和酒精清洗试件表面，并吹干。

（3）将应变片粘贴在指定位置，将接线端子粘在应变片附近，将应变片引线和接线端子焊接在一起，然后封存应变片，并对其编号。

（4）检查试压泵一端的密封性能，试压成功后将复合管组件与液压密封装置装配在一起，灌入清水后接油泵。

（5）用三芯屏蔽线连接应变片的接线端子和电测转换箱，连接后检查应变片在操作中是否损坏，检查各连接线是否有短路，检查应变仪电桥是否平衡。

（6）确保所有连接正确完成后，测量复合管在加载和卸载过程中基管的应变，四组复合管的连接总成如图2-52至图2-55所示。

图2-52 试件一连接总成（液压）
［规格：φ70mm×（3.5+1.16）mm，
最大加载压力：40MPa］

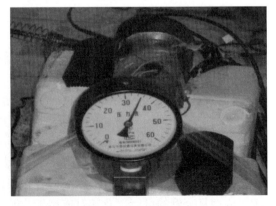

图2-53 试件二连接总成（喷砂—液压）
［规格：φ70mm×（3.5+1.16）mm，
最大加载压力：40MPa］

图 2-54　试件三连接总成(液压)
[规格：φ70mm×(3.5+0.76)mm，
最大加载压力：48MPa]

图 2-55　试件四连接总成(粘接—液压)
[规格：φ70mm×(3.5+0.76)mm，
最大加载压力：46MPa]

(7)复合管成型后，依照如图 2-56 所示从其端部截取三段切环，再加工成如图 2-57
(c)中所示试样，用于测试抗剪强度。

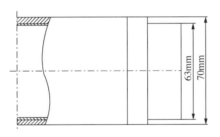

图 2-56　复合管抗剪实验取样示意图

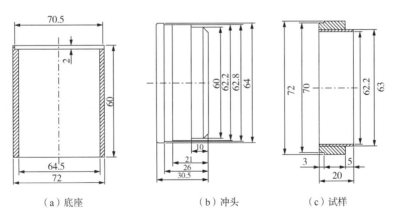

(a)底座　　　　　　　(b)冲头　　　　　　　(c)试样

图 2-57　复合管抗剪实验的底座、冲头和试样(单位：mm)

4. 结合强度评价方法

复合管结合强度的评价方法主要有应变测试法和抗剪测试法。应变测试法是通过测量衬管与基管分离前后衬管的环向应变和轴向应变直接计算出结合力的方法；抗剪测试法是通过测量结合面抗剪强度间接计算出复合管结合力的方法。由于衬管壁厚很薄，不宜采用拉伸的办法将复合管衬管和基管分离，因此采用压出的办法对复合管结合强度进行评价。复合管的抗剪试验在 MTS810 材料试验机上进行。根据复合管衬管和基管的几何尺寸，设计了抗剪试验支撑座和冲头，其几何形状和尺寸如图 2-57 所示。

三、实验结果与讨论

机械复合管液压成型后表面形貌如图 2-58 所示，在堵头和基管的间隙处，衬管由于未被约束，发生了较大的塑性变形。复合管液压成型后的截面形貌如图 2-58（c）所示，衬管和基管结合面结合紧密，肉眼观察不到间隙。

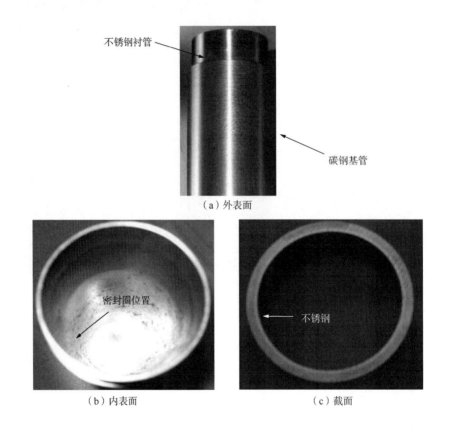

图 2-58　复合管成型后的形貌

1. 第一组实验结果

按上述提出的计算方法及程序计算出在 40MPa 成型压力下衬管发生的塑性应变为 172.74×10^{-6}，衬管塑性变形引起的塑性强化应力为 202MPa，成型后结合面的结合力为 2.95MPa。按图 2-58 对复合管进行取样，结合强度评价结果见表 2-9。根据试件抗剪评价结果可计算出复合管结合面的摩擦系数，见表 2-9。

表 2-9 复合管试件一抗剪强度和摩擦系数

编号	结合长度,mm	面积,mm²	抗剪力,kN	抗剪强度,MPa	摩擦系数
1-1	15.0	2968.80	0.81	0.27	0.09
1-2	15.1	2988.59	0.88	0.29	0.10
1-3	15.1	2988.59	0.83	0.28	0.09

2. 第二组实验结果

复合管试件二的加载历程为:0MPa→28MPa→0MPa→30MPa→0MPa→32MPa→0MPa→
34MPa→0MPa→36MPa→0MPa→40MPa→0MPa。复合管在成型过程中基管应变测试结果如
图 2-59 至图 2-64 所示和见表 2-10,图 2-59 至图 2-64 中的应变值均为多点测量数据的平
均值。其中,图 2-59 和图 2-60 分别为 0~28MPa 阶段加卸载过程中的基管周向应变曲线
和轴向应变曲线;图 2-61 和图 2-62 分别为加载至 28MPa 卸载后、再加至 36MPa 阶段加
卸载过程中的基管周向应变曲线和轴向应变曲线;图 2-63 和图 2-64 分别为加载至 36MPa
卸载后、再加至 40MPa 阶段加卸载过程中基管的周向应变曲线和轴向应变曲线。

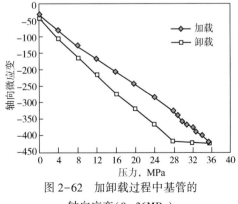

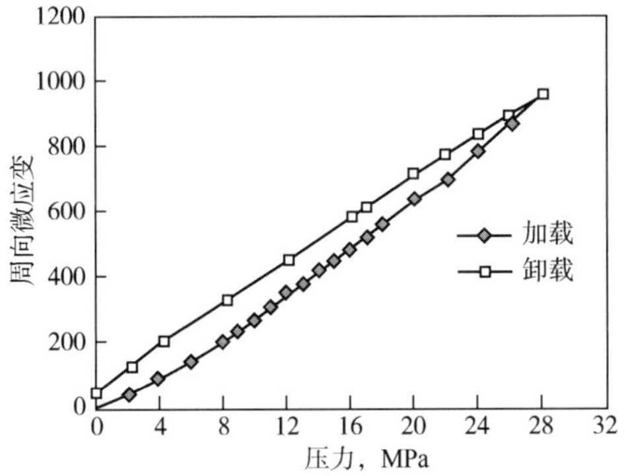

图 2-59 加卸载过程中基管
的周向应变(0~28MPa)

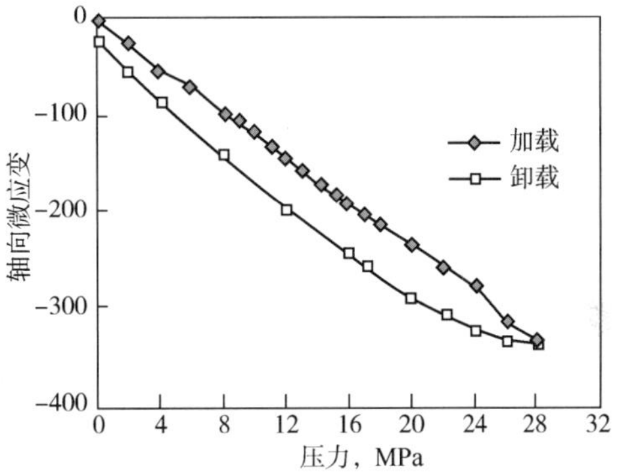

图 2-60 加卸载过程中基管的
轴向应变(0~28MPa)

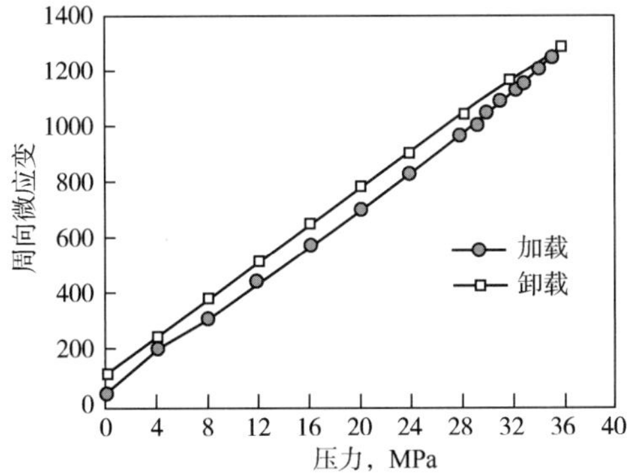

图 2-61 加卸载过程中基管的
周向应变(0~36MPa)

图 2-62 加卸载过程中基管的
轴向应变(0~36MPa)

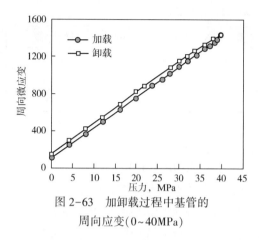

图 2-63 加卸载过程中基管的
周向应变(0~40MPa)

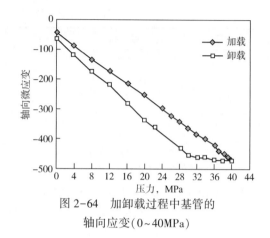

图 2-64 加卸载过程中基管的
轴向应变(0~40MPa)

表 2-10 成型力作用下衬管和基管应力应变

试验成型压力，MPa	基管外壁残余应变，10^{-6}	结合力，MPa	衬管塑性应变，10^{-6}	衬管塑性强化应力，MPa
28	43	1	57.58	187
30	50.67	1.18	67.95	189
32	62.67	1.46	84.07	191
34	80.33	1.87	107.68	194
36	105	2.44	140.50	198
40	132.67	3.09	177.92	203

由图 2-59 和图 2-60 可知，该组复合管一开始加载基管便发生了变形，说明衬管和基管基本无间隙，这与复合管衬管和基管几何参数测量值相符。当压力加至 28MPa 卸载后，基管周向应变和轴向应变都有残余值，意味着衬管和基管已经贴合，这与表 2-8 理论计算的最小成型压力 25.65MPa 是吻合的。

由图 2-61 和图 2-62 可知，在成型压力加至 28MPa 以前，基管周向和轴向应变呈线性增加；当成型压力加至 28MPa 以上，基管周向应变和轴向应变增加幅度明显变大，这是因为衬管发生了新的塑性变形。成型压力加至 36MPa 卸载后，周向应变线性回复，并产生了新的残余应变；轴向应变的回复到 28MPa 左右发生了转折。衬管在周向和轴向都产生了新的塑性变形，基管只发生了弹性变形，因而卸载时衬管和基管在轴向不能同步回弹，表现为在轴向产生了相对滑动的趋势，于是在衬管和基管结合面接触压力作用下产生了较大的摩擦力，正是由于该摩擦力的存在影响了基管轴向应变的弹性恢复。需要强调的是该摩擦力随衬管液压力的增加而增加、随衬管液压力的减小而减小，因此，随着成型压力的卸载摩擦力减小，便不再对基管轴向回弹产生影响。

由图 2-63 和图 2-64 可知，在成型压力加至 36MPa 以前，基管周向和轴向应变呈线性增加；当成型压力加至 36MPa 以上，基管周向应变和轴向应变增加幅度明显变大，同样是因为衬管发生了新的塑性变形。成型压力加至 40MPa 卸载后，周向应变线性回复，并产生了新的残余应变；轴向应变的回复到 30MPa 左右发生了转折，其原因也是由于衬管和基管回弹过程中结合面产生的摩擦力所致。

为了验证建立的理论模型及方法的正确性，分别应用本章理论方法、Wang[21]的计算方法和有限元法对成型力进行了计算。计算基础数据中基管弹性模量为206GPa、泊松比为0.3，衬管力学参数见表2-3和表2-4，衬管和基管几何参数见表2-2；基管外壁残余应变测量值见表2-10。应用本章程序算得机械复合管结合力，衬管塑性应变及其塑性强化应力见表2-10。成型力计算值与试验值的对比情况详见表2-11，本章理论方法和有限元法计算的成型力与试验值接近（按过盈计算更接近试验值）；Wang[21]计算值偏小，这是由于未考虑衬管塑性变形引起的塑性强化应力所致。有限元模拟出复合管试件二在卸载后的残余应力应变云图如图2-65至图2-70所示。

表 2-11　成型力理论计算值和试验值对比

加载压力，MPa	理论（不考虑过盈）		公式 Wang[21]		理论（过盈量0.001mm）		有限元法（不考虑过盈）	
	计算值，MPa	偏差，%	计算值，MPa	偏差，%	计算值，MPa	偏差，%	计算值，MPa	偏差，%
28	30.44	8.71	29.44	5.15	29.44	5.15	30.00	7.14
30	31.41	4.70	30.13	0.42	30.13	0.42	30.90	3.00
32	32.76	2.36	31.19	2.53	31.47	1.64	32.10	0.31
34	34.74	2.18	32.75	3.69	33.46	1.59	33.80	0.59
36	37.48	4.10	34.91	3.03	36.34	0.93	36.40	1.11
40	40.66	1.64	37.38	6.55	39.52	1.21	39.30	1.75

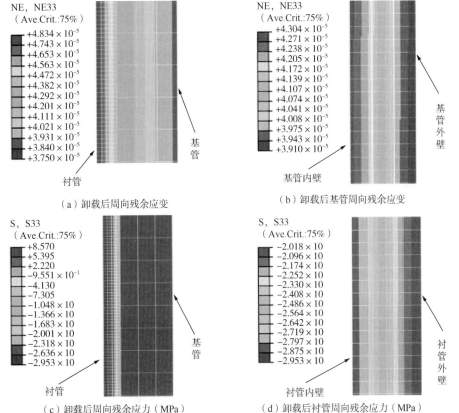

（a）卸载后周向残余应变　　　　（b）卸载后基管周向残余应变

（c）卸载后周向残余应力（MPa）　　（d）卸载后衬管周向残余应力（MPa）

图 2-65　复合管在模拟加载压力为30MPa时卸载后的应力应变云图

（间隙为0mm，结合力为1MPa）

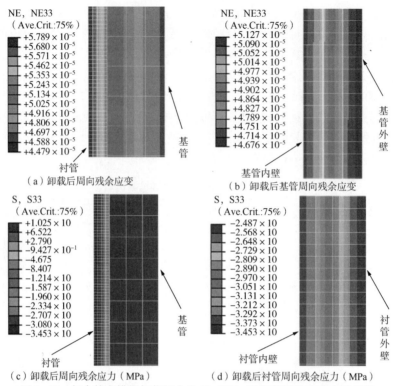

图 2-66　复合管在模拟加载压力为 30.9MPa 时卸载后的应力应变云图

（间隙为 0mm，结合力为 1.18MPa）

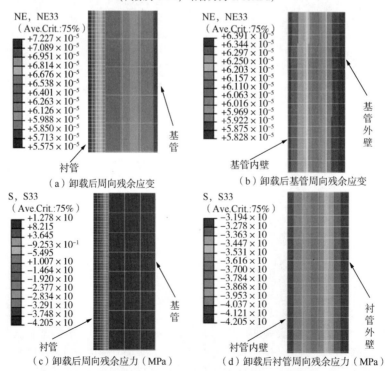

图 2-67　复合管在模拟加载压力为 32.1MPa 时卸载后的应力应变云图

（间隙为 0mm，结合力为 1.46MPa）

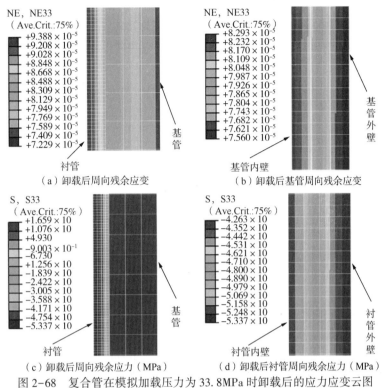

（a）卸载后周向残余应变　　　　（b）卸载后基管周向残余应变

（c）卸载后周向残余应力（MPa）　　　（d）卸载后衬管周向残余应力（MPa）

图 2-68　复合管在模拟加载压力为 33.8MPa 时卸载后的应力应变云图

（间隙为 0mm，结合力为 1.87MPa）

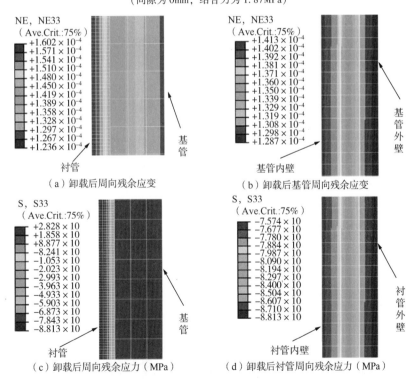

（a）卸载后周向残余应变　　　　（b）卸载后基管周向残余应变

（c）卸载后周向残余应力（MPa）　　　（d）卸载后衬管周向残余应力（MPa）

图 2-69　复合管在模拟加载压力为 36.4MPa 时卸载后的应力应变云图

（间隙为 0mm，结合力为 2.44MPa）

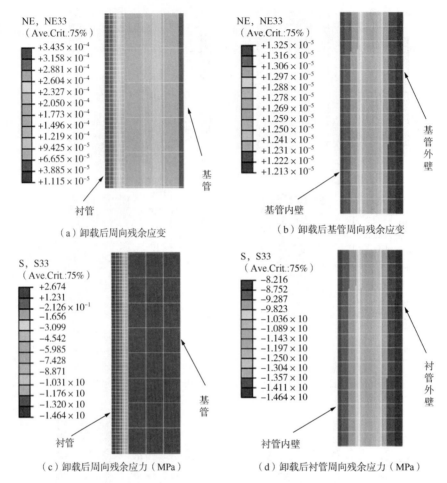

（a）卸载后周向残余应变 　　　　（b）卸载后基管周向残余应变

（c）卸载后周向残余应力（MPa） 　　　（d）卸载后衬管周向残余应力（MPa）

图 2-70　复合管在模拟加载压力为 39.3MPa 时卸载后的应力应变云图

（间隙为 0.01mm，结合力为 3.09MPa）

将复合管截取抗剪强度试样 3 件，测得喷砂—液压复合管结合面抗剪强度见表 2-12。

表 2-12　复合管试件二结合面的抗剪强度

编号	结合长度，mm	面积，mm²	抗剪力，kN	抗剪强度，MPa	摩擦系数
2-1	15	2968.80	2.53	0.85	0.28
2-2	14.9	2949.01	2.53	0.86	0.28
2-3	15	2968.80	2.56	0.86	0.28

3. 第三组实验结果

复合管试件三的加载历程为：0MPa→26MPa→0MPa→31MPa→0MPa→42MPa→0MPa→48MPa→0MPa。复合管在成型过程中基管外壁的应变测试结果如图 2-71 至图 2-78 所示和见表 2-13，图 2-71 至图 2-78 中的应变值同样为多点测量数据的平均值。其中，图 2-71 和图 2-72 分别为 0~26MPa 阶段加卸载过程中，基管的周向应变曲线和轴向应变曲

线；图 2-73 和图 2-74 分别为加载至 26MPa 卸载后，再加至 31MPa 阶段加卸载过程中基
管的周向应变曲线和轴向应变曲线；图 2-75 和图 2-76 分别为加载至 31MPa 卸载后，再
加至 42MPa 阶段加卸载过程中基管的周向应变曲线和轴向应变曲线；图 2-77 和图 2-78
分别为加载至 42MPa 卸载后，再加至 48MPa 阶段加卸载过程中基管的周向应变曲线和轴
向应变曲线。

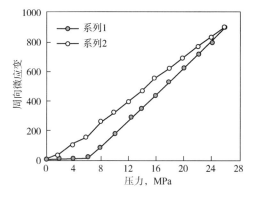

图 2-71　加卸载过程中基管周向应变(0~26MPa)

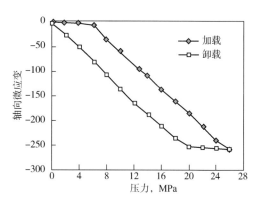

图 2-72　加卸载过程中基管轴向应变(0~26MPa)

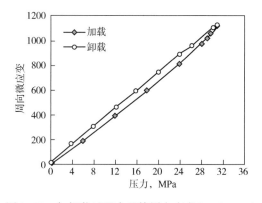

图 2-73　加卸载过程中基管周向应变(0~31MPa)

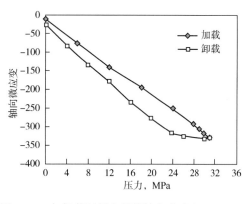

图 2-74　加卸载过程中基管轴向应变(0~31MPa)

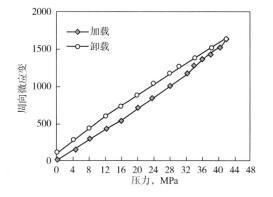

图 2-75　加卸载过程中基管周向应变(0~42MPa)

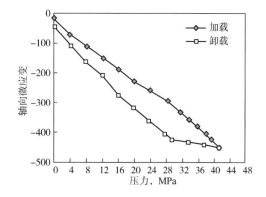

图 2-76　加卸载过程中基管轴向应变(0~42MPa)

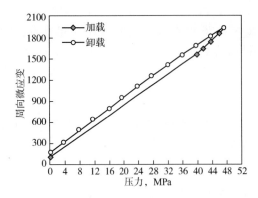 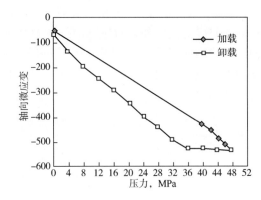

图 2-77　加卸载过程中基管周向应变(0~48MPa)　　图 2-78　加卸载过程中基管轴向应变(0~48MPa)

表 2-13　成型力作用下衬管和基管应力应变

试验成型压力 MPa	基管外壁残余应变, 10^{-6}	结合力 MPa	衬管塑性应变, 10^{-6}	衬管塑性强化应力 MPa
31	13.33	0.31	334.46	220
42	96	2.21	444.86	230
48	158	3.63	527.36	236

由图 2-71 和图 2-72 可知，复合管在刚开始加载时基管并未发生变形，衬管和基管之间可能还尚有间隙。当压力加至 26MPa 卸载后，基管依旧未发现有残余应变，此时衬管和基管还未贴合、复合管也还未能成型，这与理论计算的最小成型压力 28.18MPa(表 2-8)是吻合的。另外，由于衬管和基管回弹过程中结合面产生的摩擦力所致，轴向应变的回复到 20MPa 左右便发生了转折。

由图 2-73 和图 2-74 可知，在成型压力加至 24MPa 以前，基管的周向和轴向应变呈线性增加；当成型压力加至 28MPa 以上，基管的周向应变和轴向应变增加的幅度明显变大，这是因为衬管发生了新的塑性变形。成型压力加至 31MPa 卸载后，周向应变线性回复并产生了新的残余应变；轴向应变的回复在 24MPa 左右发生了转折，这是由于内外管回弹过程中结合面产生的摩擦力所致。

由图 2-75 和图 2-76 可知，在成型压力加至 28MPa 以前，基管的周向和轴向应变呈线性增加；当成型压力加至 32MPa 以上，基管周向应变和轴向应变增加幅度明显变大，主要是因为衬管发生了新的塑性变形。成型压力加至 42MPa 卸载后，周向应变线性回复，并产生了新的残余应变；轴向应变的回复在 30MPa 左右发生了转折，其原因也是由于衬管和基管回弹过程中结合面产生的摩擦力所致。

由图 2-77 和图 2-78 可知，当成型压力加至 42MPa 以上，基管的周向应变和轴向应变曲线发生了转折。成型压力加至 48MPa 卸载后，周向应变线性回复，并产生了新的残余应变；轴向应变的回复在 36MPa 左右发生了转折，其原因同样是由于衬管和基管回弹过程中结合面产生的摩擦力所致。

为了再次验证理论模型及方法的正确性，分别应用本章的理论方法、公式 Wang[21] 的计算方法和有限元法对该组复合管的成型力进行了计算，由表 2-13 和表 2-14 可知，本章解析法计算值最接近试验值，3 组数据的偏差在 4% 以内，计算精度较高。有限元模拟出复合管试件三在卸载后的残余应力应变云图如图 2-79 所示。

表 2-14　成型力理论计算值和试验值对比

加载压力，MPa	理论		公式 Wang[21]		有限元计算值	
	计算值，MPa	偏差，%	计算值，MPa	偏差，%	计算值，MPa	偏差，%
31	30.15	2.75	24.97	19.46	28.3	8.71
42	41.52	1.13	35.05	16.56	39.8	5.24
48	49.83	3.82	42.58	11.29	46.2	3.75

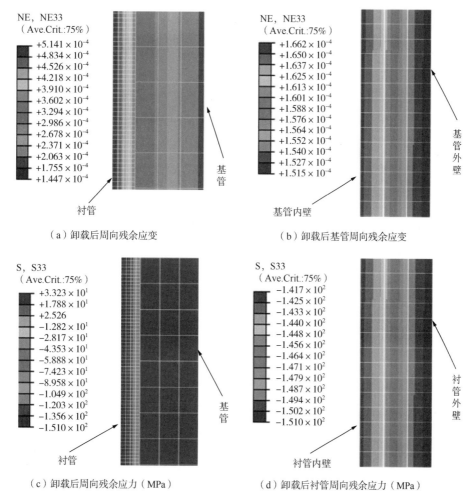

（a）卸载后周向残余应变　　（b）卸载后基管周向残余应变

（c）卸载后周向残余应力（MPa）　　（d）卸载后衬管周向残余应力（MPa）

图 2-79　复合管在模拟加载压力为 46.2MPa 时卸载后应力应变云图
（间隙为 0.01mm，结合力为 3.63MPa）

将复合管截取抗剪强度测试取样 3 件，测得液压复合管抗剪强度见表 2-15，其中试件 3-1 的强度为成型后未加温直接测得，试件 3-2 的强度为加温至 40℃空冷后测得，而试件 3-3 的强度为加温至 50℃空冷后测得。

表 2-15　第三组液压复合管结合面抗剪强度

编　号	结合长度，mm	面积，mm²	抗剪力，kN	抗剪强度，MPa	摩擦系数
3-1(20℃)	15	2968.8	1.17	0.39	0.11
3-2(40℃)	15.1	2988.59	1.15	0.38	0.11
3-3(50℃)	14.9	2949.01	1.16	0.39	0.11

4. 第四组实验结果

机械复合管试件四加载历程为：0MPa→36MPa→0MPa→38MPa→0MPa→39MPa→0MPa→40MPa→0MPa→42MPa→0MPa→44MPa→0MPa→46MPa→0MPa。复合管在成型过程中基管外壁的应变测试结果如图 2-80、图 2-81 所示和见表 2-16，图 2-80 和图 2-81 的应变值同样为多点测量数据平均值。图 2-80 和图 2-81 具体展示了复合管在加卸载过程中基管外壁的周向应变曲线和轴向应变曲线。

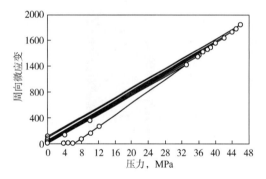

图 2-80　加卸载过程中基管周向应变

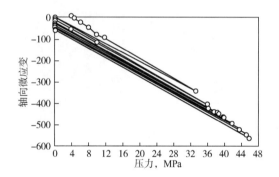

图 2-81　加卸载过程中基管轴向应变

表 2-16　成型力作用下管材的应力应变

试验成型压力，MPa	基管外壁残余应变，10⁻⁶	结合力，MPa	衬管塑性应变，10⁻⁶	衬管塑性强化应力，MPa
36	4.33	0.10	1116.89	273.5
38	9	0.21	1123.24	274
39	18	0.41	1134.79	274.5
40	28	0.64	1148.07	275
42	42	0.97	1167.13	276
44	55.67	1.28	1185.03	277
46	93	2.14	1234.70	279

由图 2-80 和图 2-81 可知，该组复合管在刚开始加载时基管未发生变形，说明衬管和基管之间有间隙。当压力加至 33.5MPa 卸载后基管无残余应变，意味着此时衬管和基管还未贴合(即复合管尚未成型)；当成型压力加至 36MPa 卸载后，基管产生了很小的残余应变，衬管和基管刚好贴合(即复合管此时正好成型)，这与本章理论计算的最小成型压力 35.45MPa(表 2-8)是吻合的。

值得一提的是，在对粘接—液压复合管在卸载过程中基管应变进行测试时，发现其数据波动很大，故未获得卸载过程中基管应变值。这可能是由于在卸载过程中，衬管和基管有相对滑动，引起结合面上的黏结剂滑移或蠕动(此时黏结剂并未固化)，其力学性能的不稳定性被展现出来，导致所测应变数据波动。在衬管和基管无相对滑动时，黏结剂的性能未被表现出来，故测量值稳定。

为了分析粘接后再液压成型对成型力的影响和验证本章理论模型及方法的正确性，分别应用本章的理论方法、公式 Wang[21] 的计算方法和有限元法对该组复合管的成型力进行了计算。见表 2-16 和表 2-17，本章计算结果最接近试验值，7 组数据的偏差在 4% 以内，计算精度较高。

表 2-17　成型力理论计算值和试验值对比

试验成型压力，MPa	理论		公式 Wang[21]	
	计算值，MPa	偏差,%	计算值，MPa	偏差,%
36	36.05	0.14	23.91	33.59
38	36.70	3.42	24.49	35.55
39	37.83	3.00	25.56	34.47
40	39.12	2.21	26.78	33.05
42	41.00	2.38	28.53	32.06
44	42.78	2.77	30.18	31.40
46	47.61	3.50	34.76	24.45

将复合管截取抗剪强度试样 3 件，测得复合管试件四的抗剪强度见表 2-18。

表 2-18　第四组粘接—液压复合管结合面抗剪强度

编号	结合长度，mm	面积，mm²	抗剪力，kN	抗剪强度，MPa
4-1	15	2968.80	21.05	7.09
4-2	15.1	2988.59	20.52	6.92
4-3	15	2968.80	20.67	6.91

四组复合管的原始间隙、衬管壁厚、最终成型压力和成型后力学性能见表 2-19 和如图 2-82 所示(抗剪强度和摩擦系数均为取样测量的平均值)。衬管和基管之间的间隙对成型力影响很大，衬管壁厚对复合管成型力影响不大。若以结合面抗剪强度为指标，可见成型后粘接—液压复合管结合强度最高、喷砂—液压复合管结合强度其次，液压复合管结合强度最低。

表 2-19 复合管最终成型压力及其力学性能对比

复合管编号	原始间隙, mm	衬管壁厚, mm	成型压力, MPa	抗剪强度, MPa
试件一(液压)	0	1.16	40	0.28
试件二(喷砂—液压)	0	1.16	40	0.86
试件三(液压)	0.01	0.76	48	0.39
试件四(粘接—液压)	0.035	0.76	46	6.97

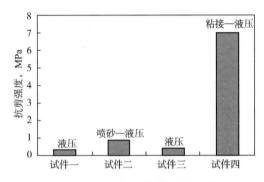

图 2-82 复合管成型后结合强度对比

从以上分析可以看出，本节所做的成型工艺参数对复合管成型有重要指导意义，可供生产厂商借鉴生产液压复合管。

(1) 利用新型复合管液压成型装置开展的机械复合管液压成型试验，并采用电阻应变测试法测试了成型过程中的形变和回弹规律，揭示了机械复合管液压成型的力学机理。

(2) 液压复合管成型过程中，随着成型压力增加，衬管首先发生塑性变形直至衬管和基管贴合，此后基管开始产生膨胀变形，基管的周向和轴向应变呈线性增加；当衬管发生新的塑性变形，基管的周向应变和轴向应变呈非线性增加；成型压力卸载后，衬管和基管在轴向不能同步回弹，在轴向产生了相对滑动的趋势，并在衬管和基管结合面接触压力的作用下产生摩擦，周向应变线性回弹，而轴向应变的回复在一定压力下发生转折；随着成型压力的继续卸载，轴向摩擦力减小，不再对基管的轴向回弹产生影响。

(3) 对比理论方法、有限元法及有关文献计算方法的计算值和复合管成型的试验值表明，理论计算方法计算值更接近试验值，各组数据的计算精度均在 5%以内。这表明本章理论模型及其计算方法是可靠的，同时也说明了实验方法和实验所测数据是可靠的。

(4) 通过采用不同壁厚，不同间隙、不同表面处理方式的复合管组对实验，得出了衬管和基管间套装间隙、管材几何效应、端部效应等对成型工艺及成型力的影响，指出了衬管和基管间隙是成型力的最重要影响因素，成型后粘接—液压复合管结合强度最高、喷砂—液压复合管结合强度其次，液压复合管结合强度最低。

参 考 文 献

[1] 曾德智 . 双金属复合管液压成型理论与试验研究[D] . 成都：西南石油大学, 2007.

[2] 王永飞, 赵升吨, 张晨阳 . 双金属复合管成形工艺研究现状及发展[J] . 锻压装备与制造技术,
2015, 50(3)：84-89.

[3] 朱世东, 王栋, 李广山, 等 . 油气田用双金属复合管研究现状[J] . 腐蚀科学与防护技术, 2011, 23
(6)：529-534.

[4] 陆晓峰, 郑新 . 基于有限元模拟的20/316L双金属复合管拉拔参数的优化[J] . 中国有色金属学报,
2011, 21(1)：205-213.

[5] 刘富君, 郑津洋, 郭小联, 等 . 双层管液压胀合的原理及力学分析[J] . 机械强度, 2006, 28(1)：
99-103.

[6] 王学生 . 王如竹 . 李培宁 . 复合管液压成形装置及残余接触压力预测[J] . 中国机械工程, 2004,
(8)：662-666.

[7] 曹建斌, 张周锁 . 双金属复合管水下爆炸成形有限元分析[J] . 焊接学报, 2018, 39(2)：61-
65, 131.

[8] 凌星中 . 内复合双金属管制造技术[J] . 焊管, 2001, 24(2)：43-46.

[9] 曹晓燕, 邓娟, 上官昌淮, 等 . 双金属复合管复合工艺研究进展[J] . 钢管, 2014, 43(2)：11-15.

[10] 李文武, 曹志锡 . 双金属复合管滚压复合成形的力学计算[J] . 浙江工业大学学报, 2011, 39(3)：
304-307.

[11] 曾德智, 杨斌, 孙永兴, 等 . 双金属复合管液压成型有限元模拟与试验研究[J] . 钻采工艺, 2010,
33(6)：78-79.

[12] 毕宗岳, 王纯, 张万鹏, 等 . 液压复合管残余接触应力的影响因素[J] . 热加工工艺, 2015, 44
(19)：144-149.

[13] 杜清松, 曾德智, 杨斌, 等 . 双金属复合管塑性成型有限元模拟[J] . 天然气工业, 2008, 28(9)：
64-66.

[14] APISpec 5LD—2015 Specification for CRA Clad or Lined Steel Pipe[S] .

[15] 王纯 . 内衬耐蚀合金复合管液压胀合试验研究[D] . 西安：西安石油大学, 2016.

[16] 周飞宇 . 双层金属复合管液压成形工艺研究[D] . 南京：南京航空航天大学, 2014.

[17] 马海宽, 刘继高, 李培力, 等 . 双金属复合管高压液胀成形理论分析与有限元计算[J] . 钢管, 2013,
42(5)：26-30.

[18] 马海宽, 李培力, 隋健, 等 . 双金属复合管液胀成形选材标准理论分析探讨[J] . 化工设备与管道,
2015(3)：73-75.

[19] 马海宽, 李培力, 隋健, 等 . 关于液胀成形技术是双金属复合管发展趋势的探讨[J] . 机械工程与
自动化, 2015(6)：215-216.

[20] 王学生, 李培宁, 王如竹, 等 . 双金属复合管液压成形压力的计算[J] . 机械强度, 2002(3)：
439-442.

[21] 刘富君, 郑津洋, 郭小联, 等 . 双层管液压胀合过程的试验研究[J] . 压力容器, 2006(2)：23-27.

[22] 刘建伟, 姚馨淇, 李玉寒, 等 . 液压胀形环境下管材的力学行为[J] . 锻压技术, 2019, 44(2)：
1-6.

［23］颜惠庚．换热管液袋式液压胀接装备与技术［D］．上海：华东理工大学，1998．

［24］YuanL，Kyriakides S．Liner Wrinkling and Collapse of Bi-Material Pipe under Bending［J］．International Journal of Solids and Structures，2014，51（3-4）：599-611．

［25］王学生，王如竹，李培宁．复合管液压成形装置及残余接触压力预测［J］．中国机械工程，2004（8）：6-10．

［26］李明亮．多层复合管液压胀接原理与工艺研究［D］．哈尔滨：哈尔滨工业大学，2010．

［27］WangX，Li P，Wang R．Study on Hydro-Forming Technology of Manufacturing Bimetallic CRA-Lined Pipe ［J］．International Journal of Machine Tools and Manufacture，2005，45（4-5）：373-378．

［28］Huang X，Xie T．Modeling Hydraulically Expanded Tube-to-Tubesheet Joint Based on General Stress-Strain Curves of Tube and Tubesheet Materials［J］．Journal of Pressure Vessel Technology，2011，133（3）：031205．

［29］唐越，倪兴健，王勇勤．316L/X70双金属复合管液压胀接成形机理［J］．锻压技术，2018，43（1）：90-96．

［30］AllamM，Bazergui A．Axial Strength of Tube-to-Tubesheet Joints：Finite Element and Experimental Evaluations［J］．J．Pressure Vessel Technol，2002，124（1）：22-31．

［31］Akisanya A R，Khan F U，Deans W F，et al．Cold Hydraulic Expansion of Oil Well Tubulars［J］．International Journal of Pressure Vessels and Piping，2011，88（11-12）：465-472．

［32］Kalaki A，Eskandarzade M，Barghani S，et al．Experimental and Numerical Evaluation of Influencing Parameters on the Manufacturing of Lined Pipes［J］．International Journal of Pressure Vessels and Piping，2019，169：71-76．

［33］边城，王强，李翠艳．双金属复合管复合模型有限元分析［J］．焊管，2015，38（11）：6-8．

［34］Laghzale N E，Bouzid A H．Analytical Modeling of Hydraulically Expanded Tube-to-Tubesheet Joints［J］．Journal of Pressure Vessel Technology，2009，131（1）：011208．

［35］Vedeld K，Osnes H，Fyrileiv O．Analytical Expressions for Stress Distributions in Lined Pipes：Axial Stress and Contact Pressure Interaction［J］．Marine Structures，2012，26（1）：1-26．

［36］Dong J，Ozturk F，Jarrar F，et al．Numerical Post-Buckling Analysis of Mechanically Lined Corrosion Resistant Alloy Pipes［J］．Journal of Pressure Vessel Technology，2018，140（1）：031205．

［37］Guo T，Ozturk F，Jarrar F，et al．Analysis of Contact Pressure of Mechanically Lined Corrosion Resistant Alloy Pipe by Hydraulic Expansion Process［J］．Journal of Pressure Vessel Technology，2017，139（2）：021212．

［38］晁利宁，鲜林云，余晗，等．双金属复合管液压成型的有限元模拟及残余接触压力计算［J］．焊管，2016，39（7）：1-6．

［39］郑茂盛，高航，滕海鹏，等．双金属复合管液压胀形过程的受力分析［J］．焊管，2016，39（9）：1-5．

［40］杨连发，郭成．液压胀形薄壁管材料流动应力方程的构建［J］．西安交通大学学报，2006（3）：332-336．

［41］李兰云，张阁，刘静，等．初始间隙对双金属复合管液压成形的影响研究［J］．热加工工艺，2019，48（5）：136-140．

［42］聂海亮，马卫锋，赵新伟，等．双金属复合管在油气管道的应用现状及分析［J］．金属热处理，2019，44（S1）：515-518．

［43］ZengDezhi, Deng Kuanhai, Shi Taihe, et al. Theoretical and Experimental Study of Bimetal-Pipe Hydroforming［J］. Journal of Pressure Vessel Technology, 136(6)：0614021-6140210.

［44］Zeng Dezhi, Lin Yuanhua, Yang Bin, et al. Numerical Simulation of Lined Steel Pipe Hydro-Forming Process［J］. Journal of Computational & Theoretical Nanoence, 2012, 9(9)：1175-1179.

［45］Zeng Dezhi, Deng Kuanhai, Lin Yuanhua, et al. Theoretical and Experimental Study of the Thermal Strength of Anticorrosive Lined Steel Pipes［J］. Petroleum Science, 2014, 11(3)：417-423.

［46］徐芝纶. 弹性力学(第三版)［M］. 北京：高等教育出版社, 1990.

［47］徐秉业, 刘信声. 应用弹塑性力学［M］. 北京：清华大学出版社, 1995.

［48］李庆扬, 王能超, 易大义. 数值分析［M］. 武汉：华中科技大学出版社, 1986.

第三章 冶金复合管成型工艺控制及组织性能分析

第一节 冶金复合管成型工艺及应用现状分析

一、冶金复合管成型工艺发展现状

近年来，冶金复合管制造已发展形成了多种工艺，主要有复合板焊接法、热挤压法、堆焊成型法、爆炸焊成型法和钎焊法等[1-4]，每一种工艺方法都有其自身技术特点及工艺限制，生产工艺的选择要综合考量工程要求、经济效益、原材料和产品质量等多种因素。

1. 复合板焊接法

复合板焊接法制造双金属复合管通常采用热轧复合板和爆炸复合板，再利用 JCOE 或 UOE 工艺制成复合管坯，进行内外焊接，典型工艺流程如图 3-1 所示。目前，复合板焊接法是制造直径大于 300mm 以上油气集输用复合钢管的主要方法。

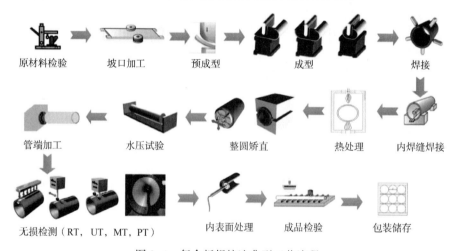

原材料检验　坡口加工　预成型　成型　焊接

管端加工　水压试验　整圆矫直　热处理　内焊缝焊接

无损检测（RT，UT，MT，PT）　内表面处理　成品检验　包装储存

图 3-1　复合板焊接法典型工艺流程

热轧复合板焊接法是利用三明治式工艺，将装配好的耐蚀合金层、基板，经过高温热轧、冷却、打开等工序，得到热轧冶金复合板，再经过 JCOE 或 UOE 等制管工艺制造复合管，热轧复合板焊接法制成的实物管材及复合界面形貌如图 3-2 所示。目前该工艺在国内外应用最为广泛，制备管材为有缝复合管。工艺优点为结合强度高、工艺简单、生产效率

高、质量好、成本低，可大幅降低金属材料的损耗；缺点为一次性投资大，材料选择范围小。

 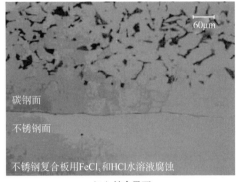

（a）复合管形貌　　　　　　　　　　（b）结合界面

图 3-2　热轧复合板焊接法生产的直缝复合管及其界面形貌

爆炸复合板焊接法是利用炸药为能源，在炸药的高速引爆和冲击作用下，以十分短暂的过程使被焊金属表面形成一层薄的具有变形、熔化、扩散以及波形特征的焊接过渡区，从而实现冶金复合，再经过 JCOE 或 UOE 等制管工艺制造复合管，制造的实物管材形貌及复合界面如图 3-3 所示。该工艺优点为一次性瞬间成型，结合强度较高，材质选择范围较广，易与冲压、挤压和拉拔等工艺结合，不需要复杂设备，对场地要求不高；缺点为界面结合区易形成锯齿波形，尺寸长度受限，对炸药的药量控制较高，机械化程度低，劳动条件较差，环境污染较大，不适用连续化生产及生产薄板。

 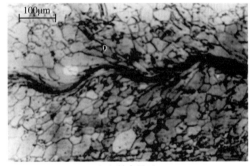

（a）复合管形貌　　　　　　　　　　（b）结合界面

图 3-3　爆炸复合板焊接法生产的直缝复合管及其界面形貌

2. 热挤压法

热挤压，又称为复合挤压，工艺原理通过将异种金属表面清理后组装成挤压复合坯，加热到一定温度，以一定挤压比进行挤压，在高温和压力作用下使金属紧密接触并达到复合，典型工艺流程如图 3-4 所示，制造的实物管材形貌如图 3-5 所示。

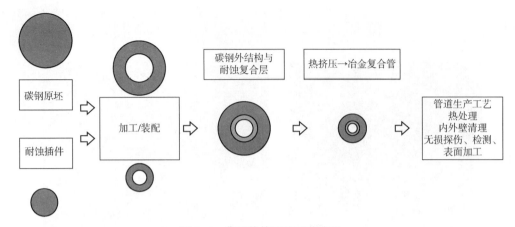

图 3-4 典型热挤压法工艺流程

图 3-5 热挤压法生产的无缝冶金复合管

目前热挤压法是生产不锈钢和镍基合金无缝复合管中使用较多的方法，日本制钢所利用这种方法生产了管径 203.2mm 以下双金属复合管。它是将两种以上的金属组成一大直径复合管坯后再加热到 1200℃ 左右，然后由模具和芯轴挤过形成的环状空间。当挤压坯料截面缩减到 10∶1 时，高的挤压压力和温度会在界面处产生"压力焊"的焊接效应，促进界面间快速扩散和广泛结合，实现界面冶金结合。

热挤压工艺优点为：复合成型工艺简单，界面为冶金结合，结合力较强；挤压过程中涉及的力完全是压应力，因此特别适合于热加工性不好、塑性低的高合金金属加工。缺点是：由于冶金结合决定于挤压过程中极短时间内的元素界面扩散，通常会因氧化膜的存在而受到影响，因此目前复合挤压仅限于碳钢与不锈钢和镍基合金间复合；内层的耐蚀合金，可能会出现壁厚不均匀问题，并由于变形抗力不一致易产生裂纹。

3. 堆焊成型法

堆焊是较早使用的制作复合金属的方法，用熔焊、钎焊、热喷涂或喷熔等方法在工件表面堆敷一层具有特定性能材料的工艺过程。各种熔焊方法在堆焊工作中占的比例最大，狭义上的堆焊即指熔化焊方法，图 3-6 给出了堆焊过程及其效果。如果用户要求在现有碳钢钢管上采用堆焊方法直接制造复合管，除了考虑稀释率和熔敷率之外，还要考虑到设备的可达性以及堆焊层的最小厚度，一般不能太大，以免影响管道输送能力。

堆焊成型法优点为界面能完全冶金结合，层间结合强度高残余应力小，成型表面质量优良，成材率高和工艺流程短；堆焊成型法缺点为生产率较低、生产成本高，可生产的材料组合仅限于熔化焊下具有相容性的材料之间，堆焊合金易被母材稀释，难以堆焊小口径复合管。

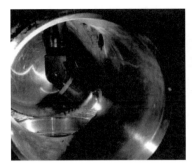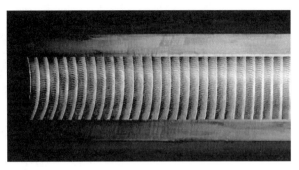

图 3-6　管材内壁堆焊及其效果

4. 爆炸焊成型法

爆炸焊成型工艺是靠炸药爆炸产生的冲击波，耐蚀合金管发生塑性变形紧贴外部基管，从而形成复合管。利用爆炸成型，内覆层厚度可小于 0.2mm，熔合比最小可达到 5%；内覆层贴合紧密，产品适用性广；利用爆炸焊能够实现多种金属间连接，有些是采用其他方法不能实现的。该工艺缺点为对尺寸较长的复合管炸药量很难准确界定，而且具有一定的危险性。

近年来，西安德信成科技有限责任公司对爆炸焊成型工艺进行了改进，采用爆炸复合工艺制作冶金复合管坯料，再辅以无缝管制作工艺流程制备需求的管材，具体工艺流程如图 3-7 所示，制成的实物管材形貌如图 3-8 所示。首先依次开展基材和覆材检测、定尺、研磨、装配和爆炸等流程，形成复合管坯，其次对复合管坯进行加热、保温后穿孔，穿孔温度依据基材和覆材材质确定，接着采用热轧或冷轧，对穿孔毛细管进行轧制，依据产品需求选择合适轧机，最后对轧制后荒管探伤后进行热处理，并矫直、检验形成成品管。爆炸复合工艺的特点是接触面形成浪形，这有助于金属相互咬住并破坏氧化膜。因此，这种工艺制作管材结合强度很高，可以生产其他方法无法生产或有困难的双金属复合管。

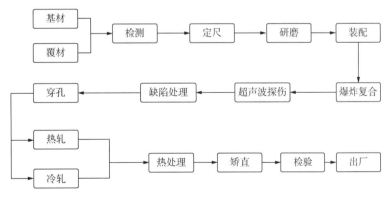

图 3-7　爆炸复合工艺流程图

图 3-8　爆炸焊成型加轧制法生产的无缝复合管

5. 钎焊法

钎焊法是北京石油化工学院凌星中等联合企业开发成功的冶金结合复合钢管制造工艺。采用不锈钢或耐蚀合金薄带连续自动成型焊接成的焊管作为内部耐蚀合金管,通过在耐蚀合金管和基管之间放置钎料,并在惰性气体保护下经连续感应加热,钎料被加热熔化,钎料在基管和耐蚀合金管间发生反应,在冷却水的作用下迅速凝固,从而形成冶金结合。图 3-9 和图 3-10 给出了钎焊法工艺流程和制造的实物管材形貌。

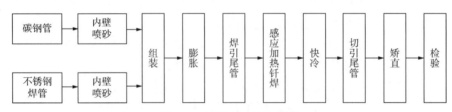

图 3-9　钎焊法工艺流程图

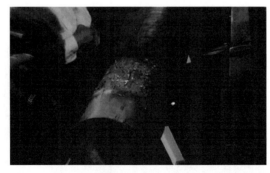

图 3-10　钎焊工艺生产的复合管

钎焊法优点为在外部基管与内部耐蚀合金管间形成一层钎焊层,填满层间间隙,使外部基管和内部耐蚀合金管之间形成了 100% 冶金结合;钎焊法缺点为钎料工艺较为复杂,材耗大,能耗高。

二、冶金复合管应用现状分析

日本制钢所和 NKK 钢管公司于 1997 年采用复合钢板，用 UOE 法生产了直径大于203.2mm 的双金属复合焊管。此外，德国 BUTTING 和 EBK 等工厂利用 JCOE 直缝埋弧焊接钢管成型技术，外加冶金复合管焊接工艺，用热轧或者爆炸焊冶金复合板制造焊接冶金复合管，目前在油气田已经具有较多的应用业绩。

表 3-1 给出了国外主要冶金复合管厂家制备工艺、生产能力和供货业绩，其中供货业绩只罗列了油气田最常用到 316L 奥氏体不锈钢、2205 双相不锈钢、825 铁镍基合金和 625镍基合金作为耐蚀合金材料的冶金复合管。目前，国外冶金复合管制造主要以复合板焊接法和堆焊工艺为主，其中应用业绩又以复合板焊接法制备冶金复合管占据主流；具体到产品类型上主要为 316L 冶金复合管、825 冶金复合管和 625 冶金复合管这类奥氏体组织耐蚀合金复合管，2205 双相不锈钢冶金复合管的应用业绩较少，仅发现两处且用量仅为 38m和 500m。综上来看，国外冶金复合管制备和应用技术总体比较成熟，这其中制造工艺上以复合板焊接法为主、产品类型上又以奥氏体组织耐蚀合金复合管占据主流。2205 双相不锈钢冶金复合管制造目前还处在研发阶段，推广应用仍需时日。

表 3-1　国外主要冶金复合管厂家制备工艺

序号	厂家名称	厂家地址	生产方式	生产能力	供货业绩
1	BUTTING	德国	热轧板焊接法	外径：114.3~1219mm 长度：6m 或者 12m	316L，825 或 625 冶金复合管
2	PROCLAD	迪拜、新加坡（英国）	内壁堆焊	外径：152~914mm 长度：12m	316L，825 或 625 冶金复合管
3	CLADTEK	澳大利亚	内壁堆焊	外径：114.3~1524mm 长度：12m	316L 冶金复合管、2205 复合管(38m, 500m)
4	EBK	德国	爆炸板焊接法	外径：323~1422mm 长度：最大 12m	316L，825 或 625 冶金复合管
5	Allied Group	意大利	热轧板焊接法	外径：168.1~2500mm 长度：最大 12m	316L，825 或 625 冶金复合管
6	PCC	美国	热挤压	外径：168.3~406mm 长度：12m	316L，825 或 625 冶金复合管
7	EBW	德国	热轧板焊接法	外径：406~1575mm 长度：12m	316L，825 或 625 冶金复合管

近年来，我国冶金复合管制造技术得到了极大的发展，2006 年宝鸡石油钢管有限责任公司率先启动焊接冶金复合管生产研制，并于 2015 年自主研发了两种新型双金属冶金复合管，在其合资公司中油宝世顺钢管公司下线。2009 年，四川惊雷科技股份有限公司开始采用爆炸焊接复合板通过 JCOE 成型方式制作焊接双金属复合管，云南昆钢复合材料开发有限公司研发成功螺旋缝不锈钢/碳钢复合管，番禺珠江钢管有限公司和江苏玉龙钢管股份有限公司先后在 JCOE 生产线上进行技术和设备改造升级，于 2013 年建成并投产，实现冶金复合管焊接生产，与此同时，浙江久立集团有限公司也采用 UCO 成型工艺生产焊接

冶金复合管。

国内双金属复合管制造厂家对冶金复合管工艺研发投入极大的热情，也取得了不错的效果，表 3-2 给出了主要冶金复合管生产厂家生产方式及生产能力，具体涉及了七种制造工艺，包括复合板焊接法、堆焊法、爆炸复合和钎焊等[5]。表 3-3 给出了冶金复合管在国内油气集输管线上使用情况，目前国内冶金复合管应用还处于起步阶段，用量很少，油气田对产品的认可度还不够。具体冶金复合管用材，同样也只涉及奥氏体组织内覆材料，产品包括 825 铁镍基合金、625 镍基合金和 316L 奥氏体不锈钢冶金复合管，2205 双相不锈钢冶金复合管暂无油气集输管道的应用业绩。

表 3-2　国内主要冶金复合管制造厂家状况

序号	厂家名称	厂家地址	生产方式	生产能力
1	四川惊雷	宜宾	爆炸复合板焊接法	DN219mm～DN1050mm
2	浙江久立	湖州	轧制或爆炸复合板焊接法	DN200mm～DN1600mm
3	宝鸡钢管	宝鸡	轧制或爆炸复合板焊接法	DN400mm～DN1600mm
4	江苏玉龙	无锡	轧制或爆炸复合板焊接法	DN406mm～DN1422mm
5	西安三环+德信成	山西	爆炸+轧制复合	DN114mm～DN406mm
6	郑州万达	郑州	堆焊	DN50mm 及以上
7	苏州威尔汉姆	苏州	堆焊	DN152mm～DN914mm
8	新兴铸管	邯郸	热挤压（离心铸造）	DN76mm～DN273mm
9	上海天阳	上海	压熔锚合工艺	DN25mm～DN406mm
10	江苏众信	南京	钎焊	—

表 3-3　国内油气田集输管网冶金复合管应用现状

使用单位及项目	材料工艺	规格，用量	应用环境
中国海油东方石化	X65/N06625 堆焊工艺	φ273mm×（12.7+3）mm，0.4km φ457mm×（15.9+3）mm，0.75km	温度为 22℃，Cl⁻ 为 157600mg/L，H₂S 分压为 0.15MPa，CO₂ 分压为 0.03MPa
中国石化普光气田	Q245R/N08825 爆炸板焊接法	φ508mm×（24+3）mm，298.3t φ610mm×（28+3）mm，277.8t φ711mm×（32+3）mm，844.2t	温度为 120℃，Cl⁻ 为 47916mg/L，H₂S 分压为 2.2MPa，CO₂ 分压为 1.1MPa
中国石油伊朗MIS 项目	X52NS N08825 热轧板焊接法	φ219.1mm×（9.53+3）mm，2t φ273.1mm×（9.27+3）mm，30t φ406.4mm×（9.53+3）mm，0.5t φ323.9mm×（9.53+3）mm，15.4t	温度为 22℃，Cl⁻ 为 157600mg/L，H₂S 分压为 0.15MPa，CO₂ 分压为 0.03MPa
中国石化顺北油田项目	L415M/316L 热轧板焊接法	φ406.4mm×（12.5+3）mm，380t	温度为 50℃，Cl⁻ 为 40679mg/L，输送原油，含硫 0.196%

目前，复合板焊接法制管工艺认可度相对较高，工艺也相对成熟，制管效率相对较高，成本也更易控制，同时还可作为弯管或管件母管，短期内可能会成为油气田应用的主

流选择。不过，冶金复合板卷焊法在国内虽然发展的总体态势较好，但是油气田用户认可度明显不够，主要是对于国内实际冶金复合管材性能缺乏了解，对冶金复合管组织性能仍有顾虑，尤其对于批量制备的 2205 冶金复合管的能力更是信心不足。

围绕上述问题，本章将在对冶金复合管成型工艺发展现状梳理的基础上，详细介绍复合板焊接法主要工艺流程(包括复合板成型工艺、热处理工艺和焊接成型工艺)和关键工艺参数控制，拟通过产品性能分析展示国内不同冶金复合板焊接法制造的冶金复合管材性能状况，试图为油气田用户使用冶金复合管材提供决策依据。

第二节 复合板成型关键工艺控制及组织性能分析

一、复合板成型工艺及厂家制造能力现状

金属复合板由碳钢或低合金钢基层和耐蚀合金复合层通过冶金复合而成[6]，在减少不锈钢等耐蚀合金用量前提下，既能保证板材具有耐腐蚀性又充分利用基层提高力学性能[7]。复合板可有效降低材料成本 30% ~50%，在化工、石油、海水淡化和造船工业等领域有着广泛的应用前景[8]。1860 年，美国率先发起了金属复合板研究，我国复合板研制起始于 20 世纪 60 年代初。经过一百多年发展，复合板制造技术不断提高，生产工艺也日益增多[9-10]。目前，复合板制备技术主要包括：轧制复合法、爆炸复合法、爆炸+轧制复合法和扩散复合焊接法[11-12]。

1. 轧制复合法

轧制复合法可分为热轧复合法和冷轧复合法，通过让两种表面洁净的金属相互接触，借助加热和塑性变形使原子间高度扩散作用达到连续的冶金结合。其基本原理是：在轧机的强大压力条件下，有时伴以热作用，使组元层表面氧化皮破碎，并在整个金属截面内产生塑性变形，在破碎后露出的新鲜金属表面处形成组元层间的原子键合和榫扣结合。复合轧制与单金属轧制的根本区别在于其首道次变形量必须很大，这样才能促进组元层间物理结合。

热轧复合法是将复合层和基层金属事先组坯，为防止在加热过程中界面氧化，将组坯周边预先焊接。将组坯加热后，在轧机大压量作用下，将复合层和基层牢固地复合在一起，制作工艺流程如图 3-11 所示。热轧复合时界面容易结合，但必须注意加热温度和保温时间的控制，以防有害金属化合物的生成。热轧复合制备过程中还应特别注意结合面的洁净程度、焊缝强度、焊缝完整性、加热温度、保温时间、首道次压下量等工艺参数，这些参数对热轧复合成功率都有至关重要的影响。热轧复合法工艺简单，对轧机的要求不高、轧制力较小、轧机的承载能力较低，可进行热轧复合的材料种类也很多、界面结合强度高，不受天气和空气介质影响，生产率较爆炸复合法要高、交货速度快、环保无污染。但热轧复合法也有其工艺局限性，工艺复杂，复合层厚度沿轧制方向不均匀，焊接前需对组元层进行精整，板坯厚度比差异有可能造成最终产品性能不稳定等。

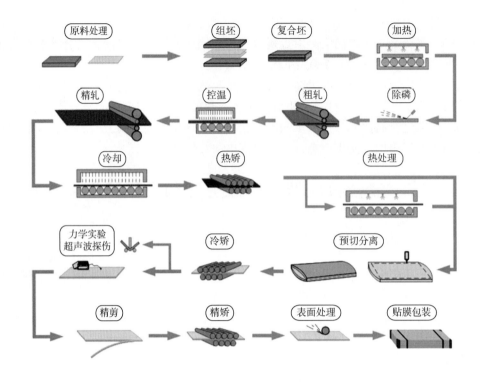

图 3-11　热轧复合板制作工艺

冷轧复合法是在轧机的压力作用下使金属复合，复合时碳钢低合金钢侧碳元素不会向耐蚀合金侧扩散，可以实现多种组元的结合，尺寸精确，效率高，但该生产方法需要较大临界变形量，较高的轧制设备承载能力。20 世纪 50 年代，美国首先开始冷轧复合法研究，并提出了以"表面处理+冷轧复合+扩散退火"的三步法生产工艺。与热轧复合法相比，冷轧复合时首道次变形量更大，一般要达到 60%～70%，甚至更高，冷轧复合，就是凭借大压下量冷轧重叠的二层或多层金属，使它们产生原子结合或榫扣嵌合，并随后通过扩散退火，使之强化。冷轧复合的优点在于省去了其他各法的精整工序，从冷轧带坯开始生产，能够成卷轧制，并且组元层间厚度比极其均匀，尺寸精确，性能稳定，可以实现多种组元的结合，由于其可连续性生产，生产率高，成本低，但冷轧复合轧机一次性投资大，无法生产厚度较大的产品，再加上不同的复合板材对表面精度要求的不同，使其应用受到一定程度的限制。所以，目前国内外广泛选用热轧复合法，全球生产的复合板材中有 80% 是采用热轧复合法生产的[13]。

2. 爆炸复合法

爆炸复合法是利用炸药的高速引爆和冲击作用，在十分短暂的过程中使被焊接金属表面形成一层薄的塑性变形区，并熔化和微扩散，从而实现两金属间的焊接，是集压力焊、熔化焊和扩散焊三位于一体的焊接方法，是将炸药的化学能转换为机械能使金属材料连接的一种有效方法。炸药爆炸时产生的爆轰波，在微秒级时间内，在碰撞点附近产生高达 10^6～10^7 的应变速率和 10^4MPa 的高压，从而实现待复合金属的成功焊接。爆炸复合工艺流程为：板材检验—表面打磨—装配—爆炸复合—矫平—检验，制作工艺如图3-12所示。

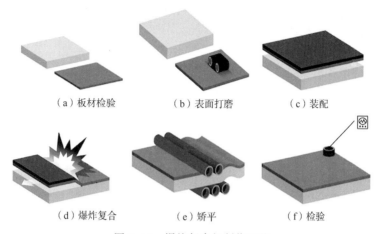

（a）板材检验　　　（b）表面打磨　　　（c）装配

（d）爆炸复合　　　（e）矫平　　　（f）检验

图3-12　爆炸复合板制作工艺

爆炸复合法的特征是结合界面呈锯齿形波浪状，按双金属放置方法不同，该法又分为平行法和角度法两种。爆炸复合技术有如下优点：（1）它可使熔点、强度、热膨胀系数等性能差异极为悬殊的金属实现复合，如铝/铜、铅/钢等；（2）该法是在瞬间完成的，其复合界面几乎没有扩散或者仅有程度很小（10 μm 量级）的扩散，能避免脆性金属化合物的生成，可以实现诸如钛/钢、铝/钢、钽/钢等金属的复合；（3）该法还能实现异形件的复合，可对金属管材进行外包复合或内包复合，还可以进行一次多层复合等；（4）此方法生产的复合材料，结合强度比其他方法要高，且速度快。当然，爆炸复合工艺也有局限性，就是在射流作用下，复合界面呈现波浪形，有时在界面外还会产生未复合区，同时该工艺大多要在外部环境下手工作业，生产效率低，受天气影响大，不适合大批量自动化生产，而且在生产过程中噪声大，安全性也差。

3. 爆炸+热轧复合法

爆炸+热轧复合法是将经爆炸焊合的复合板作为原料来进行热轧，最终获得大幅面的复合板/带的方法。该方法兼有爆炸焊接法和热轧法生产的优点，增加了生产的灵活性，便于推广，缺点是产量、生产率及成材率都比较低，产品质量差，尺寸精度低。爆炸焊接和传统压力加工技术(轧制、冲压、锻压、拉拔等)的联合是爆炸焊接技术的延伸和发展，使复合板性能有很大改善，特别是以前很难达到技术要求的界间剪切强度得到明显的提高。不过爆炸+轧制法成材率低，生产成本高，妨碍了该方法制备的复合板的广泛应用。目前在复合板工艺开发中，许多单位不仅研究了生产工艺对复合界面成分、组织结构变化的影响，还对板材性能的影响进行了分析。太原钢铁集团有限公司、宝鸡有色金属加工厂、重庆钢铁(集团)公司第五厂、上海宝钢集团浦东钢铁有限公司和日钢营口中板有限公司等都采用该法生产耐蚀合金复合板。

4. 扩散复合焊接法

扩散复合焊接法是一种常用的复合方法，同种金属或不同种金属均可以运用这一方法进行复合。当温度升高至基层熔点的 0.5~0.7 倍，在尽量使基层不变形的程度下加压，使复合层与基材紧密接触，利用界面原子扩散，实现结合。现在国内生产复合板已经基本不采用这种方法，只有遇到一些难焊的高温合金，特别是铸造高温合金才考虑。利用这种方法可获得与基体性能一致的接头性能，不出现宏观变形，接头残余应力小，但界面的力学性能较差，对生产设备要求也比较高。

目前来看，相比扩散复合焊接工艺，轧制复合工艺和爆炸复合工艺是制备冶金复合板的主流方法，爆炸+轧制复合工艺是将两种方法的优化组合，更多作为两种复合工艺的补充。表3-4详细梳理了轧制复合法和爆炸复合法主要特点，表3-5和表3-6呈现了国内外使用两种复合工艺的主要冶金复合板厂家的产品制造情况[5]。从表3-5和表3-6中可以看出，目前国外厂家主要选择热轧复合板制造工艺，国内则是两种制造工艺发展并驾齐驱——爆炸复合板和热轧复合板制造厂家基本对半；从产品种类上看，以奥氏体组织耐蚀合金作为复合层材料的冶金复合板仍是国内外主流产品，虽然部分厂家也声称有2205双相不锈钢冶金复合板制造能力，但实质上更多还是用于压力容器制造的冶金复合板材，用于油气集输的管线钢用冶金复合板材产品却很少。

表3-4 热轧复合板与爆炸复合板特点对比

复合板类型	热轧复合板	爆炸复合板
工艺优点	生产效率高，供货速度快；产品幅面大，厚度自由组合；通过性能组织可以减少材料厚度从而减重；可生产复合卷板，降低生产成本	可实现熔点、强度、热膨胀系数等性能差异悬殊金属的复合如铝/铜、铅/钢等；复合过程极为短暂，难以生成脆性金属化合物，可复合诸如钛/钢、铝/钢、钽/钢等金属；可生产总厚度达几百毫米的不锈钢复合板
工艺缺点	尚不能生产厚度50mm以上的复合钢板；不便于生产各种小批量、圆形等特殊形状的复合板；不能直接生产钛、铜、铝等有色金属复合板	不适合生产总厚度小于10mm的较薄的复合钢板；爆炸会对环境造成振动、噪声和烟尘污染；生产效率较低
生产要求	界面处理要求高，达到纯净状态，不受气候及环境影响	界面处理要求低，室外环境下复合，受气候及环境影响
生产效率	生产效率高，可规模化生产	生产效率低，不可规模化生产
交货周期	生产周期短，一般15~25天，可生产复合卷板	长，30~45天
对环境影响	零排放，零污染	存在噪声、粉尘亚声波污染
产品规格	产品幅面大，规格齐全，总厚度及复合层厚度可自由组合；复合层厚度可薄至0.1mm；受轧钢压缩比的限制，热轧生产尚不能生产厚度50mm以上的复合钢板	规格较少，复合层厚度一般要求3mm以上；不适合生产总厚度小于10mm的较薄的复合钢板
界面状态	平面状的冶金结合，不改变复合层有效厚度	波浪状界面，相互楔入深度为0.4~0.5mm，复合层有效厚度降低约0.5mm
表面质量	表面平整光滑无缺陷	表面需要抛光或酸洗
焊接后分层	焊接热影响区不会开裂	焊接热影响区结合界面易分层开裂
工艺认可度	国外几乎普遍采用，设备投资大，国内生产厂家较少	设备投资少，国内爆炸生产厂有几百家

表 3-5　国外主要冶金复合板厂家复合工艺及产品情况

企业名称	复合工艺	产品种类
日本 JSW	热轧复合法	基层：SS400、SM、SB、SPV、SCMV 系列等 复合层：各类不锈钢
日本 JFE	热轧复合法	基层：SS400、SM400、490、SPV235/315/355、SCMV2/3/4、SB410、SGC410/458/480 复合层：430、410S、304L、316L、317L、347
奥地利奥钢联	热轧复合法	基层：Q235B、Q345B、16MnR、结构钢、容器钢等 复合层：奥氏体不锈钢、铁素体不锈钢、镍基合金、铜合金
INDUSTEEL	热轧复合法	基层：碳钢 复合层：奥氏体、铁素体、马氏体、耐热、双相、超级双相不锈钢等
美国 DMC	爆炸复合法	基层：碳钢等 复合层：不锈钢、钛合金、铜合金等260种复合材料

表 3-6　国内主要冶金复合板供应商复合工艺及产品情况

企业名称	复合工艺	产品种类
大连气爆	爆炸复合法	基材：碳钢、结构钢等 复合层：钛合金、铜合金、镍合金、不锈钢、双相钢 宽度≤4m，长度≤14m，最薄为10mm(8mm+2mm)，最厚为340mm（328mm+12mm）
西安天力	爆炸复合法	基材：碳钢、结构钢等 复合层：钛合金、不锈钢、双相钢
太钢	爆炸复合法	基材：管线钢、结构钢等 复合层：钛合金、镍合金、不锈钢、双相钢
四川惊雷	爆炸复合法	基材：管线钢 复合层：不锈钢 最薄为10mm（8mm+2mm），最厚为215mm（200mm+15mm），不锈钢复合板最宽为1450mm，拼接最宽可达4m，最长13m
济钢	热轧复合法	基材：结构钢、管线管、桥梁钢等 复合层：镍基合金、双相钢、不锈钢、钛合金等
河南盛荣	热轧复合法	基材：碳素钢或低合金钢 复合层：普通不锈钢（200系、300系和400系），超级不锈钢（904L、254SMO、Al-6XN、1.4529等），双相钢（2205、2507），镍基合金（C-276、N08825、N06625、Monel等）和钛(TA1、TA2)
昆钢	热轧复合法	基材：Q235B、Q345B、16MnR、20R、20g等各种普通碳素钢、低合金钢和容器钢板、结构钢等 复合层：304、316L、310S、1Cr13和双相不锈钢等不锈钢
南钢	热轧复合法	基板：Q235B、Q245R、Q345B、Q345R、Q450NQR1、JB700、X65、X60船板系列、高强钢系列、管线钢系列 复合层：304（L）、310S、316（L）、321、1Cr13、Ta2 复合板厚度范围为4~40mm，复合板最大宽度为2800mm，不锈钢复合层厚度为0.8~4mm，复合板最大长度为15000mm
首钢	热轧复合法	基材：管线钢 复合层：不锈钢316L等

二、复合板热处理工艺控制及组织性能分析

1. 复合板热处理工艺概述

异种金属热轧复合包含若干相互衔接的物理和力学过程，金属复合板质量主要取决于结合界面各组成元素间的相互作用。结合界面的结构及变化对复合材料后续加工性能有着至关重要的影响，而合理的热处理制度制定可以有效提高复合材料综合性能，相关工作已成为国内外学者和工程师们的研究热点[14-16]。

热轧态复合板对工艺精度要求较高，工艺参数设置不当如轧制压下量较小、真空度较低或热轧温度较低，都会导致复合界面结合不好。在较低应力作用下不锈钢复合板会发生明显的脱层现象，在高温轧制过程中也会由于碳元素严重扩散而使层间界面区弱化造成界面区产生明显的脱碳和渗碳现象。脱碳层会导致区域强度和硬度变得相对较低，而相对应的渗碳层侧渗碳严重也会导致晶界处大量 $Cr_{23}C_6$ 碳化物萌生而引入较高的晶间腐蚀倾向性。脱碳层和渗碳层都将成为不锈钢复合板薄弱环节，影响板材整体性能发挥，这些问题都需要恰当的热处理工艺来优化复合板综合性能[17-18]。

相比热轧复合板，爆炸复合板在复合过程中受热时间短，界面碳元素扩散迁移所导致的问题不是十分突出，但是板材爆炸焊界面区域留存的残余应力很高，对复合板使用性能有很大影响，结合层易分离和断裂，同时会在复合层和基层产生强化和硬化。爆炸复合板进行后续热处理主要有两个方面作用：一是消除因爆炸焊接产生的界面应力，二是改善爆炸硬化和爆炸强化现象，满足后续加工和使用要求。因此，合理的热处理工艺对于爆炸复合板性能恢复同样十分重要。

以下将具体结合奥氏体组织和双相不锈钢组织为复合层的耐蚀合金复合板，梳理当前主流的爆炸复合板材和热轧复合板材热处理工艺研究现状，以供实际的工程应用参考。

1）奥氏体组织耐蚀合金复合板热处理工艺

关于奥氏体不锈钢热轧复合板热处理工艺，刘会云等[19]针对304/Q345R复合板指出高温段不锈钢层单面快冷+低温段整体缓冷的热处理工艺可优化板材性能，具体采用整体加热至1000℃，冷却时采取高温段（400℃以上）不锈钢层单面喷水快冷+低温段整体空冷（图3-13）；金贺荣等[20]指出真空热轧成形316L/Q345R复合板复合地较好、但力学性能较差且不锈钢侧析出Cr的碳化物较多，高温快速冷却+低温缓慢冷却热处理可大幅改善力学性能和耐腐蚀性能（图3-14）；学者们进一步使用离线热处理手段，指出采用高温快冷+低温缓冷的热处理工艺可有效改善复合板综合性能[21-22]；张留军等[23]采用离线的平面感应加热+后端加装喷水冷却装置快速冷却304不锈钢的方法（图3-15），对304/Q345R复合板不锈钢侧进行了固溶热处理，发现该方法对复合界面性能影响较小，也是复合板热处理可行方法之一。

关于奥氏体不锈钢爆炸复合板热处理工艺，国内进行了大量的研究报道[24-28]。杨学明[24]对304/Q345Q复合板进行热处理研究后发现，适宜的热处理方案为（880±15）℃，强制风冷。杨海波[25]研究304不锈钢复合板热处理工艺后发现，温度定位（620±10）℃/4h，空冷时，奥氏体不锈钢恢复了良好的塑性和耐蚀性，弯曲试样表面存在大量塑性变形无裂纹。与焊态（退火前）相比较，奥氏体/碳钢过渡区域不会因为退火热处理（加热温度

1000℃，保温 3h）而扩大[26]，复合板在退火热处理后，波状界面几乎保持与焊态一致，其纤维组织消失，出现了等轴晶粒，且距离界面较近区域晶粒较粗大，退火热处理未使过渡区域明显变宽[27]。尹志宏等[28]进一步指出 0Cr18Ni9/Q235B 复合板应优先采用 920℃正火方法进行热处理恢复抗蚀性和延展性，随后采用 600~650℃消应力退火并严格控制冷却速度和加热时间，防止拉伸性能不合格和复合层耐腐蚀性大幅降低。

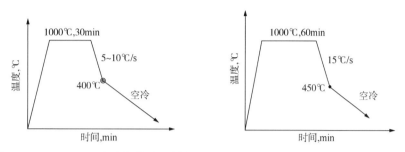

图 3-13　304/Q345R 复合板热处理制度　　图 3-14　316L/Q345R 复合板热处理制度

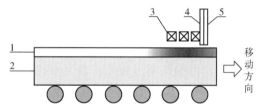

图 3-15　平面磁场感应加热处理复合板示意图
1—覆层；2—基层；3—感应线圈；4—送风管；5—送水管

前面已经指出奥氏体不锈钢/碳钢爆炸复合板存在的主要问题为爆炸强化作用使其强度和硬度增加、塑性降低，板材存在着较大的爆炸应力，结合界面处尤为严重。因此，消除残余应力、改善复合层和基层组织及性能是热处理的主要目标。对相关参考文献进行梳理不难发现，奥氏体不锈钢/碳钢复合板的热处理工艺不外乎三种，一是进行正火处理[24,28]，目的在于恢复复合层和基层的塑韧性并兼顾复合层耐蚀性，同时要尽量减少316L 等奥氏体不锈钢敏化温度区间（450~850℃）停留时间；二是退火处理[26-27]，目的在于改善界面及其附近区域的组织和晶粒状态；三是回火处理[25]，目的在于消除爆炸复合板的残余应力，同时恢复奥氏体不锈钢的良好塑性和耐蚀性。相对而言，对奥氏体/碳钢爆炸复合板进行 880~920℃的正火处理，不但可以起到消除残余应力的作用，而且在复合层及基层组织和性能改善方面也具有优势。当然，因为正火过程冷却速度的原因，可能会对复合板产生附加应力，可以考虑（620±10）℃/4h 保温+空冷的回火工艺消除。

需要注意的是，奥氏体不锈钢在选择正火温度和加热速度等热处理工艺参数时，还应该考虑加热温度选择不当所导致的复合层脆化问题。侯法臣等[29]通过研究不同热处理温度对 254SMO/16MnR 爆炸复合板组织和性能的影响后得出，随热处理温度升高，复合界面 16MnR 侧脱碳区深度增加，254SMO 侧增碳区深度变化呈波动状态；254SMO 最高硬度值出现在紧靠复合界面处的增碳区，且随热处理温度升高，最高硬度值下降；热处理温度在 600~1000℃ 之间 254SMO 组织的晶界和晶内都有 σ 相析出，复合钢板的塑性明显恶化；随热处理温度升高拉伸强度呈现缓慢地下降趋势，但界面剪切强度则保持相对稳定。

前面主要介绍了奥氏体不锈钢复合板的热处理工艺，以下主要以 N08825 铁镍基合金复合板热处理工艺分析为例，进一步阐述奥氏体组织铁镍基合金/镍基合金复合板热处理要求。

铁镍基合金在固溶处理状态下具有良好的耐蚀性，一般以固溶状态供货。关于 N08825 合金热处理，目前研究主要集中于固溶处理和时效处理等方面[30-34]。N08825 合金固溶温度在 980~1015℃ 范围时，组织中会出现大量晶界析出相，合金晶粒大小基本相同，析出相对晶界的钉扎作用会抑制晶粒的长大[30-31]。Pan 等[32]研究了合金在时效过程中晶界析出相附近的 Cr 元素分布特点。洪慧敏[33]和王敬忠[34]等则从不同角度介绍了固溶温度和时效处理对 N08825 合金组织和性能的影响。

N08825 铁镍基合金轧制复合板轧制温度较高，容易导致基层材质组织粗化进而影响力学性能；轧制后冷却速度慢，复合层中会有碳化物第二相粒子析出；轧制过程中会产生碳元素扩散和迁移。蒋健博等[35]发现经过真空复合组坯和轧制，N08825 复合层和 X70 基层结合良好，不过 N08825 侧存在宽度为 10 μm 左右的增碳层而 X70 侧也存在脱碳现象但界面不明显。学者们进一步研究发现[36-37]，Ni 元素虽然不能完全抑制 C 的扩散，但由于 C 在 Ni 中的扩散系数较小，Ni 元素可明显减小 C 在不锈钢层中的扩散距离。总体来说，在镍基合金复合板的轧制过程中，C 元素的扩散和迁移对界面性能的影响要比不锈钢小。

对于热轧复合板，为了降低元素扩散对板材性能的影响，需要对轧制和热处理过程进行优化控制。国外对于 N08825 复合板热处理工艺还鲜有报道，但据了解该型复合板热处理工艺更多以基材性能恢复为主，一般以正火+回火状态交货，930~950℃ 加热保温后空冷主要使基体内碳化物溶解、获得单一均匀的奥氏体组织恢复复合层耐蚀性，同时对碳钢进行正火处理，580~620℃ 回火主要用于消除正火应力。王清源[38]研究认为对于 SA387Gr. 11Cl. 2/N08825 复合钢板球型封头瓜瓣只要控制好热成型温度在(940±14)℃ 范围内，(690±14)℃ 回火处理也能满足产品设计要求的结论。国内厂家利用控轧控冷工艺也能获取理想的组织性能，具体进行 1150℃ 左右粗轧，然后快冷至 800℃ 左右进行精轧，再快冷至 500℃ 左右后空冷。

对于爆炸复合板，消除爆炸焊接界面应力的同时改善爆炸硬化和爆炸强化现象，依然是制定热处理工艺的首要考虑问题。N08825 铁镍基合金固溶处理温度与碳钢或低合金钢正火温度存在矛盾，很难同时兼顾两种材料热处理要求，目前虽然相关热处理工艺研究报道较少，但从前文描述内容来看，铁镍基复合板热处理可以更多以恢复碳钢基层性能为主。王勇等[39]针对 N06030/16MnR 爆炸复合板对比了 540℃ 退火、820~920℃ 正火及 1180℃ 固溶处理三种热处理工艺效果发现，该型复合板的最佳热处理制度为 540℃ 保温 30 h 以上的退火，热处理后板材基层和耐蚀合金层性能兼容性上要比正火或固溶处理热处理效果更好。从上述研究来看，对 N08825 爆炸复合板也宜采用退火处理，长时间 540~580℃ 保温然后缓冷，既能消除复合界面的应力也可以改善基层碳钢的塑韧性，相关热处理工艺可以作为 N08825 爆炸复合板备选方案。

2）铁素体—奥氏体双相组织耐蚀合金复合板热处理工艺

2205 是一种富 Cr 和 Mo 的铁素体—奥氏体双相不锈钢，在热处理过程中容易出现相比例失衡或生成 σ、χ 等有害相（图 3-16）。在双相不锈钢或其复合板生产中，一般都要进行高温固溶处理，以保证两相比例平衡并杜绝其他有害相析出（图 3-17），进而发挥该材料特有的高强度和耐蚀性能。大量有害的二次相会在 $300 \sim 1000℃$ 范围内析出，已观察到的相有 σ 相、Cr_2N、CrN、二次奥氏体、χ 相、τ 相、M_7C_3、$M_{23}C_6$ 以及 π 相等。另外在 $300 \sim 500℃$ 范围内，铁素体还会发生亚稳态分解。上述各相中，σ 相是迄今发现的对双相不锈钢韧性和耐蚀性能影响最显著的相[40]。

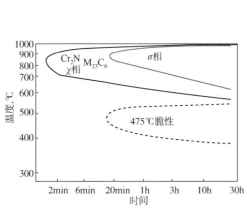

图 3-16　2205 双相不锈钢 TTT 曲线

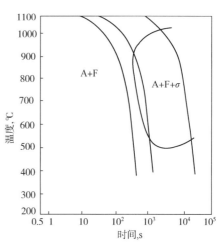

图 3-17　2205 双相不锈钢 CCT 曲线

2205 双相不锈钢在固溶状态（$1020 \sim 1100℃$ 水冷）下铁素体含量为 $40\% \sim 50\%$，随着温度的升高铁素体含量逐渐增加，并且晶粒成等轴状，至 $1300℃$ 时仍保留一定量的 γ 相。另外，材料在 $350 \sim 975℃$ 范围加热后有 σ 相等第二相析出，因此，在双相不锈钢复合板使用加工过程中应避免在上述温度区间停留时间过长[40]。2205/Q345C 复合板热处理时，复合层 2205 也很容易析出脆性 σ 相，需要通过改变热处理制度得以消除，但如果热处理温度太高，远超出基层正常正火温度范围后，还会导致低温冲击不合格[41]。

国内学者对于 2205 双相不锈钢爆炸复合板热处理进行了比较多的研究，但研究结果却各不相同[42-44]。李国平等[42]研究发现 2205 双相不锈钢中 σ 相析出并能够稳定存在的范围为 $800 \sim 950℃$，$970℃$ 空冷可以重新溶解 σ 相使 2205/Q345C 爆炸复合板获得良好性能。董宝才等[43]对 2205 双相不锈钢复合板爆炸+轧制工艺研究后发现，加热温度选择在 $1200 \sim 1300℃$ 时，终轧温度应控制在 $950 \sim 1050℃$ 范围内，可保证 2205 双相不锈钢复合板复合层相比例平衡（平衡系数为 45/55），板材综合力学性能良好。毕宗岳[44]等利用爆炸焊引爆技术试制了大面积双相不锈钢复合板，采用的固溶处理制度为 $1020 \sim 1100℃$ 保温后水冷。实际上，前述文献在 2205 双相不锈钢爆炸复合板热处理工艺上差异主要在于 σ 相析出温度范围认定，一般来说 $1050℃$ 热处理可以有效控制双相不锈钢 2205 中相比例，热处理温度低于 $1050℃$ 时，会析出有害相[45]。除了对 2205 双相不锈钢/Q345C 爆炸复合板进行正火处理外，赵瑞晋等[46]也提出一种针对超级双相不锈钢2507爆炸复合板进行回火处理的热处理方案，550℃×(3~4)h后快冷，能够消除应力的同时还能保证复合板性能。

对于2205双相不锈钢热轧复合板，轧制温度和冷却速度设计较难在保证基层性能的情况下还能继续有效回避复合层双相组织比例变化及析出相问题。任永峰等[47]对2205双相不锈钢热轧复合板热轧前后的2205复合层进行了组织分析及性能对比发现复合层热轧固溶后，细长的γ相与α相界面处出现波浪状褶皱，且两相界面向γ相迁移；沿奥氏体晶界处分布着大量细小的奥氏体亚晶粒，亚晶粒之间及亚晶粒与奥氏体晶粒界面连接处塞积大量位错，致使试样产生加工硬化现象，其强度和硬度均高于2205双相不锈钢；此外，热轧复合板复合层的腐蚀电位降低，点腐蚀和缝隙腐蚀的平均腐蚀速率增大了约2.4倍。目前，国内外对于轧制复合板热处理工艺尚未有很好的解决方案，适用于油气集输环境用热轧复合板的制造难题仍未很好解决。

通过以上热处理工艺分析，结合厂家实际生产能力来看，目前关于奥氏体组织的316L不锈钢复合板或N08825铁镍基合金复合板，无论是爆炸复合还是轧制复合工艺，热处理问题基本解决，板材综合性能已经可以满足油气田使用需求。对于2205双相不锈钢复合板，虽然相关热处理工艺研究较多但研究结论并不统一，而且现有研究也更多集中在爆炸复合板而非热轧复合板。虽然部分厂家也宣传具备复合板生产能力，但是产品主要以压力容器用板为主，对于油气集输用管线钢复合板涉及不多，因此，2205双相不锈钢复合板热处理工艺研究仍有待进一步加强。

2. 典型复合板热处理工艺及组织性能

2205双相不锈钢具有优良的抗氯化物应力腐蚀、点蚀和疲劳磨损腐蚀性能特点，同时力学性能优越，在油气田集输管线中应用需要较大、实际应用也比较广泛。但是，2205双相不锈钢纯材价格较高，若能解决2205复合板制造问题，应用前景将会非常广阔。从前文分析来看，对于2205铁素体—奥氏体双相组织的耐蚀合金复合板，仅有少量爆炸复合板热处理工艺研究报道，缺乏热轧复合板制造能力，即使是爆炸复合板，适用于管线钢用板的热处理研究也有待强化。

双金属复合材料界面微观结构及质量直接影响到其使用寿命和服役可靠性，是评价其复合性能的重要指标，也是双金属复合材料研究领域重要内容。本节以2205双相不锈钢和X65管线钢爆炸复合板为对象，分析界面微观结构及性能，展现国产双相不锈钢复合板材综合性能[48]。

试验采用厚度为14.0mm的X65管线钢与厚度为2.0mm的2205双相不锈钢，经爆炸焊接形成双金属复合板。基体材料X65钢级管线钢的显微组织为多边铁素体+粒状贝氏体+珠光体；2205双相不锈钢复合层的显微组织为α(铁素体相)+γ(奥氏体相)双相组织，其中α相质量分数约为55.48%。试验所用材料的化学成分见表3-7，力学性能见表3-8。

表3-7　试验材料化学成分　　　　单位:%(质量分数)

材料	C	Si	Mn	P	S	Cr	Mo	Ni	Nb	V	Ti	Cu	B	Al
X65	0.064	0.19	1.70	0.008	0.0032	0.21	0.12	0.055	0.068	0.0045	0.013	0.0074	0.0002	0.033
2205	0.022	0.53	1.32	0.026	0.0023	22.22	3.21	5.36	0.0079	0.058	0.0065	0.090	0.0016	0.0071

表 3-8　试验材料力学性能

材料	屈服强度 $R_{t0.5}$ 或 $R_{p0.2}$, MPa	抗拉强度 R_m, MPa	断后伸长率 A, %
X65 管线钢	521	664	37
2205 不锈钢	605	835	35

采用长度为 300mm、宽度为 38.1mm、标距为 50mm 板状试样,测试 X65/2205 复合板的拉伸性能,图 3-18 为 X65 基体与复合层的拉伸曲线对比。经试验,复合层屈服强度($R_{t0.5}$)为 573～583MPa,抗拉强度为 720MPa,均比 X65 基体的屈服强度和抗拉强度高约 50～60MPa,而断后伸长率为 37%,与原 X65 基体的断后伸长率几乎一致。

剪切强度是定量评价层状复合材料结合性能的指标之一,能有效反映层状复合材料的界面结合质量。采用拉伸试验的方

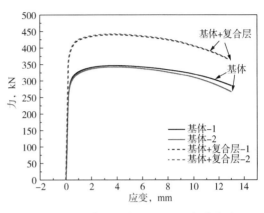

图 3-18　基体 X65 与 X65/2205 拉伸曲线

法,测试 X65/2205 双金属复合板剪切强度的试验结果见表 3-9。X65/2205 双金属复合板的剪切强度大小与搭接长度有一定关系,随搭接长度的增加,剪切强度也会增大,最终接近实际的剪切强度。当搭接长度小于 6mm 时,试样均从 2205 界面断裂;当搭接长度为 6mm 或超过 6mm 时,试样将从切口位置附近的 2205 不锈钢复合层上断裂,试样面积应为 2205 双相不锈钢复合层横截面的面积,因此该测试结果并不代表复合板的剪切强度,而是复合层的抗拉强度。同时,从表 3-9 中还可以得出,X65 基体和 2205 双相不锈钢爆炸复合后,界面结合强度较高,可以达到 370MPa 以上。

表 3-9　复合板剪切强度测试结果

试样编号		试样宽度 mm	搭接长度 mm	试样面积 mm²	最大力 N	剪切强度, MPa 测试值	剪切强度, MPa 平均值	试样断裂位置
NO. 1	1	38.20	2	76.40	29200	382	376.5	结合面
	2	38.44	2	76.88	28510	371		结合面
NO. 2	1	38.38	3	115.10	47070	409	401.5	结合面
	2	38.50	3	115.50	45490	394		结合面
NO. 3	1	38.26	4	150.00	62450	408	409.5	结合面
	2	38.28	4	150.10	62890	411		结合面
NO. 4	1	38.20	6	76.40	63150	827	898	复合层
	2	38.48	6	76.90	74550	969		复合层

用线切割的方法将 X65 基体金属和 2205 不锈钢复合层进行剥离后,对 2205 双相不锈

钢复合层进行拉伸试验，测得其屈服强度（$R_{p0.2}$）为 960MPa，抗拉强度为 1163MPa，分别高于复合前 2205 双相不锈钢的屈服强度和抗拉强度。

对 X65/2205 双金属复合板进行夏比冲击试验，试样尺寸为 10mm×10mm×55mm，采用"V"形缺口，缺口深度为 2mm，试验温度为−10℃。表 3-10 是 X65/2205 的夏比冲击试验结果，基体 X65 的夏比冲击吸收能量平均值为 268J，而复合层的夏比冲击吸收能量平均值约为 170J，下降了约 100J。

表 3-10　夏比冲击试验结果

试样	试验温度 ℃	吸收能，J				剪切断面率,%			
		单值			平均值	单值			平均值
X65 基体	−10	257	295	253	268	100	100	100	100
X65 基体/2205 复合层	−10	160	182	170	171	100	100	100	100

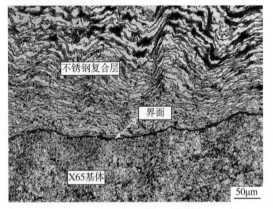

图 3-19　结合界面微观结构

双金属复合板取样后，对剖面进行磨样、抛光和腐蚀后利用金相显微镜观察 X65/2205 界面，其微观形貌如图 3-19 所示。X65 管线钢基体和 2205 双相不锈钢复合层之间形成了一条明显界面，并且界面线呈波浪形状。这种波浪形状的界面是由于界面两侧的金属在爆炸冲击波的作用下发生变形而形成的，并使界面附近的基体金属和复合层金属相互"咬合"，增加了基体金属和复合层金属在变形过程中的滑动阻力，从而保证了 X65 基体和 2205 双相不锈钢复合层具有较好的剪切性能。

同时，可以看出 2205 双相不锈钢复合层的组织变形明显，其波浪变形比 X65 管线钢基体变形大。究其原因主要是 2205 不锈钢复合层厚度远小于 X65 基体的厚度，爆炸复合时炸药一般是布置在 2205 不锈钢复合层一侧，爆炸产生的冲击波直接作用在复合层上所致。因此，复合板结合界面的波浪形貌和金属变形大小可以直观地体现其结合强度和剪切强度。

从剪切试样断口的 X65 管线钢基体侧取样，对结合界面进行能谱分析，结果如图 3-20 所示。从图 3-20（a）可以看出断口上有明显的块状凸起或凹坑，这表明 X65 管线钢基体和 2205 不锈钢复合层的结合界面在拉伸过程中受剪切力的作用，将界面撕裂产生凹凸的界面。图 3-20（b）的能谱分析表明，在断口 X65 基体侧的结合面上，Cr、Mo 和 Ni 等合金元素含量较高。这说明 X65/2205 界面存在原子扩散，在断口 X65 基体侧上存在 2205 双相不锈钢成分，进一步表明剪切试样是在结合界面处断裂，X65/2205 爆炸复合板也具有较好的结合强度，测试的剪切强度反映了 X65 管线钢基体和 2205 不锈钢复合层的结合性能。

（a）界面断口图

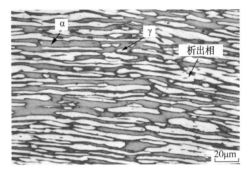

（b）能谱分析图

图 3-20　结合界面断口及能谱分析

图 3-21 是 2205 双相不锈钢复合层的显微组织照片，其中灰色的长条状组织为 α 相，白色组织为 γ 相。2205 双相不锈钢经爆炸复合后，其基本组织仍是 α+γ 双相组织。由于 2205 双相不锈钢含有大量的铁素体组织和较高的 Cr、Mo 等合金含量，所以比奥氏体不锈钢更容易析出金属中间相，其硬度和强度较高、脆性较大，从而使得 2205 双相不锈钢复合层的耐腐蚀性降低。这也正是爆炸复合后 2205 双相不锈钢的屈服强度和抗拉强度均高于复合前的原因之一。因此，爆炸工艺对

图 3-21　2205 双相不锈钢复合后的显微组织

X65/2205 复合板耐腐蚀性和拉伸性能有直接影响，需要严格控制爆炸工艺，并进行适当的热处理。

2205 双相不锈钢不但强度高，而且具有良好的塑性和韧性。一般在-10℃下，2205 双相不锈钢全尺寸"V"形缺口夏比冲击试样的吸收能量为 280～315J，与基体 X65 的夏比冲击吸收能量基本相当。而且 2205 双相不锈钢冲击试样断口分离在靠近转变温度-80～-60℃时才出现，这也与 X65 管线钢基体的断口分离出现规律基本一致。但是，从表 3-10 可以看出，X65/2205 复合板的夏比冲击吸收能量平均值只有 170J，不论是与 X65 基体还是 2205 双相不锈钢相比，其吸收能量均下降了约 100J，说明 2205 双相不锈钢与 X65 管线钢基体爆炸复合后冲击韧性损失约 30%。

图 3-22 是 X65/2205 复合板夏比冲击试样断口形貌和 SEM 照片，2205 双相不锈钢复合层和 X65 基体上都出现了不同程度的断口分离，而且越靠近结合界面，X65 基体上断口的分离程度越大。同时，在复合层和基体结合界面处的断口也出现了较大的分离。因此，爆炸复合对 2205 复合层和 X65 基体的组织性能有一定影响，造成了夏比冲击试样在较高温度下就出现断口分离，从而影响 X65/2205 复合管材的防止断裂能力。

通过上述试验分析可以发现，X65/2205 爆炸复合板的屈服强度和抗拉强度均比 X65 基体的屈服强度和抗拉强度高约 50～60MPa，而断后伸长率与 X65 基体的断后伸长率基本

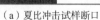

| （a）夏比冲击试样断口 | （b）SEM照片 |

图3-22　夏比冲击试样断口和SEM照片

一致。X65/2205爆炸复合板界面呈波浪"咬合"形状，其结合强度可以达到370MPa以上。采用拉伸剪切试验法测试X65/2205复合板结合性能时，搭接长度 L 应尽可能长，一般取 $L=1.5～2.0h$（h 为复合层的厚度）。X65 与 2205 双相不锈钢爆炸复合后，低温冲击试样易形成断口分离，影响管材的防止断裂能力。因此，需要采取合理的热处理工艺改善组织和性能。

为了进一步提升管线钢用 2205 复合板制造能力，本节将就爆炸+热轧法生产的 2205 复合板坯料开展了热处理工艺分析，以期获得更好的机械性能和耐蚀性能[49]。

2205/X65 双金属复合板的基层 X65 为低碳微合金化管线钢，与复合层 2205 的化学成分差别很大。两种材料的热处理工艺明显不同，2205 双相不锈钢通常采用 950～1100℃ 的固溶处理工艺，以得到较好耐蚀性能；而 X65 管线钢通常进行 850～900℃ 的正火处理保证其良好的力学性能。在复合板热处理过程中，如何在保证基层 X65 管线钢的力学性能的同时又保证 2205 双相不锈钢的耐蚀性能，一直是复合板制备的技术难点。本节采用爆炸+轧制工艺制备 2205/X65 双金属复合板，分析在不同的热处理工艺条件下复合板组织、力学性能和腐蚀性能的变化规律，并进行了分析讨论，分析结果可以为实际的工程应用提供指导。

试验材料采用爆炸+轧制工艺制备的 2205/X65 双金属复合板，复合层 2205 厚度为 2mm、化学成分见表 3-11，基层 X65 厚度为 14mm、化学成分见表 3-12。

表3-11　复合层 2205 的化学成分　　　　单位:%(质量分数)

C	Si	Mn	P	S	Ni	Cr	Mo	N
0.021	0.56	1.42	0.029	0.001	5.24	22.02	3.2	0.16

表3-12　基层 X65 化学成分　　　　单位:%(质量分数)

C	Si	Mn	P	S	Ni	Cr	Mo
0.053	0.33	1.18	0.015	0.004	0.16	0.07	0.06

热处理试验材料采用 2205/X65 双金属复合板试样，规格为 400×200×（2+14）mm，在柔性热处理设备上进行热处理试验。由于 2205 双相不锈钢的敏化温度范围为 450~850℃，充分考虑到敏化温度对 2205 不锈钢的影响，兼顾基层 X65 的力学性能，本次试验设计了 3 种热处理工艺方案。

（1）方案 1 为 1050℃固溶处理+回火工艺。试样加热到 1050℃，保温 30min，喷水冷却至 450℃，然后空冷到室温。

（2）方案 2 为 1050℃正火处理。试样加热到 1050℃，保温 30min，空冷至 850℃，喷水冷却至 450 ℃，然后空冷到室温。

（3）方案 3 为 980℃正火处理。试样加热到 980 ℃，保温 30min，空冷至 850℃，喷水冷却至 450℃，然后空冷到室温。

为了分析爆炸复合板结合界面形貌，对复合板进行线切割制取金相试样，然后依次在粒度分别为 200#、400#、600#、800#、1000#、1200#、1500# 和 2000# 的水砂纸上手工磨光，再使用 1.5μm 的金刚石抛光剂在金相试样抛光机上进行抛光。抛光后在成分为 100mL 的酒精、100mL 的 HCl、5 g 的 $CuCl_2$ 混合腐蚀液中进行腐蚀，然后采用 Leica DMI5000M 金相显微镜进行腐蚀后复合板试样开展微观组织观察。紧邻金相试样取样位置，每种方案制取 1 个硬度试样，打 5 个硬度点，用司特尔 Durascan-70 型维氏硬度计测试复合板显微硬度分布。

力学性能依据标准 GB/T 6396—2008《复合钢板力学及工艺性能试验方法》[50]进行性能检测和评价。拉伸试验在 WAW-2000 型微机控制电液伺服万能材料试验机上进行，复合板拉伸试样按照标准要求去除复合层，将基层碳钢试样加工成矩形试样，每种方案制取 6 个试样，试样尺寸为 420mm×38.1mm×10mm。冲击试验按照 GB/T 229—2007《金属材料夏比摆锤冲击试验方法》[51]，采用 10mm×10mm×55mm 夏比"V 形"缺口冲击试样，每种方案制取 5 个试样，"V 形"缺口夹角为 45°，在 NAI500F 摆锤式冲击试验机上进行，冲击温度为-10℃。

晶间腐蚀采用 ASTM 262《检测奥氏体不锈钢晶间腐蚀敏感度的标准实施规范》[52]方法 E 进行，采用线切割将复合层切割下来，复合层进行晶间腐蚀试验，试样尺寸为 50mm×20mm×2mm。

不同的热处理工艺后，复合层 2205 发生两相组织转变和组织再结晶。热处理前，复合层组织为被拉长的奥氏体和铁素体双相组织，如图 3-23(a)所示。由于复合板在制备过程中进行了轧制，块状的双相组织在轧制过程中被拉长，形成了这种纤细的线条状双相组织。在 3 种热处理过程中，由于双相钢晶粒发生了再结晶，由热处理前的轧制态的细长条状双相组织向等轴状过渡，晶粒尺寸也变细小，固溶温度较高时，等轴晶尺寸更细小，固溶温度较低时，显微组织中铁素体和奥氏体尺寸较大，如图 3-23(b)至图 3-23(d)所示。

基层 X65 管线钢未经热处理时，组织为多边形铁素体和珠光体组织，如图 3-24(a)所示。在经过方案 1 的 1050℃固溶处理后，X65 管线钢组织为针状铁素体、多边形铁素体和回火索氏体，如图 3-24(b)所示。在经过方案 2 和方案 3 的 1050℃和 980℃正火处理后，由于在 1050℃和 980℃冷却到 850℃过程中发生了晶粒的长大，热处理后组织为粗大的多边形铁素体和少量珠光体组织，如图 3-24(c)和图 3-24(d)所示。

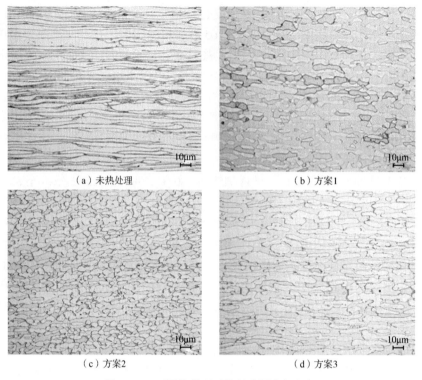

（a）未热处理   （b）方案1

（c）方案2   （d）方案3

图 3-23   不同热处理下的复合层金相组织

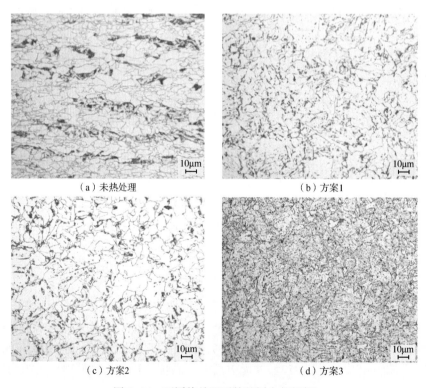

（a）未热处理   （b）方案1

（c）方案2   （d）方案3

图 3-24   不同热处理下的基层金相组织

显微硬度测试分别在复合层厚度中心线和基层厚度中心线上取点，热处理工艺对复合层 2205 双相不锈钢的显微硬度影响如图 3-25 所示。随着固溶温度的升高，复合层 2205 的显微硬度下降，热处理前复合层硬度平均值为 345HV10，方案 1 热处理后复合层硬度平均值为 275HV10，方案 2 热处理后硬度平均值为 265HV10，方案 3 热处理后硬度平均值为 305HV10。热处理工艺对基层 X65 管线钢的显微硬度影响如图 3-26 所示，热处理前基层显微硬度平均值为 206HV10。方案 1 处理后硬度平均值为 216HV10，方案 2 热处理后硬度平均值为 205HV10，方案 3 热处理后硬度平均值为 200HV10。3 种热处理方案对 X65 管线钢的硬度影响不太明显，只有在方案 1 热处理后硬度上升 15HV10 左右。

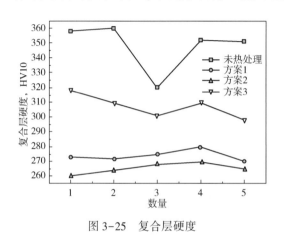

图 3-25 复合层硬度

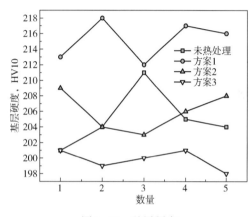

图 3-26 基层硬度

复合板的承载能力主要由基层 X65 承担，复合层 2205 主要保证耐腐蚀性能，因此，复合板的承载能力主要测试基层的力学性能。3 种热处理对复合板的拉伸性能影响如图 3-27 和图 3-28 所示。热处理前复合板的屈服强度为 570MPa，抗拉强度为 670MPa。方案 1 热处理后复合板的屈服强度为 650MPa，抗拉强度为 690MPa，屈服强度上升约 80MPa，抗拉强度上升 20MPa；方案 2 和方案 3 热处理后屈服强度和抗拉强度均下降，方案 3 处理后强度下降较多，屈服强度下降了近 100MPa。

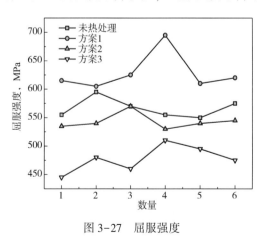

图 3-27 屈服强度

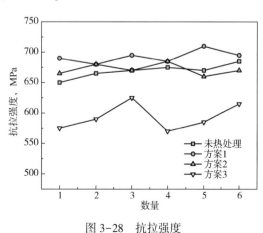

图 3-28 抗拉强度

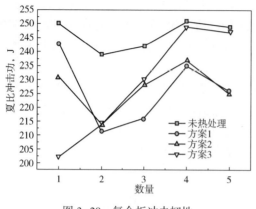

图 3-29　复合板冲击韧性

3 种方案的热处理工艺对复合板的冲击韧性影响如图 3-29 所示。热处理前复合板-10℃夏比冲击吸收功为 245J。3 种方案的热处理后复合板的冲击吸收功均略有下降，但都在 200J 以上，均值在 220~235J 之间，能够满足管线钢 X65 工程使用要求。

晶间腐蚀是一种常见的局部腐蚀，这种腐蚀是沿着金属或合金的晶粒边界或它的临近区域进行，而晶粒本身没有腐蚀或者说腐蚀很轻微。晶间腐蚀使得晶粒间的结合力大大降低，削弱了材料的强度，严重时可使材料的机械强度完全丧失。根据 ASTM 262[52] E 法对复合板复合层进行晶间腐蚀试验，在硫酸—硫酸铜溶液中沸腾 24h，试验完毕清洗试样烘干，然后 180°弯曲，弯轴直径为 4mm，在 10 倍放大镜下观察是否存在裂纹。将未热处理的复合层试样和 3 种热处理工艺后的复合层试样一起进行晶间腐蚀试验，试验完毕进行 180°弯曲试验，4 种状态的试样均未发现裂纹，说明 4 种试样的晶间腐蚀性能良好，符合标准要求。

将 4 种状态的复合板复合层晶间腐蚀后的微观形貌如图 3-30 所示。可以看出未热处理和方案 1 的试样晶间腐蚀后，晶间比较干净，晶内碳化铬析出相较少，如图 3-30(a) 和图 3-30(b) 所示。方案 2 和方案 3 的试样晶间腐蚀后有少量的 $Cr_{23}C_6$ 析出相分布在晶界上，如图 3-30(c) 和图 3-30(d) 所示。碳化铬是一种高温析出相，含铬量比基体的含铬量高得多。碳化铬的析出自然消耗了晶界附近大量的铬，而消耗的铬不能及时通过扩散得到补充，而使得晶界附近形成贫铬区，钝态遭到破坏，晶界邻近区域电位下降，与电位较高的晶粒本身形成一种钝态微电池，且具有大阴极—小阳极的面积比，导致晶界区的腐蚀[53]。

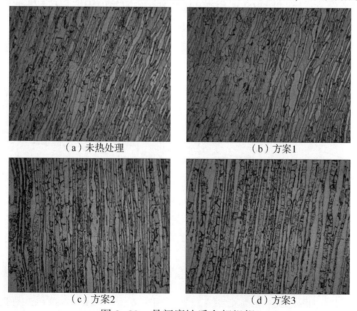

（a）未热处理　　　　　　　　（b）方案1

（c）方案2　　　　　　　　（d）方案3

图 3-30　晶间腐蚀后金相组织

通过上述采用 3 种不同的热处理工艺对爆炸+轧制不锈钢复合管材热处理工艺试验及后续复合板力学性能和腐蚀性能对比分析可以发现，采用方案 1 的热处理工艺，复合板基层的拉伸强度、显微硬度、冲击韧性和复合层的耐蚀性能优良，均达到标准要求；采用方案 2 和方案 3 的热处理工艺，复合板的力学性能和耐蚀性能稍低于方案 1，不适宜作为优选热处理方案。因此，采用 1050℃ 固溶处理+回火工艺，即试样加热到 1050℃，保温 30min，喷水冷却至 450℃，然后空冷到室温，此工艺可以作为 2205 爆炸+热轧复合板的热处理备选工艺，但是也必须注意到此工艺中板材的屈服强度提高幅度较大，仍有进一步优化空间。

第三节 冶金复合管关键工艺控制及组织性能分析

一、复合管成型及焊接工艺控制

复合板制作完成后，下一步需要考虑制管工艺，即采用复合板焊接法制造双金属冶金复合管，与其他焊接钢管制造工艺流程类似，也主要是由成型和焊接两个工艺过程构成。冶金复合管成型工艺与普通输送管道差别不大，产品类型也包括直缝焊管和螺旋焊管。直缝焊管生产工艺相对简单、生产效率高，但投资大、总体发展较快，而螺旋焊管能用同样宽度的坯料生产管径不同的焊管，还可以用较窄的坯料生产管径较大的焊管。冶金复合管与普通输送管道差别较大还是焊接工艺，相比普通输送管道的焊缝，冶金复合管焊接要兼顾机械性能和耐蚀性能，整体工艺上要相对复杂得多，但是目前输送管道用焊接钢管的成型设备稍加改造也都可用于冶金复合管成型[1-5]。

1. 复合管成型工艺控制

1）UOE 或 JCOE 成型

冶金复合管的 UOE 或 JCOE 成型采用现有直缝埋弧焊管成型技术和装备，进行升级改造即可完成。其原料为单张冶金复合板，制造工艺类似于直缝埋弧焊接钢管成型工艺，典型工艺流程如图 3-31 所示。采用 UOE 或 JCOE 成型工艺通过采用合理的焊接工艺和焊接顺序，可以保证复合管力学性能和耐腐蚀性，大幅降低了产品成本，适合于工业化批量生产，是目前大口径冶金复合管制造的主流方式。

2）螺旋缝成型

冶金复合管螺旋缝成型是在现有螺旋焊管成型技术和装备基础上，进行技术改造增加耐蚀合金层焊接及配套检验设备，便可制造螺旋焊缝复合管，典型工艺流程如图 3-32 所示。螺旋缝成型适合工业化批量生产，实现了用同一宽度复合卷板制造出不同管径双金属冶金复合管，拓宽了双金属复合管制造能力和应用领域。

3）连续辊轧成型

冶金复合管连续辊轧成型采用普通圆形弯曲成型或借鉴直缝高频电阻焊管辊式成型、排辊成型和 FFX 成型等成型方式，将复合钢板连续卷制成圆筒形状。在成型的同时通常利用高频电阻焊或感应焊完成碳钢或低合金钢基体金属的焊接。其工艺步骤如下。

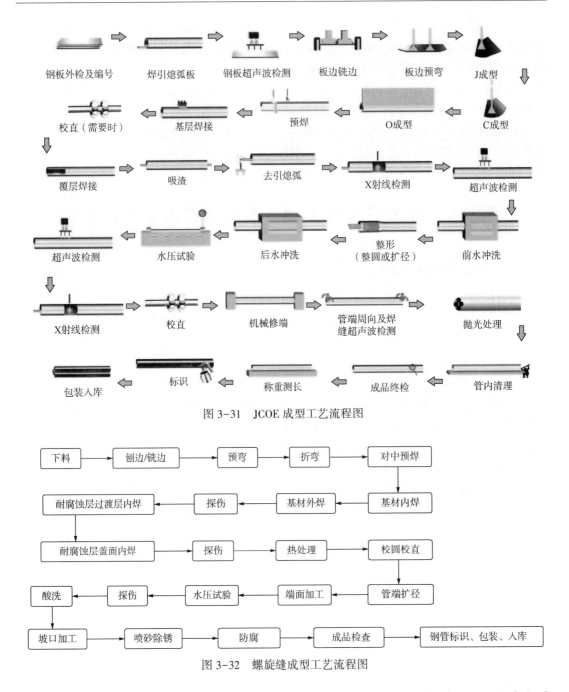

图 3-31 JCOE 成型工艺流程图

图 3-32 螺旋缝成型工艺流程图

（1）将冶金复合板或板卷经校平、铣边、辊轧成型形成直缝圆形筒体，再通过高频感应焊（HFW）将基体金属熔合。

（2）在焊接时，利用刮刀刮除基体毛刺，使 HFW 焊缝与邻近母材平齐，并在内部用内刮刀刮除内覆层毛刺至层间界面处，形成内覆层处焊缝沟槽，为内覆层金属焊接提供条件。

（3）刮除内、外毛刺后的复合管经中频热处理和飞锯工序制成单根钢管。

（4）根据内覆层材料和厚度，选择合适的内覆层焊接方法，如钨极氩弧焊、等离子焊、埋弧焊、熔化极气体保护焊或带极电渣堆焊等。

2. 复合管焊接工艺控制

前面已经提到，国内带焊缝复合管工厂制造，多为在现有管线钢管制造设备及技术基础上，采用冶金复合板作为原材料，经过成型、焊接等工艺制造出带焊缝复合管，但焊接技术时常制约冶金复合管国产化。冶金复合管材主要包括螺旋埋弧焊缝复合管和直缝埋弧焊缝复合管，焊缝坡口设计和焊接工艺与碳钢管材存在明显差异。

早期焊缝坡口在管线钢管制造基础上进行改进，螺旋埋弧焊缝复合管焊接坡口是将管线管的"I"形坡口修改为"V"形坡口[图3-33(a)]，直缝埋弧焊缝复合管焊接坡口直接采用管线管"X"形坡口或"X"形—"V"形坡口[图3-33(b)]。双金属复合管焊接工序通常包括有基管焊接、内覆层焊接及其过渡层焊接三部分，根据成型工艺和焊接条件，可以选择先焊接基体再焊接内覆层，或先焊接内覆层再完成基体焊接，通常采用"X"形坡口或者"X"形—"V"形坡口设计都会选择前者焊接次序，而"V"形坡口设计会选择后者焊接次序。但不论哪种焊接方式中间都需考虑好过渡方式，避免内覆层金属出现稀释及过渡层焊缝缺陷和应力集中等问题。

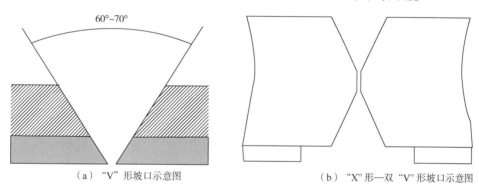

（a）"V"形坡口示意图　　　　　　（b）"X"形—双"V"形坡口示意图

图3-33　不同坡口结构示意图

坡口设计好后，后续就是解决不同焊道具体焊接工艺选择问题，表3-13罗列了适用于双金属复合管的主要焊接方法，也展示了不同焊接方法的优缺点，焊接工艺要结合坡口形式和焊缝性能要求具体选择。图3-34是分别展示了采用埋弧焊方法和TIG焊方法焊接基管焊缝和内覆层焊缝的过程。

表3-13　双金属复合管主要焊接方法对比

焊接方法	优点	缺点
钨极氩弧焊	电弧热量集中，电弧稳定，熔池相对较小，母材稀释率低	填充效率低，对坡口尺寸要求高，自动化设备投资大
熔化极气体保护焊	熔池反应充分，生产效率较高	焊缝金属稀释较严重，惰性气体保护效果影响焊接质量
埋弧焊	生产效率高，焊接工艺可控性高，坡口尺寸适用性好	热输入大，焊缝金属稀释严重，缝金属易氧化
带级电渣堆焊	高效率、低稀释率和焊缝成形好	输入的热量大，接头在高温下停留时间长、焊缝附近容易过热

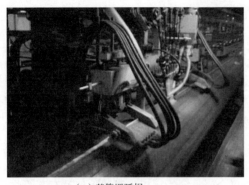

（a）基管埋弧焊　　　　　　　　　　　　　（b）耐蚀合金层TIG焊

图 3-34　典型焊接方法焊接过程图

下面具体罗列了冶金复合焊管各道次焊缝可能涉及的焊接工艺要求[5]，以供生产厂家参考。

1）基管焊接

基管材料一般为碳钢或低合金钢，其焊接方式主要是熔化极气体保护焊（GMAW）、埋弧焊（SAW）和高频电阻焊（HFW）。碳钢或低合金钢管按照一般焊接技术焊接即可，不同的焊接方式，其板边坡口形式不同，一般熔化极气体保护焊和埋弧焊采用"Y"形坡口，坡口角度和钝边高度需要合理选择，才能保证焊缝成型和焊接质量。

2）内覆层焊接

冶金复合管内覆层一般较薄（通常不大于 3.0mm），而耐蚀合金材料电阻率高、线膨胀系数大，在焊接过程中热应力较大，容易出现烧穿并产生较大的焊接变形。按照复合管生产标准 API Spec 5LD—2015[54] 要求，对于内覆层材料焊接，存在填充材料的情况下允许采用埋弧焊、气体保护焊方法、或使用电渣焊和等离子弧焊；而 GB/T 37701—2019《石油天然气工业用内覆或衬里耐腐蚀合金复合钢管》[55] 进一步收紧了管材焊接工艺要求，明确提出不应采用手工电弧焊和药芯焊丝电弧焊焊接，同时强调纵向焊缝应为双面对接焊接，内覆层焊缝应从复合钢管内部进行堆焊，堆焊层壁厚不应小于内覆层，并与内覆层的耐腐蚀性能相当或更高。

采用 Ar 气或 Ar+He 气保护的钨极惰性气体保护焊是目前焊接不锈钢最常用的焊接方法。钨极氩弧焊设备操作简单、价格低廉、电弧过程稳定，适合于厚度小于 3mm 的内覆层焊接。为了保证焊缝的耐蚀性，一般在内覆层一侧也需要加工成"Y"形坡口，先用熔化极气体保护焊或埋弧焊在坡口底部的基体金属上焊接一层不锈钢焊缝金属过渡层，再用与内覆层成分一致或更高的填充焊丝进行钨极氩弧焊自动盖面焊接。这种不锈钢内覆层焊缝的化学成分与母材成分基本相同，焊缝的耐蚀性也接近内覆层。

钨极氩弧焊的焊接效率较低，焊缝焊透深度也较小，可以选择恰当的喷嘴、钨棒伸长和电弧参数，利用小孔效应实现等离子弧焊。等离子弧焊时，内覆层一侧可以不开坡口一次焊透成型。但是，若复合管成型合缝间隙或错边量过大，达不到等离子弧焊的工艺要求，会造成焊缝不均匀、未填满或咬边等焊接缺陷，而且由于等离子焊接时的小孔效应会导致内覆层焊缝稀释而降低耐蚀性能。因此，等离子焊接适用于厚度较大的不锈钢内覆层，并且在内覆层一侧加工"V"形坡口，先焊一层过渡层，再采用填充焊丝的等离子弧焊进行填充盖面焊接，可以避免上述焊接缺陷的产生。

内覆层厚度较大时，可以选择单丝或双丝并列自动埋弧焊对不锈钢内覆层进行焊接，内覆层一侧的坡口角度设计 80°~90°，甚至更大。填充焊丝应选择其化学成分与耐蚀合金内覆层基本一致或耐蚀元素略高于内覆层成分，焊缝厚度比覆层厚度略厚即可。由于不锈钢电阻率较大，为了提高埋弧焊接过程的稳定性，焊丝直径通常稍大一些，但电流不宜过大，以免热输入过大导致内覆层耐蚀性能降低，一般情况下，焊接电流为 400~500A，焊接电压为 32~35V，焊接速度为 0.7m/min。

与埋弧焊类似，内覆层也可采用熔化极气体保护焊进行焊接。但埋弧焊和一般的熔化极气体保护焊热输入大，焊接变形严重，对于厚度较小的内覆层焊接很难完成，采用冷金属过渡焊技术(CMT)焊接为薄层不锈钢提供了一种高效可靠的焊接方法。CMT 基于短路过渡原理，将焊丝的送丝和回抽运动与熔滴过渡过程进行数字化协调。CMT 焊在熔滴过渡时电弧电压和焊接电流几乎为零，大大减小了焊接热输入，焊丝的机械回抽利于熔滴向熔池过渡，避免了普通短路过渡时易出现的飞溅，可实现无飞溅引弧和焊接。因此，CMT 焊能够顺利完成厚度较小的内覆层焊接，其焊接速度为 0.1~0.2m/min。

不锈钢带极电渣堆焊工艺以其高效率、低稀释率和焊缝成形好等优点，正被逐步应用在大型压力容器的内壁堆焊上，具有良好的耐腐蚀性能、抗脆化性能和综合力学性能。因此，对于内覆层焊接也可以采用电渣焊堆焊的方式进行焊接。这种焊接方式的好处在于焊接效率较高，内覆层焊缝覆盖宽度较大，对错边不敏感，但需要在内覆层一侧加工较大的焊接坡口(一般为 90°~150°)。

总之，由复合板成型焊接制造复合管，关键是内覆层的焊接。无论选取何种焊接方式和焊接工艺参数，首要问题是解决内覆层的焊缝稀释，避免降低复合管内覆层整体耐蚀性能。

3) 过渡层焊接

关于焊接冶金双金属复合管在内覆层和基管之间焊接时候是否需要过渡焊，一般认为过渡焊具有良好的隔离和过渡作用，也有部分文献报道过渡焊会引起焊接缺陷。过渡层焊接工艺设计可参考双金属复合管环焊缝过渡焊工艺。

因此，在内覆层和基管之间焊接时是否过渡应慎重考虑，需要生产技术人员根据实际需要，全面分析和判断。如需，则应选择合适的过渡材料，设计适宜的过渡焊工艺，并且经过严格的焊接工艺评定，方可投入批量生产，目前来看厂家一般都会选择增加一道过渡层焊接。

二、复合板焊接法制复合管组织性能分析

本节选取了典型热轧复合板、爆炸复合板及爆炸加热轧复合板卷制焊接法生产的五种冶金复合管产品，通过理化性能和耐蚀性能评价分析，展示目前国内复合板焊接法制冶金复合管的制造水平。

1. 热扎复合板焊接法制复合管

1）316L 冶金复合管

本节所述 316L 冶金复合管为由 316L/L415M 热轧复合板卷制焊接制成的直缝冶金复合管，规格为 $\phi406.4\text{mm}\times(12.5+3)\text{mm}$。管材化学成分见表 3-14，能够满足标准要求。

表 3-14　316L/L415M 冶金复合管化学成分　　　　单位：%（质量分数）

材料	C	Si	Mn	P	S	Cr	Mo	Ni	Nb	V	Ti	Cu	B	Al
L415M	0.052	0.24	1.41	0.013	0.0027	0.17	0.0028	0.015	0.038	0.0039	0.013	0.019	0.0002	0.031
316L	0.023	0.59	1.45	0.029	0.0017	17.1	2.02	10.8	—					

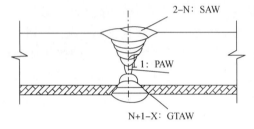

图 3-35　直焊缝焊接结构示意图

该冶金复合管直焊缝焊接坡口为双面"V"形坡口，在卷管完成后，先经等离子焊接（PAW）进行打底焊，后由埋弧焊（SAW）完成基管的焊接，最后用氩弧焊（GTAW）完成内覆层内焊缝焊接，直焊缝焊接结构示意图如图 3-35 所示。过渡层焊材选用 ER309LMo，316L 内覆层焊材为 ER316L，基管焊缝根据 L415M 钢级选用相应牌号的焊接材料。

316L/L415M 冶金复合管金相组织如图 3-36 所示，其中，基管母材表现为粒状贝氏体和多边铁素体组织、焊缝位置为晶内成核针状铁素体、粒状贝氏体和多边铁素体组织，熔合区主要是粒状贝氏体，细晶区主要为多边铁素体并伴有珠光体；内覆层母材为奥氏体组织，焊缝位置为奥氏体并伴有枝晶状 δ 铁素体组织、热影响区组织为奥氏体。根据奥氏体不锈钢焊接理论，当焊缝组织中有 3%~8% 的 δ 铁素体时，奥氏体和 δ 铁素体的双相组织具有较高的抗热裂纹的能力，因为 δ 铁素体对 S、P 和 Si 有较高的溶解度，能有效地降低凝固时残液的杂质含量，最终提高开裂性能。另外，焊接材料中 δ 铁素体为 4%~12% 的焊接材料有利于增加焊缝的抗晶间腐蚀性能，因为 δ 铁素体分布在奥氏体晶粒的晶界，有阻隔晶界通道并延伸总通道长度的作用，对减少晶界腐蚀是有效的，所以在 316L 奥氏体不锈钢焊接中可以要求焊缝 δ 铁素体含量控制在 5%~13% 范围内，目的是提高焊缝熔敷金属铁素体含量，提高焊缝抗晶间腐蚀性能[56]。

在基管母材和直焊缝焊接接头截取试块，分别加工管体 180°横向、焊接接头拉伸试样，每个部位去除内覆层金属各一件；分别对从 L415M 基管外表面截取 90°管体横向、焊缝和热影响区夏比冲击试样，每个部位去除内覆层金属的试样各一组，夏比冲击试样尺寸为 7.5mm×10mm×55mm，缺口形式为深度 2mm 的"V"形缺口，试验温度为 0℃；另外在直焊缝焊接接头位置加工全壁厚面弯和背弯试样各一件，在母材位置加工纵向全壁厚剪切强度试样两件；沿焊缝横向加工硬度测试试样一件，测试位置如图 3-37 所示。

对以上试样进行力学性能测试，其中弯曲试验分别进行面弯和背弯测试，弯轴直径为 70mm，弯曲角度都为 180°。表 3-15 展示了冶金复合管材的拉伸性能、弯曲性能、冲击韧性和剪切强度性能测试结果，表 3-16 进一步给出了硬度性能测试结果。用于制管的热轧

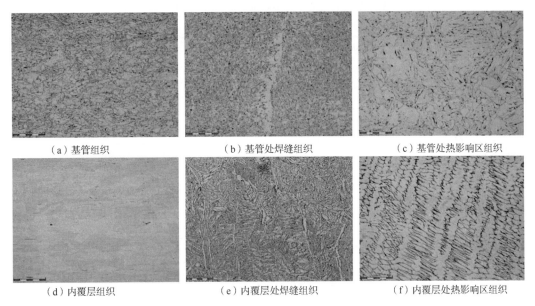

（a）基管组织　　　　　（b）基管处焊缝组织　　　　　（c）基管处热影响区组织

（d）内覆层组织　　　　　（e）内覆层处焊缝组织　　　　　（f）内覆层处热影响区组织

图3-36　316L/L415冶金复合管金相组织

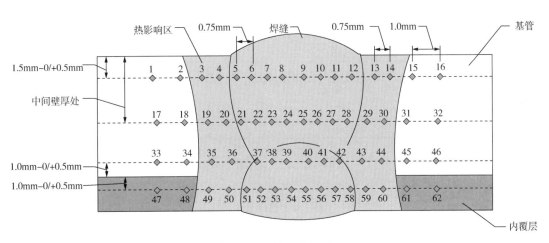

图3-37　硬度示意图

复合板复合后剪切强度分别为337MPa和353MPa，平均值为345MPa，整体结合性能较好，远高于标准要求的137.8MPa。基管母材屈服强度、抗拉强度和断后伸长率指标均达到标准要求，满足管材强度需求；基管母材、焊缝和热影响区的夏比冲击试验结果分别为232~275J、76~103J和245~273J，平均值分别为250J、91J和259J，总体来看冲击韧性都远高于标准要求。基管靠外侧位置的硬度分布为206~242HV10、基管靠中线位置硬度分布为198~241HV10，靠近基管/内覆层界面基管侧位置的硬度分布为194~238HV10、而内覆层侧位置的硬度分布为201~237HV10，管材截面总体硬度分布比较均匀，未见高硬度区。

表 3-15　316L/L415M 冶金复合管部分力学性能试验结果

位置	拉伸性能		弯曲性能		CVN/J	剪切强度，MPa
母材	屈服强度	498MPa			275、232、242	337、353
	抗拉强度	580MPa				
	断后伸长率	37%				
直焊缝	抗拉强度	605MPa	面弯	无裂纹	103、95、76	—
	断裂位置	母材	背弯	无裂纹		
热影响区	—	—	—	—	273、258、245	

表 3-16　316L/L415M 冶金复合管硬度试验结果

试验位置	1	2	3	4	5	6	7	8	9
硬度值，HV10	207	211	206	208	210	242	243	232	228
试验位置	10	11	12	13	14	15	16	17	18
硬度值，HV10	240	247	242	219	209	211	213	203	205
试验位置	19	20	21	22	23	24	25	26	27
硬度值，HV10	208	204	206	219	232	236	233	238	241
试验位置	28	29	30	31	32	33	34	35	36
硬度值，HV10	232	198	199	212	211	191	201	203	210
试验位置	37	38	39	40	41	42	43	44	45
硬度值，HV10	194	201	216	215	222	229	211	200	220
试验位置	46	47	48	49	50	51	52	53	54
硬度值，HV10	208	241	238	225	205	209	209	209	201
试验位置	55	56	57	58	59	60	61	62	—
硬度值，HV10	219	223	224	201	228	235	234	237	—

　　为了进一步考察冶金复合管耐蚀性能，分别对内覆层 316L 母材和直焊缝取晶间腐蚀试样，按照 ASTM A262—2013《Standard Practices for Detecting Susceptibility to Intergranular Attack in Austenitic Stainless Steels》[52]进行试验评价，腐蚀试验后所有试样弯曲至 180°后未见裂纹，表明内覆层试样具备抗晶间腐蚀能力。

　　2）N08825 冶金复合管

　　本节所述 N08825 冶金复合管由 N08825/L415M 热轧复合板卷制焊接制成的直缝冶金复合管，规格为 φ610mm×（16+3）mm。管材化学成分见表 3-17，能够满足标准要求。

表 3-17　N08825/L415M 冶金复合管化学成分　　　　单位：%（质量分数）

元素	C	Si	Mn	P	S	Cr	Mo	Ni
L415M	0.038	0.25	1.25	0.01	0.0011	0.21	0.0046	0.26
N08825	0.011	0.17	0.57	0.017	0.0006	22.9	3.3	39.1
元素	Nb	V	Ti	Cu	B	Al	Fe	
L415M	0.044	0.045	0.012	0.25	0.0004	0.025	97.5	
N08825	0.023	0.045	0.7	2.8	—	—	29.5	

N08825/L415M 冶金复合管的直焊缝内覆层加工侧坡口深度大于 3mm，再向碳钢基管挖深 1.0~1.5mm，宽度约为 18mm，对此区域进行过渡层焊接，可有效避免基管碳钢对耐蚀合金的稀释。由于液态镍基 N08825 合金流动性较差，黏性较大，故坡口边缘有一定倾斜设计。焊接结构如图 3-38 所示，具体是：（1）先采用熔化极活性气体保护焊（MAG）进行 L415M 基管的定位预焊；（2）用 SAW 依次进行基管的双面焊接；（3）再对过渡层金属和内覆层金属进行非熔化极 TIG。

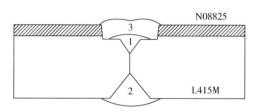

图 3-38　焊接结构示意图
1—SAW 内焊；2—SAW 外焊；3—TIG 焊接

上述焊接工艺具体选用焊接材料选择见表 3-18。过渡层焊丝 ERNiCrMo-3 与内覆层相比有较高 Ni 含量，能很好解决碳钢对镍基合金的稀释影响。TIG 焊保护气体为高纯 Ar。埋弧焊内焊采用两丝焊接，外焊采用三丝焊接。埋弧焊完成之后对内焊缝进行打磨清理，再进行 TIG 焊。TIG 焊分 3 层，分别为打底、填充和盖面，工艺参数见表 3-19[57]。

表 3-18　图 3-38 焊接结构用的焊接材料

焊接位置	内覆层、过渡层	基管	预焊
焊接材料	ERNiCrMo-3，ϕ1.2mm	焊丝 H08E，ϕ4.0mm，焊剂 SJ101G(2)	焊丝 H08E，ϕ3.2mm

表 3-19　图 3-38 焊接结构用的焊接工艺

碳钢侧焊接工艺				
项目	焊丝	电流，A	电压，V	焊接速度，m/min
外焊	1 号	1000	33.0	1.6
	2 号	850	36.5	
	3 号	600	38.5	
内焊	1 号	760	33.0	1.2
	2 号	400	36.5	

TIG 焊工艺参数					
电流，A	电压，V	焊接速度，mm/min	摆速，mm/min	摆幅，mm	送丝速度，mm/min
130~150	15	50	800	8~13	1200

N08825/L415M 冶金复合管材金相组织如图 3-39 所示，各区域金相组织符合标准要求。其中，基管母材为多边铁素体、贝氏体加珠光体组织、晶粒度 10.0 级，焊缝区域表现为晶内成核针状铁素体、粒状贝氏体和多边铁素体混合组织，熔合区主要为粒状贝氏体；内覆层母材为奥氏体，焊缝位置为奥氏体并伴有枝晶状 δ 铁素体组织、热影响区主要

呈现为奥氏体组织。

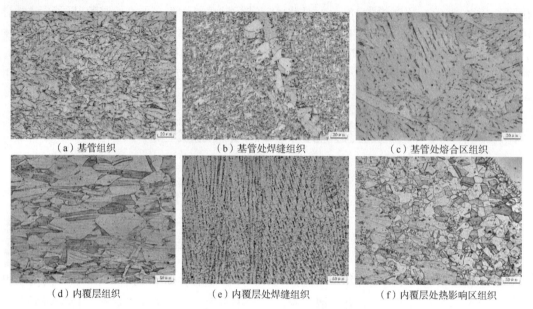

（a）基管组织	（b）基管处焊缝组织	（c）基管处熔合区组织
（d）内覆层组织	（e）内覆层处焊缝组织	（f）内覆层处热影响区组织

图 3-39　N08825/L415M 冶金复合管材金相组织

按照前述方法，分别加工拉伸试样、冲击试样、弯曲试样、剪切强度试样，另外还在母材位置加工横向落锤试件两件。对以上试件进行力学性能测试，其中弯曲试验的弯轴直径为 94mm，弯曲角度都为 180°。表 3-20 展示了管材拉伸性能、弯曲性能、落锤试验、冲击韧性和剪切强度性能等力学性能测试结果，表 3-21 进一步给出了硬度性能测试结果。从测试结果来看，管材拉伸试验、冲击试验、弯曲试验、落锤试验和剪切强度都能满足标准要求，该段热轧复合板焊接法制冶金复合管样机械性能总体较好。

表 3-20　N08825/L415M 冶金复合管部分力学性能试验结果

位置	拉伸性能		弯曲性能		落锤试验		CVN，J	剪切强度，MPa
母材	屈服强度	483MPa	—		剪切面积百分数	100% 100%	424、432、439	434、448
	抗拉强度	608MPa						
	断后伸长率	36%						
直焊缝	抗拉强度	631MPa	面弯	无裂纹	—		61、81、57	
			背弯	无裂纹				
热影响区	—	—	—		—		156、174、198	—

表 3-21　N08825/L415M 冶金复合管硬度试验结果

试验位置	1	2	3	4	5	6	7	8	9
硬度值，HV10	214	212	190	198	220	220	219	224	234
试验位置	10	11	12	13	14	15	16	17	18
硬度值，HV10	218	221	222	204	188	207	213	194	195

试验位置	19	20	21	22	23	24	25	26	27
硬度值，HV10	188	194	239	227	228	243	241	241	239
试验位置	28	29	30	31	32	33	34	35	36
硬度值，HV10	233	209	196	203	209	214	217	229	249
试验位置	37	38	39	40	41	42	43	44	45
硬度值，HV10	261	256	238	231	228	256	264	242	208
试验位置	46	47	48	49	50	51	52	53	54
硬度值，HV10	203	242	219	215	221	222	215	219	212
试验位置	55	56	57	58	59	60	61	62	—
硬度值，HV10	204	216	212	211	234	242	251	233	—

按照标准要求同样对冶金复合管的基管和内覆层进行耐蚀性能检测与评价。基管母材和直焊缝 HIC 按照 GB/T 8650—2015《管线钢和压力容器钢抗氢致开裂评定方法》[58] 进行，SSC 按照 GB/T 4157—2017《金属在硫化氢环境中抗硫化物应力开裂和应力腐蚀开裂的实验室试验方法》[59] 四点弯曲法进行；内覆层母材和直焊缝点蚀试验按照 ASTM G48—2011《Standard Test Methods for Pitting and Crevice Corrosion Resistance of Stainless Steels and Related Alloys by Vse of Ferric Chloride Solution》[60] A 法进行，晶间腐蚀试验按照美国 ASTM G28—2008《Standard Test Methods for Detecting Susceptibity to Intergranular Corrosion in Wrought，Nickel-Rich，Chromium-Bearing Alloys》[61] 的 A 法进行。

A 溶液中 HIC 试验结果表明试样表面无氢鼓泡，剖面金相观察所有样品无裂纹。同时加载90%管材规定最小屈服强度的 SSC 试样在 A 溶液中浸泡720小时后，所有试样均未断裂且放大10倍检查试样受拉伸面未发现破坏裂纹，表明焊缝对硫化氢环境开裂不敏感。对内覆层母材与焊缝分别进行晶间腐蚀和点蚀试验，试验结果见表3-22，点蚀试验后内覆层试样在 20 倍放大下无明显点蚀坑，其中母材平均腐蚀速率为 0.1808g/m²、焊缝平均腐蚀速率为 0.1989g/m²，小于最大点蚀速率4.0g/m²的指标要求；内覆层母材晶间腐蚀速率为 0.4695mm/a，焊缝平均腐蚀速率为 0.7460mm/a，同样小于规定的验收指标要求，最终两项内覆层金属腐蚀试验都通过标准验收要求。

表3-22 腐蚀试验结果

试验类型	试验标准	编号	平均腐蚀速率	验收指标
点蚀	ASTM G48-2011 A 法	母材	0.1808g/m²	≤4.0g/m²
		焊缝	0.1989g/m²	
晶间腐蚀	ASTM G28-2008 A 法	母材	0.4695mm/a	≤0.5mm/a
		焊缝	0.7460mm/a	≤1.0mm/a

2. 爆炸复合板焊接法制复合管

本节所述的 316L 冶金复合管和 2205 冶金复合管分别由 316L/L360N 和 2205/L360N 爆炸复合板卷制形成直缝冶金复合管，规格均为 φ323.9mm×(13+3)mm。两种冶金复合管材的化学成分见表 3-23，基管和内覆层材料化学成分测试结果都能满足相应材料要求。

表 3-23　316L/L360N 及 2205/L360N 冶金复合管相应化学成分

单位:%（质量分数）

316L/L360N 冶金复合管														
材料	C	Si	Mn	P	S	Cr	Mo	Ni	Nb	V	Ti	Cu	B	Al
L360N	0.015	0.25	1.14	0.012	0.0018	0.052	0.0034	0.11	0.039	0.0037	0.014	0.12	<0.0001	0.025
316L	0.019	0.49	1.10	0.031	0.0014	16.7	2.00	10.4	—					
2205/L360N 冶金复合管														
材料	C	Si	Mn	P	S	Cr	Mo	Ni	Nb	V	Ti	Cu	B	Al
L360N	0.031	0.25	1.15	0.012	0.0018	0.049	0.0030	0.11	0.039	0.0037	0.014	0.12	<0.0001	0.025
2005	0.023	0.57	1.05	0.027	0.0013	22.7	3.2	5.8	—					

　　两种冶金复合管均采用卷焊成型工艺，直焊缝焊接结构如图 3-40 所示，按照 1、2、3、4 顺序先焊接基管焊缝、再焊接过渡层、最后焊接内覆层焊缝。基管焊接根据管径大小采用内侧氩弧焊配以外侧埋弧焊或内外均采用埋弧焊焊接，过渡层和内覆层焊缝采用氩弧焊焊接。两种管材过渡层焊缝焊接材料都选择 ER309LMo，316L 内覆层焊材选择 ER316L，2205 内覆层焊材选择 ER2209，而基管焊缝则根据基管钢级选用相应的碳钢或低合金钢焊材。

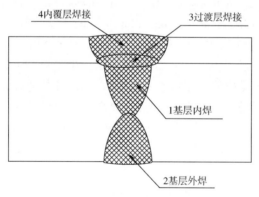

图 3-40　直焊缝结构示意图

　　316L/L360N 复合管和 2205/L360N 复合管金相组织如图 3-41 和图 3-42 所示，两管样各区域金相组织均符合标准要求。其中 316L/L360N 冶金复合管 L360N 基管组织为粒状贝氏体和多边铁素体、晶粒度为 7.5 级，内覆层 316L 为奥氏体组织；直焊缝处基管侧焊缝为晶内成核针状铁素体、粒状贝氏体和多边铁素体混合组织、热影响区位置为多边铁素体和珠光体，内覆层处焊缝呈现出奥氏体组织形貌；2205/L360N 冶金复合管 L360N 基管组织同样为粒状贝氏体和多边铁素体、晶粒度为 8.0 级，而内覆层 2205 表现为奥氏体加铁素体双相组织形貌，铁素体含量占比 59.73%；基管侧焊缝组织为晶内成核针状铁素体、粒状贝氏体和多边铁素体、热影响区位置表现为粒状贝氏体并伴有多边铁素体，内覆层处焊缝为奥氏体加铁素体双相组织。

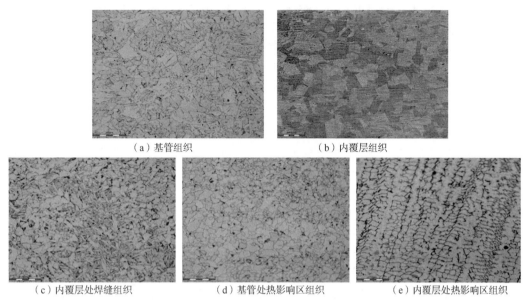

（a）基管组织　　　　　　　　　　（b）内覆层组织

（c）内覆层处焊缝组织　　　（d）基管处热影响区组织　　　（e）内覆层处热影响区组织

图 3-41　316L/L360N 冶金复合管金相组织

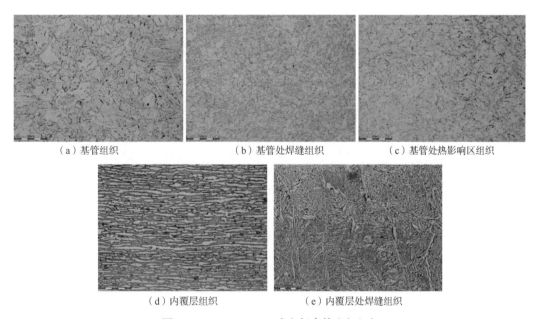

（a）基管组织　　　　　（b）基管处焊缝组织　　　（c）基管处热影响区组织

（d）内覆层组织　　　　　　　（e）内覆层处焊缝组织

图 3-42　2205/L360N 冶金复合管金相组织

对上述试件进行力学性能测试，其中弯曲试验的弯轴直径为 70mm，弯曲角度都为180°。表 3-24 展示了管材拉伸性能、弯曲性能、冲击韧性和剪切强度性能测试结果，表 3-25 则进一步给出了硬度性能测试结果。对照标准要求，所检管材拉伸试验、冲击试验、弯曲试验和剪切强度均能满足要求，爆炸复合焊接法可以制备机械性能合格的 316L/L360N 冶金复合管和 2205/L360N 冶金复合管。

表 3-24 316L/L360N 及 2205/L360N 冶金复合管部分力学性能试验结果

管材	位置	拉伸性能		弯曲性能		CVN，J	剪切强度，MPa
316L/L360N 冶金复合管	母材	屈服强度	453MPa	—		296、290、279	360、389
		抗拉强度	527MPa				
		断后伸长率	41%				
	直焊缝	抗拉强度	566MPa	面弯	无裂纹	270、259、274	—
		断裂位置	母材	背弯	无裂纹		
	热影响区	—	—	—	—	233、196、268	—
2205/L360N 冶金复合管	母材	屈服强度	482MPa	—		285、283、276	363、390
		抗拉强度	551MPa				
		断后伸长率	38%				
	直焊缝	抗拉强度	574MPa	面弯	无裂纹	267、250、255	—
		断裂位置	母材	背弯	无裂纹		
	热影响区	—	—	—	—	281、276、281	—

表 3-25 316L/L360N 及 2205/L360N 冶金复合管硬度试验结果

316L/L360N 冶金复合管								
试验位置	1	2	3	4	5	6	7	8	9
硬度值，HV10	177	176	178	172	163	172	171	169	169
试验位置	10	11	12	13	14	15	16	17	18
硬度值，HV10	168	171	174	176	184	183	186	175	177
试验位置	19	20	21	22	23	24	25	26	27
硬度值，HV10	173	176	167	171	170	169	168	166	170
试验位置	28	29	30	31	32	33	34	35	36
硬度值，HV10	169	175	178	180	178	176	165	157	163
试验位置	37	38	39	40	41	42	43	44	45
硬度值，HV10	172	172	176	174	171	164	172	167	182
试验位置	46	47	48	49	50	51	52	53	54
硬度值，HV10	175	169	170	167	168	187	187	182	181
试验位置	55	56	57	58	59	60	61	62	—
硬度值，HV10	184	183	189	194	180	178	178	189	—
2205/L360N 冶金复合管								
试验位置	1	2	3	4	5	6	7	8	9
硬度值，HV10	187	184	185	181	224	223	213	209	207
试验位置	10	11	12	13	14	15	16	17	18
硬度值，HV10	207	212	216	185	190	194	194	184	179
试验位置	19	20	21	22	23	24	25	26	27
硬度值，HV10	186	187	176	182	186	185	185	187	177

2205/L360N 冶金复合管								
试验位置	28	29	30	31	32	33	34	35	36
硬度值，HV10	188	181	182	193	193	178	174	188	183
试验位置	37	38	39	40	41	42	43	44	45
硬度值，HV10	193	194	194	193	194	194	184	188	190
试验位置	46	47	48	49	50	51	52	53	54
硬度值，HV10	200	268	265	267	261	239	242	246	251
试验位置	55	56	57	58	59	60	61	62	—
硬度值，HV10	255	263	257	258	277	282	284	276	—

另外，对于 316L/L360N 冶金复合管，从内覆层母材和直焊缝位置取样，按照 ASTM A262[52] E 法开展了晶间腐蚀试验评价，试验后弯曲所有试样至 180°未见裂纹，说明冶金复合管具备抗晶间腐蚀能力。对于 2205/L360N 冶金复合管，对内覆层母材和直焊缝开展了按照 ASTM G48—2011[60] 中 A 法进行点蚀试验评价，试验后内覆层母材平均腐蚀速率为 $0.5259mg/(dm^2 \cdot d)$，焊缝平均腐蚀速率为 $3.5784mg/(dm^2 \cdot d)$，均小于 $10mg/(dm^2 \cdot d)$ 的标准要求。两相腐蚀评价试验的通过，也意味着复合管制造过程中有效避免有害相的大量析出问题，爆炸复合焊接法可以制备耐蚀性能达标的 316L/L360N 冶金复合管和 2205/L360N 冶金复合管。

3. 爆炸+热轧复合板焊接法制复合管组织性能分析

2205 双相不锈钢焊接接头力学性能和耐蚀性能取决于焊接接头组织的相结构特征和比例关系。因此，2205 双相不锈钢的焊接是围绕如何保证其双相组织进行的。研究表明，当铁素体和奥氏体量各接近 50%且没有析出相存在时，焊缝性能较好，尤其是韧性和耐蚀性。过低的铁素体含量(<25%)将导致焊缝强度和抗应力腐蚀开裂能力下降；过高铁素体含量(>75%)将显著降低焊缝耐蚀性和韧性。对于 2205 双相不锈钢，由于母材中含有较高 N，保证了焊缝沿熔合线附近区域不会形成单一铁素体相，使得奥氏体含量一般不会低于 30%。同时，2205 双相不锈钢具有良好焊接性，焊接冷裂纹和热裂纹敏感性均较小，因此焊前不需预热，焊后可不热处理[62]。

本节将厚度为 2.0mm 的 2205 双相不锈钢与厚度为 14.0mm 的 X65 管线钢采用爆炸复合+轧制成型双金属复合板，再采用 JCOE 成型+埋弧焊接的工艺制作外径为 610mm 的直缝焊接复合钢管。试验所用材料的化学成分见表 3-26，其中 X65 钢级管线钢基体的显微组织为以多边铁素体(PF)为主，伴有少量的粒状贝氏体($B_粒$)和珠光体组织(P)，其屈服强度为 521MPa，抗拉强度为 664MPa，断后伸长率为 37%；2205 双相不锈钢复合层的显微组织为铁素体+奥氏体双相组织，其屈服强度为 605MPa，抗拉强度为 835MPa，断后伸长率为 35%。

表 3-26　X65/2205 管材化学成分　　　　单位:%（质量分数）

材料	C	Si	Mn	P	S	Cr	Mo	Ni	Nb	V	Ti	Cu	B	Al
X65	0.064	0.19	1.70	0.0080	0.0032	0.21	0.12	0.055	0.068	0.0045	0.013	0.0074	0.0002	0.033
2205	0.022	0.53	1.32	0.026	0.0023	22.22	3.21	5.36	0.0079	0.058	0.0065	0.090	0.0016	0.0071

　　焊接前先按如图 3-43 所示加工焊接坡口，焊接顺序如下：（1）基体单丝自动埋弧内焊；（2）X65 基体双丝自动埋弧外焊；（3）过渡层氩弧自动内焊；（4）复合层氩弧自动内焊盖面，焊接工艺参数见表 3-27。

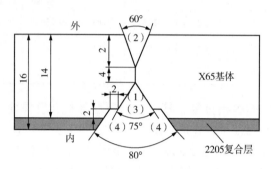

图 3-43　焊接坡口设计及焊接顺序/mm

表 3-27　图 3-43 焊接结构所用焊接工艺参数

焊道	焊接方法	焊接材料		单丝/双丝	极性	电流，A	电压，V	焊接速度，cm/min	保护气体	
		牌号	直径，mm						种类	流量，L/min
基体内焊	SAW	H08DG+SJ102DG	3.0	单丝	DCEP	450~500	32~36	80~100		
基体外焊	SAW	H08DG+SJ102DG	4.0	双丝	DCEP	500~550	32~36	80~100		
过渡层内焊	TIG	ER309MoL	1.2	单丝	DCEP	150~170	15~20	8~10	Ar	15~25
复合层内焊	TIG	ER2209	1.2	单丝	DCEP	180~210	16~21	13~16	Ar	15~25

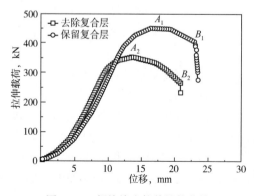

图 3-44　焊接接头拉伸性能曲线

　　采用尺寸为 300mm×38.1mm 的板状试样，去除焊缝余高，测试 2205/X65 双金属焊接复合钢管的拉伸性能。图 3-44 是保留 2205 双相不锈钢复合层和去除复合层的焊接接头拉伸曲线。从图 3-44 可以看出，保留复合层的焊接接头在 A_1 点承受最大的拉伸载荷为 448kN，计算所得的抗拉强度为 738MPa，试样在母材位置断裂；去除 2205 双相不锈钢复合层的焊接接头在 A_2 点承受最大的拉伸载荷为 349kN，计算所得的抗拉强度为 698MPa，断裂位置也在母材上，因此，保留复合层焊接接头抗拉强度比去除复合层焊接接头的抗拉强度高40MPa。焊接接头的抗拉强度主要取决于焊缝金属与母材强度的匹配和焊接缺陷，而且焊接接头的强度匹配系数对焊缝缺陷的最大容许尺寸和断裂韧性直接相关。由于二者的断裂位置均发生在母材上，说明焊缝金属的强度与基体金属的强度为高匹配，其拉伸曲线更多体现的是焊接接头母材及热影响区的拉伸性能。同时，去除复合层的焊接接头在拉力达到最大值A_2时发生颈缩，而保留复合层的焊接接头在拉力到达最大值A_1时发生颈缩，此时试样的伸长率也远大于A_2处的伸长率。因此，保留复合层的焊接接头不仅具有更高的抗拉强度，而且其变形也较大，2205/X65双金属焊接复合钢管的承受流体介质内压的能力也相对较强。

在焊接接头截取试块，从X65基体外表面截取焊缝和热影响区（HAZ）夏比冲击试样，每个部位保留2205双相不锈钢复合层和去除复合层的试样各一组，夏比冲击试样尺寸为7.5mm×10mm×55mm，缺口形式为深度2mm的"V"形缺口，试验温度为-10℃。图3-45是2205/X65双金属焊接复合钢管焊接接头焊缝和热影响区的夏比冲击试验结果，去除耐蚀合金层的热影响区夏比冲击吸收功为177~236J，平均值为197J；而保留耐蚀合金层的热影响区夏比冲击功为139~153J，平均值为146J，比去除耐蚀合金层的热影响区的冲击吸收功低约

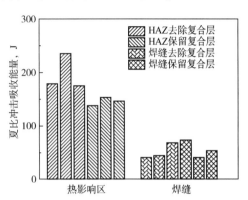

图3-45　焊接接头夏比冲击试验结果

50J。保留耐蚀合金层焊缝的夏比冲击吸收功平均值为57J，去除耐蚀合金层焊缝的夏比冲击吸收功平均值为52J，几乎相当。

图3-46是保留2205耐蚀合金层的焊接接头拉伸试样断口形貌。由于焊接接头拉伸断裂位置在母材上，断口有明显的塑性变形，而且2205耐蚀合金层和X65基体界面结合良好，界面在拉伸载荷下未发生分离现象，减少了因耐蚀合金层与基体间径向应力大导致管道运行时环焊缝开裂失效的危险。图3-47是拉伸断口的SEM形貌，2205耐蚀合金层和X65基体断口都呈现明显的韧窝，属于微孔型断裂，是塑性变形起主要作用的延性断裂。

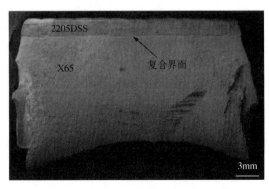

图3-46　焊接接头拉伸试样断口形貌

图3-47（b）显示X65基体在拉伸载荷下为等轴型微孔断裂，而图3-47（c）的2205双相不锈钢断口表现出晶界滑移。这说明X65基体是载荷的主要承受者，在拉力作用下首先发生变形断裂，2205耐蚀合金层承受载荷相对较少，最后在拉伸下受一定剪切作用使晶界滑移而断裂。结合界面附近的断口韧窝较少，而且韧窝很浅，此处承载能力相对较差，是容易失效的"危险地带"。

（a）X65基体　　　　　　　（b）界面　　　　　　　（c）2205复合层

图 3-47　焊接接头拉伸试样断口 SEM 形貌

　　图 3-48 是焊缝冲击试样的断口 SEM 形貌。从图 3-48（a）可以看出，沿冲击试样断口扩展方向，在断口面上的韧窝逐渐明显。同时，从断口面上可以看到，在动态冲击载荷下，耐蚀合金层焊缝和过渡层焊缝交界处沿断口扩展方向明显产生一条裂纹，说明耐蚀合金层焊缝和过渡层焊缝是焊接接头比较薄弱处，而且由于过渡层的焊缝和基体焊缝之间的元素相互扩散，导致过渡层的焊缝合金元素含量降低。冲击断口试样上耐蚀合金层焊缝显示为韧性剪切撕裂形貌，韧窝相对较深［图 3-48（b）］，而 X65 基体填充焊缝断口的韧窝相对较小而浅［图 3-48（c）］，并且伴有解理分层，从而导致焊缝的夏比冲击吸收能量平均只有 52 J。图 3-49 为 2205DSS/X65 直缝焊接复合钢管焊缝微观组织形貌，从组织类型和形貌来说，整个焊缝分为基体焊缝填充层、扩散层、过渡层和耐蚀合金层四个区域。X65 基体层填充焊缝的组织为 IAF（晶内铁素体）+$B_{粒}$+PF，是典型的管线钢焊缝组织，如图 3-49（a）所示。由于合金元素的扩散，合金元素含量偏高，导致靠近 X65 基体侧的扩散层焊缝组织容易形成淬硬的马氏体组织［图 3-49（b）］，也是降低焊缝冲击韧性的主要原因，在焊接时需要调整焊接工艺，避免有害组织的产生。而靠近不锈钢侧的过渡层焊缝组织与 2205DSS 不锈钢层的焊缝组织相似，都为奥氏体和铁素体双相组织，但二者的铁素体与奥氏体的形态和含量有一定的差别，如图 3-49（c）和图 3-49（d）所示。

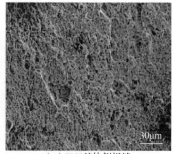

（a）过渡层附近焊缝　　　　　（b）复合层焊缝　　　　　（c）X65基体侧焊缝

图 3-48　焊缝冲击试样断口 SEM 形貌

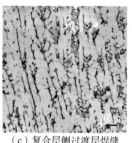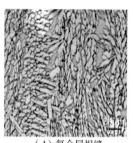

（a）X65基体焊缝 　　（b）基体侧扩散层焊缝 　　（c）复合层侧过渡层焊缝 　　（d）复合层焊缝

图 3-49　焊缝显微组织

以上测试结果呈现了国内不同复合板焊接法生产的 316L 奥氏体不锈钢、2205 双相不锈钢和 N08825 铁镍基合金作为内覆材料的冶金复合管性能。从评价结果来看，国内厂家初步掌握了三类冶金复合管制造技术，考虑到测试样本有限，试验结果仅能反映所测管样性能，无法对于厂家批量稳产能力提供可靠判断。不过，结合目前国内冶金复合管的应用情况，初步可以看出：

（1）对于管线钢用 316L 和 N08825 类奥氏体组织为内覆材料的冶金复合管，不论是热轧复合板还是爆炸复合板焊接法生产，国内制管工艺相对比较成熟，复合板材热处理工艺也得到认可，相应厂家具备工业化生产能力，产品性能也得到了油气集输或相关行业应用验证。总体上看，奥氏体组织内覆冶金复合管材可供选择厂家及产品种类较多，制造工艺比较成熟，基本能够满足油气集输管材现场应用。

（2）对于管线钢用 2205 双相不锈钢为内覆材料的冶金复合管，从前述试验数据来看目前国内能够满足标准要求有爆炸复合板以及爆炸加轧制复合板焊接法，不过从性能测试结果上所测的爆炸加轧制复合板焊接法制冶金复合管性能上仍有优化空间。虽然两类复合板制备工艺已经过多年发展，但是用户对热处理工艺还是存在疑虑。目前国内外还缺乏复合板焊接法制 2205 双相不锈钢冶金复合管在油气集输管网应用案例，产品未经过现场验证。因此，可以考虑要求相关厂家开展小批量试制以检验批量稳产能力，同时在油气田设置试验段，待评估成熟后再做进一步推广。同时，相关厂家也应继续加大 2205 双相不锈钢热轧复合板研制力度，力争早日突破热轧复合板卷制焊接法制管能力。

参 考 文 献

［1］凌星中．内复合双金属管制造技术［J］．焊管，2001，24（2）：43-46.

［2］凌星中．冶金结合复合钢管研制和应用［J］．焊管，2006，29（1）：42-45.

［3］顾建忠．国外双层金属复合钢管的用途及生产方法［J］．上海金属，2000，22（4）：16-24.

［4］李鹤林．海洋石油装备与材料［M］．北京：化学工业出版社，2016.

［5］杨专钊．油气集输用双金属复合管［M］．北京：石油工业出版社，2018.

［6］杨牧南，左孝青，赵明伟，等．不锈钢复合板制备技术研究进展［J］．材料热处理技术，2012，41（20）：93-96.

［7］Luo Zong-an，Wang Guang-lei，XIE Guang-ming，et al. Interfacial Microstructure and Properties of a Vacuum Hot Roll-Bonded Titanium-Stainless Steel Clad Plate with a Niobium Interlayer［J］．Acta Metallurgica Sinica，2013（6）：754-760.

[8] Jin He-rong, Geng Yong-xiang, Jiang Jin-shui. Research on Finishing Rolling Force Model for Hot Rolling Wide and Heavy Stainless Steel Clad Sheets[J]. Applied Mechanics and Materials, 2014, 488: 213-216.

[9] 于九明, 孝云祯, 王群骄, 等. 金属层状复合技术及其新进展[J]. 材料研究学报, 2000, 14(1): 12-16.

[10] 王廷溥. 不锈复合钢板生产技术发展现状[J]. 钢铁, 1986, 21(1): 47-51.

[11] 李龙, 张心金, 刘会云, 等. 不锈钢复合板的生产技术及工业应用[J]. 轧钢, 2013, 30(3): 43-47.

[12] 孙浩, 王克鲁. 不锈钢复合板生产方法和制备技术的探讨[J]. 上海金属, 2005, 27(1): 50-54.

[13] Li L, Yin F X, Nagai K. Progress of Laminated Materials and Clad Steels Production[J]. Materials Science Forum, 2011, 675/677: 439-447.

[14] 李晓波. 不锈钢复合板的界面组织结构与性能[J]. 中北大学学报: 自然科学版, 2006, 27(4): 365-368.

[15] Hwang Weng-sing, Wu Tian-i, Sung Wen-chung. Effects of Heat Treatment on Mechanical Property and Microstructure of Aluminum/Stainless Steel Bimetal Plate[J]. Journal of Engineering Materials and Technology, 2012, 134(1): 1-6.

[16] Jiang Hai-tao, Yan Xiao-qian, Liu Ji-xiong, et al. Effect of Heat Treatment on Microstructure and Mechanicalproperty of Ti-Steel Explosive-Rolling Clad Plate[J]. Transactionsof Nonferrous Metals Society of China, 2014, 24(3): 697-704.

[17] 唐翠华, 侯良立. 316L-16MnR 复合板不锈钢侧晶间腐蚀原因分析[J]. 理化检验—物理分册, 2008, 44(1): 48-53.

[18] 冯志猛, 蔡宏图. 奥氏体不锈钢及其复合板热加工与敏化温度[J]. 石油化工设备, 2002, 31(6): 38-39.

[19] 刘会云, 张心金, 李龙. 热处理对热轧不锈钢复合板组织性能的影响[J]. 金属热处理, 2013, 38(6): 67-71.

[20] 金贺荣, 张春雷, 韩雪艳, 等. 热处理 316L/Q345R 不锈钢复合板显微组织和力学性能的影响[J]. 中国有色金属学报, 2015, 25(4): 952-958.

[21] 刘会云, 何毅, 河冰冷, 等. 热处理对热轧不锈钢复合板组织性能的影响[J]. 材料热处理学报, 2016, 37(7): 106-110.

[22] 金贺荣, 杨旭坤, 宜亚丽. 316L-Q345R 不锈钢复合板性能评价[J]. 材料工程, 2016, 44(8): 104-110.

[23] 张留军, 何毅, 刘会云, 等. 感应加热对不锈钢复合板碳钢层的影响[J]. 一重技术, 2016(3): 52-55, 51.

[24] 杨学明, 夏临明. 爆炸焊 304/Q345R 复合板热处理工艺及分析[J]. 焊接, 2015(10): 41-44.

[25] 杨海波. 热处理制度对不锈钢复合板耐蚀性影响分析[J]. 热加工工艺, 2016, 45(4): 240-242, 245.

[26] 廖东波, 查五生, 李伟. 碳钢—不锈钢爆炸焊接复合板界面的显微结构[J]. 焊接学报, 2012, 33(5): 99-102.

[27] 廖东波, 查五生, 李伟. 退火及热轧对碳钢-不锈钢爆炸焊接复合板性能的影响[J]. 焊接学报, 2013, 34(1): 109-112.

[28] 尹志宏, 闫力, 岳珊, 等. 热处理制度对奥氏体不锈钢复合板拉伸性能的影响[J]. 化学工程与装备, 2010(8): 121-123.

[29] 侯法臣, 赵路遇, 彭初康, 等. 热处理温度对 254SMO/16MnR 爆复合板组织和性能的影响[J]. 钢铁, 1995, 30(12): 39-44, 38.

[30] Wang N, Wen Y H, Chen L Q. Pinning Force from Multiple Second-Phase Particles in Grain Growth [J]. Computational Materials Science, 2014, 93(10): 81-85.

[31] Agnlia A, Bozzoloa N, Logea R, et al. Development of a Level Set Methodology to Simulate Grain Growth in the Presence of Real Secondary Phase Particles and Stored Energy-Application to a Nickel-base Superalloy [J]. Computational Materials Science, 2014, 89(6): 233-241.

[32] Pan Y M, Dunn D S, Cragnolino G A, et al. Grain Boundary Chemistry and Intergranular Corrosion in Alloy 825 [J]. Metallurgical and Materials Transaction, 2000, A31(4): 1163-1173.

[33] 洪慧敏, 张珂, 金传伟, 等. 不同温度固溶后 Incoloy825 合金的显微组织与性能[J]. 机械工程材料, 2017, 41(8): 23-26.

[34] 王敬忠, 刘阿娇, 李科元, 等. 固溶和时效处理对热轧态 825 合金微观组织的影响[J]. 材料热处理学报, 2018, 39(1): 58-65.

[35] 蒋健博, 及玉梅, 付魁军, 等. 825/X70 镍基合金复合板复合界面组织与性能分析[C]. 中国金属学会低合金钢分会第三届学术年会论文集, 2016.

[36] 李炎, 祝要民, 周旭峰, 等. 316L/16MnR 热轧复合板界面组织结构的研究[J]. 金属学报, 1995, 31(12): 537-542.

[37] 谢广明, 王光磊, 骆宗安, 等. 防止真空复合轧制不锈钢复合板的界面氧化的方法[P]. 中国专利, CN 102178405A, 2011-09-14.

[38] 王清源, 张英俊. SA387Gr. 11Cl. 2 +UNS N08825 镍基合金复合板的热成型及热处理[J]. 压力容器, 2004, 21(12): 31-33.

[39] 王勇, 刘听, 赵恩军, 等. N06030/16MnR 复合板热处理工艺研究[C]. 第九届全国工程爆破学术会议, 2008, 616-620.

[40] 吴玖. 双相不锈钢[M]. 北京: 冶金工业出版社, 2002.

[41] 王一德, 李国平, 王立新, 等. (00Cr22Ni5Mo3N+Q345C)不锈钢复合板热处理工艺研究[J]. 压力容器, 2001, 18(4): 30-32, 60.

[42] 李国平, 王立新, 李志斌. 爆炸焊接 00Cr22Ni5Mo3N+Q345C 不锈钢复合板热处理工艺研究[C]. 第十次全国焊接会议论文集(第二册), 2001: 119-122.

[43] 董宝才, 范江峰, 刘润生, 等. 2205 双相不锈钢复合板爆炸-轧制工艺研制[J]. 压力容器, 2005, 22(2): 9-13.

[44] 毕宗岳, 丁宝峰, 张峰, 等. 2205/Q235 大面积双相不锈钢复合板性能分析[J]. 焊管, 2010, 33(3): 25-28.

[45] 卫世杰, 王海峰, 陈婷. 热处理对双相不锈钢复合板组织和性能的影响[J]. 新技术新工艺, 2008(9): 72-73.

[46] 赵瑞晋, 刘栓柱, 邓宁嘉, 等. 超级双相不锈钢复合板热处理工艺探索[J]. 石油和化工设备, 2016, 19(1): 11-13.

[47] 任永峰, 查小琴, 张凌峰. 2205 双相不锈钢热轧复合板复层组织及性能研究[J]. 塑性工程学报, 2020, 27(3): 122-129.

[48] 何小东, 刘养勤, 朱丽霞, 等. X65/2205 双金属爆炸复合板界面微观结构及性能研究[J]. 石油管材与仪器, 2017, 3(4): 32-36.

[49] 刘海璋, 毕宗岳, 田磊, 等. 不锈钢 2205/X65 复合板热处理工艺研究[J]. 热加工工艺, 2019(2): 207-210, 213.

[50] GB/T 6396—2008 复合钢板力学及工艺性能试验方法[S].

[51] GB/T 229—2007 金属材料夏比摆锤冲击试验方法[S].

［52］ASTM A262—2013 Standard Practices for Detecting Susceptibility to Intergranular Attack in Austenitic Stainless Steels［S］.

［53］范兆廷．新型输油气双金属复合管道腐蚀及可靠性研究［D］．重庆：重庆大学，2013．

［54］API Spec 5LD—2015 Specification for CRA clad or lined steel pipe［S］.

［55］GB/T 37701—2019 石油天然气工业用内覆或衬里耐腐蚀合金复合钢管［S］.

［56］胡万伦．奥氏体不锈钢焊缝中铁素体形成机理及作用［C］．2006 全国核材料学术交流会论文集，2006．

［57］田磊，刘海璋，杨军，等．N08825/L450QS 镍基复合板焊接工艺及组织性能研究［J］．钢管，2016，45（1）：13-17．

［58］GB/T 8650—2015 管线钢和压力容器钢抗氢致开裂评定方法［S］.

［59］GB/T 4157—2017 金属在硫化氢环境中抗硫化物应力开裂和应力腐蚀开裂的实验室试验方法［S］.

［60］ASTM G48—2011 Standard Test Methods for Pitting and Crevice Corrosion Resistance of Stainless Steels and Related Alloys by Use of Ferric Chloride Solution［S］.

［61］ASTM G28—2008 Standard Test Methods for Detecting Susceptibility to Intergranular Corrosion in Wrought, Nickel-Rich, Chromium-Bearing Alloys［S］.

［62］何小东，李先明，李为卫，等．2205DSS/X65 焊接复合钢管接头性能及微观组织［J］．热加工工艺，2019，48（21）：53-57．

第四章 双金属复合管关键性能指标及适用性评价方法

第一节 关键性能指标和评价方法现状

一、产品标准发展现状

关于双金属复合管的质量控制，美国石油学会（API）1996年发布了 API Spec 5LD[1] 标准（CRA Clad or Lined Steel Pipe），目前已经更新至第四版 API Spec 5LD—2015，国内也等同采用制定了 SY/T 6623—2018《内覆或衬里耐腐蚀合金复合钢管》[2]。这两项标准对制造工艺、化学成分及试验、力学性能和试验（包括拉伸、冲击、硬度、压扁、弯曲、金相检查）、特殊试验（双相钢铁素体/奥氏体比例、腐蚀试验、结合强度或紧密度）、剩磁、水压试验、外观检验、无损检测、工艺、目视检查、缺陷修复、表面处理等做了详细规定，但总体技术门槛值较低，对于管道衬层鼓包控制和衬层腐蚀适用性没有明确规定，对衬层的损伤检测要求不严，对端部处理方式没有明确限制。挪威船级社在1996年出版的 DNV-OS-F101（Submarine pipeline systems）[3] 进一步围绕海洋环境应用需求明确了"海洋环境用复合/加衬钢质管线管"相关规范要求，在后续版本中也不断升级和完善，目前已经升级成 DNV-GL-ST-F101—2021，在复合管材料、制造工艺规范、接收标准和检验等内容给出具体的规范要求。上述标准由于部分技术指标和评价方法的局限性，在应用过程中双金属复合管材出现了不同程度的质量控制和环境适用性问题。为此，基于研究成果制定了国家标准 GB/T 37701—2019《石油天然气工业用内覆或衬里耐腐蚀合金复合钢管》[4]，标准对双金属复合管产品制造工艺和原材料控制加大了约束力度，在产品性能评价以及环境适用性方面也增加了大量评价方法和技术指标。

二、关键性能指标及评价方法存在的问题

前文已经明确指出了现有标准存在一些技术指标和评价方法缺失的问题，下面将重点从五个方面提炼影响管材性能的关键技术指标要求，分析相关评价方法，梳理具体存在的问题，指出有待改进的方向。

1. 基管材质与机械性能要求

双金属复合管的基管起到承压和对衬里或内覆层材料支撑作用。API Spec 5LD[1] 规定基管应使用 API Spec 5L[5] 中 PSL2 钢级管材，具体管材等级包括 X42、X46、X52、X56、X60、X65、X70 和 X80，以及这些钢管等级的中间钢管等级。对于钢管的类型，API Spec 5LD 指出可选用焊接钢管或也可以选用无缝管，管材化学成分、热处理状态、机械性能

(拉伸、压扁、导向弯曲、冲击韧性、落锤撕裂试验和硬度) 应依照 API Spec 5L 中 PSL2 钢级的要求执行进行试验和验收，其中试验时要确保试样上的耐腐蚀合金层应在试验前加工清除。

另外，API Spec 5LD[1] 还规定：(1) 在基体钢管制造过程中，用作基管的电焊钢管应按 API Spec 5L[5] 进行压扁试验和验收；(2) 无缝、无填充金属焊接的双金属复合钢管也应进行压扁试验，其中延性试验阶段要求在两板间距离小于 H 之前，压扁样的内表面、外表面和边缘不得出现裂纹、断裂和内覆层剥离 (机械复合管除外)，完整性试验阶段要求继续压扁直至试样断裂或两管壁贴合，除机械复合管外不得出现耐腐蚀合金层与基体钢管剥离现象；(3) 对带有填充金属焊缝钢管应进行导向弯曲试验，由制造商选择，不带填充金属的焊接钢管也可开展导向弯曲试验，并满足 API Spec 5L[5] 要求。

以 API Spec 5L[5] 中 PSL2 钢级为基础的基管材质和机械性能基本能够满足双金属复合管的使用要求，当然在应用过程中油气田用户可能会根据实际需求对基管材质和机械性能提出更加具体又严格的要求。订货技术规格书上一般会对冶炼方式和金相组织等提出要求，如规定基管原材料为全镇定钢、晶粒度不低于 7 级。对于酸性环境用双金属复合钢管，订货技术规格书还会进一步要求基管为耐酸管并满足抗 HIC 和 SSC 等要求。对于海洋环境用双金属复合钢管，用户往往还会规定基管为海洋用管，同时对拉伸性能、硬度和韧性指标提出更加具体的要求，而且也会根据输送介质温度不同提出高温拉伸性能和低温冲击性能要求。表 4-1 给出了目前国内在役海洋油气输送用双金属复合管的基管机械性能要求，可以很明显地看到订货技术规格书中存在大量超出标准的性能要求。

表 4-1 国内海洋油气田用复合管的基管机械性能要求

项目名称	基管材质	规格 mm×mm	拉伸性能		夏比冲击吸收功 KVT[①②]		
			常温	高温	测试温度，℃	最小平均值，J	最小单个值，J
崖城 13-4 气田	X65 无缝管	φ219.1×14.3	屈服强度 448~570MPa 抗拉强度 531~760MPa 屈强比≤0.93 硬度≤270HV10	无要求	0	45	38
崖城 13-4 气田	X65 无缝管	φ168.3×12.7	屈服强度≥450MPa 抗拉强度≥535MPa 屈强比≤0.92 伸长率≥18 硬度≤250HV10	103℃，屈服强度≥419MPa	-30	60	45
番禺 35-1/35-2 气田	X70 无缝管	φ273.1×15.9	屈服强度≥485MPa 抗拉强度≥570MPa 屈强比≤0.92 伸长率≥18 硬度≤280HV10	103℃，屈服强度≥454MPa	-30	60	45

续表

项目 名称	基管 材质	规格 mm×mm	拉伸性能		夏比冲击吸收功 KVT[①②]		
			常温	高温	测试温 度，℃	最小平均 值，J	最小单个 值，J
平黄 HY1-1 气田	X65 无缝管	φ219.1×11	屈服强度≥450MPa 抗拉强度≥535MPa YS/UTS≤0.92 伸长率≥18 硬度≤250HV10	82℃， 屈服强度 ≥430MPa	-16	73	60
平黄 HY1-2 气田	X65 无缝管	φ219.1×12.7	屈服强度≥450MPa 抗拉强度≥535MPa 屈强比≤0.92 伸长率≥18 硬度≤250HV10	70℃， 屈服强度 ≥438MPa	0	73	60

①最小平均剪切面积≥85%。

②若测试，纵向试样夏比冲击吸收功 KVL 应比横向值 KVT 高出 50%。

2. 耐蚀合金层材质及其耐蚀性能要求

耐蚀合金层材质与管内输送介质直接接触，材料耐蚀性能直接影响管道整体防腐性能。API Spec 5LD[1] 推荐了 22 种耐蚀合金材料，包括 LC 1812、2205、2506、2242、2262、UNS S31703、UNS N08904、UNS N08031、UNS N06059、UNS S31254、UNS N04400、UNS N08367 和 UNS N08926 等，另外经购方和制造商协商确定的其他钢管等级材料也可纳入 API Spec 5LD 范围。在 API Spec 5LD[1] 标准中详细规定了耐蚀合金层化学成分，但是对于耐腐蚀合金层或其与碳钢复合后的力学性能未做明确规定。

耐蚀合金冶金状态和加工工艺质量对材料耐蚀性能有重要影响。API Spec 5LD[1] 规定耐蚀合金层选用双相不锈钢时，应测定铁素体/奥氏体比率，试验方法、试验频率和判别准则按照 API Spec 5LC[6] 要求。奥氏体不锈钢、铁镍基合金与镍基合金材料还应做腐蚀试验，腐蚀试验目的是为确保不锈钢等耐蚀合金具有合适的制造工艺，并非为了验证在实际使用环境下的腐蚀敏感性。API Spec 5LD[1] 提出采用 ASTM A262[7] 方法 B 或方法 E、ASTM G28[8] 方法 A 或 ASTM G48[9] 方法 A 对不锈钢和其他耐蚀合金材料进行腐蚀敏感性检验，具体选择上述哪种方法由购买方与生产方协商确定。ASTM A262[7] 方法 B 与 ASTM G28[8] 方法 A 类似，均采用沸腾硫酸硫酸铁溶液作为试验溶液，试样经 120h 浸泡后测试单位面积失重与点腐蚀情况。ASTM A262[7] 方法 E 采用沸腾硫酸硫酸铜溶液作为试验介质，试样经 24h 浸泡后进行 180°弯曲试验，弯曲直径为 2 倍试样厚度，检测是否有裂纹，对于焊接试样，焊接熔合线应位于弯曲试样中心线上。ASTM G48[9] 方法 A 为点腐蚀试验方法，选用三氯化铁作为试验介质，试样在 22℃ 或 50℃ 下经 72h 浸泡试验后，不同材料之间有差异性腐蚀速率指标要求，但都要求在 20 倍放大倍数下不得出现点蚀。

总体来看，上述规定在实践中可以排除大部分管材制造工艺问题，图 4-1 为笔者在检测过程中发现的耐蚀合金层晶间腐蚀开裂和点蚀问题。但是上述规定在具体执行过程中也会遇到多方面问题。

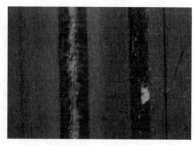

（a）晶间腐蚀开裂　　　　　　　　　　（b）点蚀

图 4-1　耐蚀合金层晶间腐蚀开裂和点蚀问题

（1）API Spec 5LD[1]对于耐蚀合金层化学成分只提及了基本要求，但是笔者发现国外一些订货技术规格书常会对材质化学成分提出更为严格的区间，比如要求 316L 材质 Mo 元素含量接近上限的 3.0%（质量分数）。另外标准中还将 PREN 值交由用户和制造商协商确定，也给用户使用标准带来了不便，表 4-2 是笔者搜集的部分材料 PREN 值，可供油气田用户参考。在制定技术规格书过程中，这些超出标准要求的技术指标的制定都考验着油气田用户专业知识素养和现场实践经验，最终也间接影响了订货技术规格书的可靠性。

表 4-2　部分耐蚀合金材料点蚀系数

材料	PREN①
316/316L	24
S31803	35
S32205	35
S32750	42
N08825	32
N06625	45

① PREN 可由%Cr + 3.3%Mo+16%N 计算。

（2）API Spec 5LD[1]对于奥氏体不锈钢和铁镍基合金/镍基合金的腐蚀性给出了多种评价方法，但是具体选择仍旧需要通过协商解决，另外部分评价方法验收指标也不明确，用户很难有效执行，同时 API Spec 5LD[1]还没有对双相不锈钢有害相的腐蚀性评价提出具体要求。基于以上问题，笔者结合部分技术规格书要求，提炼了一些耐蚀合金材质腐蚀测试要求，具体包括高合金奥氏体不锈钢、双相不锈钢和铁镍基/镍基合金材料点蚀性能和有害相的评价方法和技术指标(表 4-3)，可供用户使用中参考。

表 4-3　部分耐蚀合金材质腐蚀测试要求

材料	腐蚀测试	试验条件	验收指标
UNS N08904（904L）	ASTM G48[9]方法 A	试验温度：25℃ 试验周期：24 小时	20 倍放大倍数下不得出现点蚀； 腐蚀速率应低于 4.0g/m²
UNS S31254	ASTM G48[9]方法 A	试验温度：50℃ 试验周期：48 小时	20 倍放大倍数下不得出现点蚀； 腐蚀速率应低于 4.0g/m²

材料	腐蚀测试	试验条件	验收指标
UNS S31803	ASTM A923[10]方法 C	详见 ASTM A923	详见 ASTM A923[10]
UNS S32205	ASTM A923[10]方法 C	详见 ASTM A923	详见 ASTM A923[10]
UNS S32750	ASTM A923[10]方法 C	详见 ASTM A923	详见 ASTM A923[10]
UNS N08825	ASTM G48[9]方法 A	试验温度：22℃ 试验周期：72 小时	20 倍放大倍数下不得出现点蚀； 腐蚀速率应低于 4.0g/m²
UNS N06625	ASTM G48[9]方法 A	试验温度：50℃ 试验周期：72 小时	20 倍放大倍数下不得出现点蚀； 腐蚀速率应低于 4.0g/m²

（3）API Spec 5LD[1]对于管材的腐蚀环境适用性没有提及，无法明确双金属复合管在高腐蚀环境中的适用性能。环境适用性评价问题直接关系到双金属复合管应用环境选择和使用安全，现有标准缺乏明确规定，虽然相关技术规格书提出了部分要求但总体不够系统，对于该问题笔者也做了具体工作，详见本章第三节。

3. 界面结合性能

基管和耐蚀合金层之间的结合性能是检验复合工艺的一项重要指标。由于管材应用过程中，机械复合管结合性能出现问题较多，因此保证每根管材的结合性能显得尤为重要，以下将重点围绕该类问题阐述现有评价方法和技术指标存在的问题。

对于机械复合管的制造，API Spec 5LD[1]指出该类复合钢管是指通过全长扩径、冷拉拔成型或其他方式将内层耐腐蚀合金材料紧密贴于碳钢或低合金钢基管表面的复合钢管。机械复合钢管可以将耐蚀合金钢管插入基管或中厚板和薄板成型的圆筒内，通过冷加工扩径、缩径或其他合适的工艺复合而成。机械复合钢管可以是无缝复合钢管，也可以是焊接复合钢管。

由于 API Spec 5LD[1]并未对机械复合钢管的制造作出更为具体的技术要求，实际制造过程中工艺约束不够、产品性能参差不齐，管材衬层鼓包时常发生，用户往往会结合项目具体要求提出制造工艺、评价方法和技术指标要求。机械复合钢管衬里层与基管之间时常存在宏观间隙，间隙中留存的气体、水分或灰尘会影响到两层之间紧密度。对管材进行外防腐处理或者输送介质温度较高时，由于基管与衬管的膨胀系数不同，而且两端间隙因封焊或堆焊处理层间已形成密闭空间，层间留存的气体或液体汽化后会造成衬层失稳或鼓包现象。国内海洋油气输送用复合管的技术规格书一般要求装配在室内进行，且对加工环境温度、干湿度和粉尘度进行控制。室内装配环境控制指标为环境湿度小于 80%，基管和衬管表面温度高于露点温度 5℃，温度和湿度每隔 2 h 测量记录一次。装配间清洁度总悬浮颗粒数不超过 0.3mg/m³，还要求采用高温塌陷试验进行产品检验。

对于机械复合管结合性能评价，API Spec 5LD[1]规定要测量内衬层和基体钢管接触应力，通过接触应力可以推算出管材的紧密度，测量方法由购方和制造商协商确定。在制造工艺评定试验（MPQT）阶段应抽取一根钢管对接触应力进行测量，且在生产过程中每 50 根钢管应进行一次接触应力测量。具体操作上，API Spec 5LD[1]提供了残余应力检测方法，从衬里复合钢管上切取一小段环形试验钢管，将 2~4 片双轴应变片贴于环形试验管段的耐腐蚀合金层内表面。用锯切基体钢管方法取出耐腐蚀合金层。测量取出耐腐蚀合金层前后的环向和轴向应力变化。根据式(4-1)计算圆周方向接触应力(σ_y)，取其平均值。

$$\sigma_y = \frac{E}{(1-\nu^2)}\left(\frac{\sum \varepsilon_y}{\eta} + \nu\frac{\sum \varepsilon_x}{\eta}\right) \tag{4-1}$$

式中：σ_y 为接触应力；E 为耐腐蚀合金层的弹性模量；ν 为耐腐蚀合金层的泊松比；η 为应变片数量；ε_y 为环向应力；ε_x 为轴向应力。

API Spec 5LD[1]虽然推荐了计算方法，但是该方法实际操作不够简便、人为误差也大，同时还未给出允许最小接触应力指标。实际应用中，国内用户通常摒弃该方法，在技术规格书提出轴向压缩法开展结合性能测试，并给出相应的验收指标。

轴向压缩法试样加工如图4-2所示，其中又以图4-2(a)所示结构最为常用。该方法借助万能试验机，测试试样应力应变曲线并获取衬管与基管发生移动时的最大界面结合力 F，通过下式计算外层钢管与内衬管之间的结合强度：

$$P = \frac{F}{\pi DH} \tag{4-2}$$

式中：F 为最大界面结合力，N；P 为外层钢管与内衬管之间的结合强度，MPa；D 为内衬管的外径，mm；H 为实测试样上端外层钢管与内衬管结合的高度，mm。

实践中，上述轴向压缩法也发现存在一定问题，一是大口径复合管压缩试验无法有效开展，二是检测法本身测试精度不够，三是无法实现每根管材的100%检验。

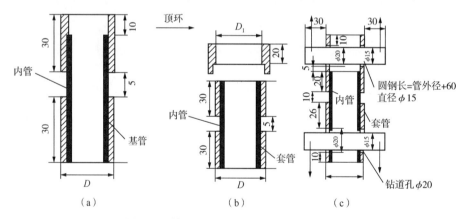

图4-2　轴向压缩法试样图纸(单位：mm)

虽然，目前技术规格书对于双金属复合管制造工艺有了一定约束，对其评价方法也做了一定改进，但是并不能从实质上改变机械复合管结合性能参差不齐的现状，对其影响因素的控制并未触及，评价方法也依旧未能摆脱破坏性抽检的问题，起不到100%的检查作用。

4. 管端处理工艺

管端处理工艺影响双金属复合管的可焊性，API Spec 5LD[1]规定外径不小于60.3mm

平端钢管的管端应加工成$30°_0^{+5}$的坡口角和（1.59±0.79）mm的钝边。除非经购方与制造方协商认可，机械复合管的管端应进行封焊。封焊环焊缝应进行目视检查和着色渗透检验。每生产之前10根钢管和之后每20根钢管应抽取1根对封焊焊缝全长进行射线拍片检验。经协商认可，也可使用自动超声波检验代替射线拍片检验。对封焊焊缝所有检验方法的验收标准均由制造商和购方协商确定。

不过封焊后复合管不适合在现场切割和打磨坡口，封焊后焊接难度仍然较大，另外封焊后还存在应力集中易导致失效，图4-3显示管端封焊射线检测底片中出现了结构性阴影和基管与衬层结合处裂纹。海洋环境用复合管，管端要求采用堆焊方式，堆焊后可将管端原有机械结合变为冶金结合方式，可以在现场返修切割和加工坡口，有助于提高现场焊接质量与效率。管端堆焊长度通常在50~150mm，以便于管内对口器安装。管端尺寸精度同样影响双金属复合管的可焊性，API Spec 5LD[1]对复合管尺寸精度提出了要求，每根成品钢管都应测量管体和耐蚀合金层壁厚以确认其符合规定要求，钢管上任意位置的壁厚均应符合表4-4规定的公差要求。

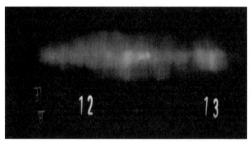　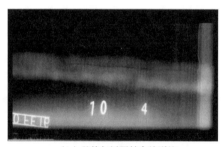

（a）结构性阴影　　　　　　　　　　　（b）基管与衬层结合处裂纹

图4-3　管端封焊检测

表4-4　尺寸与重量公差范围

直径	椭圆度
无缝钢管管体外径公差范围为±0.75%；焊接钢管管体外径公差范围为-0.25%~+0.75%，且最大偏差为±3.2mm 管端100mm范围内内径公差范围为±1.0%	管体椭圆度不超过1.5%D，且最大不超过10mm 管端100mm范围内椭圆度不超过公称外径的1.0%且最大不超过5mm 管体和端部内表面的局部不规则小于0.5%D，且最大不超过2mm，使用内径量规测量，覆盖弧长200mm

壁厚公差	
基体钢管	耐腐蚀合金层
见API Spec 5L：2018，表11[①]	0，+2mm

① 对内覆复合钢管，经购方和制造商协商，可具有稍高的正公差，负公差应保持不变。

为了满足管端现场对接焊要求，用户通常会对复合管尺寸精度提出特定要求，表4-5是某国外公司对复合管尺寸精度要求，相比API Spec 5LD[1]标准指标都有一定程度提高。

表 4-5　某国外技术规格书对复合管尺寸要求

外径 mm	直径偏差, mm		椭圆度, mm		内表面局部椭圆度
	管体	管端	管体	管端	
≤323.9	外径公差范围：±0.5%，且最大不能超过±1.25mm	内径公差范围：±0.7mm	最大和最小外径偏差：≤1.5%规定外径，且最大不能超过10mm	≤1.5%规定内径，且最大不能超过1.5mm	≤0.5%规定外径，且最大不超过1.5mm
>323.9 ≤610	外径公差范围：±0.75%，且最大不能超过±1.5mm	内径公差范围：±1.0mm		≤0.75%规定内径，且最大不能超过3.0mm	
>610		内径公差范围：±1.6mm		≤1%规定内径，且最大不能超过4mm	

5. 实物弯曲性能

与陆地油气田有所不同，双金属复合管在海上油气田安装中对管材弯曲性能有特殊要求。海上铺管船铺管施工时，管道必须先后经历上部大幅度弯曲和下部大幅度弯曲才能到达海床，在这个过程中，管道会承受两次不同方向弯曲，同时受到弯矩、轴向拉力和海水拖拽力共同作用。弯曲加载历程对单一材料管道结构完整性影响不大，但对于机械复合管这类特殊结构，为了避免反复弯曲后造成基管/衬里层结合面分离，引起衬里层发生鼓包失效(图4-4)，需要模拟管道实际安装条件，确定衬层与基管脱离时的最小弯曲半径，确保铺设时弯曲半径不大于该值，然而现有标准 API Spec 5LD[1] 和 DNV-OS-F101[3] 都没有对复合管弯曲性能评价提出具体要求。

图 4-4　弯曲试验后衬层鼓包形貌

为此，订货技术规格书中提出了管材四点弯曲试验评价要求。以中国海油/番禺 35-1/35-2 气田用复合管为例，四点弯曲试验要求如下：(1)该试验为针对某批次或某规格的产品制造工艺评定试验(MPQT)；(2)产品应先通过高温塌陷试验检验；(3)试样长度为一根标准长度(12.192m)；(4)对试验管进行位移控制加载至规定应变，X65 和 X70 管材最大允许动态应变分别为 0.305% 和 0.325%，进行 30 次弯曲循环，弯曲试验过程中，对试验管内部进行视频监控，未发现衬层褶皱或屈曲为合格；(5)也可将试样持续弯曲直到衬层失效，记录基管最大应变；(6)除了进行上述完全弯曲试验外，也可选择进行弯曲—轴向拉伸复合加载试验评价。

纵观上述五方面问题，显然，相比 API Spec 5LD[1] 标准技术指标和评价方法要求，目前油气田技术规格书已经对管材订货做了更加严格的要求。不过受用户专业素养和应用经验的限制，订货技术规格书的技术水平存在较大差异。从现场多次的案例来看，订货技术条件仍然有提升余地，具体来看有以下三个方面工作需要加强：

（1）现有管材结合性能技术指标和评价方法仍不能实质评价双金属复合管的结合性能，对其影响因素也并未展开研究，评价方法依旧以损伤性抽检为主，起不到真正的筛查作用。

（2）前期标准和技术规格书虽然提出了部分腐蚀适用性评价要求，但尚不能据此明确双金属复合管腐蚀环境适用性能，对其评价方法和技术指标还有待更进一步提升。

（3）针对海洋环境用双金属复合管铺管安全，现有技术规格书虽然给出了评价方法和技术指标，但是缺乏对管材海洋铺管适用性深入认识，对其影响因素和影响规律以及评价方法合理性缺乏研究。

为此，本章将围绕上述问题，在对双金属复合管产品技术指标和评价方法存在问题梳理的基础上，分析管材制造过程中出现的衬管鼓包或塌陷问题，拟建立基/衬层间结合强度性能设计方法和模态无损评价方法，试图提供技术手段支撑管材质量控制；同时分析在高腐蚀环境和海洋铺管环境下管材性能需求，拟建立高腐蚀环境中管材耐蚀性能评价方法和海洋铺管环境下管材适用性评价方法，试图提供评价方法保障管材安全应用。

第二节　管材结合性能设计与评价方法

一、衬管屈曲失稳机制及主控因素分析

近几年，国内个别油气田在使用机械复合管过程中发现衬管鼓包失稳现象[11]，用户对机械复合管的安全可靠性一度提出了质疑。由于机械复合管是利用衬层与基管间的相对变形使得两者机械贴合，衬管和基管之间没有形成冶金界面，而且基管起承压作用壁厚较厚，衬管壁厚较薄仅起耐蚀作用，这就导致了衬管面内刚度较小，当复合管在制作和使用过程中衬层外壁受到径向载荷时就有可能出现衬管失稳现象[12]。

目前国内外对单一薄壁管材的失稳研究较多，但对机械复合管或类似于机械复合管结构件的鼓包失稳研究较少。本节首先通过分析机械复合管鼓包机理分析产生鼓包的原因，给出产生鼓包的条件和估算鼓包临界压力的方法；其次结合机械复合管设计、生产和使用给出可能造成衬管鼓包的主要影响因素；并通过理论分析与试验验证这些因素与鼓包之间的关系；最终从设计、生产和使用角度给出了防止机械复合管鼓包的合理性建议。

1. 衬管屈曲失稳机制分析

由于机械复合管的衬管壁厚很薄（一般 1~3mm），基/衬之间通过过盈配合仅仅能实现衬管面外刚度的加强，而衬管的面内刚度仍然很小，因此，在外压下衬管会出现类似于薄壁结构的刚度失稳现象。

国外最早对复合管结构屈曲研究源于内衬塑料复合管，由于塑料内衬刚性较低，当基/衬层间进入液体或气体时衬管外壁就受到径向外压作用，在该外压下衬管容易出现屈曲失稳现象。同时，衬管向外的径向和环向变形受到刚性很大的外管约束，因此它的截面不可能产生如图 4-5 所示的低阶屈曲失稳模式，而是产生了向内变形的单耳坠或双耳坠失稳模式。如图 4-5 所示是复合管最为常见的单耳坠失稳模式，其屈曲失稳模式与外部不受

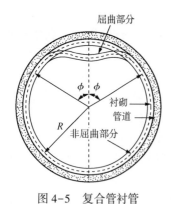

图 4-5　复合管衬管
单耳坠失稳模式

约束时的屈曲模态截然不同，失稳后的圆管可分为两部分：上部向内屈曲的部分和下部非屈曲的部分[13-15]。

自从内衬塑料复合管出现了如图 4-5 所示的工程问题后，国外学者就开始对其失稳机理进行研究，但由于复合管屈曲分析涉及接触非线性，使鼓包失稳机理研究难度增大，1962 年国外学者开始对鼓包失稳机理进行研究，直到 1977 年 Glock 运用非线性变形理论推导出了外部受限圆管弹性临界屈曲压力表达式[16]：

$$p_{受限临界} = \frac{E}{1-\nu^2}\left(\frac{t}{D}\right)^{2.2} \tag{4-3}$$

式中：$p_{受限临界}$ 为外部受限圆管的屈曲临界压力，MPa；E 为衬管的弹性模量，MPa；ν 为衬管的泊松比，无量纲；t 为衬管的壁厚，mm；D 为衬管的外径，mm。

由于实际过程中复合管衬管鼓包失稳时不仅发生了弹性变形而且同时也发生了塑性变形，而式(4-3)却仅仅反映了鼓包初始阶段的弹性变形，因此，采用式(4-3)估算的鼓包临界压力与实际误差较大，于是 El-Sawy 和 Moore 在 1997 年采用有限元计算结果给出一个考虑初始缺陷的机械复合管衬管屈曲失稳临界压力经验公式[17-21]：

$$P_{cr} = \frac{14.1\sigma_y}{(D/t)^{1.5}[1+1.2(\delta_0+2g)/t]} \tag{4-4}$$

式中：D 为衬管外径，mm；t 为衬管壁厚，mm；g 为基/衬间隙，mm；δ_0 为衬管初始凹度(无缝管取 0)，mm；σ_y 为衬管屈服强度，MPa。

为了验证式(4-4)的可靠性，取规格为 $\phi355\text{mm}\times(11+2)\text{mm}$ 的 L360QS/316L 机械复合管，对衬管外壁进行加压试验。试验中采用逐步加压的方法，发现出现鼓包的临界压力为 1.5MPa，而通过上述公式计算的临界载荷为 1.35MPa(计算时采用 $g = 0.5\text{mm}$，$\delta_0 = 0$，$\sigma_y = 330\text{MPa}$)，计算值和实测值误差约为 10%，说明采用式(4-4)估算复合管失稳临界载荷是可行的，计算误差能够满足工程要求。

从机械复合管受外压屈曲分析结果可知：复合管屈曲失稳临界压力与衬管径厚比、材质和初始缺陷有关，从式(4-4)可以看出，复合管屈曲失稳临界载荷与衬管金属的屈服强度成正比，而与管材径厚比、初始椭圆度和基/衬间隙成反比关系。因此，在机械复合管设计中应考虑径厚比对衬管鼓包失稳的影响，避免由于径厚比过大造成的复合管鼓包失稳。同时，在复合管制作过程中还应考虑衬管椭圆度及基/衬初始间隙对复合管鼓包失稳的影响，降低衬管初始椭圆度及基/衬间隙，提高复合管抗鼓包能力。一般来说，衬管鼓包失稳临界压力远大于单一管的失稳临界压力，基/衬之间的约束力对衬管鼓包的影响较大。目前，机械复合管基/衬之间的作用大小是通过结合强度指标来体现的，因此，为了避免由于结合强度不当导致衬管鼓包问题的出现，有必要分析结合强度与鼓包失稳之间的关系。由于衬管鼓包属于屈曲失稳的一种模式，通常认为必定存在一个失稳临界压力，只有当衬管所受外压达到失稳临界压力时才会出现衬管鼓包失稳现象。为此，本节结合复合管生产和使用过程探讨可能导致衬管外压增大的因素，通过试验验证和理论分析确定了这些因素与鼓包之间的关系，最终为避免机械复合管鼓包失稳提供依据。

根据机械复合管产生鼓包的条件：即衬管外壁受到外压，且该压力要大于鼓包的临界压力[22]，结合复合管实际制造和使用过程分析，可能影响复合管鼓包的因素有：基/衬层间的结合强度、基/衬层间进水、衬管或焊缝发生贯穿性缺陷。

1）结合强度对机械复合管屈曲失稳的影响分析

为了分析结合强度对复合管鼓包的影响，采用四组不同结合强度的机械复合管进行鼓包试验，其中结合强度测试采用 API Spec 5LD[1] 中 8.3 节残余应力检测法，测试结果见表 4-6。试验中所采用的复合管规格为 $\phi355mm \times (11+2)mm$，基管材质为 L360QS、衬管材质为 316L，每组管子长度为 2m。试验采用精度为 0.2MPa 的水压机进行基/衬间隙注水打压试验，试验压力每升高 0.2MPa，保压 10 s 观察衬管是否发生鼓包，记录衬管发生鼓包时刻的最大压力，试验过程和结果如图 4-6 所示和见表 4-6。

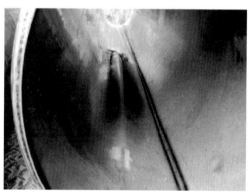

（a）四组不同结合强度的试样件　　　　　（b）试验后衬管发生鼓包失稳

图 4-6　不同结合强度的复合管鼓包试验

表 4-6　不同结合强度的复合管实测失稳载荷

组别	复合管结合强度，MPa	失稳载荷平均值，MPa
第一组	0	0.5
第二组	23	1.5
第三组	53	1.8
第四组	71	1.95

从表 4-6 不同结合强度的复合管失稳载荷可以看出，结合强度为 0 的复合管失稳载荷仅为结合强度 71MPa 复合管的 26%，这说明增加复合管结合强度可提高机械复合管失稳临界载荷；从鼓包失稳载荷的实测值可以看出，当结合强度在较低范围内变化时，结合强度的提高对失稳载荷增加影响较大；但是当结合强度在较高范围内变化时，结合强度的变化对改善复合管抗鼓包能力的作用很小，而且机械复合管结合强度也不能无限增大，因为耐蚀合金衬管属于薄壁管，它与基管的刚度差异较大，如果基/衬层间存在过大的结合强度会导致衬管发生反向屈服。

从上述分析可以看出，结合强度对复合管鼓包临界压力影响较大。另外，从复合管成型机理可知，除了复合工艺参数影响结合强度外，结合强度的大小主要由基/衬材质决定。因此为了保证复合后复合管具有良好的结合强度，需要从基/衬的选材出发进行设计。

采用衬管扩径法制造机械复合管是先将基/衬管材套装，然后对衬管施加压力（如水压），随着压力的增加使得内衬管发生弹塑性变形与外部基管达到紧密贴合，最后衬管内泄压使得基/衬材发生回弹，形成具有一定结合强度的机械复合管。为了简化分析，假定衬管为线性强化材料，基管是理想塑性材料，根据复合后衬管外壁和基管内壁的环向变形协调条件，可以得到成型压力与基/衬管材径向残余接触压力之间的关系[23-24]：

$$
\begin{cases}
p_i = \dfrac{B}{A}p_c^* + \left(\dfrac{B}{E_i} + \ln k\right)\sigma'_{si} \\[2mm]
\dfrac{1}{A} = \dfrac{1}{E_i}\left(\dfrac{k^2+1}{k^2-1} - \mu_i\right) + \dfrac{1}{E_o}\left(\dfrac{K^2+1}{K^2-1} + \mu_o\right) \\[2mm]
\dfrac{1}{B} = \dfrac{1}{E_o}\left(\dfrac{K^2+1}{K^2-1} + \mu_o\right) + \dfrac{1}{E_i}(1 - \mu_i)
\end{cases}
\qquad (4\text{-}5)
$$

以基管内壁不发生屈服为基础确定最大成型压力为

$$
p_{imax} = \dfrac{K^2-1}{2K^2}\sigma_{so} + \sigma'_{si}\ln k \qquad (4\text{-}6)
$$

联合式（4-3）和式（4-4），并假定 $E_i = E_o$、$\mu_i = \mu_o$ 就可以得到径向残余压力与基/衬材质和规格有关的表达式：

$$
p_c^* = \dfrac{(\sigma_{so} - \sigma'_{si})}{(k^2+1)/(k^2-1) + (K^2+1)/(K^2-1)} \qquad (4\text{-}7)
$$

式中：p_i 为液压成型压力，MPa；p_c^* 为径向残余接触压力，MPa；σ'_{si} 为衬管最大强化应力，MPa；σ_{so} 为基管屈服强度，MPa；K 为基管的外内径之比；k 为衬管的外内径之比；E_i、E_o 分别为基管和衬管的弹性模量，MPa；μ_i、μ_o 分别为基管和衬管的泊松比。

根据 API Spec 5LD[1] 标准，复合管结合强度采用衬管外壁的环向应力表示 $\sigma_{\theta i}$，通过薄壁圆环受外压时径向和环向应力之间的关系，可以得到径向残余接触压力和结合强度之间的关系：

$$
\sigma_{\theta i} = \dfrac{2r_o^2 p_c^*}{t(r_o + r_i)} \qquad (4\text{-}8)
$$

式中：r_o、r_i 为内衬管外半径和内半径，mm；t 为衬管壁厚，mm；$\sigma_{\theta i}$ 为复合管结合强度，MPa。

从式（4-7）可以看出，保证基/衬层间的残余接触压力>0 的条件为基管的屈服强度大于内衬管的最大强化应力。从式（4-8）可以看出，残余接触压力与结合强度成正比关系，由此可见要确保复合管具有良好的结合强度，需在设计选材时就要保证基管的屈服强度大于衬管扩径时的最大强化应力[所谓最大强化应力就是衬管达到最大弹塑性变形量时所对应的应力，大小为 $\sigma'_{si}=\sigma_{si}+E'_i(\varepsilon_{max}-0.5\%)$]。

从上述机械复合管结合强度对鼓包的影响和结合强度与内外管材质的关系可以看出：

（1）一定的结合强度能够提高机械复合管的抗鼓包能力，但结合强度提高到一定程度后，再提高则不会对复合管鼓包产生明显改善，而且结合强度过大会造成衬管反向屈服，反而加剧了失稳，因此机械复合管结合强度应控制在一个合理范围内。

（2）机械复合管结合强度与基/衬材质有关，要保证复合管具有良好的结合强度，基管屈服强度需要大于衬管的最大强化应力。

2）基/衬间隙进水对屈曲失稳的影响

由于机械复合管采用机械贴合的特点，若制造、存储、运输和应用过程中控制不当就会造成基/衬间隙之间进水。当间隙有水且管端封焊后，如果复合管在超过100℃环境中运行时，间隙中的水会变成水蒸气，并在衬管外壁产生径向压载荷，一旦该载荷大于衬管失稳的临界载荷时就会出现鼓包现象。

为了分析基/衬间隙进水对鼓包的影响，取两根规格为 ϕ323.3mm×(8.8+2)mm，材质为L415/316L，长度为2m的机械复合管，并在封焊前通过注射器向基/衬层间注入10mL水，再将管端封焊。封焊后放入加热炉进行加热试验，加热温度为250℃，保温5min后自然冷却至室温。图4-7展示了机械复合管热塌陷试验过程，试验后检查发现两根管材都出现了鼓包失稳。

（a）加热炉　　　　　　（b）温控系统　　　　　　（c）试验后衬管鼓包

图4-7　基/衬层间进水的热塌陷试验

通过试验结果可以看出，一旦机械复合管的基/衬层间进水，在高温环境中复合管极有可能出现衬管鼓包现象，因此在复合管制作、运输和使用过程中应杜绝基/衬层间进水现象。

3）环焊缝刺漏对屈曲失稳的影响

据国内某油气田出现机械复合管衬管失稳统计可知，在管道投入运行后出现失稳的同时，98%的管道发生了对接环焊缝刺漏，因此怀疑对接环焊缝刺漏是引发复合管运行过程中失稳的重要原因[25-29]。

根据屈曲失稳机理的分析可知，一旦机械复合管衬管外壁受到压载荷超过失稳临界载荷，就会出现失稳现象。若复合管对接环焊缝出现刺漏，则导致复合管内与基/衬间隙空间贯通，这时管内输送的介质在高压作用下就会进入基/衬间隙，直到基/衬间隙压力与管内输送介质压力达到平衡为止。当管内压力发生变化或泄压检修时，由于衬管穿孔面积较小导致基/衬间隙中的压力无法快速释放，这时就会在衬管内外表面形成压力差，当这个压力差大于复合管鼓包的临界载荷时就会导致复合管发生鼓包。

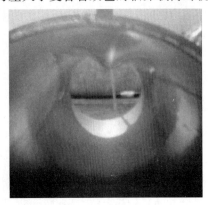

图 4-8　衬层焊缝刺漏导致的鼓包模拟试验

为了验证对接环焊缝刺漏后基/衬层间存在的流体压力是否能使复合管鼓包失稳，取 2 根规格为 $\phi 323.3\,mm \times (8.8+2)\,mm$ 的 L415/316L 机械复合管，管长为 3m，将复合管两端环焊对接并在焊缝热影响区内人工制造 2mm 的小孔，采用水压机进行复合管内部打压试验，打压压力为 3MPa，保压时间为 10min，保压后立即泄压发现复合管衬管出现鼓包现象，如图 4-8 所示。由于国内油气田管道的输送介质压力一般均在 10MPa 以上，因此只要对接环焊缝处产生泄漏，基/衬间隙与管内介质实现贯通，则在管线停止运行的瞬间就会出现鼓包现象。

通过对机械结合复合管鼓包机理和可能导致复合管发生屈曲失稳的因素分析可知：

（1）一定的结合强度能够提高机械复合管衬管失稳载荷，但当结合强度超过一定值后结合强度对失稳载荷的影响很小，且易导致衬管发生反向屈服，因此复合管的结合强度应控制在一个合理的范围内，该范围与管子的规格和材质有关。

（2）复合管结合强度的大小与基/衬材质有关，只有当基管材质屈服强度大于衬管最大强化应力，复合后机械复合管才能具有良好的结合强度。

（3）基/衬间隙一旦进水，复合管在高温环境中做外防腐就有可能导致衬管鼓包失稳。

（4）复合管对接环焊缝一旦发生刺漏，在停产泄压的瞬间就会导致衬管产生鼓包失稳。

（5）对于衬管径厚比较大的机械复合管，由于衬管本身刚度较低，因此设计时应该根据使用环境进行失稳分析；对于衬管径厚比较小的复合管，其本身具有足够的抗鼓包能力，如在制作和使用过程中出现鼓包，则有可能是由于结合强度过低或过高、基/衬层间进水或焊缝发生刺漏等质量控制不严等原因造成的。

2. 衬管屈曲失稳主控因素分析

由于机械复合管衬管外壁和基管内壁是通过过盈配合实现机械贴合而不是达到冶金结合，由于衬管壁厚很小导致其径向面内刚度很小，一旦加载很小的径向载荷，衬管很容易出现内衬鼓包的失稳失效问题[30-32]。

目前设计院对机械复合管的设计仅仅从复合管承压和耐腐蚀性方面考虑，忽略了复合管衬管的刚度设计，当机械复合管衬管径厚比较大时，在复合管的制作和使用过程中很容易导致复合管衬管屈曲失效现象，如图 4-9 所示。

以下以规格为 $\phi 219\,mm \times (14.3+3)\,mm$ 的 L415/316L 机械复合管作为分析对象，通过 ABAQUS 有限元软件进行数值模拟，分别分析了机械复合管发生衬管鼓包的载荷条件以及机械复合管壁厚对鼓包的影响[34-38]。

1）有限元模型

实际生产中，机械复合管复合后衬管存在一定的椭圆度，这是管材发生鼓包的主要因素之一，因此计算模型采用网格结点扰动来模拟衬管椭圆度对鼓包的影响，模型中结点扰动幅值为衬管厚度的1/3；又因为复合后衬管和基管界面存在一定的气体，在管端封焊和管道加热的环境下，气体会膨胀而产生压力，因此分析中气体载荷用施加于衬管外壁的均匀压力 p 来模拟。取整管焊接后的一段进行分析，根据对称关系建立二分之一模型，在模型两端约束 z 方向位移，并限制截面中间位置 y 方向的

图 4-9　机械复合管衬管鼓包

运动，以约束结构刚体位移，同时纵向中间采用 x 方向对称条件。此外，模型两端理想焊接，用 tie 约束模拟。模型结构处于等温场内，温度由 0℃开始线性增加至 800℃。

为了准确模拟机械复合管衬管鼓包现象，将内部衬管和外部基管沿厚度方向划分为三层网格，并且在衬管扰动的位置网格最细，随着远离扰动位置的增加网格越来越粗。整个模型采用 8 节点线性减缩积分单元 C3D8R，衬管的单元数量为 36000，基管单元数量为 18000，划分完网格后的机械复合管模型如图 4-10 所示。

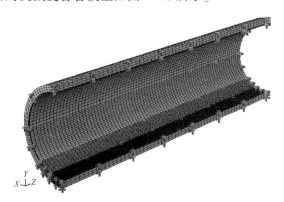

图 4-10　划分网格后的有限元模型

2）计算工况

本节分别分析了温度、衬管壁厚对机械复合管鼓包的影响，具体工况参数见表 4-7。

表 4-7　机械复合管鼓包分析工况

温度,℃	气体压力, MPa	焊接间距, mm	衬管壁厚, mm
0~800	7、7.5	750、1200、1500	1.5、3

3）材料参数

机械复合管为通过水下爆燃复合法使基/衬达到机械贴合的，复合过程中衬管发生了弹塑性变形，基管只发生弹性变形，为了使得计算结果更能反映实际情况，本次计算采用

基管和衬管的实测应力—应变曲线进行屈曲失效分析。图 4-11 和图 4-12 分别是复合后衬管和基管的实测应力—应变曲线。

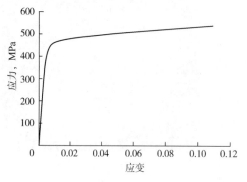

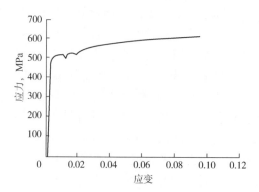

图 4-11 复合后衬管实测的应力—应变曲线   图 4-12 复合后基管实测的应力—应变曲线

根据实测衬管和基管的应力—应变曲线计算出衬管和基管的材料参数，见表 4-8。

表 4-8 衬管和基管计算的材料参数

管层	材质	弹性模量，GPa	泊松比	屈服强度，MPa
衬管	316L	133	0.3	335
基管	L415	228	0.28	500

4）模拟分析结果

分析用 L415/316L 机械复合管规格为 ϕ219mm×（14.3+3）mm，管长为 1500mm。图 4-13 是复合管在气体压力为 8MPa、整管加热到 520℃时鼓包位移云图。从云图上可以看到，鼓包处的最大径向位移为 53mm，说明在气体压力和管子加热共同作用下机械复合管就有可能发生衬管鼓包失效。

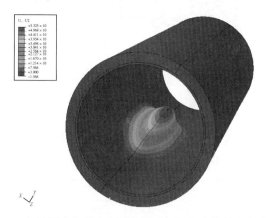

图 4-13 气体压力和温度共同作用下机械复合管鼓包位移云图

（1）温度和气体压力对机械复合管鼓包的影响。图 4-14 为机械复合管在不同气压作用下衬管翘起部分的最大位移随温度的变化曲线。从图 4-14 可以看出：①随着加热温度的增加，鼓包的最大径向位移也在急剧增加，这说明温度是影响鼓包主要因素之一；②在同样温度下，气体压力越大鼓包径向位移也越大，因此，降低衬管和基管层间气体压力有助于防止复合管衬管鼓包。

（2）衬管厚度对复合管鼓包的影响。图 4-15 为壁厚为 1.5mm 的机械复合管鼓包位移云图，图 4-16 为不同壁厚的机械复合管鼓包径向位移沿管长方向的分布情况。根据图 4-15 和图 4-16 给出的计算结果，当衬管厚度减小 1/2，即 $h=1.5\mathrm{mm}$ 时，在 1.8MPa 气压的单独作用下衬管即

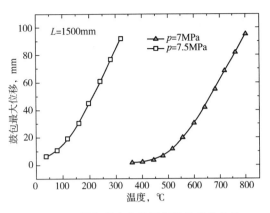

图 4-14　鼓包最大位移随温度的变化曲线

可发生屈曲，而且鼓包贯穿整个复合管，呈条状。由此可知，当衬管壁变薄时，非常小的气压作用就可诱发衬管屈曲，热应力则成为次要因素，而且失稳变形是在具有几何缺陷的局部位置萌生后快速扩展至整个衬管，使结构发生严重的失效。

图 4-15　壁厚为 1.5mm 的机械复合管鼓包位移云图

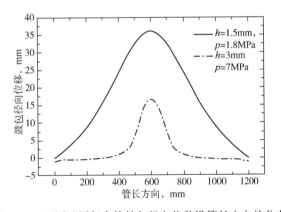

图 4-16　不同壁厚复合管鼓包径向位移沿管长方向的分布

二、管材结合性能新型设计方法

前文已经提到层间结合强度大小对机械复合管抗鼓包能力具有决定作用，但是对于结合强度的控制，厂家目前只能依靠管材制造完成后后续抽检评价结果来体现，缺乏制造阶段设计指导，对结合性能指标控制存在一定的盲目性。

现有评价主要通过轴向压缩法和环向黏结力法来确定。轴向压缩法是将机械复合管加工成试验件，然后在压缩试验机上进行轴向压缩试验，最后测得使基/衬开始滑动的最大压力 $F_{\max}$，而机械复合管结合强度 $p_c = \dfrac{F_{\max}}{A\mu}$，$F_{\max}$ 为基/衬发生相对滑动的最大压力；A 为基/衬接触面积；μ 为基/衬层间的摩擦系数。环向黏结力法是将机械复合管加工成长度为 100mm 的圆环，然后在衬管内壁上贴纵向应变片和环向应变片，最后将基管沿纵向切开，通过测试基管被切前后内衬上的环向应变 $\varepsilon_{\theta1}$、$\varepsilon_{\theta2}$、$\varepsilon_{\theta3}$ 和纵向应变 ε_{z1}、ε_{z2}、ε_{z3}，则基/衬界面的环向黏结力 $\sigma_\theta = \dfrac{E_i}{1-\mu_i^2}\left(\dfrac{\varepsilon_{\theta1}+\varepsilon_{\theta2}+\varepsilon_{\theta3}}{3} + \mu_i\dfrac{\varepsilon_{z1}+\varepsilon_{z2}+\varepsilon_{z3}}{3}\right)$，其中：$E_i$ 是衬管弹性模量；μ_i 为衬管泊松比。

黏结力测试时通过黏结力的大小来衡量机械复合管结合强度性能，即黏结力越大层间结合强度也越大。但无论是采用剪切分离强度还是黏结力来衡量机械复合管结合强度都存在以下两个方面问题：

（1）测试误差较大，一方面加工试验件对导致残余应力释放使得测量结果小于实际结果；另一方面在计算剪切分离强度时人为认为基/衬层间的摩擦系数为一个常数，而实际摩擦系数不是一个常数，它与界面的结合强度呈非线性关系。

（2）这两种方法只是对生产的复合管结合强度的测试，并不能根据工艺参数估算复合后的复合管结合强度或通过结合强度来指导复合工艺。

前面第二章已经提出了基于非线性随动强化液压复合管结合力计算方法和结合强度基本设计方法。然而，在机械复合管制造过程中，一方面工艺上不仅只局限于液压复合一种方法，对于其他类型复合方法也有结合强度设计需求。但现有很多复合方式管材结合强度计算方法精度不足，难以满足设计要求；另一方面基管和衬管原材料的性能存在个体差异，现有计算方法很多都有依赖管材的实际力学性能开展结合强度计算，显然制造中不允许测试每根管材性能，这就为那些性能偏差的管材结合强度设计制造了极大的不确定性。为此，笔者提出了一种机械复合管结合强度指标的估算方法[39]。通过建立复合过程中基/衬管材变形量与结合强度之间的关系来估算不同复合工艺参数下机械复合管结合强度，从而达到管材结合性能的设计控制要求，具体按照以下步骤实施：步骤 1，首先根据工艺参数确定复合管成型过程中基管和衬管最大变形量；步骤 2，根据基管和衬管的最大变形量加工外模具；步骤 3，采用盲板对待测管进行密封并装配测试系统；步骤 4，测试衬管和基管的回弹量；步骤 5，计算基/衬界面结合强度。

本估算方法的特点在于，步骤 2 中外模具采用高强度钢材料加工，基管外模具内腔的直径，$d_{基管模具} = d_{基管} + d_{基管}\varepsilon_{基管最大变形}$；衬管外模具的内腔直径，$d_{衬管模具} = d_{衬管} + d_{衬管}\varepsilon_{衬管最大变形}$；其中，$d_{基管}$ 和 $d_{衬管}$ 分别为基管和衬管的原始直径，$\varepsilon_{基管最大变形}$ 和 $\varepsilon_{衬管最大变形}$ 分别为基管和衬管复合过程中的最大变形量；在外模具0°和90°方向分别加工两个直径为50mm的圆孔。步骤3中待测管的密封：首先确定注水嘴和排水嘴在盲板上的位置，注水嘴在管子盲板中心位置，排水嘴在距盲板外沿15mm的位置；采用石笔在盲板中心位置和距盲板外沿15mm处标注两个ϕ24mm的圆孔，然后根据标注的圆孔进行打孔，打孔后将注水嘴和排水嘴分别与盲板采用插焊方式进行焊接，焊接完采用射线探伤对焊缝进行检测，保证焊缝的焊接质量，最后再将焊好的盲板与管子进行管板焊接，焊接后对焊缝进行射线检测。步骤3中测试系统的装配：首先将两端带盲板的待测管装配到外模具中，装配时保证0°孔在管子正上方，90°孔在管子水平方向；分别在0°孔位置安装压力传感器，压力传感器底座焊接在外模具上，压力传感器探头与外模具内腔平齐；在90°孔中贴上环向应变片，将压力传感器、环向应变片分别与静态采集仪的1号和2号采集通道进行连接，连接后将1号和2号通道的信号采集类型分别设置为电压和应变，应变采集方式选择为半桥采集，设置完采集参数后对通道进行清零和平衡操作，完成了测试系统的调试。

步骤4，衬管和基管回弹量测试过程如下：调试完测试系统后通过水泵往衬管内注水打压使得衬管开始变形，开始时升压速度控制在$500\mu\varepsilon/min$，当采集的应变曲线接近预期的最大变形量时，升压速度降为$50\mu\varepsilon/min$，当压力传感器压力从零变为正值时停止加载，记录该时刻的应变值，再进行泄压排水后测试该时刻的应变值，得到衬管实测最大变形量（$\varepsilon_{衬max}$）和泄压排水后衬管的残余变形量（$\varepsilon_{衬卸}$），则衬管在预期最大变形量下的回弹量为$\varepsilon_{衬回弹量}=\varepsilon_{衬max}-\varepsilon_{衬卸}$；同理得到基管在预期最大变形量下的回弹量为$\varepsilon_{基回弹量}=\varepsilon_{基max}-\varepsilon_{基卸}$。

步骤5中基/衬界面结合强度的计算：由于机械复合管复合后界面状态为衬管外壁受径向残余接触压力，基管内壁受大小相等方向相反的径向残余接触压力，根据圆筒受外压作用的相关理论得到：衬管外壁应力[式(4-9)]和基管内壁应力[式(4-10)]。

$$\sigma_{衬外径向}=-p_c^*，\quad \sigma_{衬外环向}=-\frac{k^2+1}{k^2-1}p_c^* \tag{4-9}$$

$$\sigma_{基内径向}=-p_c^*，\quad \sigma_{基内环向}=\frac{K^2+1}{K^2-1}p_c^* \tag{4-10}$$

进一步通过广义胡克定律可以得到衬管外壁环向应变[式(4-11)]和基管内壁环向应变[式(4-12)]。

$$\varepsilon_{衬外环向}=-\frac{1}{E_i}\left(\frac{k^2+1}{k^2-1}-\mu_i\right)p_c^* \tag{4-11}$$

$$\varepsilon_{基内环向}=-\frac{1}{E_o}\left(\frac{K^2+1}{K^2-1}-\mu_o\right)p_c^* \tag{4-12}$$

式中：p_c^*为机械复合管界面径向残余接触压力；k为衬管外内径之比；K为基管外内径之比；E_i、E_o分别为衬管和基管弹性模量；μ_i、μ_o分别为衬管和基管泊松比。

根据衬管外壁和基管内壁的变形协调条件则得到机械复合管界面径向残余接触压力为：

$$\begin{cases} p_c^* = \dfrac{\varepsilon_{基回弹量} - \varepsilon_{衬回弹量}}{A} \\[3mm] A = \left[\dfrac{1}{E_i}\left(\dfrac{k^2+1}{k^2-1} - \mu_i\right) + \dfrac{1}{E_o}\left(\dfrac{K^2+1}{K^2-1} - \mu_o\right) \right] \end{cases} \quad (4\text{-}13)$$

机械复合管的结合强度是通过径向残余接触压力来衡量的，因此，残余接触压力 p_c^* 就是复合管界面的结合强度。

机械复合管结合强度的估算方法为通过测试不同材质的基管和衬管在预期变形量下的回弹量来估算复合后机械复合管的界面结合强度，目前已经通过轴向压缩法和黏结力测试法验证了该方法用于估算复合管结合强度的有效性和准确性。该方法能够通过控制基管和衬管的变形量来制作不同结合强度的复合管，通过该方法可以根据客户对复合管结合强度的要求来选择基管和衬管的材质和复合工艺参数。

通过本方法估算基/衬界面的结合强度与以往的方法相比最大的不同在于：不用考虑复合管的成型方式，只需知道基管和衬管在复合过程中的最大变形量与回弹量之间的关系便可以简单地求出复合后界面的结合强度。以往界面结合强度的估算方法都是与复合管成型方式有关的，成型方式不同所采用的计算方法不同，尤其对于水下爆燃或旋压这类成型工艺复杂的复合方式计算复合后的基/衬残余接触压力难度很大，而本方法是通过测试基管和衬管在预期的变形下的回弹量来计算基/衬层间的残余接触压力。由于本方法是直接测试基管和衬管的回弹量，因此就不用考虑成型方式的影响，这样就大大降低了机械复合管界面结合强度的计算量。

本方法与轴向压缩法得到的结合强度对比结果见表4-9。表4-9为估算值与轴向压缩法得到的结合强度对比结果。从轴向压缩法实测的结合强度与本方法估算的结合强度对比可以看出实测值要略小于估算值，可能是由于在制作轴向压缩法试验件时基/衬界面的一部分残余应力发生了释放使得实测的结合强度略小于估算值。

表4-9 结合性能估算值与实测值对比

基管规格 mm×mm	衬管规格 mm×mm	基管实测回弹量,%	衬管实测回弹量,%	估算结合强度，MPa	实测结合强度，MPa
219.1×10	197×2	0.25	0.2	1.56	1.38

三、管材结合性能新型评价方法

1. 结合强度传统评价方法与指标

为了提高管材抗屈曲能力，保障管材成型均匀性，评价其结合强度也是重要指标。

由于机械复合管是利用 $\sigma_{基内径向} = -p_c^*$ 和 $\sigma_{基内环向} = -\dfrac{K^2+1}{K^2-1} p_c^*$ 两管间的相对变形使得衬管与基管相结合，而在衬管和基管之间没有形成冶金结合界面，衬管和基管的结合主要是通过基管对衬管的夹持力(也就是径向残余应力)来维持，因此，结合强度的好坏直接决定了机械复合管的使用性能。

前文已经提到用于评价机械复合管结合强度的指标有轴向剪切分离强度和径向夹持力。轴向剪切分离强度是指在外载作用下使得基/衬管材发生相对滑动时轴向界面剪应力的大小[图4-17(a)]；径向夹持应力是指基/衬管材复合后作用在内衬管外表面的径向压缩残余应力[图4-17(b)]。对机械复合管这两个指标的检测，无论是采用剪切分离强度还是径向夹持力来衡量复合管结合强度都存在测试误差较大的问题，而且这两种方法还必须采用破坏性抽检办法来实现，实践中往往具有局限性，无法对每根管材结合性能都开展追踪评估。

（a）残余应力释放法检测　　　　　　　（b）轴向压缩法检测

图4-17　不同结合强度检测方法示例

2. 结合强度模态检测方法建立

本节从机械复合管结构特征出发，提出一种对机械复合管结合强度快捷有效检测的无损评价方法。根据粗糙表面法向接触刚度分形模型[40]，当假设接触表面是各向同性并且粗糙表面各微凸体之间的相互作用可以忽略时[41]，机械结合界面的无量纲法向刚度可表示为[42]

$$k_n^* = \frac{2\,(2-D)^{\frac{D}{2}}D^{\frac{2-D}{2}}}{\sqrt{\pi}\,(1-D)}A_r^{*\frac{D}{2}}\left[\left(\frac{2}{D}-1\right)^{\frac{1-D}{2}}A_r^{*\frac{2-D}{2}}-a_c^{*\frac{2-D}{2}}\right] \tag{4-14}$$

式中：k_n^* 为无量纲机械结合面法向接触刚度；A_r^* 为无量纲真实接触面积；D 为结合面的分形维数；a_c^* 为无量纲临界接触面积。

当接触面发生弹塑性变形时，两圆柱体之间的法向载荷与接触面积之间的关系[43]为

$$P^* = \frac{4\sqrt{\pi}}{3}G^{*(D-1)}g_1(D)A_r^{*\frac{D}{2}}\left[\left(\frac{2-D}{D}\right)^{\frac{3-2D}{2}}A_r^{*\frac{3-2D}{2}}-a_c^{*\frac{3-2D}{2}}\right]+k\varphi g_2(D)A_r^{*\frac{D}{2}}a_c^{*\frac{2-D}{2}} \quad D\neq1.5$$

$$P^* = \sqrt{\pi}G^{*\frac{1}{2}}\left(\frac{A_r^*}{3}\right)^{\frac{3}{4}}\ln\left(\frac{A_r^*}{3a_c^*}\right)+3k\varphi\left(\frac{A_r^*}{3}\right)^{\frac{3}{4}}a_c^{*\frac{1}{4}} \quad D=1.5 \tag{4-15}$$

式中：P^* 为无量纲法向力；G^* 为无量纲分形粗糙度参数；k 为与材料的硬度和屈服强度有关的系数；g_1、g_2 分别为分形维数 D 的函数。

通过结合界面无量纲接触刚度和无量纲法向力关系式可以看出，机械结合界面刚度随

着法向载荷的增大而增大。由于机械复合管是通过机械复合使得基管/衬管发生弹塑性变形而达到机械贴合，因此，其结合强度与基管/衬管界面的径向残余压应力有关，即径向残余压应力越大复合管结合强度越高，而复合管径向压应力可表示为

$$\sigma_r = \frac{P}{A} \tag{4-16}$$

式中：P 为复合管结合面上的法向力；A 为复合管真实的接触面积。

从上述分析可以看出，机械结合强度越高，结合界面法向载荷越大；结合界面法向载荷越大，结合界面法向刚度也越大。因此，可以得出结合强度越高，结合界面法向刚度越大。

由于机械复合管基/衬界面比较复杂，采用无限自由度梁振动模型很难从理论上分析基/衬结合界面对复合管动力特性影响。为了降低分析难度，将复合管两端横向振动简化为两个自由度振动模型，基/衬界面刚度和阻尼分别用弹簧刚度 k_2 和阻尼元件 c 来模拟。图 4-18 就是简化的复合管振动模型[44]，其中 m_1、m_2 分别代表基管和衬管质量；k_2 和 c 分别为基/衬界面的法向刚度和阻尼；k_1 代表基管与支撑之间的接触刚度[45]。

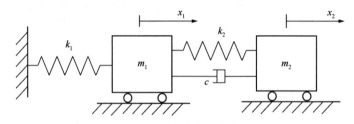

图 4-18　两自由度振动模型

无阻尼自由振动微分方程为

$$\begin{bmatrix} m_1 & 0 \\ 0 & m_2 \end{bmatrix} \begin{bmatrix} \ddot{x}_1 \\ \ddot{x}_2 \end{bmatrix} + \begin{bmatrix} c & -c \\ -c & c \end{bmatrix} \begin{bmatrix} \dot{x}_1 \\ \dot{x}_2 \end{bmatrix} + \begin{bmatrix} k_1+k_2 & -k_2 \\ -k_2 & k_2 \end{bmatrix} \begin{bmatrix} x_1 \\ x_2 \end{bmatrix} = \begin{bmatrix} 0 \\ 0 \end{bmatrix} \tag{4-17}$$

特征方程为

$$\begin{vmatrix} k_1+k_2-m_1\omega^2 & -k_2 \\ -k_2 & k_2-m_2\omega^2 \end{vmatrix} = 0 \tag{4-18}$$

可得

$$\omega^2 = \frac{(k_1+k_2)m_2+m_1k_2 \pm \sqrt{[(k_1+k_2)m_2+m_1k_2]^2-4m_1m_2k_1k_2}}{2m_1m_2} \tag{4-19}$$

将式(4-19)较小的 ω^2 对 k_2 求导可得[46]

$$\frac{d\omega^2}{dk_2}=\frac{m_2+m_1-\dfrac{\left[(k_1+k_2)m_2+m_1k_2\right](m_2+m_1)-2m_1m_2k_1}{\sqrt{\left[(k_1+k_2)m_2+m_1k_2\right]^2-4m_1m_2k_1k_2}}}{2m_1m_2} \tag{4-20}$$

$$\frac{d\omega^2}{dk_2}\geqslant\frac{m_2+m_1-\dfrac{\left[(k_1+k_2)m_2+m_1k_2\right](m_2+m_1)-2m_1m_2k_1}{(k_1+k_2)m_2+m_1k_2}}{2m_1m_2}=\frac{k_1}{(k_1+k_2)m_2+m_1k_2}>0 \tag{4-21}$$

同理，将较大的 ω^2 对 k_2 求导可得

$$\frac{d\omega^2}{dk_2}\geqslant\frac{m_1+m_2}{m_1m_2}+\frac{k_1}{(k_1+k_2)m_2+m_1k_2}>0 \tag{4-22}$$

综上可以看出 $d\omega^2/dk_2$ 恒大于零，因此可以得到 ω^2 随 k_2 的增大而增大的结论。由于 k_2 代表基/衬结合界面的法向刚度[47]，因此可以得到结合界面法向刚度越大的复合管，则其固有频率越高的结论[48]。

3. 结合强度模态计算可行性分析

1）计算参数及计算模型

本节首先通过 ABAQUS 有限元软件模拟复合加载、卸载的液压成型过程[49]，然后在不同成型状态下对两端简支复合管进行了模态分析[50]。根据成型压力不同界面状态可以分为整体未贴合(结合强度为零)、局部贴合和整体贴合三种[51]。最后在整体贴合状态下又对不同结合强度机械复合管模态参数进行了对比分析。本次分析的对象分别为规格 $\phi114mm\times10mm$ 的基管和 $\phi90mm\times2mm$ 的衬管，它们长度均为 2m，基管材质为 L415NB，衬管材质为 316L，具体模型参数和计算参数见表 4-10。

表 4-10　模型参数和计算参数

基管规格，mm×mm	$\phi114\times10$
衬管规格，mm×mm	$\phi90\times2$
管子长度，m	2
基管弹性模量/Pa	$2.1\times e^{11}$
衬管弹性模量/Pa	$1.95\times e^{11}$
基管屈服强度/MPa	540
衬管屈服强度/MPa	170
基管抗拉强度/MPa	580
衬管抗拉强度/MPa	550
基管抗拉强度所对应的塑性应变	0.08
衬管抗拉强度所对应的塑性变形	0.1
泊松比	0.3
基/衬界面的摩擦系数	0.3

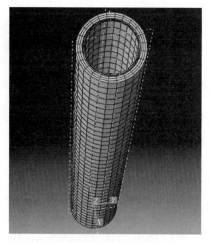

图4-19 机械复合管成型前的网格模型

采用 ABAQUS 有限元软件对不同结合强度下机械复合管进行建模分析，分析采用标准的线性实体三维缩减积分单元 C3D8R 进行，有限元模型共被划分为 5760 个单元，机械复合管划分网格后的有限元模型如图4-19所示。

2）机械复合管模态分析结果

图4-20是基/衬管材完全未贴合上的模态振型。由于基/衬界面接触压力为 0（机械复合管结合强度为 0），基管和衬管无相互作用，所以振动时基管和衬管各自在振动，即基管做两端简支振动，衬管做无约束自由振动。

图4-21是基/衬管材局部未贴合上的模态振型。由于机械复合管一端贴合强度大于 0，而其他位置贴合强度均为 0，所以在机械复合管接触压力不为 0 的部位基管和衬管振动是同步的，而其他位置基管和衬管还保持着各自的振动。图4-22是基/衬管材完全贴合的模态振型。由于基/衬界面贴合强度均大于 0，所以在整个振动过程中基/衬的振动几乎是同步的。

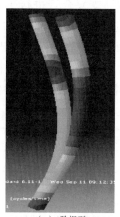

（a）1阶振型　　　　（b）2阶振型　　　　　　　　　（a）1阶振型　　　　（b）2阶振型

图4-20　复合管整体未贴合的两种振型　　　　　图4-21　复合管局部未贴合的两种振型

可以看出，结合状态不同时复合管的模态振型也不同。当复合管整体未贴合时，通过复合管振动测试得到的固有频率应该为基管的简支固有频率和衬管的无约束自由振动固有频率；当复合管局部贴合时，通过振动测试得到的是基管的简支固有频率和衬管的一端固支固有频率；当复合管整体贴合时，通过振动测试测得的才是复合管的固有频率。表4-11是不同结合状态和同一贴合状态不同贴合强度下计算得到的复合管的固有频率。

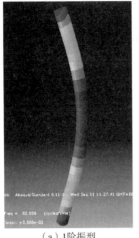 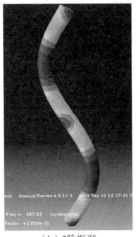

（a）1阶振型　　　　　　　　（b）2阶振型

图 4-22　复合管整体贴合的两种振型

表 4-11　不同贴合状态和不同结合强度下复合管的固有频率

结合状态	界面平均贴合强度，MPa	计算的固有频率，Hz	
		1	2
整体未贴合	0.00	82.91	293.75
局部贴合	0.10	83.60	292.56
整体贴合	0.15	80.47	285.29
	0.36	82.81	287.93
	2.27	84.17	289.94
	4.36	84.15	289.95

从表 4-11 可以看出，局部贴合的复合管 1 阶固有频率大于整体未贴合的复合管的 1 阶固有频率，而整合贴合状态复合管的固有频率均小于局部贴合和整体未贴合状态的固有频率。首先根据简支梁固有频率计算公式[52]：

$$f = \frac{1}{2\pi}\left(\frac{n\pi}{L}\right)^2 \sqrt{\frac{EI}{m}} \qquad (4\text{-}23)$$

式中：m 为单位长度管子的质量；EI 为管子的弯曲刚度；n 为固有频率的阶数；L 为支撑点之间的距离。

通过式（4-23）可以看出，管子刚度（EI）越大，固有频率越高，而单位质量 m 越小固有频率越大。由于整体未贴合时基管和衬管各自单独振动，这时计算的固有频率便是基管的固有频率。

由式（4-23）可以验证基管固有频率均大于对应复合管固有频率；而整体贴合状态下基管和衬管的相互作用使得基管和衬管的振动同步性较好，这时计算的固有频率是复合管固有频率。由于基管固有频率大于复合管，整体未贴合状态下计算的固有频率大于整体贴合状态下固有频率。局部贴合状态下基管和衬管的局部作用导致了复合管刚度略增加，刚度越大固有频率越高，所以局部贴合状态下 1 阶固有频率较整体未贴合状态下 1 阶固有频率略高。而 2 阶固有频率局部贴合状态下略低于整体未贴合状态，其原因还有待于研究。

从整体贴合状态下不同贴合强度计算的固有频率可以看出，贴合强度越大，固有频率越大，但当贴合强度增加到一定程度时，复合管固有频率则不会增加。从极限角度考虑，基/衬界面贴合强度无限增加使得界面强度等于单一管材剥离强度时，复合管固有频率就等同于壁厚单一管材固有频率，因此，复合管固有频率始终要不大于同壁厚单一管材频率，这也说明了复合管固有频率不会永远的增加下去。

4. 不同复合力下复合管结合强度和振动测试

1）测试方法

试验选用水下爆燃法制造的双金属复合管，不同的药量表示不同的复合压力。不同复合药量复合管振动测试取 4 根长度 2m、规格为 $\phi76\text{mm}\times6\text{mm}$ 的基管和 3 根长度 2.2m、规格为 $\phi60\text{mm}\times2\text{mm}$ 的衬管，将其中 3 根基管和衬管分别采用 8g、10g 和 13g 药量进行复合。复合后分别对采用不同药量的复合管和未复合的基管进行振动测试，测试方法如图 4-23 所示。

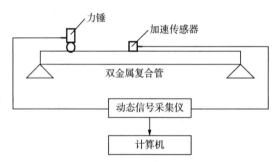

图 4-23 机械复合管振动测试示意图

首先用"V"形槽将机械复合管两端进行简支，其次在管子正中心顶部安装加速度传感器，然后通过动态采集仪（DDP）采集加速度传感器和力锤的信号，最后通过模态分析软件（MAS）进行数据分析。

机械复合管振动测试结果如图 4-24 所示，从不同药量复合管及未复合基管（与复合管同壁厚）的时域波形图可以看出，复合药量越大，时域波形衰减越慢，即 8g 药量的复合管衰减最快，其次是 10g 药量，最后是 13g 药量和基管。通过 MAS 模态软件的数据分析结果可以得到复合管三阶固有频率和阻尼比，具体数据见表 4-12，复合药量越大，复合管固有频率越高，阻尼比越小。

表 4-12 振动测试结果

规格，mm×mm	药量，g	阻尼比	固有频率，Hz
$\phi76\times(6+2)$	8	3.7×10^{-3}	74.25
	10	1.0×10^{-3}	77.5
$\phi76\times8$	13	4.5×10^{-4}	77.75
	基管	1.0×10^{-5}	78.21

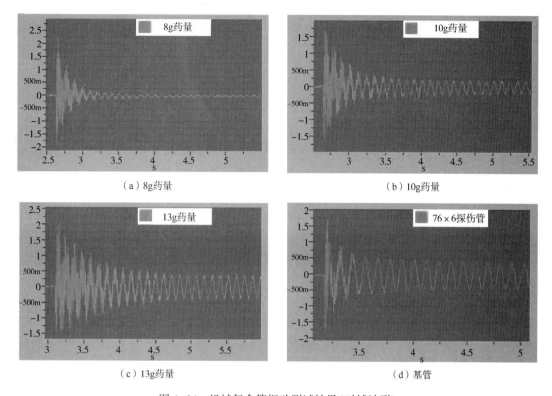

（a）8g药量　　　　　　　　　　　　　（b）10g药量

（c）13g药量　　　　　　　　　　　　　（d）基管

图4-24　机械复合管振动测试结果(时域波形)

2）不同复合管结合强度测试

首先将不同药量复合的复合管沿轴向依次截成230mm的样管，制作成轴向压缩法试样，并进行编号，然后通过轴向压缩法测得不同药量复合的复合管沿轴向不同位置的结合强度，结合强度沿轴向的大小分布如图4-25所示。

从复合管结合强度的分布图(图4-25)上可以看出：沿轴向复合管结合强度存在差异，药量越小则沿轴向的结合强度差异就越大；从不同药量复合的复合管平均结合强度来看，药量越大则平均结合强度越高。

综上分析可知，通过对结合强度与界面刚度的关系及界面刚度与固有频率关系分析，可以得出结合强度越高界面刚度越大、界面刚度越大固有频率越高的结论，这从理论上验证了采用固有频率的大小评价复合管结合强度大小的可行性。通过对不同药量复合的复合管进行振动测试，可以得出复合药量不同振动的时域波形衰减程度也不一样，复合药量越大波形衰减越慢。通过对振动测试的数据进行频响分析，可以得到不同复合药量下的复合管所对应的固有频率与阻尼比，从数据上看复合药量越大则固有频率越高，阻尼比越小。通过采用轴向压缩法对不同药量的复合管进行结合强度测试，可以得到结合强度随着复合药量的增加而增大，并且机械复合管沿轴向结合强度分布不均匀。

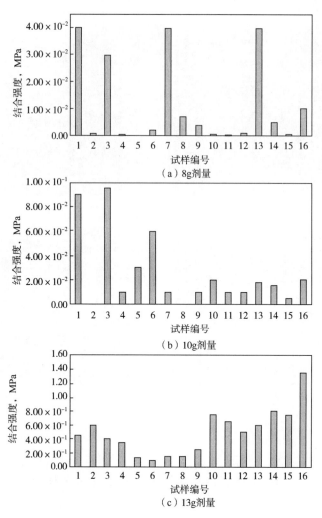

图 4-25　不同药量复合下的管材结合强度沿轴向分布情况

第三节　腐蚀环境适用性技术指标及评价方法

一、腐蚀环境适用性技术指标及评价方法建立

1. 管材腐蚀倾向性分析

双金属复合管耐蚀合金层材质直接接触流体介质，材料在腐蚀介质中的耐蚀性能决定了管道使用寿命，根据输送流体类型与腐蚀苛刻程度选择合适的耐蚀合金材料是保证双金属复合管防腐性能的关键，因此，腐蚀环境适用性分析一直是双金属复合管选材及质量控制的重点工作。

标准 SY/T 7457—2019《石油、石化和天然气工业 油气生产系统的材料选择和腐蚀控制》[53]给出了高腐蚀环境中耐蚀合金管材可能面临的腐蚀形式，详见表 4-13。耐蚀合金层金属在高腐蚀介质中主要面临三大腐蚀风险：一是在 CO_2 和 H_2S 环境中发生的电化学腐蚀，表现为均匀腐蚀或局部腐蚀，而这其中又以点蚀损伤最大；二是在高含微生物环境中发生的微生物腐蚀（MIC），此类腐蚀在生产中更多通过控制细菌含量来控制，本次不作为评价重点；三是在含 H_2S 环境中发生的 SSC/SCC，以及在没有 H_2S 环境中发生的 SCC。

表 4-13　油气生产系统中材料倾向的内腐蚀机理

腐蚀机理	碳钢或低合金钢	耐蚀合金
CO_2 和 H_2S 腐蚀	√	√
MIC	√	√
H_2S 导致的 SSC/SCC	√	√
HIC/SWC	√	—
ASCC	√	—
没有 H_2S 情况下 SCC	—	√

注：H_2S/CO_2 也会导致耐蚀合金局部腐蚀，主要影响因素包括温度、氯离子含量、pH 值和 H_2S 分压，目前没有通用的接受准则，耐蚀合金种类改变影响因素门槛值也会改变。

　　均匀腐蚀是一种最常见的腐蚀形式。这类腐蚀在整个金属表面均匀进行，最终使金属表面逐渐变薄，整个金属表面腐蚀深度接近一致，相互之间差别很小。在金属表面形成的腐蚀电池，其阴极和阳极面积很小，而且其微阴极和微阳极的位置也是变化不定的，整个金属与腐蚀介质接触的表面都处于活化状态，同时微阳极或微阴极在一定条件下可以相互转化。由于均匀腐蚀速度可以预测，可以通过在设计过程中，考虑一定的腐蚀余量来满足管材使用寿命要求，确保管材在整个使用周期内，不会因均匀腐蚀导致过早失效和报废。

　　点蚀是局部腐蚀的一种极端形式，它是指腐蚀介质在金属表面特殊点位形成小孔或坑点。点蚀通常发生在金属保护膜或氧化膜出现破裂穿孔的位置，造成保护膜或氧化膜出现破裂穿孔的原因主要为机械损伤或化学剥蚀。点蚀很难预测和保护且难以检测，腐蚀速度快，并会导致金属泄漏和断裂破坏现象发生，因此，具有突然性和不可预见性的特征。点蚀通常先形成深度、直径都不同的坑点，坑点虽然并非都会最终演化成点蚀，但点蚀形成的孔洞深度一般会大于直径。

　　对于不锈钢复合管来说，点蚀发生在中性或含卤化物酸性环境中，而对于海水则主要是指氯化物。点蚀坑点成核时间受到多种因素的制约，如环境氧化性能、具有攻击性离子的浓度（如氯化物浓度）、腐蚀性液体的 pH 值、金属的化学组分、金属的表面特性（如表面缺陷或杂质）。点蚀的更严重危险在于其自催化过程会导致腐蚀持续进行下去，而不会中断，这样的过程导致腐蚀坑点底部不断溶解，反过来又导致腐蚀坑点加深。耐蚀合金防点蚀能力，不仅受到合金材料中添加 Cr、Mo、Ni 等合金元素的影响，而且也受外部应用环境影响。在考虑耐蚀合金选择时，应从计算的点蚀当量指数数值大小和应用环境两个方面加以考虑，图 4-26 展示了在酸性盐水环境中耐蚀合金对点蚀敏感性[54]。

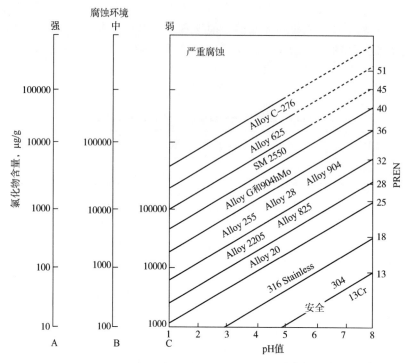

图 4-26　酸性盐水环境中耐蚀合金对点蚀的敏感性

在使用图 4-26 过程中，如下三点需要加以说明。

（1）图中 A 刻度线应用于强腐蚀环境条件，即：存在氧或硫、工作温度为 175～260℃、H_2S 和 CO_2 分压高。

（2）图中的 B 刻度线应用于中等强度腐蚀环境条件，即：无氧或硫、工作温度为 100～200℃、H_2S 和 CO_2 分压高。

（3）图中的 C 刻度线应用于弱腐蚀环境条件，即：无氧、CO_2 分压高、H_2S 分压低，工作温度中等。

应力腐蚀开裂是指材料在外加或残余应力和腐蚀介质联合作用下产生的破坏，破坏形态是裂纹、裂缝甚至断裂。应力腐蚀开裂是一种危害十分严重的局部腐蚀，有学者对不锈钢设备发生的腐蚀破坏事故进行过估计分析，虽具体数字不一样，但都高居榜首。应力腐蚀开裂一般有一个或长或短的孕育期，在孕育期中腐蚀外露特征很少，难以发现，进入发展期后裂纹扩展速度很快。

油气集输管材常见的环境腐蚀开裂现象，一是氯化物应力腐蚀开裂，二是硫化物应力开裂或硫化物应力腐蚀开裂。管材发生应力腐蚀开裂的影响因素包括腐蚀介质、拉伸应力或残余应力、敏感金属和环境温度。油气集输环境下，发生应力腐蚀开裂现象具有如下特征：

（1）发生应力腐蚀开裂裂纹的起始点从局部腐蚀开始，例如，点蚀形成的蚀坑。

（2）应力腐蚀开裂形成的裂纹，要么是晶间开裂形成的沿晶裂纹，要么是晶内开裂形成的穿晶裂纹。

（3）应力腐蚀开裂发生概率随溶液 pH 值的降低而增大，随氯离子浓度的增加而增大。

（4）对于给定的环境测试条件，存在一个临界温度。当测试温度低于临界温度时，一般不会发生应力腐蚀开裂现象。

研究表明，当镍基合金中 Ni 含量大于 45% 时，镍基合金管材对氯化物腐蚀开裂具有免疫作用，如图 4-27 所示。

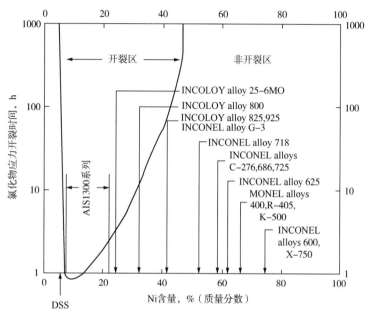

图 4-27　Ni 含量对耐蚀合金防 SCC 的影响

（测试条件：45%MgCl₂溶液，沸腾）

耐蚀合金在 H₂S 环境下会出现环境腐蚀断裂，不同条件下引起断裂的机理不同，主要有以下三类：SSC、SCC 和中间温度的 SSC/SCC。

（1）SSC：主要为室温范围内出现的断裂现象。产生裂纹的原因是耐蚀合金作为阴极，氢离子在阴极还原生成氢原子，氢原子渗透入耐蚀合金内部，进而氢原子聚集复合形成氢气，产生内压导致开裂。该类断裂在 24℃ 左右最敏感。

（2）SCC：主要为高温范围内出现的断裂现象。产生裂纹的原因主要是耐蚀合金作为阳极，腐蚀过程中发生钝化膜稳定性遭到破坏，基体金属发生阳极溶解。该类开裂往往容易首先产生局部腐蚀，同时局部酸化使得钝化膜无法修复，进一步加速局部基体金属的溶解，在应力存在时，腐蚀与应力共同作用产生裂纹并导致扩展。温度越高，SCC 越敏感。

（3）中间温度的 SSC/SCC：双相不锈钢和沉淀硬化不锈钢容易在中温区（60~80℃）发生环境断裂，其裂纹生成机理同时具有 SSC/SCC 特征。

ISO 15156-3[55]附录 B 给出了不同种类耐蚀合金在湿 H₂S 环境中开裂机理，详见表 4-14。常用耐蚀合金层金属有 304、316L、2205、合金 825 和合金 625。304 和 316L 属于奥氏体不锈钢，主要的开裂机理为 SCC，合金 825 和 625 属于固溶强化铁镍基/镍基合金，主要开裂机理为 SCC。温度越高，对于 304 和 316L 奥氏体不锈钢以及 825 和 625 铁镍基/镍基合金开裂敏感性越大,所以评价 SCC 应该在高温下进行,而 2205 属于双相不锈钢,在最高服役温度以下的温度区开裂敏感性最大,测试时的温度需要考虑是否超过这一温度范围。因此,SCC 是油气集输常用耐蚀合金主要失效机制,评价材料抗 SCC 性能是保障耐蚀合金管道使用安全的重要手段,具体的评价试验温度区间的选择需结合材料考虑。

表 4-14 不同耐蚀合金环境裂纹开裂机理

材料	开裂机理			备注
	SSC	SCC	GHSC	
奥氏体不锈钢	S	P	S	某些冷加工的合金,因含有马氏体所以对 SSC 和/或 HSC 敏感
高合金奥氏体不锈钢		P		这些合金通常不受 SSC 和 HSC 影响。通常不要求低温开裂试验
固溶强化镍基合金	S	P	S	冷加工状态和/或时效状态的某些镍基合金含有第二相,而且与钢形成电偶时,可能对 HSC 敏感。这些合金在很强的冷加工和充分时效状态下,与钢耦合时,可能产生 HSC
铁素体不锈钢	P		P	
马氏体不锈钢	P	S	P	不管是否含有残余奥氏体,含 Ni 和 Mo 的合金都可能遭受 SCC
双相不锈钢	S	P	S	在最高服役温度以下的温度区开裂敏感性最大,测试时的温度需要考虑是否超过这一温度范围
沉淀硬化不锈钢	P	P	P	
沉淀硬化镍基合金	S	P	P	冷加工状态和/或失效状态的某些镍基合金含有第二相,而且与钢形成电偶时可能对 HSC 敏感

注:P 表示主要断裂机理;S 表示次要的、有可能产生的断裂机理。

2. 腐蚀环境适用性评价方法和技术指标

根据输送流体类型与腐蚀苛刻程度选择合适的耐蚀合金是保证双金属复合管防腐性能关键。我国石油天然气国家标准 GB/T 37701—2019《石油天然气工业用内覆或衬里耐腐蚀合金复合钢管》[4],行业标准 SY/T 6855—2012《含 H_2S/CO_2 天然气田集输管网用双金属复合管》[56]提出了复合管耐蚀合金层选材要求:对于输送含 H_2S/CO_2 油气介质的双金属复合管,耐蚀合金层母材和焊缝均应满足 ISO 15156-3[55]标准要求,并应具有抗 SSC 和 SCC 性能以及抗失重腐蚀和点蚀能力。

1)抗 SSC/SCC 性能评价方法和技术指标

对于抗 SSC/SCC 性能,标准提出应根据复合钢管预期输送流体工况环境,由购方选择,可采取以下三种途径中的一种评价耐蚀合金层的耐 SSC/SCC 性能。

(1)如果耐蚀合金层材料满足 ISO 15156-3:2020[55]附录 A 要求,可不进行 SSC/SCC 试验评价,可由附录 A 给出的耐蚀合金材料不发生 SSC/SCC 的冶金状态、H_2S 分压、温度、氯离子浓度和元素硫的环境限制条件直接确定材料的抗 SSC/SCC 性能。

(2)如果耐蚀合金层材料有基于满意的现场使用经验的评定结果,可不进行 SSC/SCC 试验评价。ISO 15156-3:2020[56]规定,现场使用经验评定应满足如下要求。

① 耐蚀合金层材料应包括但不限于如下信息:化学成分、制造方法、产品形式、强度、硬度、冷加工、热处理状态和微观组织。复合钢管耐蚀合金层应与提供的现场经验所使用材料信息相一致。

② 已获得经验的使用环境应包括但不限于如下要求：总压、CO_2 分压，H_2S 分压、pH 值、溶解的氯化物或其他卤化物浓度、元素硫或其他氧化物浓度、温度、电偶效应、应力状态、材料与介质接触时间，以及由于环境控制措施失效造成的材质接触环境条件。

③ 设备现场连续成功运行不应少于 2 年，且应包括现场使用之后由第三方对设备全面检查结果。

④ 复合钢管预期使用环境苛刻程度不能超过现场经验所提供的环境条件。

⑤ 现场满意的应用经验可由设备使用方或复合钢管制造商提供，但应获得购方和管线设计方认可，耐蚀合金材料现场使用经验应有完整的文件记录。

（3）如果无法满足第一种和第二种途径的要求，则应采用如下规定的方法开展 SSC/SCC 试验评价。

① 依据 GB/T 15970.2《金属和合金的腐蚀　应力腐蚀试验第 2 部分：弯梁试样的制备和应用》[57] 采用四点弯曲法对耐蚀合金材料进行 SSC/SCC 试验。试样加载应力为材料的 $100\%R_{p0.2}$，若征得购买方同意并有证明文件，可选择较低的加载应力。对于焊接试样，通常用母材的屈服强度来确定试验应力。

② SSC/SCC 试验宜在双金属复合钢管输送流体模拟环境中进行，试验环境与现场工况一致，模拟方法可参照 T/CSTM 00127—2019《金属材料高压釜腐蚀试验导则》[58]。

③ 试样应从耐蚀合金内覆层上截取，SSC/SCC 试验用试样应满足：a. 若耐蚀合金层带有纵向焊缝，母材试样应沿圆周方向在距离焊缝 90°、180° 和 270° 位置分别取 1 件纵向试样，焊缝试样应取 3 件横向试样，且焊缝应位于试样中心；b. 若耐蚀合金层为无缝管或堆焊层，应沿圆周方向各 120° 位置分别取 1 件纵向试样；c. 若机械复合管采用管端堆焊，应以衬管和堆焊层界面为中心再加取一组试样；d. 每 3 件试样作为一组，试样尺寸与加工应符合 GB/T 15970.2 要求；e. 应采取冷切割或等离子切割方式取样，试样上碳钢或低合金钢应清除干净。

④ 试验最短周期至少应为 720 小时，试验期间不应中断试验。选择较短的试验周期，应征得购买方同意并应有证明文件。

⑤ 经 SSC/SCC 试验后，应在 10 倍放大倍数下对试样受拉伸面进行检查，发现任何开裂或裂纹的试样应视为不合格，能证明这些开裂或裂纹不是 SSC/SCC 引起的除外。

⑥ 每组试样中全部试样通过检验则判该组试样通过 SSC/SCC 检验，若试样表面有金属损失的任何腐蚀迹象（包括点蚀或缝隙腐蚀），应被报告。

2）耐电化学腐蚀性能评价方法和技术指标

在工况介质环境中材料耐电化学腐蚀能力同样重要，双金属复合管需要对其耐蚀合金层及焊缝开展抗失重腐蚀和点腐蚀能力评价，具体评价方法和验收指标推荐如下：

失重腐蚀和点腐蚀试验宜采用高温高压挂片法进行，试验方法宜依据 T/CSTM 00127—2019《金属材料高压釜腐蚀试验导则》[58] 进行，如果用户和制造商协商同意也可在进行 SSC/SCC 试验时，检测 SSC/SCC 试样前后质量变化以及表面腐蚀形貌取得失重腐蚀和点腐蚀结果。

试验宜在双金属复合钢管输送流体模拟环境中进行，试验环境与现场工况一致。在确定试验条件时，应考虑在管道系统运行失常或停工期间可能发生的情况，同时还要考虑耐蚀合金层可能接触到的低 pH 值冷凝水或用于生产井增产的酸液情况。在有增产酸液情况下，还应考虑残酸返排期间出现的环境条件。试验条件应控制和记录因素包括：总压、H_2S 分压、CO_2 分压、温度、试验溶液 pH 值、试验溶液组成、单质硫(S_0)以及不同金属的电耦合(应记录面积比和耦合合金类型)。

在所有情形下，试验环境中 H_2S 分压、CO_2 分压、氯化物和单质 S_0 浓度至少应与预期使用的环境一样苛刻，必要时可采用多个不同试验环境。试验后应对试样表面进行放大(放大 5~10 倍)观察，若有点腐蚀坑存在，应依据 GB/T 18590[60] 对点腐蚀坑的大小、分布密度及分布均匀性、深度(平均深度和最大深度)进行检测并报告。高压釜中溶液体积和试样接触溶液的表面积的比不应低于 $30mL/cm^2$。

失重腐蚀和点腐蚀试验用试样应从耐蚀合金层上截取，并应符合以下要求：(1)若耐蚀合金层带有纵向焊缝，母材试样应沿圆周方向在距离焊缝 90°、180° 和 270° 位置分别取 1 件纵向试样，焊缝试样应取 3 件横向试样，且焊缝应位于试样中心；(2)若耐蚀合金层为无缝管或堆焊层，应沿圆周方向各 120° 位置分别取 1 件纵向试样；(3)若机械复合管采用管端堆焊，取样位置应包括衬里层和端部堆焊层(若可取样)；(4)每 3 件试样作为一组，试样尺寸宜为(40~50)mm(长)×(10~15)mm(宽)，厚度宜为 2~3mm 或衬里层实际厚度，试样一端可有一个直径 5~6mm 通孔用于悬挂；(5)应采取冷切割或等离子切割方式取样，试样上碳钢或低合金钢应清除干净，试验前试样表面宜用湿砂纸打磨至粗糙度 $Ra_{0.2}$ 以下；(6)试验后试样按相应标准清洗并去除产物膜。

失重腐蚀和点腐蚀试验周期应不低于 168 小时，试验条件允许时宜开展 720 小时试验，试验期间不应中断试验。选择较短的试验周期，应征得购方同意并应有证明文件。

试验后计算一组试样中 3 件平行试样的算术平均值作为材料平均失重腐蚀速率，并应报告 3 件平行试样腐蚀速率的单个值。除非购方与制造商另有协议，每组试样平均失重腐蚀速率和单个值均不应大于 0.025mm/a，并不得出现点蚀坑。单个试样平均腐蚀速率是由单位面积金属质量损失和试验时间决定，计算方法见下式：

$$V_{corr} = \frac{365000\Delta W}{\rho T_{corr} S} \tag{4-24}$$

式中：V_{corr} 为平均腐蚀速率，mm/a；ΔW 为腐蚀试样的质量损失，g；ρ 为试样材料的密度，g/cm^3；T_{corr} 为腐蚀试验时间，d；S 为腐蚀试样面积，mm^2。

根据 ISO 15156-3[55] 标准和工程经验，通常认为奥氏体不锈钢 316L 适应于含 CO_2+中低含量 Cl^- 油气水介质，使用温度不宜超过 100℃。316L 被认为对含氧介质敏感，暴露在含氧 20℃ 海水中容易发生点腐蚀或应力腐蚀开裂。ISO 15156-3[55] 规定 316L 在 60℃ 条件下不发生 SSC 开裂的 H_2S 最高分压为 0.1MPa，图 4-28(a)给出了 316L 在不含氧气和 H_2S 条件下应用环境范围。2205 双相不锈钢适合应用于高浓度 CO_2 和 Cl^- 条件下，在 150℃、无氧气和无 H_2S 条件下具有很好的抗局部腐蚀和抗应力腐蚀开裂能力，但抗湿 H_2S 所致的 SSC 能力很有限[图 4-28(b)]。铁镍基合金 N08825 以及镍基合金 N06625 在含 H_2S/CO_2+

Cl⁻条件下具有很好的抗均匀腐蚀、局部腐蚀和 SSC/SCC 性能，图 4-28(c)和图 4-28(d)
给出了上述材料的适用范围，判据指标是不发生 SSC/SCC，腐蚀速率不大于
$0.05mm/a$[60]。

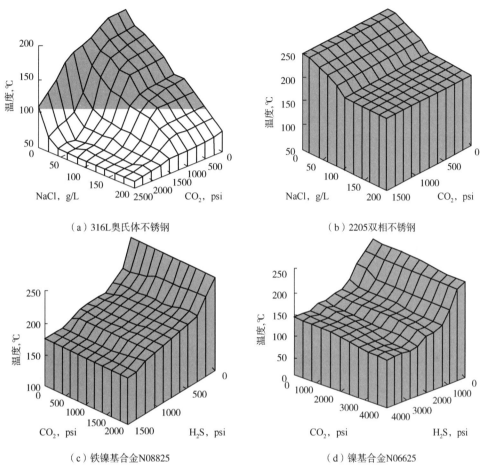

图 4-28　典型耐蚀合金材料腐蚀环境适用区间

结合以上分析，对于双金属复合管耐蚀合金材料腐蚀环境适用性分析，宜进行以下三
步来具体开展：

（1）若备选耐蚀合金材料已经有对应工况或更为苛刻工况的成功应用案例，可在保证
材料性能合格的前提下，认为耐蚀合金材料具备该工况下腐蚀适用性。

（2）若备选耐蚀合金材料没有对应工况或更为苛刻工况的成功应用案例，可以依据相
关标准选材，如 ISO 15156-3[55]给出了耐蚀合金材料抗硫化物应力开裂/应力腐蚀开裂的
敏感性。不过 ISO 15156-3[55]只是给出了材料抗 SSC/SCC 的性能评价方法，对于耐蚀合金
材料在腐蚀环境中电化学腐蚀性能没有提及，因此，抗均匀腐蚀和点蚀能力还有待进一步
评估。

（3）若备选耐蚀合金材料既没有可供参考的成果应用案例，也没有相应的选材标准指
导，则应该针对预期的使用工况开展腐蚀环境适用性评价。

3. 全尺寸腐蚀评价方法建立

前面提到腐蚀评价方法主要采用标准小尺寸试样进行，然而在腐蚀评价过程中试验人员常常会遇到部分机械复合管焊接接头或冶金复合管内覆层由于耐蚀合金部分壁厚不足，标准小尺寸腐蚀评价试样加工困难的情况。另外，由于内覆层或多或少还受碳钢元素扩散污染，在试样加工过程中必须在去除相应基管材料的同时还应顺便去除元素污染区域。显然，上述要求进一步加大了试样加工难度，小尺寸试样常常因此无法加工，环境适用性选材和评价也为此无法开展。

针对此问题，笔者提出了一种全尺寸腐蚀评价方法。利用实物管段开展腐蚀评价，可以完美规避腐蚀试样加工困扰。在全尺寸腐蚀评价中，本节选用腐蚀介质为四川罗家寨气田现场溶液，H_2S 和 CO_2 分压与现场测试数据一致，腐蚀工况条件详见表 4-15。

表 4-15　腐蚀工况条件

总压，MPa	CO_2 含量，%	H_2S 含量，%	温度，℃
10、9	11	17	70

对于保障 SCC 测试试件的应力水平有两种途径：一是提高总压，这将使得焊缝及整个复合管试件的应力水平都增加，设备的密封性能和安全等级要求都会随之提高；二是总压保持不变，改变焊缝处机械尺寸，使焊缝局部应力水平增加，设备密封性能和安全等级要求可保持不变。相对来说，第二种方案更安全也更容易实现。

为了不破坏全尺寸试件结构完整性，在不增加总压的情况下，增加焊缝处应力水平，本节拟对双金属复合管环焊缝进行切槽，使该部位应力集中。但是，切槽深度和宽度及其形状需综合考虑试件的受力状态与机械加工工艺。因此，需对应力集中槽进行设计。具体分析思路是：首先建立有限元分析力学模型，然后分析开槽类型对焊缝受力状态的影响，确定切槽形式；然后以设计总压(9~10MPa)下管样刚达到屈服状态为准，确定开槽深度；再以试件加工后的实际尺寸进行应力分析，确定试验总压。

1）焊缝应力有限元分析与开槽设计

为了便于分析，本节将不考虑全尺寸试件管材的初始几何缺陷(椭圆度和壁厚不均度等)、焊接残余应力和焊接偏心，认为双金属复合管为理想圆筒。根据实验条件可知，全尺寸试件几何特征以及加载压力的分布都具有轴对称性。因此，可将该问题简化为轴对称平面应力问题处理[61-65]。

根据全尺寸试件的实际尺寸，建立了参数化有限元力学模型，如图 4-29 所示(切槽深度为 5.8mm，宽度为 2.5mm)。在图 4-29 中，图 4-29(a)为 1/2 轴对称模型，图 4-29(b)为 1/4 轴对称模型。为提高焊缝区的应力分析精度，减少软件分析工作量，本节采用了 1/4 轴对称模型进行理论分析，力学模型有限元网络的划分如图 4-29(c)所示。

有限元模型采用的力学参数见表 4-16。由于复合管试件的几何结构和施加的内压具有轴对称性，属于轴对称平面应力问题。因此在 1/4 模型的几何边界施加轴对称约束，在内壁施加均匀分布的压力载荷。

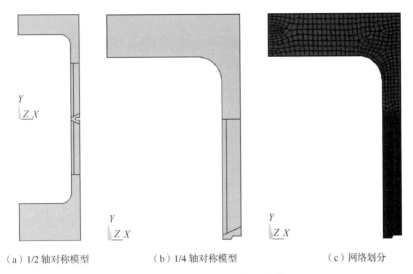

| （a）1/2 轴对称模型 | （b）1/4 轴对称模型 | （c）网络划分 |

图 4-29　有限元几何模型与网络模型

表 4-16　管材及焊缝的力学参数

材料代号	屈服强度，MPa	弹性模量，MPa	泊松比	备注
N08825 合金	200	1.95×10^5	0.3	内覆层
N06625 焊缝	270	1.95×10^5	0.3	焊缝
X52	360	2.06×10^5	0.3	基管
L245	245	2.06×10^5	0.3	基管

为了设计合理的应力集中槽，采用上述有限元模型分析了在 10MPa 内压作用下半圆弧结构和微小圆弧结构焊缝区应力与复合管内壁应力的分布情况。半圆弧结构类似机械加工的"U"形槽，而微小圆弧结构类似机械加工的"矩形"槽。由于在实际情况下，一般很难加工出理想的矩形槽，在加工过程中考虑到刀具的钝化或与工件的摩擦作用，将会在槽底部形成一段微小过渡圆弧。半圆弧"U"形槽结构几何模型如图 4-30(a) 所示，应力集中槽 BC 段为一半圆弧（模型中圆弧半径为 1.25mm）。微小圆弧矩形槽结构的几何模型如图 4-30(b) 所示，应力集中槽 BC 段为直线段，CD 段为一微小圆弧（模型中圆弧半径为 0.2mm）。

为比较两种结构应力分布的区别，根据整管段设备使用压力等级设定加载压力为 10MPa，对复合管焊缝应力进行有限元分析。在模型中选取了如图 4-30 所示两条路径进行分析，路径 OA 段为复合管试件的内壁，O 点为复合管对焊焊缝底部；OBCD 段为半圆弧过渡槽底结构定义的路径，OB 段为焊缝截面，BCD 段为应力集中槽表面；OBCDE 段为微小圆弧过渡槽底结构定义的路径，OB 段为焊缝截面，BCDE 段为应力集中槽表面。

半圆弧结构和微小圆弧结构力学模型复合管内壁 OA 段应力分析结果如图 4-31 所示。距 O 点越近应力值越大，应力集中槽起到了明显的应力集中作用；在远离 O 点处，两种结构应力集中槽在内压作用下内壁的等效应力基本相等，这与实际情况吻合。在 O 点附近，在相同内压作用下，微小圆弧过渡结构的应力值比半圆过渡结构应力值大。

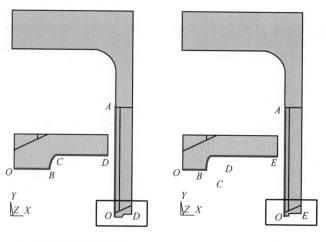

（a）半圆弧过渡槽底结构　　　　（b）微小圆弧过渡槽底结构

图 4-30　应力集中槽结构与路径示意图

半圆弧结构和微小圆弧力学模型复合管焊缝截面和应力集中槽表面 *OBCD*（*E*）段的应力分析结果如图 4-32 所示。

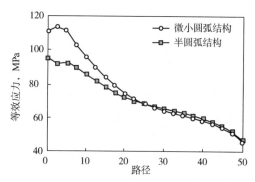

图 4-31　两种应力集中槽结构在 *OA* 段上的应力分布对比

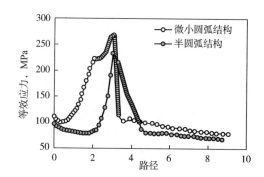

图 4-32　两种应力集中槽在 *OD/OE* 路径上的等效应力对比

在相同内压作用下，两种结构的应力集中槽在内压作用下焊缝区应力分布差异较大。微小圆弧倒角结构在较高应力区分布较宽（图中 *BC* 段），且微小圆弧倒角结构应力峰值高于半圆弧倒角结构，平均应力水平高于半圆弧倒角结构。可见，在一定内压作用下，具有微小圆弧倒角结构应力集中槽的整管试件应力分布更符合苛刻应力状态下的试验要求。因此，本次采用了微小圆弧倒角结构的应力集中槽，在复合管对接焊缝中心加工矩形应力集中槽，根据最大等效应力值设计开槽深度为 5.8mm。

由于双金属复合管的环焊缝及复合管与端部堵头的对焊不能完全同轴，应力集中槽在圆周方向上的加工深度有一定偏差。为此，首先找出应力集中槽的最深点，然后在圆周方向间隔 120℃区域测量槽深。X52/N08825 冶金复合管和 L245/N08825 机械复合管在圆周方向上的测点位置如图 4-33 所示，测得两支整管试件应力集中槽的基本尺寸见表 4-17。

（a）冶金复合管测点周向分布　　　　（b）机械复合管测点周向分布

图 4-33　开槽尺寸测点周向分布

表 4-17　复合管应力集中槽的几何尺寸

测点号	L245/N08825 机械复合管应力集中槽			X52/N08825 冶金复合管应力集中槽		
	深度，mm	平均深度，mm	宽度，mm	深度，mm	平均深度，mm	宽度，mm
1	5.12		2.14	5.46		2.26
2	5.16	5.11	2.14	5.84	5.49	2.26
3	5.04		2.14	5.16		2.26

2）加载应力应变测试验证

为了验证有限元力学模型的合理性和准确程度，在加载和卸载作用下对 X52/N08825 冶金复合管和 L245/N08825 机械复合管两种实物管段试件进行了应变测试。根据应力应变理论和测试技术要求，当主应力已知时，只需采用单个应变片进行布点测试[66-70]。因此，在管段试件测深位置布置了 3 点进行测试，在每点的周向和轴向分别粘贴应变片。

L245/N08825 机械复合管实物管段试件粘贴的应变片分别记为 L1-90、L1-0、L2-90、L2-0、L3-90、L3-0。其中，L1-90、L2-90、L3-90 为周向应变；L1-0、L2-0、L3-0 为轴向应变。L245/N08825 机械复合管实物管段试件应变片的布置如图 4-34 至图 4-36 所示。X52/N08825 冶金复合管实物管段试件粘贴的应变片分别记为 X1-90、X1-0、X2-90、X2-0、X3-90、X3-0。其中，X1-90、X2-90、X3-90 为周向应变；X1-0、X2-0、X3-0 为轴向应变。X52/N08825 冶金复合管试件应变片的布置如图 4-37 至图 4-39 所示。

由表 4-18 和图 4-40 可知，机械复合管周向应变有限元模拟值与实测值比较接近，说明本次建立的有限元模型是合理的；机械复合管在 0MPa→10MPa 加载过程中，周向应变呈线性增加；机械复合管在 10MPa→0MPa 卸载过程中，周向应变呈线性降低，最后接近 0；在整个加卸载过程中，加载曲线和卸载曲线基本重合，测试点处于弹性变形范围内。

图 4-34　机械复合管应变测点 L1

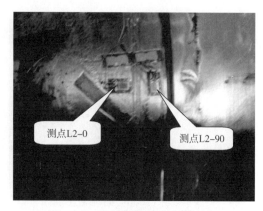

图 4-35　机械复合管应变测点 L2

图 4-36　机械复合管应变测点 L3

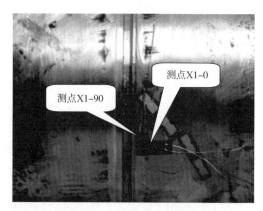

图 4-37　冶金复合管应变测点 X1

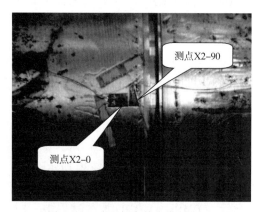

图 4-38　冶金复合管应变测点 X2

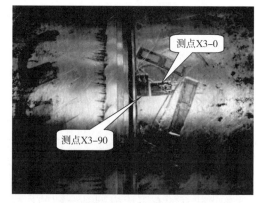

图 4-39　冶金复合管应变测点 X3

表 4-18　机械复合管周向应变实测值与有限元模拟值的对比

实验压力 MPa	应变，10^{-6}					相对误差，%
	L1-90	L2-90	L3-90	实测平均值	有限元模拟值	
0	0	0	0	0	0	—
1.1	49	47	46	47	34	-28.6
2	69	65	64	66	62	-6.8
3	101	96	94	97	92	-4.8
4	128	120	119	122	123	0.5
5	150	142	141	144	154	6.6
6	176	167	167	170	185	8.6
7	204	195	194	198	215	8.8
8.1	230	220	220	223	249	11.5
10	270	258	258	262	308	17.6
9	249	238	236	241	277	14.9
8	224	213	211	216	246	13.9
7	195	185	182	187	215	14.8
6	166	159	154	160	185	15.6
5	138	131	127	132	154	16.5
4	112	107	102	107	123	15.0
2.9	88	81	78	82	89	8.3
2.1	68	62	59	63	65	3.2
1	43	35	35	38	31	-17.7
0	-5	-8	-10	-8	0	—

由表 4-19 和图 4-41 可知，机械复合管轴向应变有限元模拟值与实测值较接近，有一定偏差，这可能是有限元模型未考虑对焊复合管两端的偏心引起的；机械复合管在 0MPa→10MPa 加载过程中，轴向应变呈线性增加；机械复合管在 10MPa→0MPa 卸载过程中，轴向应变呈线性降低，最后接近 0；在整个加卸载过程中，加载曲线和卸载曲线基本重合，测试点处于弹性变形范围内。

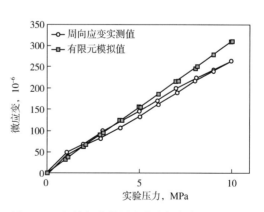

图 4-40　机械复合管周向应变加载与卸载曲线

表 4-19　机械复合管轴向应变实测值与有限元模拟值对比

实验压力，MPa	应变，10^{-6}			实测平均值	有限元模拟值	相对误差，%
	L1-90	L2-90	L3-90			
0	0	0	0	0	0	—
1.1	−28	−22	−22	−24	−12	−50.0
2	−39	−28	−30	−32	−22	−32.6
3	−57	−42	−43	−47	−33	−30.9
4	−72	−53	−53	−59	−44	−26.3
5	−86	−63	−64	−71	−55	−23.1
6	−102	−75	−75	−84	−66	−22.0
7	−116	−85	−85	−95	−76	−19.9
8.1	−131	−97	−97	−108	−88	−18.4
10	−158	−118	−117	−131	−109	−16.8
9	−142	−103	−105	−117	−98	−16.0
8	−128	−92	−95	−105	−87	−17.1
7	−114	−82	−87	−94	−76	−19.0
6	−100	−72	−78	−83	−66	−21.4
5	−87	−63	−71	−74	−55	−25.9
4	−69	−49	−59	−59	−44	−25.9
2.9	−57	−39	−51	−49	−32	−35.3
2.1	−45	−30	−43	−39	−23	−41.5
1	−30	−18	−32	−27	−11	−58.8
0	−5	0	−15	−7	0	—

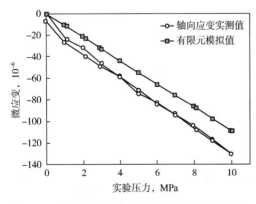

图 4-41　机械复合管轴向应变加载与卸载曲线

由表 4-20 和图 4-42 可知，冶金复合管周向应变有限元模拟值与实测值比较接近，再次说明本次建立的有限元模型是合理的；冶金复合管在 0MPa→10MPa 加载过程中，周向应变呈线性增加；机械复合管在 10MPa→0MPa 卸载过程中，周向应变呈线性降低，最后接近 0；在整个加卸载过程中，加载曲线和卸载曲线基本重合，测试点处于弹性变形范围内。

表 4-20　冶金复合管周向应变实测值与有限元模拟值的对比

实验压力，MPa	应变，10^{-6}					相对误差，%
	X1-90	X2-90	X3-90	实测平均值	有限元模拟值	
0	0	0	0	0	0	—
1	61	62	68	64	48	−25.0
2.1	94	94	105	98	70	−28.1
3	126	126	142	131	100	−23.6
4	151	150	170	157	134	−14.6
5	187	186	210	194	167	−14.0
6.1	225	222	252	233	204	−12.4
7	254	250	284	263	234	−10.9
8	286	281	319	295	268	−9.3
9	316	309	351	325	301	−7.5
10	341	333	379	351	334	−4.8
9	317	309	353	326	301	−7.8
8	283	278	319	293	268	−8.6
7	255	249	286	263	234	−11.1
6	221	219	252	231	201	−12.9
5	194	188	215	199	167	−16.0
3.8	161	153	176	163	127	−22.2
3	133	127	147	136	100	−26.1
2	105	98	113	105	67	−36.5
1	71	65	73	70	48	−13.0
0	14	5	5	8	0	—

冶金复合管轴向应变有限元模拟值与实测值偏差较大，这可能是有限元模型过于简化引起的，从表 4-21 所测数据看该复合管应力集中槽深度在周向上的分布不均匀性更大；冶金复合管在 0MPa→10MPa 加载过程中，轴向应变呈线性增加；冶金复合管在 10MPa→0MPa 卸载过程中，轴向应变呈线性降低，最后接近 0；在整个加卸载过程中，加载曲线和卸载曲线基本重合，测试点处于弹性变形范围内。

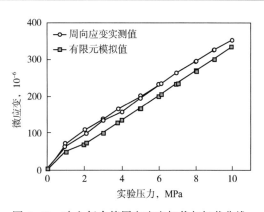

图 4-42　冶金复合管周向应变加载与卸载曲线

表 4-21 冶金复合管轴向应变实测值与有限元模拟值的对比

实验压力，MPa	应变，10^{-6}					相对误差,%
	X1-90	X2-90	X3-90	实测平均值	有限元模拟值	
0	0	0	0	0	0	—
1	−37	−32	−40	−36	−12	−67.5
2.1	−57	−50	−52	−53	−25	−53.4
3	−76	−66	−68	−70	−35	−49.6
4	−89	−77	−81	−82	−47	−42.8
5	−111	−96	−100	−102	−59	−42.5
6.1	−131	−114	−119	−121	−72	−40.8
7	−149	−129	−133	−137	−82	−39.9
8	−165	−142	−147	−151	−94	−37.8
9	−182	−154	−160	−165	−106	−35.9
10	−198	−169	−174	−180	−118	−34.6
9	−181	−154	−161	−165	−106	−35.9
8	−160	−137	−143	−147	−94	−35.8
7	−141	−121	−128	−130	−82	−36.6
6	−121	−105	−111	−112	−71	−37.2
5	−100	−87	−93	−93	−59	−37.0
3.8	−78	−68	−74	−73	−45	−39.0
3	−63	−55	−60	−59	−35	−40.5
2	−44	−38	−43	−42	−24	−43.6
1	−21	−19	−23	−21	−12	−43.8
0	14	11	7	11	0	—

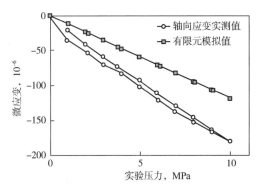

图 4-43 冶金复合管轴向应变加载与卸载曲线

3）加载内压设计

如图 4-44 所示的是在 10MPa 内压作用下 X52/N08825 冶金复合管试件应力分布云图，焊缝区最大等效应力为 268.68MPa，接近焊缝段试样实测屈服强度为 273MPa（断于母材）。因此，本节确定 X52/N08825 冶金复合管实物管段试件腐蚀评价的总压为 10MPa。

如图 4-45 所示的是在 9MPa 内压作用下 L245/N08825 机械复合管试件应力分布云图，焊缝区最大等效应力为 237.77MPa，约为实测屈服强度的 87%。L245/N08825 机械复合管环焊缝有局部腐蚀的可能，此外，L245 基管和 N08825 衬管之间为机械结合，在轴向上的强度靠复合管对焊焊缝来保证，焊接后的残余应力也未考虑(焊接残余应力一般为拉应力)。若焊缝区在 100%σ_s 状态下进行腐蚀评价有一定危险性。因此，本节确定 L245/N08825 机械复合管试件腐蚀评价的总压为 9MPa。

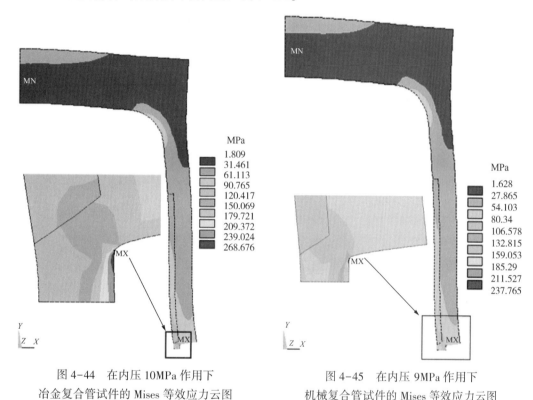

图 4-44　在内压 10MPa 作用下
冶金复合管试件的 Mises 等效应力云图

图 4-45　在内压 9MPa 作用下
机械复合管试件的 Mises 等效应力云图

4）腐蚀评价结果

经过 30 天腐蚀试验后取出的 X52/N08825 冶金复合管实物管段试件如图 4-46 所示，取出的 L245/N08825 机械复合管实物管段试件如图 4-47 所示。在整个试验过程中，两支管子都未出现泄漏，取出的试件通过肉眼观察，无损伤痕迹。将试件进行 100% 射线探伤，照片结果良好。这说明复合管焊接接头在一个月的苛刻应力状态下的腐蚀后未产生应力腐蚀裂纹，这与前文复合管焊缝应力腐蚀评价结果一致。

通过上述分析，笔者自主设计了一套用于高酸性环境的全尺寸腐蚀评价试验装置，安全可靠、操作便捷，适用性较强；同时还建立了全尺寸腐蚀评价试验方法，在不破坏管段试件结构完整性且不增加总压的情况下，达到增加焊缝处应力水平效果。具体构造了焊缝应力分析的有限元模型，采用电阻应变测试法验证了有限元模型的合理性，根据有限元理论分析结果对实物管段试件的结构尺寸和试验总压进行了设计。

图 4-46　开槽的冶金复合管试件　　图 4-47　开槽的机械复合管试件

形成的全尺寸腐蚀评价方法及建造的设备为今后开展复合管焊接工艺的评定和焊接接头的腐蚀评价提供了一种新的手段。利用该装置和评价方法,完成了试验周期为 720 小时的 4 次实物管段腐蚀评价试验,具体结果如下:

(1) 实物管段腐蚀评价试验结果表明,X52/N08825 冶金复合管焊接接头和 L245/N08825 机械复合管焊接接头在模拟川东北高酸性气田地面集输管线的工况下,在 720 的腐蚀试验过程中,未出现破裂或刺漏;试验后 100% 射线探伤检验表明,X52/N08825 冶金复合管焊接接头和 L245/N08825 机械复合管焊接接头完好无损。

(2) 焊接接头在高酸性环境、苛刻应力状态下的实物管段腐蚀评价试验结果表明,在模拟腐蚀环境和苛刻应力状态下,在 720 小时的试验周期内,两段试件均未出现破裂或刺漏;腐蚀试验后 100% 射线探伤检验表明,两段管样焊接接头无开裂性裂纹。

二、典型材料和工艺腐蚀环境适用性分析

1. 不同材料的环境适用性对比

为了进一步验证碳钢或低合金钢、奥氏体不锈钢、双相不锈钢和铁镍基合金材料在高腐蚀性集输腐蚀工况环境下的适用性,选取表 4-22 中的典型酸性服役工况对 L245MCS 碳钢、316L 奥氏体不锈钢、2205 双相不锈钢和 825 铁镍基合金四种材料开展了为期 720 小时的腐蚀失重试验和抗 SCC 试验,四种管材施加的应力水平分别为 278MPa、215MPa、552MPa 和 322MPa。模拟工况环境腐蚀试验后,失重腐蚀试样腐蚀速率结果见表 4-23,试样宏观形貌如图 4-48 所示,SCC 试验后试样形貌如图 4-49 和图 4-50 所示。

表 4-22　典型酸性服役工况

总压,MPa	CO_2 分压,MPa	H_2S 分压,MPa	温度,℃
8.0	0.5	0.15	50

续表

溶液成分配比，mg/L			
碳酸氢根	氯离子	硫酸根	钙离子
238	63900	445	5080
镁离子	钾钠离子	硼	总矿化度
484	35000	60.3	105000

表 4-23 失重腐蚀速率结果

材质	平均腐蚀速率，mm/a	备注
L245MCS	0.3971	—
316L	0.0003	有点蚀
2205	0.0002	有点蚀痕迹
N08825	0.0001	无点蚀

   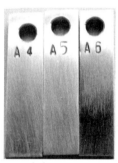

（a）L245MCS　　　　（b）316L　　　　（c）2205　　　　（d）N08825

图 4-48 失重腐蚀试样宏观形貌

（a）L245MCS　　　　　　　　　　　　（b）316L

 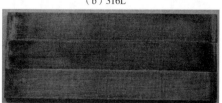

（c）2205　　　　　　　　　　　　（d）N08825

图 4-49 SCC 试验后试样形貌图

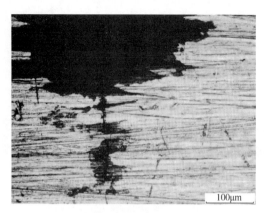

图 4-50　2205 双相不锈钢 SCC
试验后试样微观形貌图

从表 4-23 和图 4-48 中，可以看出 L245MCS 材料失重腐蚀速率高达 0.3971mm/a，显然该碳钢材料不具备独自在模拟工况中抗电化学腐蚀能力。实际应用中需要采取加注缓蚀剂等防腐配套措施方可使用，但考虑到缓蚀剂的防腐可靠性和后期维护难度，碳钢或低合金钢管材穿孔风险仍然较高。316L 奥氏体不锈钢和 2205 双相不锈钢虽然失重腐蚀速率很低，但却发现 316L 奥氏体不锈钢试样存在点蚀问题、2205 双相不锈钢材质有点蚀和应力腐蚀开裂倾向。两种不锈钢材料要么存在点蚀风险，要么存在应力腐蚀开裂隐患，自然也不能应用于模拟工况环境之中。相对来说只有 825 铁镍基合金材料在模拟工况下没有点蚀和应力腐蚀开裂问题困扰，而且平均腐蚀速率很低，具备在模拟工况环境中抗电化学腐蚀和应力腐蚀开裂的能力，可以满足该环境下油气田集输管网使用需求。

2. 不同厂家材料的环境适用性对比

需要说明的一点就是，由于冶金能力、工艺路线和合金成分存在差别，不同厂家生产出的同一标号材料耐蚀性能也存在明显差异，只有通过腐蚀对比评价才能得到合理的服役环境适用性。为了更好地展示腐蚀适用性评价的重要性，本节以前述优选的铁镍基合金 N08825 材料为例，通过基本理化性能和环境适用性评价手段分析，具体展示国内外四个不同厂家的 N08825 铁镍基合金板材的性能差异。

四个厂家试样分别编号 A、B、C 和 D，试样化学成分见表 4-24，金相组织见表 4-25 和图 4-51，拉伸性能见表 4-26，硬度性能见表 4-27。从测试结果来看，所测产品的理化性能均能满足标准要求，但在具体数据上也能看到不同厂家在成分设计和制造工艺存在明显差别。四件产品的化学成分总体相近，但也能看到不同厂家在耐蚀元素用量方面还存在一些差异，如厂家 A 在 Cr、Ni 和 Mo 上用量明显较其他三家要少。四件试样金相组织均为奥氏体组织，晶粒度也满足标准要求，其中试样 C 和试样 D 晶粒度(9.5 级)明显高于试样 A 和试样 B(5.5 级和 6 级)，可能是制造过程中厂家 C 和厂家 D 采用了不同于厂家 A 和厂家 B 的轧制工艺和热处理制度。产品间的非金属夹杂物水平基本相当，也均符合相关标准要求，相对来说试样 A 和试样 B 较试样 C 和试样 D 控制的更好一些。另外可能由于轧制工艺和热处理制度的不同，厂家 C 和厂家 D 产品的强度和硬度性能要明显高于厂家 A 和厂家 B，而塑性指标则较低。

表 4-24　不同厂家试样化学成分　　　　　　　单位:%(质量分数)

编号	C	Si	Mn	P	S	Cr	Mo	Ni	Ti	Cu
A	0.013	0.22	0.74	0.01	0.003	22.26	2.99	38.05	0.9	1.97
B	0.014	0.15	0.38	0.017	<0.001	22.99	3.1	38.8	0.9	1.98
C	0.01	0.17	0.39	0.017	<0.001	22.81	3.15	39.12	0.89	2.02
D	0.012	0.2	0.52	0.009	<0.001	22.56	2.95	39.01	1.06	2.01

表 4-25　不同厂家试样金相组织数据表

编号	非金属夹杂物								组织	晶粒度
	A		B		C		D			
	薄	厚	薄	厚	薄	厚	薄	厚		
A	0.5	0	0.5	0	0	0	0.5	0.5	奥氏体	5.5 级
B	0.5	0	1.5	0	0	0	0.5	1.0	奥氏体	6.0 级
C	0.5	0	0.5	0	0	0	1.0	1.5	奥氏体	9.5 级
D	0.5	0	0.5	0	0	0	1.5	0.5	奥氏体	9.5 级

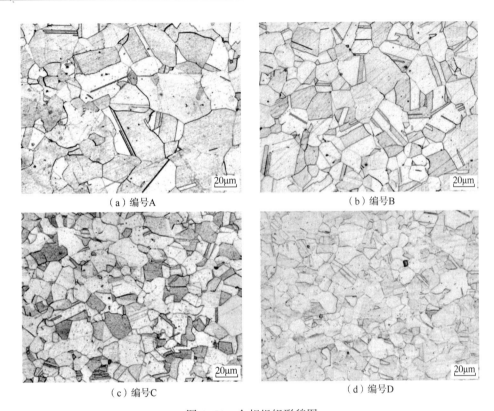

（a）编号A　　　　　　　　　　（b）编号B

（c）编号C　　　　　　　　　　（d）编号D

图 4-51　金相组织形貌图

表 4-26　不同厂家试样拉伸性能试验结果

试样		抗拉强度，MPa	屈服强度，MPa	断后伸长率，%
A	常温	592、593	313、307	47、48
	120℃	575	288	42
	140℃	576	289	45
	160℃	563	276	47

续表

试样		抗拉强度，MPa	屈服强度，MPa	断后伸长率，%
B	常温	590、602	278、288	47、46
	120℃	584	263	45
	140℃	582	264	44
	160℃	563	251	44
C	常温	644、645	322、324	44、45
	120℃	630	303	42
	140℃	628	311	41
	160℃	623	307	38
D	常温	681、674	380、383	41、40
	120℃	664	384	39
	140℃	668	375	39
	160℃	657	354	37

表4-27　不同厂家试样硬度试验结果

编号		HV10
A	横	130、137、146
	纵	135、160、146
B	横	134、158、145
	纵	155、137、127
C	横	177、169、171
	纵	164、160、159
D	横	187、168、169
	纵	174、166、166

　　耐晶间腐蚀和点蚀评价是衡量产品制造工艺和性能的重要指标。对样品加热至650℃然后保温1h的敏化处理后，根据标准 ASTM A262—2013[7] C 法开展了第一种晶间腐蚀试验，试验结果见表4-28和如图4-52所示。根据标准 ASTM G28—2008[9] A 法对试样进行了第二种晶间腐蚀试验，试验结果见表4-29和图4-53。以上两种晶间腐蚀试验结果都能够满足验收要求，不过不同产品呈现的耐晶间腐蚀性能还存在一定差异。另外，根据标准 ASTM G48—2011[8] A 法对不同厂家的试样进行了点蚀试验评价，平均腐蚀试验结果见表4-30，A、B 和 C 试样表面未发现点蚀痕迹，但在编号为 D32 的试样侧面发现了少量点蚀坑(图4-54)。

表4-28　第一种晶间腐蚀试验结果

编号	五个周期平均腐蚀速率，mm/a	每组试样平均腐蚀速率，mm/a
A	0.4907、0.5247、0.5356	0.5170
B	0.3668、0.3618、0.3422	0.3570

续表

编号	五个周期平均腐蚀速率，mm/a	每组试样平均腐蚀速率，mm/a
C	0.2457、0.2268、0.2195	0.2307
D	0.6253、0.5150、0.5777	0.5726

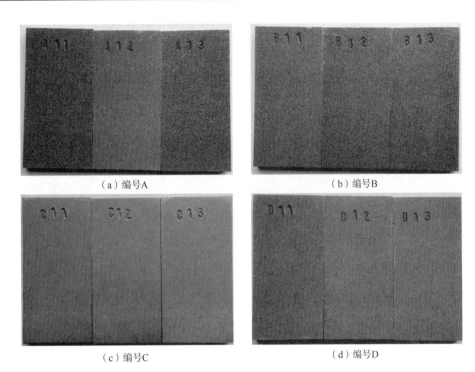

（a）编号A　　　　　　　　　（b）编号B

（c）编号C　　　　　　　　　（d）编号D

图4-52　试样第一种晶间腐蚀试验后形貌

表4-29　第二种晶间腐蚀试验结果

编号	试样腐蚀速率，mm/a	平均腐蚀速率，mm/a
A	0.3265、0.3144、0.3023	0.3144
B	0.2693、0.1770、0.2994	0.2485
C	0.4190、0.4570、0.3737	0.4166
D	0.1428、0.1362、0.1461	0.1417

表4-30　点蚀试验结果

编号	试样腐蚀速率，mm/a	平均腐蚀速率，mm/a	备注
A	0.0060、0.0025、0.0030	0.0039	未见点蚀
B	0.0120、0.0131、0.0141	0.0131	未见点蚀
C	0.0071、0.0025、0.0050	0.0049	未见点蚀
D	0.0030、0.0646、0.0010	0.0229	D32试样一侧边有少量点蚀坑

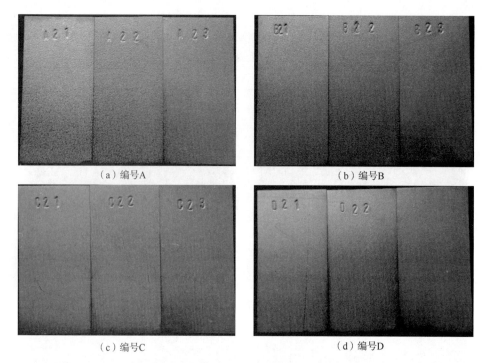

(a) 编号A   (b) 编号B

(c) 编号C   (d) 编号D

图 4-53　试样第二种晶间腐蚀试验后形貌

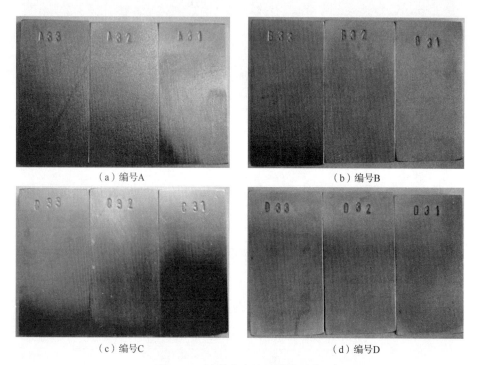

(a) 编号A   (b) 编号B

(c) 编号C   (d) 编号D

图 4-54　试样点腐蚀试验后形貌

对于耐环境腐蚀开裂能力的评价，主要依据标准 NACE TM 0177[71] 和 GB/T 15970.2[57] 对不同厂家的试样开展了模拟工况应力腐蚀开裂试验，试验溶液及试验环境分别见表 4-31 和表 4-32。720 小时模拟试验后，所有试样未断且受拉伸面未见裂纹(图 4-55 至图 4-58)。

表 4-31　SCC 试验溶液条件

阳离子，mg/L			阴离子，mg/L				
Na$^+$+K$^+$	Ca^{2+}	Mg^{2+}	Cl$^-$	SO$_4^{2-}$	HCO$_3^-$	CO$_3^{2-}$	OH$^-$
67109	11423	2432	126592	708	710	—	—

表 4-32　SCC 试验环境条件

p_{H_2S}，MPa	p_{CO_2}，MPa	T，℃	加载应力	试验周期，h
0.95	0.95	120、140、160	相应温度下实测值	720
3.5	3.5	205	常温的实测值	

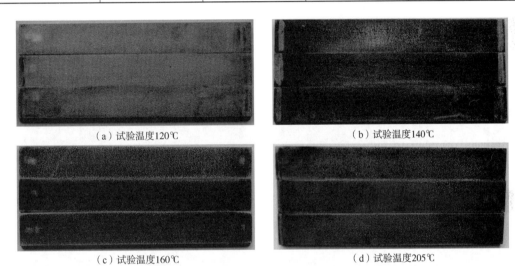

（a）试验温度120℃　　　　　　（b）试验温度140℃

（c）试验温度160℃　　　　　　（d）试验温度205℃

图 4-55　不同温度下 A 试样 SCC 试验后形貌

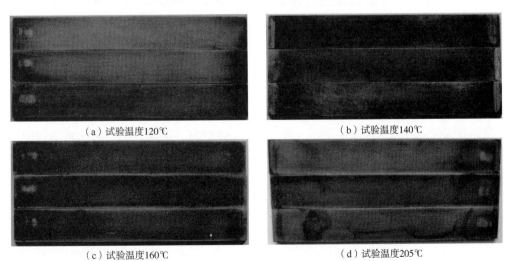

（a）试验温度120℃　　　　　　（b）试验温度140℃

（c）试验温度160℃　　　　　　（d）试验温度205℃

图 4-56　不同温度下 B 试样 SCC 试验后形貌

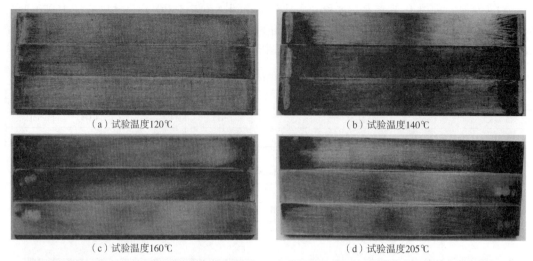

　（a）试验温度120℃　　　　　　　　（b）试验温度140℃

　（c）试验温度160℃　　　　　　　　（d）试验温度205℃

图4-57　不同温度下 C 试样 SCC 试验后形貌

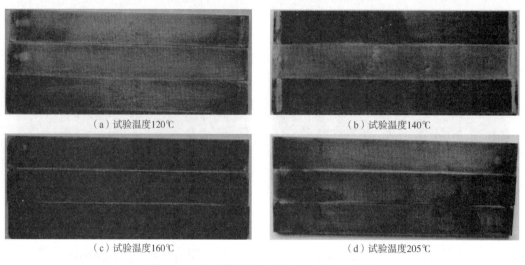

　（a）试验温度120℃　　　　　　　　（b）试验温度140℃

　（c）试验温度160℃　　　　　　　　（d）试验温度205℃

图4-58　不同温度下 D 试样 SCC 试验后形貌

　　根据以上试验结果可以看出，四个厂家的 N08825 铁镍基合金板材的理化性能基本相当，但在产品性能稳定性上还稍有差异，部分厂家冶炼水平相对较好。不同厂家板材产品耐蚀性能有着明显区别，两种晶间腐蚀下的腐蚀速率差异明显，点蚀试验中更是发现个别厂家试样有点蚀坑。显然，即使是同一牌号产品，成分设计和制造工艺对材料的性能影响较大，因此，在防腐选材过程中必须要考虑到不同制造厂家的产品性能可能存在的差异性。

　　综上所述，腐蚀环境适用性评价方法和指标的制定对于双金属复合管材和工艺优选工作至关重要，不仅可以优选适用的管道材料，还可以鉴别同种材料不同生产工艺下管材性能。

第四节　海洋铺管环境适用性技术指标及评价方法

机械复合管在海上油气田安装中对管材的弯曲性能有特殊的要求，海上铺管船铺设时，管道必须先后通过上部大幅度弯曲和下部大幅度弯曲才能到达海床，如图4-59[72]所示，在这个过程中，管道会经历两次不同方向的弯曲。

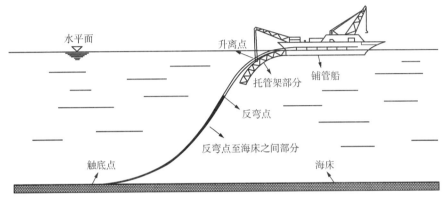

图4-59　"S"形铺管法示意图

目前，国内外针对单一材料管道的弯曲性能研究较多，理论与实践证明这种弯曲加载历程对于单一材料的管道，其管道结构的完整性不受影响。如赵长财[73]等研究了薄壁管在高压成形过程中的屈曲和起皱失稳现象，通过对所建立的弹塑性屈曲（全局屈曲）和起皱（局部屈曲）模型分析计算，获得了管子屈曲、起皱的初始条件、临界载荷和临界应力计算公式；王晓林[74]以挪威船级社海底管道系统的规范为依据，在理论分析研究基础上，确定了我国南海海底输油气管道在弯曲与外压共同作用下的实测实验方案，以及此方案中加载系统和变形量测系统的设计过程，并通过最终实验结果证明了此方案的正确性；梁振庭[75]对深水海底管道铺设进行了受力性能分析；S. F. Estefen[76]对深海海底管道的压溃现象及破坏和卷管铺设方法的影响进行了研究。

由于机械复合管的特殊结构，国内外关于机械复合管弯曲失效研究很少，而且相关国际标准中也没有明确给出机械复合管在弯曲工况下的失效指标（最小弯曲半径）。为了避免反复弯曲后造成的基/衬结合面分离，引起内衬耐蚀合金层起皱或失效，需要模拟管道实际安装条件，通过有限元计算预测机械复合管临界弯曲曲率半径，并通过全尺寸弯曲试验验证有限元计算结果，测试复合管弯曲性能指标，为机械复合管道系统设计和管材制造质量控制提供理论与实践依据。

一、海洋铺管适用性理论分析

本节以中国海油某项目采用的规格为 ϕ219mm×（14.3+3）mm 复合管作为对象。通过有限元数值模拟计算，分析了机械复合管弯曲失效模式以及基/衬层间结合强度和衬层壁厚对复合管临界弯曲曲率半径的影响；随后通过全尺寸弯曲试验和铺管船海上铺设等途径，验证了有限元计算的正确性和机械复合管在海洋油气开发中应用的可行性。

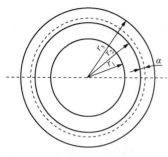

图4-60　复合管过盈配合示意图

1. 薄壁管道弯曲失效理论分析

1）过盈配合应力分析

图4-60是机械复合管过盈配合的示意图，其中r_1代表衬管内半径；r_3代表基管外半径；r_2分别代表衬管外半径和基管内半径；α为基/衬层间的过盈量。

由于过盈量相对于管子的界面尺寸很小，所以管子界面在径向变形协调条件可写为[77]

$$u_2\big|_{r=r_2}-u_1\big|_{r=r_2}=\alpha \tag{4-25}$$

式中：u_1和u_2分别为衬管和基管沿径向的偏移量。

根据弹性力学理论可得到以下关系式：

$$u_1=\frac{1}{E(r_2{}^2-r_1{}^2)}\left[-(1-\nu)pr_2{}^2r-\frac{(1+\nu)pr_1^2r_2^2}{r}\right] \tag{4-26}$$

$$u_2=\frac{1}{E(r_3{}^2-r_2{}^2)}\left[-(1-\nu)pr_2{}^2r-\frac{(1+\nu)p_3^2r_2^2}{r}\right] \tag{4-27}$$

通过上述式（4-25）至式（4-27）可求出接触面的正压力，见下式：

$$p=\frac{E\alpha(r_3^2-r_2^2)(r_2^2-r_1^2)}{2r_2^3(r_3^2-r_1^2)} \tag{4-28}$$

通过管子受内压作用时已有的关系，可以得到过盈配合下的衬管和基管径向和环向应力，见式（4-29）和式（4-30）：

$$\sigma_r=\frac{pr_2^2(r_1^2/r^2-1)}{r_2^2-r_1^2} \tag{4-29}$$

$$\sigma_\theta=\frac{pr_2^2(r_1^2/r^2+1)}{r_2^2-r_1^2} \tag{4-30}$$

基管径向和环向应力分别见式（4-31）和式（4-32）：

$$\sigma_r=\frac{pr_2^2(1-r_3^2/r^2)}{r_3^2-r_2^2} \tag{4-31}$$

$$\sigma_\theta=\frac{pr_2^2(1+r_3^2/r^2)}{r_3^2-r_2^2} \tag{4-32}$$

式中：σ_r和σ_θ分别是管子径向和环向应力；E是钢材弹性模量；p是接触面上正压力。

2）薄壁管起皱分析

薄壁管起皱失稳的临界状态见下式[78]：

$$U=Up \tag{4-33}$$

式中：U 为弯曲起皱应变能；Up 为壳体变形区的外力塑性变形能。

根据薄壳的基本假设、全量理论及小挠度薄壳弯曲假设，可得到薄壳起皱所需的弯曲变形能，详见下式。

$$U = \frac{t}{2} \iint \frac{E_s}{1 - \mu^2} \left[(\varepsilon_\alpha + \varepsilon_\beta)^2 + 2(1 - \mu)\left(\frac{1}{4}\gamma_{\alpha\beta} - \varepsilon_\alpha\varepsilon_\beta\right) \right] AB\mathrm{d}\alpha\mathrm{d}\beta$$

$$+ \frac{t^3}{24} \iint \frac{E_r}{1 - \mu^2} \left[(\kappa_1 + \kappa_2)^2 + 2(1 - \mu)(\chi^2 - \kappa_1\kappa_2) \right] AB\mathrm{d}\alpha\mathrm{d}\beta \qquad (4\text{-}34)$$

式中：U 为壳体起皱的弯曲变形能；$E_r = 4EE_t/(\sqrt{E} + \sqrt{E_t})^2$ 为折减模量；$E_t = \mathrm{d}\overline{\sigma}/\mathrm{d}\overline{\varepsilon}$ 为切向模量；$E_s = \overline{\sigma}/\overline{\varepsilon}$ 为割线模量；$\overline{\sigma}$ 为等效应力；$\overline{\varepsilon}$ 为等效应变；μ 为泊松比，无量纲；t 为壳的厚度；A，B 为拉麦系数；α，β 分别是沿壳体的坐标曲线；ε_α，ε_β，$\gamma_{\alpha\beta}$ 为壳体中面应变值；κ_1，κ_2 代表弯曲变形的曲率改变；χ 为扭矩。

根据有限元模拟结果计算每个载荷步管子稳定变形消耗的塑性变形能，见下式[79]：

$$Up = \sum_{e=1}^{m} \overline{\sigma}^e \dot{\overline{\varepsilon}}^e \mathrm{d}t \qquad (4\text{-}35)$$

式中：m 为管子弯曲时受压区域的单元数；$\overline{\sigma}^e$ 为单元平均等效应力；$\dot{\overline{\varepsilon}}^e$ 为单元平均等效应变速率；$\mathrm{d}t$ 为时间步长。

2. 有限元模型

1）复合管弯曲分析有限元模型的建立

图 4-61 是针对中国海油崖城项目所做的四点弯曲试验，根据试验结构、载荷的对称性和计算的效率性，本模型简化了计算量，只考虑了四点弯曲中的纯弯曲部分（两个加载点之间的部分）。而复合管制造过程中在内衬管外表面形成的残余压应力的大小是通过基/衬层间过盈量来体现的，即通过在初始模型的内外管之间设置一定量的几何重叠来模拟。针对中间的纯弯曲部分，考虑其沿轴向和径向的对称性，因此，只需建立整体的 1/4 模型即可。图 4-62 是通过 ABAQUS 建立的机械复合管纯弯曲失效分析有限元模型，具体参数见表 4-33。

图 4-61 四点弯曲实验装置图

图 4-62 复合管有限元模型

表 4-33　模型的基本参数

参数名称	数值
基管外径, mm	219
基管壁厚, mm	14.3
衬管壁厚, mm	3
模型的轴向长度, mm	750

2）网格及边界条件

表 4-34 中列出了各计算工况下所采用的网格类型和数量，模型网格划分及边界条件的设置如图 4-63 和图 4-64 所示。经过验证，各情况下的网格类型和数量均符合要求，无异常网格。在模型中通过建立接触对来模拟基/衬管材间的相互作用，而作用力大小则通过过盈量大小来模拟[80]。

表 4-34　单元类型及数量

网格类型	网格数量
C3D8R 单元	27360

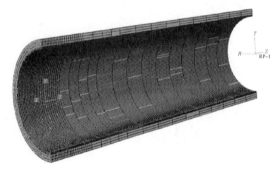

图 4-63　网格划分示意图

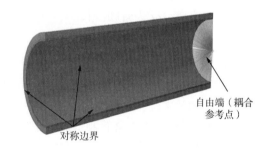

图 4-64　边界条件示意图

3）计算工况

本次计算分为两种工况：一是分析了过盈量大小对复合管弯曲失效的影响；二是分析了衬管壁厚大小对复合管弯曲失效的影响。具体管材参数见表 4-35。

表 4-35　管材参数

工况	参数值
基/衬层间过盈量, mm	0.1、0.2、0.3、0.5、1.0
衬管壁厚, mm	1.0、1.5、2.0、2.5、3.0

4）材料参数

机械复合管是通过水下爆燃复合使得基/衬管材达到机械贴合的，在整个复合过程中衬管发生了弹塑性变形，而基管主要是发生弹性变形。为了使得计算结果尽可能接近实验结果，本次计算均采用复合后的基管和衬管实测应力应变曲线(图 4-65、图 4-66)进行屈曲失效分析，表4-36给出了计算所需要的材料参数。

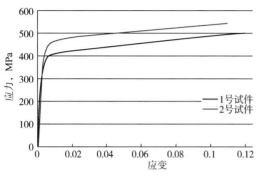

图4-65　复合后内衬管拉伸曲线

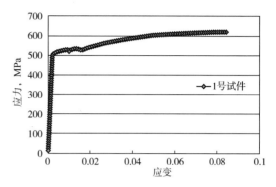

图4-66　复合后基管拉伸曲线

表4-36　屈曲失效分析计算中所用参数

类别	弹性模量，GPa	泊松比	屈服强度，MPa	摩擦系数
内衬管	133	0.3	335	0.427
基管	228	0.3	500	0.427

3. 计算结果及数据分析

1）过盈配合应力计算结果及分析

过盈配合模拟采用在初始模型中设置一定量的几何重合，然后通过过盈模拟模块实现计算，得出在该过盈量下基/衬管材的应力应变状态。此处过盈量 α 选取了 0.1mm、0.2mm、0.3mm、0.5mm、1.0mm 五组数据进行计算。图4-67是过盈量为 0.1mm 时复合管径向应力和环向应力云图，图4-68是复合管界面径向压应力和周向压应力随过盈量变化的曲线。

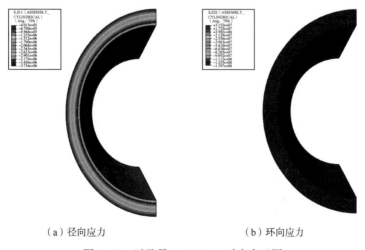

（a）径向应力　　　　　　　（b）环向应力

图4-67　过盈量 α = 0.1mm 时应力云图

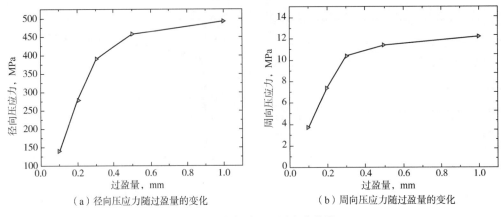

（a）径向压应力随过盈量的变化　　　　　（b）周向压应力随过盈量的变化

图 4-68　应力随过盈量变化曲线

从图 4-68 可以看出随着过盈量的增加复合界面的径向和环向应力也在增大。由于复合界面径向应力是衡量复合管结合强度的一种主要指标，即径向应力越大层间结合强度越高，采用过盈量的大小来模拟复合管结合强度高低是合理可信的。

2）不同过盈量下复合管弯曲失效分析

本次计算主要通过对复合管的自由端施加不同角位移来模拟复合管弯曲失效的。当自由端转过 0.4 rad 转角时，复合管发生了弯曲失效，图 4-69 是复合管弯曲的位移云图，从图 4-69 中可以看出在弯曲过程中复合管失效模式为内衬起皱；在模型分析中发现，内衬起皱变形呈现"X"形，主鼓包在中央，四个侧鼓包包围了主鼓包，这种图案在试验结果中也可以观察到。

图 4-69　复合管弯曲失效模式

图 4-70 是不同过盈量（即不同结合强度）的复合管在弯曲过程中弯矩和曲率的关系，从图 4-70 中可以看出过盈量的变化对弯矩和曲率的关系影响不大；这表明复合管弯曲过程中，总弯矩受基管承载能力的支配，内衬管对总弯矩的影响很小（即内衬管对弯曲强度的贡献不大），因此，从总弯矩上很难确定内衬管失效点。

图 4-71 是不同过盈量和径向应力所对应复合管的最小弯曲半径，从图 4-71 中可以看出随着径向应力和过盈量的减小，复合管所对应弯曲失效的最小弯曲半径在增大，而且径向应力和最小弯曲半径几乎呈线性关系。从图 4-71 上可以看出，径向应力 σ_r 与弯曲曲率 ρ 呈现弱负相关，即 σ_r 增加，ρ 相应减小，但减小幅度不大。

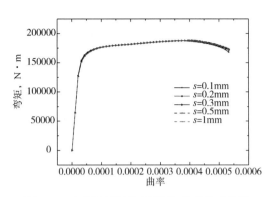

图 4-70　不同过盈量下弯矩与曲率关系曲线

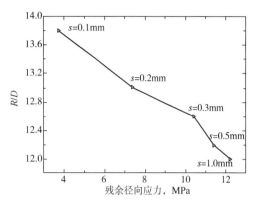

图 4-71　不同残余径向应力下的临界曲率半径

3）不同的内衬壁厚下复合管弯曲失效分析

由于复合管衬管厚度的设计首先要考虑使用寿命，同时要考虑它对复合管弯曲性能的影响，本次计算选取了衬管壁厚分别为 1.0mm、1.5mm、2.0mm、2.5mm、3.0mm 的复合管进行了弯曲失效分析，图 4-72是不同衬管壁厚的复合管所对应最小弯曲半径。

从衬管壁厚和最小弯曲半径关系曲线可以看出，衬管壁厚对复合管起皱失效所

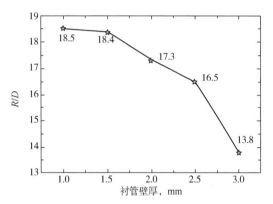

图 4-72　衬管壁厚与最小弯曲半径的关系

对应的最小弯曲半径影响比较复杂，当衬管壁厚 t 在 1~2mm 之间变化时，内衬厚度 t 与弯曲曲率 ρ 呈现弱负相关；当 $t \geq 2.5$mm 时，内衬厚度 t 与弯曲曲率 ρ 呈现强负相关，这表明机械复合管弯曲失效主要由内衬管主导，同时也说明增加衬管壁厚能够很好地提高复合管的抗弯能力。

综上所述，机械复合管屈曲失效模式主要为内衬起皱，内衬起皱变形呈现"X"形[81]，主鼓包在中央，四个侧鼓包包围了主鼓包。通过在有限元模型中添加过盈量的方法能够很好地模拟复合管界面的结合强度，随着结合强度的增加，复合管弯曲失效的最小弯曲半径有减小的趋势，但结合强度对弯曲失效影响不大。这说明在一定程度上能够通过提高结合强度来改善内衬起皱现象，但效果不会很明显。随着内衬壁厚的减薄复合管最小弯曲半径有明显增大趋势，通过增加内衬壁厚能够很好地提高复合管的抗弯能力；理论计算表明机械复合管临界弯曲曲率半径可以满足海洋石油管道"S"形铺设要求。

二、海洋铺管适用性模拟试验分析

借鉴和参考上述国内外研究方法，本节采用四点弯曲法，对机械双金属复合管进行整管弯曲性能进行分析。

1. 试验方法和装置

1）试验方法

测定材料承受弯曲载荷时的力学特性的试验，是材料机械性能试验的基本方法之一。弯曲试验主要用于测定脆性和低塑性材料的抗弯强度并能反映塑性指标的挠度。弯曲试验一般在万能材料机上进行，有三点弯曲和四点弯曲两种加载荷方式，试样的截面有圆形和矩形。对于脆性材料弯曲试验一般只产生少量的塑性变形即可破坏，而对于塑性材料则不能测出弯曲断裂强度，但可检验其延展性和均匀性。塑性材料的弯曲试验称为冷弯试验。

三点弯曲试验法：将标本放在有一定距离的两个支撑点上，在两个支撑点中点上方向标本施加向下的载荷，标本在 3 个接触点的作用下发生三点弯曲，最终标本将于中点处发生断裂。三点弯曲试验并不是测量标本抗弯曲性能的最薄弱区，而是在标本上的感兴趣区，如两根管道通过对接焊焊到一起，想测试对接焊缝的抗弯性能，可以通过三点弯曲试验来进行测试，则对接焊缝区为感兴趣区。

四点弯曲试验法：与三点弯曲一样，四点弯曲也将标本放在有一定距离的两个支撑点上，不同之处，四点弯曲是在离两个支撑点中点相同距离点上向标本施加向下的载荷，标本在 4 个接触点的作用下发生四点弯曲，标本在中点处的弯曲半径最大。四点弯曲试验主要用来测试标本的弯曲半径，还可以测试两种材料的结合力，如林香祝[82]等用四点弯曲试验法测定硬质涂层的结合力；张锁龙[83]等进行了低碳钢含裂纹管道四点弯曲作用下弹塑性裂纹扩展的试验研究。

根据试验目的要求与上述试验方法的各自特点，结合双金属复合管的特殊结构特点，选用四点弯曲试验法，既可测试双金属复合管最小弹性弯曲半径，又可以测试双金属复合管基衬分离的最小弯曲半径及其他弯曲性能等。

2）试验装置

由于国内外进行管道整管弯曲试验较少，除了自制一些简易试验工装外，没有标准化设备，为此设计制造了卧式和立式两套双金属复合管的全尺寸四点弯曲试验设备（图4-73）。在卧式全尺寸四点弯曲试验设备上安装了测力系统和静态应变采集系统，在整个弯曲试验过程中可以进行加载载荷数据采集和管体应变数据采集。立式全尺寸弯管测试系统在该设备上除安装了测力系统和静态应变采集系统，还编制了数据处理系统。

(a) 卧式全尺寸四点弯曲试验设备

(b) 立式全尺寸四点弯曲试验设备

图 4-73 卧式和立式全尺寸弯曲试验设备

2. 试验原理

1）弯曲半径测试

一方面，在试验进行中，通过测量弦长 L_{CD} 与弦高 H_{O-CD}，利用弦长分割定理计算弯曲半径 R；另一方面，通过测量对应的应变值，利用变形几何条件计算弯曲半径 $R_{验}$ 进行验证，可及时发现试验偏差，并纠正试验方案，且绘出弯曲半径与应变的关系曲线图，弯曲半径计算原理图如图 4-74 所示。

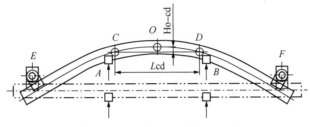

图 4-74　弯曲半径计算原理图

弯曲半径 R 与 $R_{验}$ 的计算公式分别为

$$R = \frac{\left(\dfrac{L_{CD}}{2}\right)^2 + (H_{O-CD})^2}{2H_{O-CD}} \tag{4-36}$$

$$R_{验} = \frac{D}{2\varepsilon_{中平轴}} \tag{4-37}$$

式中：L_{CD} 为弦长；H_{O-CD} 为弦高；D 为复合管公称外径；$\varepsilon_{中平轴}$ 为中心点轴向平均应变。

2）椭圆度变化测试

双金属复合管弯曲时，以管道中心为原点向两侧对称排列，共测量 3 个截面，每个截面测量 8 个点 4 组外径数据，取最大值和最小值计算椭圆度 O，并与标准规定值作对比。椭圆度 O 的计算公式为

$$O = \frac{\max(D_{0°} \cdot D_{45°} \cdot D_{90°} \cdot D_{135°}) - \min(D_{0°} \cdot D_{45°} \cdot D_{90°} \cdot D_{135°})}{D} \times 100\% \tag{4-38}$$

式中：$D_{0°}$、$D_{45°}$、$D_{90°}$、$D_{135°}$ 分别为每个截面测量的外径；D 为复合管公称外径。

3）应变值及其对应的加载载荷测试

在四点整管弯曲设备上，安装了两个测力系统，同时以管道中心为原点向两侧对称排列，分别在管道受拉侧与受压侧各贴 3 组应变片，且每组应变片包括一个轴向应变片与一个环向应变片，在弯曲试验时，在每个位移步下，记录对应的载荷 P 与应变值 ε；一方面，利用载荷 P 计算弯矩 M；另一方面，利用应变值 ε 及材料力学知识计算弯矩 $M_{验}$ 进行验证，可及时发现试验偏差，并纠正试验方案，且绘出弯矩与应变的关系曲线图。弯矩 M 与 $M_{验}$ 的计算公式为

$$M = P \times 9.8 \times 3.25 \tag{4-39}$$

当 $h \geqslant D/2$ 时：

$$M_{验} = \frac{\sigma_s I}{1000h} \tag{4-40}$$

当 $D/2 \geqslant h \geqslant d/2$ 时：

$$M_{验} = \frac{4\sigma_s}{3000}\sqrt{\left(\frac{D^2}{4}-h^2\right)^3} + \frac{\sigma_s}{1000h}\left(\frac{D^4}{32}\left\{\arcsin\left(\frac{2}{D}\right) - \frac{\sin\left[4\arcsin\left(\frac{2h}{D}\right)\right]}{4}\right\} - \frac{\pi d^4}{64}\right) \tag{4-41}$$

当 $d/2 \geqslant h$ 时：

$$M_{验} = \frac{4\sigma_s}{3000}\sqrt{\left(\frac{D^2}{4}-h^2\right)^3} - \frac{4\sigma_s}{3000}\sqrt{\left(\frac{d^2}{4}-h^2\right)^3} + \frac{\sigma_s}{1000h}\left(\frac{D^4}{32}\left\{\arcsin\left(\frac{2h}{D}\right)\right.\right.$$
$$\left.\left. - \frac{\sin\left[4\arcsin\left(\frac{2h}{D}\right)\right]}{4}\right\} - \frac{d^4}{32}\left\{\arcsin\left(\frac{2h}{d}\right) - \frac{\sin\left[4\arcsin\left(\frac{2h}{d}\right)\right]}{4}\right\}\right) \tag{4-42}$$

式中：h 为弹塑性分界面高度，I 为复合管惯性矩，D 为复合管公称外径，d 为复合管公称内径，$\varepsilon_{中平轴}$ 为中心点轴向平均应变，σ_s 为基管材质屈服强度，ε_s 为基管材质屈服应变。

H 与 I 的计算公式为

$$h = \frac{\varepsilon_s D}{2\varepsilon_{中平轴}} \tag{4-43}$$

$$I = \frac{\pi(D^4 - d^4)}{64} \tag{4-44}$$

4）弹性弯曲半径测试

一方面，根据材料学知识，当应变值为 0.2% 时，材料开始进入屈服变形，即 $\varepsilon = 0.2\%$ 为材料的弹塑性转变点，经式(4-37)计算材质及规格为 $\phi 219\text{mm} \times 11\text{mm}$ 的 X65 基管弹性弯曲半径，弹性弯曲半径见表4-37。

表4-37 弹性弯曲半径

规格，mm×mm	材质	屈服强度，MPa	屈服应变	弹性弯曲半径，m
$\phi 219 \times 11$	X65	450	0.2%	228D

另一方面，在管道受拉侧与受压侧各贴3组应变片，通过测试弯曲时的应变值，来确定弹性弯曲半径，即当应变值等于0.2%时，材料开始进入屈服变形，进而通过式(4-36)计算弹性弯曲半径。

5）极限弯曲半径测试

一方面，利用极限弯曲半径理论计算公式，计算 $\phi219mm\times11mm$ 的 X65 基管极限弯曲半径，计算的极限弯曲半径见表 4-38。

表 4-38 极限弯曲半径

序号	极限弯曲半径理论计算公式	极限应变计算值	极限弯曲半径，m
1	BS 8010（1993）：$\varepsilon_C = 15\,(t_{nom}/D_0)^2$	3.78%	13.3D
2	Gresnigt（1986）：$\varepsilon_C = 0.5t/(D_0-t)-0.0025$	2.4%	20.8D
3	Murphey and langner（1985）：$\varepsilon_C = 0.5t/(D_0-t)$	2.7%	18.5D
4	Igland（1993）：$\varepsilon_C = 0.005+13\,(t/D_0)^2$	3.78%	13.3D
5	DNV（1996）：$\varepsilon_C = (t/D_0)-0.01$	4%	12.5D

另一方面，在进行弯曲试验中，通过调整工装，尽可能地使管材弯曲，从外观上判断管体是否屈曲失效，再通过式(4-36)计算极限弯曲半径。

6）内衬的起皱及屈曲测试

根据预设载荷步进行弯曲试验，实时计算弯曲半径，在最大弯曲变形处，通过内窥镜观察内衬是否起皱及屈曲。当内衬发生起皱及屈曲时，停止弯曲试验，进而确定内衬起皱及屈曲的弯曲半径。

7）基衬分离的弯曲半径测试

根据预设载荷步进行弯曲试验，实时计算弯曲半径，在最大弯曲变形处，分别在管道受拉侧与受压侧内外预设两个小孔（180°对称小孔），弯曲时，通过测试内外孔的深度来判断基衬是否分离，当基衬发生分离时，停止弯曲试验，进而确定基衬分离的弯曲半径。

3. 试验分析与结果

本次双金属复合管弯曲试验，主要是为了评价双金属复合管的弯曲性能，一方面对 $\phi219mm\times(11+3)mm$ 的 X65/316L 双金属复合管进行了整管弯曲试验，另一方面试图与弯曲试验对比，对 $\phi219mm\times11mm$ 的 X65 基管进行了整管弯曲试验。

1）基管的整管弯曲试验及结果

X65 基管整管弯曲试验（编号为 JG-001），两端支点距离为 8000mm，加载点间隔距离为 1500mm。试验数据分析如下：

（1）当应变值为 0.2% 时，该基管进入塑性变形，经式(4-36)计算，对应的弯曲半径为 218D，与表 4-37 的理论计算值 228D 基本相一致，则该基管（JG-001）管材的屈服弯曲半径（即最小的弹性弯曲半径）为 218D。

（2）根据表 4-38 试验前的理论计算，$\phi219mm\times11mm$ 的 X65 基管的极限弯曲半径大约在 13D~20D 之间，在本次试验中，该基管最终的弯曲半径为 20D，管体椭圆度为 3.15%，基管没有发生屈曲变形。

2）双金属复合管整管弯曲试验及结果

借鉴基管的整管弯曲试验经验，对 $\phi219mm\times(11+3)mm$ 的四根 X65/316L 双金属复合管（编号分别为 FHG-001、FHG-002、FHG-003 和 FHG-004）分别进行了整管弯曲试验，其两端支点距离为 8000mm，加载点间隔距离为 1500mm。试验数据分析如下：

（1）第一根复合管（编号为 FHG-001）最终弯曲半径为 18D，管体椭圆度为 5.3%，基管没有发生屈曲变形；在复合管中心处剖开，衬管发生屈曲变形与起皱现象。

（2）第二根复合管（编号为 FHG-002）最终弯曲半径为 20D，管体椭圆度为 3.2%，基管没有发生屈曲变形；在复合管中心处剖开，衬管发生屈曲变形与起皱现象。第二根复合管（编号为 FHG-002）弯曲试验时，在该复合管上贴了应变片，当应变值为 0.2%时，该复合管进入塑性变形，经式（4-36）计算，对应的弯曲半径为 225D，与表 4-37 的理论计算值 228D 基本一致，该复合管（FHG-002）管材的屈服弯曲半径（即最小的弹性弯曲半径）为 225D。

（3）第三根复合管（编号为 FHG-003）先加载弯曲至弯曲半径为 200D，然后卸载调转复合管 180°，再反向加载弯曲至弯曲半径为 95D，最后卸载，卸载后的弯曲半径为 225D；在复合管的中心处剖开，基衬管材没有发生分离，衬管没有发生屈曲变形与起皱现象。

（4）第四根复合管（编号为 FHG-004）弯曲试验时，最终的弯曲半径为 68D，管体椭圆度为 0.73%，基管没有发生屈曲变形。在距离复合管中心处 225mm 对称剖开复合管，基衬管材没有发生分离，衬管没有发生屈曲变形与起皱现象；然后把该长度为 450mm 复合管短节沿轴向纵向剖开，基衬管材也没有发生分离，衬管也没有发生屈曲变形与起皱现象。

（5）第四根复合管（编号为 FHG-004）弯曲试验时，在该复合管上贴了应变片，当应变值为 0.2%时，该复合管进入塑性变形，经式（4-36）计算，对应的弯曲半径为 215D，与表 4-37 的理论计算值 228D 基本相一致，该复合管（FHG-004）管材的屈服弯曲半径（即最小的弹性弯曲半径）为 215D；另外经式（4-37）计算 $R_{验}$，对经式（4-36）计算的弯曲半径 R 进行验证，弯曲半径 R、$R_{验}$ 与应变 ε 的关系曲线如图 4-75 所示。

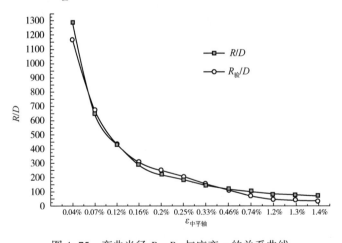

图 4-75　弯曲半径 R、$R_{验}$ 与应变 ε 的关系曲线

（6）第四根复合管（编号为 FHG-004）弯曲试验时，在弯曲设备上安装了测力系统，在弯曲试验进行时，在每个位移步下，记录了对应的应变值 ε 与相应载荷 P，经式（4-39）计算弯矩 M，另外经式（4-40）或式（4-41）或式（4-42）计算弯矩 $M_{验}$，对经式（4-39）计算

的弯矩 M 进行验证，弯矩 M、$M_{验}$ 与应变 ε 的关系曲线如图 4-76 所示。

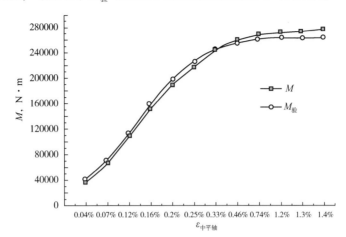

图 4-76　弯矩 M、$M_{验}$ 与应变 ε 的关系曲线

通过综合分析上述碳钢基管和机械复合管四点整管弯曲试验数据，可以看出：

（1）复合管弯曲半径在 $R \geqslant 218D$ 范围内（即 $R \geqslant 48\text{m}$），复合管处于弹性弯曲状态，其对应的应变在 $\varepsilon \leqslant 0.2\%$；复合管弯曲半径 $R \leqslant 218D$ 时，管体外侧开始进入塑性状态，对应的应变为 $\varepsilon \geqslant 0.2\%$。这个转变点与基体管材相同。

（2）$\phi 219\text{mm} \times (11+3)\text{mm}$ 的 X65/316L 机械复合管弯曲半径 $R = 100D \sim 68D$（即 R 为 $22 \sim 15\text{m}$）时，复合管达到全塑性阶段；经解剖，基管与衬管没有发生分离，衬管也没有发生屈曲变形与起皱现象，该弯曲变形过程不影响复合管的使用性能。

（3）在弯曲载荷作用下，复合管发生弯曲变形，当碳钢基管外表面轴向拉伸应变 $\leqslant$ 0.2% 时，所对应的弯曲半径 $R = 218D$，此时复合管处于完全弹性弯曲范围内；弯曲试验表明，当弯曲半径 $R \geqslant 218D$，衬管没有发生屈曲变形与起皱现象，该弯曲变形过程不影响管材使用性能，该复合管弯曲性能完全满足海洋石油天然气管道铺设的弯曲变形要求。

（4）基于应变的弯曲半径与弯矩有限元分析值和试验测试值结果基本吻合，两者相互验证，不仅说明本次试验方案合理、数据可靠、试验结论可信，同时也间接证实了前述有限元计算方法的准确性。

参　考　文　献

［1］API Spec 5LD Specification for CRA Clad or Lined Steel Pipe［S］.

［2］SY/T 6623—2018 内覆或衬里耐腐蚀合金复合钢管［S］.

［3］DNV-OS-F101—2013 Submarine Pipeline Systems［S］.

［4］GB/T 37701—2019 石油天然气工业用内覆或衬里耐腐蚀合金复合钢管［S］.

［5］API Spec 5L—2018 Specification for Line Pipe［S］.

［6］API Spec 5LC Specification for CRA Line Pipe［S］.

［7］ASTM A262—2013 Standard Practices for Detecting Susceptibility to Intergranular Attack in Austenitic Stainless Steels［S］.

［8］ ASTM G48-11 Standard Test Methods for Pitting and Crevice Corrosion Resistance of Stainless Steels and Re-
　　 lated Alloys by Use of Ferric Chloride Solution［S］.

［9］ ASTM G28 Standard Test Methods for Detecting Susceptibility to Intergranular Corrosion in Wrought, Nickel-
　　 Rich, Chromium-Bearing Alloys［S］.

［10］ ASTM A 923 Standard Test Methods for Detecting Detrimental Intermetallic Phase in DuplexAustenitic/Fer-
　　 ritic Stainless Steels［S］.

［11］ 胡雪峰, 张燕飞. 机械式复合管弯曲性能分析［J］. 焊管, 2012, 35(11)：34-39.

［12］ 张晓健, 蔡锁德. 机械式复合管热载荷作用下的屈曲分析［J］. 焊管, 2016, 39(11)：36-39.

［13］ 李兆超. 地下管道屈曲稳定研究［D］. 杭州：浙江大学, 2015.

［14］ 邓欢. 深水海底管道铺设的非对称屈曲及失稳机理研究［D］. 杭州：浙江大学, 2011.

［15］ Zeinoddini M, Ezzati M, Parke G A R. Plastic Buckling, Wrinkling and Collapse Behaviour of Dented X80
　　 Steel LinePipes under Axial Compression［J］. Journal of Loss Prevention in the Process Industries, 2015, 38
　　 (11)：67-78.

［16］ Vasilikis D, Karamanos S A. Mechanics of Confined Thin-Walled Cylinders Subjected to External Pressure
　　 ［J］. Applied Mechanics Reviews, 2014, 66(1)：1-14.

［17］ Watkins R K. 2004, Buried Pipe Encased in Concrete［C］ // Paper Presented at the Pipeline Division Spe-
　　 cialty Congress 2004, August 1-4 2004, San Diego, California, USA. Reston：ASCE, 2004.

［18］ Omara A M, Guice L K, Straughan W T, et al. Buckling Models of Thin Circular Pipes Encased in Rigid
　　 Cavity［J］. Journal of Engineering Mechanics, 1997, 123 (12)：1294-1301.

［19］ Ullman F. External Water Pressure Designs for Steel-LinedPressure Shafts［J］. Water Pow, 1964, 16：
　　 298-305.

［20］ Ahrens T. An In-Depth Analysis of Well Casings and Grouting：Basic Considerations of Well Design-Part Ⅱ
　　 ［J］. Water Well Journal, 1970, 39 (3)：49-51.

［21］ Chicurel R. Shrink Buckling of Thin Circular Rings ［J］. Journal of Applied Mechanics, 1968, 35 (3)：
　　 608-610.

［22］ 雷明玮. 复杂荷载组合作用深海夹层管复合结构屈曲失稳机理研究［D］. 杭州：浙江大学, 2016.

［23］ 王学生, 王如竹. 双金属复合管液压成形压力的计算［J］. 机械强度, 2002, 24(3)：439-442.

［24］ 周飞宇. 双层金属复合管液压成形工艺研究［D］. 南京：南京航空航天大学, 2014.

［25］ 许爱华, 张靖. 新疆克深2气田双金属复合管失效原因［J］. 油气储运, 2014, 33(9)：1024-1028.

［26］ 孙育禄, 白真权, 张国超, 等. 油气田防腐用双金属复合管研究现状［J］. 全面腐蚀控制, 2011, 25
　　 (5)：10-16.

［27］ 郭崇晓, 蒋钦荣, 张燕飞, 等. 双金属复合管内覆(衬)层应力腐蚀开裂失效原因分析［J］. 焊管,
　　 2016, 39(2)：33-38.

［28］ 陈浩, 顾元国, 江胜飞. 20G/316L双金属复合管失效的原因［J］. 腐蚀与防护, 2015, 36(12)：
　　 1194-1197.

［29］ 李发根, 魏斌, 邵晓东, 等. 高腐蚀性油气田用双金属复合管［J］. 油气储运, 2010, 29(5)：
　　 359-363.

［30］ 杜清松, 曾德智. 双金属复合管塑性成型有限元模拟［J］. 天然气工业, 2008, 28(9)：64-66.

［31］ Vasilikis D, Karamanos S A. Mechanics of Confinedthin-Walled Cylinders Subjected to External Pressure
　　 ［J］. Transactions of the ASME, 2014, 66：010801.

[32] Zeinoddini M, Ezzati M, Gar Parke. Plastic buck-ling, Wrinkling and Collapse Behavior of Dented X80 Steelline Pipes under Axial Compression [J]. Journal of Loss Prevention in the Process Industries, 2015 (38): 67-68.

[33] 江丙云, 孔祥宏, 罗元元. ABAQUS 工程实例详解[M]. 北京: 人民邮电出版社, 2014.

[34] 李兆超. 地下管道屈曲稳定研究[D]. 杭州: 浙江大学. 2015.

[35] Sammari A, Jullien J F. Creep Bucking of Cylindricalshells under External Lateral Pressure [J]. Thin-Walled Structures, 1995, 23(1-4): 255-269.

[36] Rueda F, Otegui J L, Frontini P. Numerical Toolto Model Collapse of Polymeric Liners in Pipelines [J]. Engineering Failure Analysis, 2011, 20(3): 25-34.

[37] Ooga M, Wijenayaka A S, Jga Croll. Reduced Stiff-ness Buckling of Sandwich Cylindrical Shells under Uniformexternal Pressure[J]. Thin-Walled Structures, 2005, 43(43): 1188-1201.

[38] Boot J C. Elastic Bucking of Cylindrical Pipe Liningswith Small Imperfections Subject to External Pressure [J]. Tunneling and Under Ground Space Technology, 1997, 12(1): 3-15.

[39] 魏帆, 张燕飞, 郭霖, 等. 一种机械式复合管结合强度的估算方法: ZL201610397361.3[P]. 2019-02-05.

[40] 张学良, 黄玉美. 粗糙表面法向接触刚度的分形模型[J]. 应用力学学报, 2006, 17(2): 32-34.

[41] 张学良, 黄玉美, 韩颖. 基于接触分形理论的机械结合面法向接触刚度模型[J]. 中国机械工程, 2000, 11(7): 727-729.

[42] 温淑花, 张学良, 武美先, 等. 结合面法向接触刚度分形模型建立与仿真[J]. 农业机械学报, 2009, 40(11): 198-202.

[43] 黄康, 赵韩, 陈奇. 两圆柱体表面接触承载能力的分形模型研究[J]. 摩擦学学报, 2008, 28(06): 530-533.

[44] 魏艳辉, 李群宏, 徐洁琼, 等. 两自由度碰撞振动系统的动力学分析[J]. 南京师范大学学报. 2007, 7(1): 85-91.

[45] 徐赵东. 结构动力学[M]. 北京: 科学出版社, 2007.

[46] 钱波, 岳华英. 变截面梁横向振动固有频率数值计算[J]. 力学与实践, 2011, 33(6): 46-49.

[47] 王维青. 对一个两自由度振动问题的求解[J]. 太原师范学院学报, 2005, 4(3): 72-74.

[48] 季进臣, 陈予恕. 两自由度非线性振动系统主参数激励下的分岔分析[J]. 应用数学和力学, 1999, 20(4): 337-345.

[49] Zeng Dezhi, Lin Yuanhua, Zhu Dajiang, et al. Simulation and Testing for the Residual Stress-Strain of Lined Steel Pipe after Plastic Forming[C]. International Conference on Advanced Technology of Design & Manufacture, IET, 2010: 89-93.

[50] 裴中涛, 李剑敏, 闻步正, 等. 双金属复合管的弹塑性分析及有限元模拟[J]. 化工机械. 2011, 38(6): 749-752.

[51] 曾德智, 杨斌, 孙永兴. 双金属复合管液压成型有限元模拟与试验研究[J]. 钻采工艺, 2010, 33(6): 78-80.

[52] 刘天亮, 尚德广, 陈宏. 基于固有频率的损伤定位方法及其稳定性的研究[C]. 2010 年国际农业工程大会论文集, 2010: 8-13.

[53] SY/T 7457—2019 石油、石化和天然气工业 油气生产系统的材料选择和腐蚀控制[S].

[54] 赵章明, 等. 油气井腐蚀防护与材质选择指南[M]. 北京: 石油工业出版社, 2011.

［55］ISO 15156-3：2020 Petroleum and Natural Gas industries - Materials for Use in H_2S-Containing Environments in Oil and Gas Production- Part 3：Cracking-Resistant CRAs and Other Alloys［S］.

［56］SY/T 6855—2012 含 H_2S/CO_2 天然气田集输管网用双金属复合管［S］.

［57］GB/T 15970.2—2000 金属和合金的腐蚀 应力腐蚀试验 第 2 部分：弯梁试样的制备和应用［S］.

［58］T/CSTM 00127—2019 金属材料高压釜腐蚀试验导则［S］.

［59］GB/T 18590—2001 金属和合金的腐蚀 点蚀评定方法［S］.

［60］Bruce D. Craig. Selection Guidelines for Corrosion Resistant Alloys in The Oil and Gas Industry［J］.

［61］徐芝纶. 弹性力学(第三版)［M］. 北京：高等教育出版社，1990.

［62］王勖成，邵敏. 有限单元法基本原理和数值方法［M］. 北京：清华大学出版社，1995.

［63］潘信吉，何蕴增，张凤敏，等. 材料力学实验原理及方法［M］. 哈尔滨：哈尔滨工程大学出版社，1995.

［64］刘鸿文，吕荣坤. 材料力学实验［M］. 北京：高等教育出版社，1992.

［65］王绍铭，熊莉，陈时通，等. 材料力学实验指导［M］. 北京：中国铁道出版社，2000.

［66］阿弗里尔［美］. 实验应力分析手册［M］. 北京：机械工业出版社，1985.

［67］张如一，陆耀桢. 实验应力分析［M］. 北京：机械工业出版社，1981.

［68］天津大学材料力学教研室. 电阻应变仪测试技术［M］. 北京：科学出版社，1980.

［69］韦德俊. 材料力学性能与应力测试［M］. 长沙：湖南大学出版社，1997.

［70］吉林工业大学机械系. 应变片电测技术［M］. 北京：机械工业出版社，1978.

［71］NACE TM 0177. Standard Test Method Laboratory Testing of Metals for Resistance to Sulfide Stress Cracking and Stress Corrosion Cracking in H_2S Environments［S］.

［72］孙意卿，贾旭. 海底管线铺设状态下的动力特性的有效数值方法［J］. 海洋工程，1990(3)：1-2.

［73］赵长财，肖宏，董国疆，等. 管材屈曲和起皱分析［J］. 中国机械工程，2007(11)：1363-1366.

［74］王晓琳. 海底输油气管道在弯曲与外压共同作用下实测实验方案的确定［J］. 辽宁工学院学报，1999 (6)：60-63.

［75］梁振庭. 深水海底管道铺设受力性能分析［D］. 杭州：浙江大学，2008.

［76］S. F Estefen. Collapse Behaviour of Intact and Damaged Deepwater Pipelines and the Influence of the Reeling Method of Installation［J］. Journal of Constructional Steel Research，1999(50)：99-114.

［77］李伟建，潘存云. 圆柱面过盈连接的应力分析［J］. 机械科学与技术，2008，27(3)：2-3.

［78］林艳，杨合. 薄壁管数控弯曲成形过程失稳起皱的数值模拟研究［D］. 西安：西北工业大学，2003：50-51.

［79］李恒，杨合. 薄壁管数控弯曲成形过程失稳起皱及成形极限的研究［D］. 西安：西北工业大学，2004：26-31.

［80］Hilberink A，Gresnigt A M，Sluys L J. Liner Wrinkling of Lined Pipe under Compression, A Numerical and Experimental Investigation［C］. Proceedings of the 29th International Conference on Ocean, Offshore and Arctic Engineering. New York，ASME，2010：6-10.

［81］Reddy B D. An Experimental Study of the Plastic Buckling of Circular Cylinders in Pure Bending ［J］. Int J Solids Structures，1979(15)：669-683.

［82］林香祝，陈仁悟，何良干. 用四点弯曲法测定硬质涂层的结合力［J］. 西安理工大学学报，1985(4)：26-33.

［83］张锁龙，尤一匡，黄志荣，等. 低碳钢含裂纹管道四点弯曲作用下弹塑性裂纹扩展的试验研究［J］. 压力容器，1999(2)：2，14-18.

第五章 双金属复合管道环焊缝焊接工艺及评定方法

第一节 新型环焊缝焊接工艺评定方法

一、管端处理及对接焊接工艺演化历程

1. 端部处理工艺演化历程

双金属复合管在投入市场初期，管端结构不作任何特殊处理，采用整体"V"形坡口，即到施工现场同普通管道一样进行焊接，但是由于机械复合管端部基管与衬层并非熔合为一体，中间夹层有时存在水、锈或污，在焊接受热过程中会产生气孔、脱离和剥落现象，加大了后续焊接难度，有时甚至会出现无法操作的局面。

为了更好地开展现场焊接，人们开始对端部进行了层间密封焊接处理，这样不仅可以避免双金属复合管在运输、储存和现场施工时灰尘和湿气等进入基管和衬管层间造成复合管的腐蚀，更重要的是使复合管端部基/衬管材能熔为一体，为后续复合管之间环向对焊连接提供方便。当前应用较多的端面处理方式包括端部封焊和端部堆焊两种。

典型的端部封焊结构如图 5-1(a)所示，通过在端部加工坡口，再填充封焊焊缝。不过实践中发现封焊后的双金属复合管现场焊接难度仍然较大，一次拍片合格率较低，而且还对焊工焊接手法要求较高。双金属复合管的基管和衬层材质不同，膨胀系数差别较大，在管口容易产生膨胀应力。而对管端实施封焊后，又会在管端产生焊接应力。这两种应力同时集中在管端封焊位置，容易产生裂纹，进而影响焊接质量。

为此，开发了一种管端堆焊技术，如图 5-1(b)所示。通过在管口内堆焊，将复合管双层结构导致的应力集中部位和对接焊缝熔合线部位分开，从根本上消除裂纹产生条件。在堆焊材料选择上，表 5-1 给出了更详尽的描述，文献[1]也给出了部分材料选择建议，其中 316L 内衬复合管选用 309MoL，2205 双相不锈钢内衬复合管选用 ER2209 或者 ERNiCrMo-3，而 N08825 内衬复合管则选用 ERNiCrMo-3。

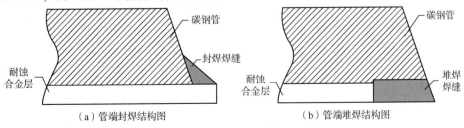

图 5-1 管端处理结构图

表 5-1　典型的管端堆焊材料

衬管材质	堆焊打底层焊材	堆焊剩余层焊材
304L	ER309L	ER308L
316L	ER309L/ER309LMo	ER316L 或 ER317L
S31803	ER309Mo/ER309LMo	ER2209
S32205	ER309Mo/ER309LMo	ER2209
S32750	ER309Mo/ER309LMo	ER2553
N08825	ERNiCrMo-3	ERNiCrMo-3
N06625	ERNiCrMo-3	ERNiCrMo-3

2. 对接焊接工艺发展历史

焊接是管材用于工程结构不可缺少的技术，双金属复合管焊接属于异种金属连接，不同于纯材管的焊接，有自己的特点，冶金过程复杂，有相应的技术要求。双金属复合管结构的特殊性及对其力学性能和耐腐蚀性能的双重要求使得其焊接不能像普通管道那样进行现场焊接施工，双金属复合管的焊接往往存在多层焊，焊接接头结构复杂，因此，焊接问题一直是困扰双金属复合管大规模应用的症结之一。

不同于双金属复合板的焊接，双金属复合钢管一般内部空间小，焊工难以进入操作，只能选择先焊内覆层单面焊双面成型，另外考虑现场焊接环境复杂的特点，双金属复合钢管的焊接难点主要表现为以下三个方面：

（1）常规的复合板焊接，可以先焊基管，待基管检验合格后焊接过渡层，最后焊接耐蚀层，从焊接材料和工艺参数的选择容易保证耐蚀合金层的性能。而复合管由于内部空间小，接触介质的根部焊道必须先焊接，该层焊道不可避免地受到多次加热，其耐蚀性受到影响。基管焊接时，由于前面焊缝金属为不锈钢的耐蚀材料，必须选择合金元素较高的过渡层焊条，增加了焊接操作难度和成本。

（2）根部焊道焊接时，由于焊缝合金元素含量高，高温时必须采用惰性气体保护，否则会产生严重的氧化和焊接缺陷，影响焊接接头的耐蚀性。不过由于油气集输管材长度和管径较大，内部通气保护难度大。

（3）现场焊接条件差，尤其是焊接时管材不能转动，一般为水平固定全位置焊接，母材对焊缝的稀释率受焊接位置影响很大，焊工操作难度大，质量不易保证。

经过多年试验分析和现场施工实践，双金属复合管焊接已经积累了丰富的经验，目前在焊缝结构设计、焊接方法和焊接材料选择上一般要求如下：

（1）焊缝坡口设计上，当前复合管主流采用的坡口为"V"形焊接坡口和"U"形焊接坡口，坡口如图 5-2 和图 5-3 所示。其中"V"形焊接坡口更多见于地面集输管线手工焊接，"U"形焊接坡口更多使用在海洋集输管线的自动焊接上。

（2）焊接方法选用上，当前复合管对接焊接先后尝试过焊条电弧焊（SMAW）、钨极氩弧焊（GTAW 或 TIG）、熔化极气体保护焊（GMAW 或 MIG）等，焊接手法也包括了手工焊、半自动焊和自动焊。

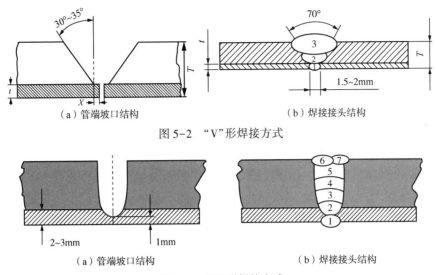

（a）管端坡口结构　　　　　　　（b）焊接接头结构

图 5-2 "V"形焊接方式

（a）管端坡口结构　　　　　　　（b）焊接接头结构

图 5-3 "U"形焊接方式

（3）焊接材料选择方面，主要包括两种：一种工艺是整个焊缝采用合金焊丝，即基管与衬层均选用不锈钢或镍基合金焊丝，文献[2-3]分别为采用了不锈钢和镍基合金焊接工艺应用案例；另一种工艺需采用过渡焊方法，即不锈钢层焊接采用不锈钢焊丝，外部碳钢层采用碳钢焊丝，过渡层采用高合金焊丝或纯铁焊丝，文献[4-5]为该型焊接工艺应用实例。

采用合金焊丝焊接，即选用与衬层材质相同或更高等级的焊材对环焊缝进行填充，其焊缝质量和环焊缝性能更易于保证，焊接过程中只需采用一种焊接工艺，焊缝质量容易保证。在焊材选择上，E309 焊材能够焊接 X52～X56，焊材 E309Mo 可以匹配 X60～X65 的强度，而 X65～X70 则要用到 Inconel 625 焊材[6]。但由于高合金焊材价格昂贵，受经济因素的限制，这种工艺对薄壁小壁厚的双金属复合管道比较合适。而对厚壁大直径的双金属复合管道，焊缝可能需要采用过渡焊方法，焊接过程涉及多种焊材。

采用过渡焊焊接方式是早期国内主要使用的选材原则，由于大量采用碳钢或低合金焊材焊接，该种选材方式大大节约了高合金焊材使用，焊接成本显著降低。但采用此种方式焊接，其焊接接头质量不易控制和保证。由于采用了在高合金过渡层上焊接碳钢或低合金钢焊材，其焊缝熔合区处极易于产生脆硬的马氏体组织，导致接头焊缝的塑韧性显著降低，严重时还会促进冷裂纹的出现。因此，该种焊接工艺更多只能适用于承压不高、厚壁大直径的机械复合管焊接，而且存在一定的风险性，需要进一步的研究和完善[7]。针对上述情况，文献[8]提出了一种纯铁过渡的过渡焊焊接工艺，通过在不锈钢过渡层之后基管焊接之前，增加一层微碳纯铁焊材焊接的焊缝金属，将不锈钢与碳钢隔离开，随后基管焊接采用与基管母材强度匹配的碳钢焊接材料。这样，在不锈钢过渡层之后没有过渡区，质量容易保证，不过该工艺目前还缺乏应用案例，应用效果尚待进一步考证。

从国内的焊接实践来看，316L 奥氏体不锈钢机械复合管焊接施工主要经历了四个阶段[9]，详见表 5-2。前三个阶段基管和衬层金属间采用管端封焊处理，封焊和根焊选择奥氏体不锈钢焊材，填充和盖面焊材采用碳钢或奥氏体不锈钢焊材，第四阶段基管和衬层金属采用管端堆焊处理，根焊、过渡、填充和盖面选择镍基合金焊材。

表 5-2　316L 机械复合管焊接工艺使用情况

阶段	焊接工艺	管端工艺	对焊工艺	保护方式
第一阶段	老焊接工艺	309 封焊	316 打底，309 过渡，碳钢盖面	氩气保护
第二阶段	老焊接工艺	309 封焊	316 打底，309 过渡，碳钢盖面	药芯焊丝自保护
第三阶段	一次改进工艺	309 封焊	316 打底，309 过渡，不锈钢填充、盖面	药芯焊丝自保护
第四阶段	二次改进工艺	镍基合金封焊	全部镍基合金焊接	氩气保护

　　焊接工艺第一阶段，该阶段工艺优点为内侧焊缝及热影响区氧化保护较好，成型较好；工艺缺点为封焊、根焊、填充和盖面区域硬度指标较难控制，特别是在封焊位置硬度超标严重；采用碳钢或低合金钢焊条填充和盖面工艺在过渡层也表现出硬度偏高现象。该阶段工艺在施工上表现为日焊口量少，焊接功效低，内保护气及工装成本高，焊条成本低，由于制管质量问题、层间温度限制造成严重降效。

　　焊接工艺第二阶段，该阶段工艺主要优点为不需使用内充氩保护，主要不足为内侧焊缝氧化区保护不好，封焊、根焊、填充和盖面区域的硬度指标均较难控制，特别是在封焊位置硬度超标；采用碳钢或低合金钢焊条填充和盖面工艺在过渡层区域存在硬度偏高现象，高钢级基管复合管焊接裂纹缺陷明显，一次合格率偏低；药芯焊丝对背面焊道的保护效果存在争议。该阶段工艺在施工上表现为日焊接功效有一定提高，无保护气及工装成本，焊条成本低。

　　焊接工艺第三阶段，该阶段工艺主要优点为不需使用内充保护氩气，采用不锈钢焊条填充和盖面工艺的过渡层硬度偏高现象有所控制；工艺主要缺点为内侧焊缝氧化区保护不好，封焊、根焊、填充和盖面区域的硬度指标均较难控制，特别是在封焊位置也有硬度超标问题。该阶段工艺在施工上表现为日焊接功效有一定提高，无保护气及工装成本，填充和盖面焊条成本较高。

　　焊接工艺第四阶段，该阶段工艺主要优点为采用堆焊封闭处理管口两层金属，可以降低焊缝及热影响区硬度，两层金属界面间止裂性好，成功地克服热裂纹和延迟裂纹的产生，焊接功效高，大大提高了整个焊接接头及邻近区域的各项机械性能，焊接质量取得了较好的效果。工艺主要缺点为 ERNiCrMo-3 镍基合金焊材对坡口处的洁净度要求较高，焊接时需要采用内充氩装置，因此施工无法采用大机组流水作业。该阶段工艺在施工上表现为日焊接功效低，内保护气及工装成本高，填充和盖面焊条成本较高。

　　本章将在对上述环焊缝焊接工艺演化和评定方法分析基础上，通过选取典型环焊缝腐蚀和开裂失效案例开展失效分析，拟给出双金属复合管失效主控因素，建立新型环焊缝焊接工艺评定方法，同时开发新型管端堆焊工艺和尺寸精度控制方法、环焊缝手工焊和全自动热丝 TIG 焊接工艺，试图提供有效的焊接工艺甄别手段和可提高环焊缝焊接可靠性及焊接效率的焊接工艺。

二、典型环焊缝失效案例分析

　　前期由于国内在双金属复合管环焊缝焊接经验不足，焊接工艺设计和工艺评价技术方面存在或多或少的问题，个别油气田在双金属复合管使用过程中发现了一些环焊缝失效事故，失效类型包括基管环焊缝开裂和衬层环焊缝腐蚀。

下面结合典型环焊缝开裂和腐蚀失效案例分析，探究环焊缝焊接工艺设计和评定过程中存在的问题，寻求双金属复合管道环焊缝焊接的解决思路和方法。

1. 环焊缝开裂失效案例分析

1）失效试样及实验方法

图5-4为现场截取双金属复合管试样，该试样取自某单井支线管道，失效发生在新建管道的试压过程中，失效形式为环焊缝刺漏。双金属复合管道材质为316L（衬管）/L360NB（基管），规格为ϕ168.3mm×（5.6+2.0）mm，结合方式为机械复合。环焊缝焊接结构如图5-5所示，采用手工焊接组对，焊接方法为钨极氩弧焊+焊条电弧焊，采用过渡焊方法，具体的焊接工艺详见表5-3。

图5-4 来样照片

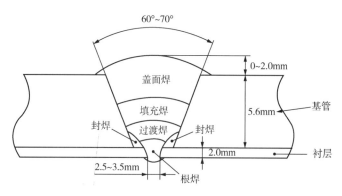

图5-5 焊接接头示意图

表5-3 焊接工艺

| 焊道 | 焊材型号 | 焊材规格 ϕ mm | 电源 | 焊接电流 A | 电弧电压 V | 气体流量，L/min | | 线能量 cm/min |
						焊枪	背面	
封焊	ATS-F309L	2.2	DC-	60~80	9~12	8~10	11~14	0.35~0.73
根焊	ATS-F316L	2.2	DC-	90~110	9~12	8~10	—	0.90~1.53
过渡焊	ATS-309MoL	2.4	DC-	100~120	9~12	8~10	—	1.00~1.69
填充焊	CHE507	2.5	DC+	60~80	20~24	—	—	1.00~1.69
盖面焊	CHE507	2.5	DC+	60~80	20~24	—	—	1.39~2.30

2) 结果及分析

环焊缝外表面无明显可见缺陷，内表面存在肉眼可见如图 5-6(a)所示 2 处孔洞，直径约 2mm，其中位于左侧位置的孔洞与外部刺漏位置基本吻合。将样品对剖观察发现，刺穿处另一侧环焊缝内壁存在如图 5-6(b)和图 5-6(c)所示的 4 处孔洞、直径约为 0.5~1mm。

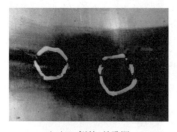  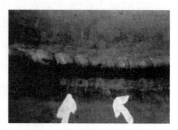

（a）一侧的2处孔洞　　　　　（b）另一侧2处孔洞　　　　　（c）另一侧其余2处孔洞

图 5-6　刺穿及孔洞形貌

磁粉检测发现环焊缝处存在 1 处长约 45mm 的线性显示，射线检测发现环焊缝处存在 1 处 35mm 长的评定为Ⅳ级裂纹以及深孔缺陷(图 5-7)，不满足 NB/T 47013.2—2015[10] Ⅱ级验收标准，另外还发现有四处评定为Ⅱ级的圆形缺陷。

（a）磁粉检测　　　　　　　　　　　（b）射线检测

图 5-7　磁粉和射线检测结果

对如图 5-6(a)和 5-6(b)所示的刺穿及孔洞处准确截取金相样品分析，基管和衬管母材组织分别为多边铁素体(PF)+珠光体(P)和奥氏体(A)+铁素体(F)；焊缝盖面层、填充层、过渡层和衬层金相组织依次为马氏体(M)、马氏体(M)、奥氏体(A)+铁素体(F)和奥氏体(A)+铁素体(F)；热影响区基管侧熔合区组织为粒状贝氏体($B_{粒}$)+多边铁素体(PF)+珠光体(P)、细晶区组织为多边铁素体(PF)+珠光体(P)、衬管侧组织为奥氏体(A)+铁素体(F)，如图 5-8 所示。

图 5-9 为 4 件金相样品宏观形貌，经观察发现所有试样在不锈钢内衬、封焊和根焊的交界处都存在焊接未熔合孔洞缺陷，刺漏处对应的 1# 金相试样环焊缝处有一裂纹笔直扩展，为了更清晰观察裂纹形貌，取其对立面金相试样，裂纹整体形貌如图 5-10 所示，同时裂纹周围组织有明显脱碳现象。

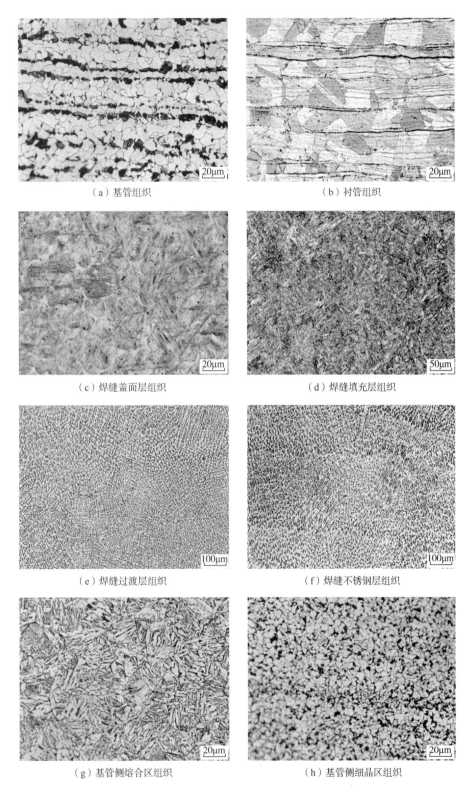

（a）基管组织

（b）衬管组织

（c）焊缝盖面层组织

（d）焊缝填充层组织

（e）焊缝过渡层组织

（f）焊缝不锈钢层组织

（g）基管侧熔合区组织

（h）基管侧细晶区组织

图 5-8　金相组织

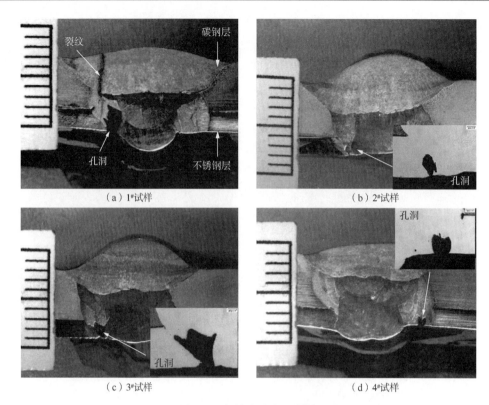

（a）1#试样　　　　　　　　　　　（b）2#试样

（c）3#试样　　　　　　　　　　　（d）4#试样

图 5-9　焊接接头宏观形貌

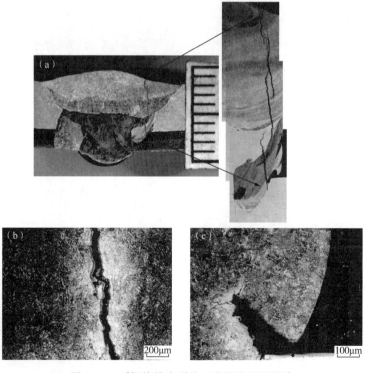

图 5-10　1#焊接接头裂纹、孔洞及组织形貌

打开如图 5-10 所示裂纹，裂纹面宏观形貌如图 5-11 所示。从断面上可以看出，断面无明显塑性变形，整个开裂面较为平坦，局部呈现出金属光泽，表现为脆性断口特征；基管与衬管结合面存在较多铁锈，且靠近衬管侧孔洞处锈蚀最为严重，远离衬管孔洞端锈蚀较轻，新鲜光亮区域为机械打开裂纹时的撕裂部位。对断口进行清理后发现，断裂面根部较为光滑，裂纹从光滑区边界开始扩展，呈放射状向外扩展，最终形成开裂（图 5-12）。断面上的锈蚀程度和放射线扩展纹走向均说明裂纹为由内向外扩展。

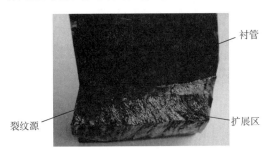

图 5-11　裂纹打开宏观形貌　　　　图 5-12　清理后的断口形貌

断裂面上光滑区与扩展区台阶面的形成原因与焊接接头的结构有关，光滑区域占整个断裂面的 1/3 宽，这个厚度与焊接接头中封焊层位置与厚度相吻合，另外 2/3 宽度扩展区厚度和所处位置与填充及盖面焊位置和厚度相吻合。从断裂面形貌上来看，填充及盖面焊区域裂纹扩展速度比衬层封焊区域明显偏高。

在 1# 样品上进行焊接接头横截面的维氏硬度检测，检测位置及结果见表 5-4，在距外表面 3.7~4.2mm 处出现了硬度突变，此位置对应焊缝熔合线位置，硬度突变解释了裂纹扩展面上出现 2 个不同区域的现象。在硬度较高的区域裂纹扩展速度高于硬度较低的区域，并且形成的开裂面也更加粗糙。

表 5-4　维氏硬度检测结果

距外焊缝边缘距离，mm	0.2	0.7	1.2	1.7	2.2	2.7	3.2	3.7
硬度值，HV0.5	453	426	451	432	431	410	450	468
距外焊缝边缘距离，mm	4.2	4.7	5.2	5.7	6.2	6.7	7.2	—
硬度值，HV0.5	184	179	179	208	202	198	189	—

采用扫描电子显微镜对焊接接头处孔洞内形貌以及断裂面上微观形貌进行分析，可见孔洞内部呈不规则状，孔洞内部微观形貌表现为颗粒状特征，呈现出未熔合形貌，如图 5-13所示。裂纹打开面根部的微观形貌呈现出河流状的准解理形貌，并有撕裂棱的存在，表现为脆性断口（图 5-14），裂纹扩展区微观形貌主要呈现为如图 5-15 所示特征，表现出撕裂变形的痕迹。

3）综合分析及讨论

使用薄壁圆筒公式计算双金属复合管道的轴向应力为 133.2MPa，而失效管道名义最小屈服强度为 360MPa，管道的轴向应力远小于材料的屈服强度，而焊缝处 E5015 焊条熔敷金属的抗拉强度大于 490MPa，在没有缺陷存在的情况下，环焊缝性能足以满足强度设计要求。

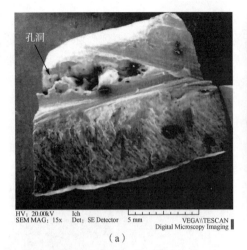

孔洞

HV: 20.00kV Ich
SEM MAG: 15x Det: SE Detector 5 mm
Digital Microscopy Imaging
（a）

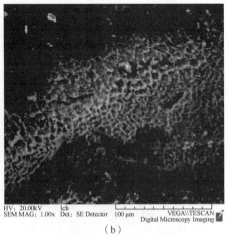

HV: 20.00kV Ich
SEM MAG: 1.00x Det: SE Detector 100 μm
Digital Microscopy Imaging
（b）

图 5-13　1#焊接接头孔洞打开形貌

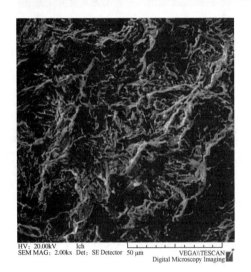

HV: 20.00kV Ich
SEM MAG: 2.00kx Det: SE Detector 50 μm
Digital Microscopy Imaging

图 5-14　裂纹面根部形貌

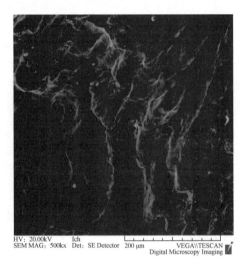

HV: 20.00kV Ich
SEM MAG: 500kx Det: SE Detector 200 μm
Digital Microscopy Imaging

图 5-15　裂纹扩展区形貌

　　对照金相分析中 4 件焊接接头的低倍检测结果均发现有未熔合缺陷，这些缺陷造成焊缝处有效承载的壁厚减薄，同时会造成严重的应力集中，在承受较高的内压时，就会成为整个管线的薄弱环节，导致裂纹的萌生，而焊缝的填充区和盖面区充斥着马氏体组织，这些硬而脆的组织特性正好提供了裂纹快速扩展通道，最终环焊缝可能以刺漏或者开裂的形式表现出来。这种情况在缺陷处存在裂纹情况下将会更加危险。

　　环焊缝失效试件裂纹面打开后并未发现与内部未熔合孔洞直接相连，但从衬层与基管复合界面处的锈蚀形貌可以推断，复合界面有试压水介质进入，并在一定时间扩展后，最终形成刺漏，裂纹与孔洞应在其他方向上有连接通道。

　　2. 环焊缝腐蚀失效案例分析[11]

　　1）失效试样及实验方法

　　图 5-16 为现场截取的失效双金属复合管样，该失效管样取自某单井支线，失效形式

为穿孔泄漏,失效位置在环焊缝的热影响区。失效管道材质为 316L(衬管)/L360NB(基管),结合方式为机械复合,规格为 ϕ168.3mm×(5.6+2.0)mm。环焊缝采用手工焊接组对,焊接方法为钨极氩弧焊+焊条电弧焊,焊接接头同样使用前述案例中如图 5-5 所示结构,采用过渡焊焊接方式,焊接材料选用见表 5-5。

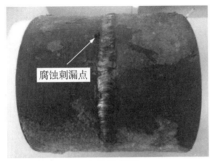

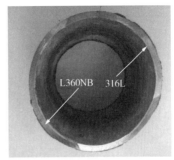

（a）外表面　　　　　　　　　　（b）内表面

图 5-16　失效管样宏观照片

表 5-5　焊接材料

焊　道	焊材型号	厂家牌号	执行标准	规格,mm
封焊	ER309LT1-5	ATS-F309L	AWS A5.22	2.2
根焊	ER316LT1-5	ATS-F316L	AWS A5.22	2.2
过渡焊	ER309LMo	ATS-309MoL	AWS A5.9	2.4
填充和盖面焊	E309MoL-15	AES-309MoLZ	GB/T 983—1995	2.6

该失效管样的输送介质为单井采出液(天然气、凝析油和地层水),含水率为 99.45%,总矿化度达到 290000mg/L,Cl^- 含量达到 180000mg/L。管道内 CO_2 含量为 0.09MPa,不含硫化氢,输送压力为 12MPa,输送温度为 35℃,运行时间为 2.5 年。

利用肉眼观察失效管样内外表面的宏观特征,确定穿孔的位置及形状,并利用数码相机(NIKON L100)记录其宏观特征。同时,采用 XXQ-2005 型射线探伤仪和 DPT-5 型渗透剂分别对失效管样环焊缝进行射线检测和渗透检测,以确定失效管样是否存在其他缺陷。

对失效管样的衬管和基管分别取样进行化学成分分析,对失效管样的管体、环焊缝和穿孔处金相组织进行检测分析。另外还对环焊缝金相试样进行硬度试验,对穿孔形貌和腐蚀产物进行分析,同时对环焊缝不同区域的成分进行 EDS 分析。

2)实验结果与分析

图 5-17 为失效管样穿孔位置的示意图。从图 5-17 中可知,沿介质流向观察,穿孔位于环焊缝 5 点钟方向,处于管道下半部的液相。图 5-18 为失效管样穿孔处内外表面的宏观照片,其中,穿孔内表面形貌呈细长的梭形[图 5-18(a)],长 14mm,宽 2.5mm,其外表面形貌呈半椭圆状[图 5-18(b)],长 16mm,宽 6mm,穿孔外表面面积更大。同时,失效管样的外径和壁厚测试表明,除穿孔处外衬管和基管的几何尺寸未见异常,未发生显著变形和减薄。

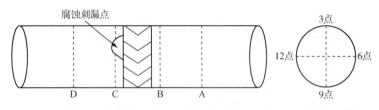

图 5-17　失效管样穿孔位置示意图

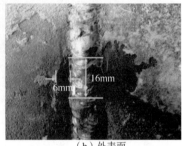

（a）内表面　　　　　　　　　　（b）外表面

图 5-18　穿孔处内外表面宏观照片

失效管样环焊缝的射线检测和渗透检测结果分别如图 5-19 和图 5-20 所示。射线检测表明，除环焊缝 5 点钟的穿孔显示外[图 5-19(a)]，在其 7—8 点钟方向存在多处体积型缺陷[如图 5-19(b)中实线圈所示]；同时，渗透检测再次证实，除穿孔显示外在 7—8 点钟方向焊缝内表面存在多处缺陷[如图 5-20(a)中实线圈所示]，此为射线检测所见缺陷；去除渗透剂后，肉眼可见多处椭圆状腐蚀坑，最大深度达 1mm[图 5-20(b)]。

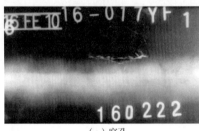

（a）穿孔　　　　　　　　　　（b）焊缝缺陷

图 5-19　失效管样射线检测缺陷形貌

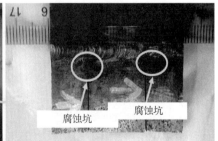

（a）渗透后　　　　　　　　　　（b）去除渗透剂后

图 5-20　失效管样内表面渗透检测照片

失效管样衬管和基管化学成分分析结果见表5-6，两者都满足相应标准要求，化学成分合格。其中，衬管材料化学成分符合 GB/T 3280—2007《不锈钢冷轧钢板和钢带》[12] 标准对 316L 的要求，基管材料化学成分符合 GB/T 9711—2017《石油天然气工业　管线输送系统用钢管》[13] 标准对 L360NB 的要求。

表 5-6　失效管样化学成分　　　　　　　　单位:%(质量分数)

成　　分		C	Si	Mn	P	S	Cr	Mo	Ni
衬管	实测	0.029	0.53	1.14	0.036	0.0013	16.4	2.07	10
	GB/T 3280—2007	≤0.03	≤0.75	≤2.0	≤0.045	≤0.030	16~18	2.0~3.0	10~14
基管	实测	0.13	0.36	1.46	0.018	0.0032	0.026	0.0059	0.024
	GB/T 9711—2017	≤0.24	≤0.45	≤1.65	≤0.025	≤0.015	≤0.30	≤0.15	≤0.30

失效管样衬管组织为奥氏体[图5-21(a)]、晶粒度8.0级，基管组织为铁素体+珠光体[图5-21(b)]、晶粒度9.5级，管体金相组织未见异常。管道顶部环焊缝金相组织为奥氏体+α固溶相，封焊组织为马氏体，且封焊已将衬管烧穿，可与输送介质直接接触，右侧内焊趾有缺陷，错边量较大[图5-22(a)]；穿孔处、腐蚀坑1和腐蚀坑2处[对应图5-20(b)中的腐蚀坑]的环焊缝组织与管道顶部的焊缝组织相同，封焊穿透衬管，右侧封焊内均有腐蚀坑，有明显错边[图5-22(b)至图5-22(d)]。由上述金相分析表明，失效管样的封焊不符合焊接要求，封焊组织为马氏体，且封焊烧穿316L衬管。

（a）衬管

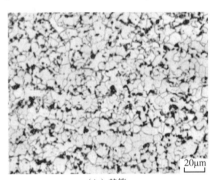
（b）基管

图 5-21　失效管样金相组织

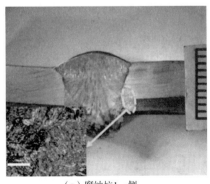
（a）腐蚀坑1一侧

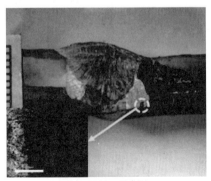
（b）腐蚀坑1另一侧

图 5-22　不同腐蚀坑处焊缝接头形貌及组织

 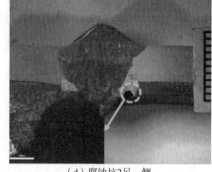

| （c）腐蚀坑2一侧 | （d）腐蚀坑2另一侧 |

图 5-22　不同腐蚀坑处焊缝接头形貌及组织(续)

失效管样环焊缝接头维氏硬度试验结果见表 5-7，穿孔附近和管道顶部环焊缝接头硬度值均符合 SY/T 6623—2012《内覆或衬里耐腐蚀合金复合钢管》[14]标准对机械复合管焊接接头的要求，失效管样硬度未见异常。

表 5-7　环焊缝接头维氏硬度试验结果

位置	硬度，HV10					
	基管	衬管	焊缝	基管 HAZ	衬管 HAZ	封焊
穿孔位置附近	160、164	230、204	193、203	163、166	219、202	217、208
管道顶部位置	168、167	187、179	182、170	174、180	193、202	199、206
SY/T 6623—2018	≤248	≤300		≤248	≤300	

图 5-23 为失效管样不同位置的 SEM 照片。穿孔处焊缝侧具有明显的流体冲刷腐蚀痕迹[图 5-23(a)]，高倍下可见冲蚀微孔[图 5-23(a)]，EDS 分析表明腐蚀产物的主要元素为 C、O 和 Fe(表 5-8)；穿孔处衬管侧表面较光滑，冲蚀孔较多，冲蚀特征明显，能谱分析确认其腐蚀产物少(表 5-8)；穿孔处基管侧腐蚀严重，局部腐蚀特征显著，腐蚀产物多，EDS 分析确认其主要元素为 C、O、Fe 和 Cl(表 5-8)。由此可见，失效管样焊缝接头的穿孔具有冲蚀作用，CO_2 腐蚀特征显著。

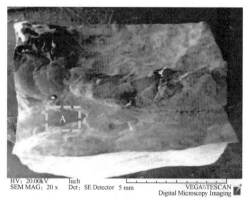 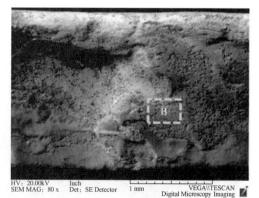

| （a）焊缝腐蚀形貌 | （b）衬管腐蚀形貌 |

图 5-23　失效管样不同位置 SEM 照片

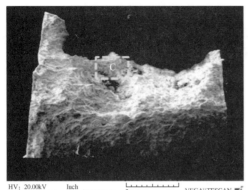 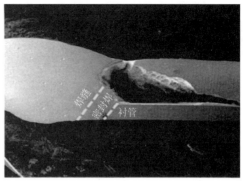

（c）基管腐蚀形貌　　　　　　　　　（d）焊缝接头纵截面形貌

图 5-23　失效管样不同位置 SEM 照片（续）

表 5-8　失效管样不同腐蚀区域 EDS 分析结果　　　单位：%（质量分数）

成分	C	O	Cl	Cr	Mo	Ni	Fe
区域 A	17.62	25.67	0.43	9.36	—	2.56	39.31
区域 B	15.79	36.32	1.46	—	—		41.95
区域 C	5.87	—	—	13.99	1.72	7.21	70.16

为进一步弄清焊缝接头不同区域的耐蚀性差异，对穿孔处焊缝接头靠近内壁的焊缝区、封焊区和衬管区［图 5-23（d）］进行 EDS 分析，结果见表 5-9。从表 5-9 可见，封焊的 Cr、Ni 含量分别比焊缝和衬管均降低约 30% 和 50%，相比之下封焊区域耐蚀性最差。

表 5-9　失效管样焊缝接头内壁侧不同区域 EDS 分析结果　　　单位：%（质量分数）

成分	C	Cr	Mo	Ni	Fe
焊缝	5.16	16.98	3.48	10.45	63.93
封焊	10.27	11.65	—	5.31	72.77
衬层	7.96	15.43		10.04	66.58

注：与图 5-23（d）中虚线所划分区域相对。

3）综合分析及讨论

由以上检测和试验结果可知，失效管样的 316L 衬管壁厚、化学成分和硬度符合相关标准要求，金相组织未见异常；其 L360NB 基管外径、壁厚、化学成分和硬度符合相关标准要求，金相组织未见异常，该失效管样衬管和基管的管体性能未见异常。

从焊缝接头穿孔宏观特征分析，穿孔位于焊缝热影响区 5 点钟方向，处于液相以下，衬管腐蚀坑呈细长的梭形，附近无减薄，基管腐蚀坑呈"里大外小"的特征，内壁减薄较多，外壁无明显腐蚀；其微观特征表明，衬管腐蚀坑冲蚀特征显著，腐蚀产物堆积较少，基管腐蚀坑有明显的局部腐蚀特征，堆积较多的 CO_2 腐蚀产物。此外，在环焊缝衬管热影响区的 7—8 点钟方向（液相以下）也存在较多点蚀坑，并与穿孔处腐蚀特征类似。由此可见，焊缝接头的穿孔过程应是 316L 衬管热影响区先受介质腐蚀穿孔，而后 L360NB 基管再被腐蚀穿孔。此外，研究表明[15]，当异种金属在腐蚀环境中相连时，会发生显著的电偶腐蚀，其中耐蚀性较差的金属将发生显著腐蚀，所以对于此失效管样，当316L 衬管热影响区腐蚀穿孔后，将与 L360NB 基管形成电偶腐蚀，导致 L360NB 基管加速腐蚀。

为明确316L 衬管热影响区的腐蚀原因，从发生点蚀的焊缝接头取样，金相分析表明封焊已焊穿衬管，点蚀坑均发生在封焊区。对封焊、焊缝和衬管的化学成分分析可知，封焊层 Cr、Ni 含量最低，其 PREN 值[16]（抗点蚀当量数）为 11.65，焊缝与衬管的 PREN 值分别为 28.46 和 22.03，所以封焊区域耐蚀能力最差。而从输送的地层水和天然气成分检测结果可知，地层水总矿化度达到 290000mg/L，Cl⁻ 含量达到 180000mg/L，CO_2 含量为 0.09MPa，腐蚀环境恶劣。相关文献研究表明[17]，油气井采出水中大量的 Cl⁻ 是引起不锈钢点蚀的主要原因之一。由此可以确定，由于不当的封焊操作导致封焊焊穿衬管，在恶劣腐蚀环境下，耐蚀性较低的封焊发生点蚀。同时，由于管道输送压力为 12MPa，导致其腐蚀穿孔后，天然气向外泄漏的流速高，使得耐蚀性较好的焊缝和衬管发生冲刷腐蚀，所以在穿孔处可见显著的冲蚀特征。

综上所述，该失效管样的失效行为是局部内腐蚀穿孔，失效原因是不当的封焊操作致使封焊焊穿衬管，而封焊焊缝由于基管碳钢材料的稀释高，Cr、Ni、Mo 耐蚀合金元素的含量下降，导致耐蚀性较低的封焊在高 Cl⁻ 腐蚀环境发生点蚀，穿透封焊后，衬管与基管构成电偶腐蚀，使得耐蚀性差的碳钢基管迅速腐蚀穿孔。

回顾上述环焊缝开裂失效案例发现，环焊缝与衬层或封焊区域交界处有多处孔洞缺陷、而衬层、封焊层和基管三者交界面存在微裂纹问题。这些孔洞和微裂纹缺陷往往导致局部应力集中成为引发焊缝起裂的源头，而填充焊和盖面焊区域内的高硬度马氏体组织又形成了裂纹扩展快速通道。显然，在环焊缝开裂失效中，封焊结构设计及对接焊接工艺成了焊缝开裂失效主要影响因素。对于环焊缝腐蚀失效案例中，不当的封焊工艺会直接焊穿衬管，再加上封焊结构设计致使环焊缝热影响区域受到反复受热，大口径打底焊又使用保护效果不佳的药芯焊丝自保护方式，三种因素联合作用下最终导致环焊缝热影响区严重氧化，耐蚀性能大幅度下降。显然，上述失效管段与管端处理方式及环焊缝焊接工艺设计存在着直接关系，同时未能发现两类焊接工艺问题的焊接工艺评定技术也有间接责任。

三、基于失效控制的环焊缝焊接工艺评定方法

1. 环焊缝焊接工艺评定现状

从前述的环焊缝焊接演化历程回顾和失效分析中发现，前期环焊缝失效问题主要集中在两个方面，一是基管环焊缝开裂，二是耐蚀合金层环焊缝腐蚀穿孔。进一步梳理溯源可知，焊接失效问题又聚焦于端部处理工艺结构及环焊缝焊接工艺两个方面，看似是工艺结构本身出了问题，但实质上背后又隐藏了焊接工艺评价方法问题，现有工艺评价方法没有很好地完成工艺的甄别和筛选工作。

关于双金属复合管道环焊缝焊接工艺评定，前期行业内部没有专门用于双金属复合管道的标准，只能参照碳钢或低合金钢等纯材管道工艺规范和标准进行施工验收，但在实践中发现了大量问题。传统管道焊接工艺评定标准 SY/T 0452—2021《石油天然气金属管道焊接工艺评定》[18] 和 NB/T 47014—2011《承压设备焊接工艺评定》[19]，评价对象主要为单

一碳钢管、低合金钢管或不锈钢管，没有涉及双金属复合管。对于复合板焊接工艺评定标准 GB/T 13148—2008《不锈钢复合钢板焊接技术要求》[20]，同样评价对象也只局限于复合板产品，并不能适用于双金属复合管道焊接工艺评定，而且还缺少焊接接头耐蚀性能评价要求。近年来，随着双金属复合管焊接认识逐步加深，油气田用户对全面可行的焊接工艺评定技术指标和评价方法需求越来越迫切，为此，由中国石油集团石油管工程技术研究院（现更名为中国石油集团工程材料研究院有限公司）牵头制定了团体标准 T/CSTM/ 00126—2019《内覆或衬里耐蚀合金复合管道环焊缝焊接工艺评定》[21]，围绕双金属复合管道焊接失效问题分析，建立了基于失效控制的焊接工艺评定方法，为有效解决焊接工艺甄别和优选、保障管道焊接质量提供了技术手段。

2. 基于环焊缝开裂失效控制的工艺评定方法建立

从环焊缝开裂的角度来看，当前国内常用的不锈钢焊丝完成管端封焊、不锈钢层和过渡层焊接，采用匹配相应强度碳钢或低合金钢焊条焊接碳钢或低合金钢基管的焊接工艺。从理论上看，无论是端部封焊还是环焊缝焊接工艺设计上，都存在较大的缺陷。

由于基管和衬层材质膨胀系数差别较大，管材运输存放过程中存在的温差应力及焊接过程中伴随的焊接应力都会作用在基管、衬层和封焊交界位置的薄弱区域，导致微裂纹产生进而又发展成为失效源区。图 5-24 为距离裂纹尖端不同距离下裂纹尖端应力场强度分布，环焊缝距离裂纹尖端距离越近，管材承受应力场强度越大，局部起裂风险越大。为此，宜考虑改变端部封焊结构，通过在管口内堆焊一段长度，使基管、衬层和堆焊层交界面产生裂纹风险远离焊缝，将复合管双层结构导致的应力集中部位和环焊缝熔合线部位分开，降低环焊缝裂纹和孔洞产生概率。

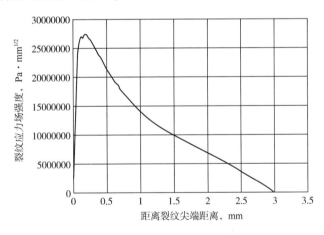

图 5-24　距离裂纹尖端不同距离下裂纹尖端应力场强度分布

油气田现场实践表明，端部封焊区域硬度控制较难，常会出现超过 300 HV10 的硬度超标情况。本节以 L415QB/316L 复合管为例，分别采用 ATS-F309L 不锈钢焊材和 ERNiCrMo-3 镍基合金焊丝进行手工封焊，分析手工封焊操作存在的问题。表 5-10 呈现了两种材料焊接的封焊层和热影响区硬度测试结果[22]，采用 ATS-F309L 不锈钢的封焊层内及热影响区硬度均超过硬度指标要求，热影响区范围相对较宽，而采用 ERNiCrMo-3 镍基合金焊丝时封焊层硬度适宜、热影响区域宽度较窄，封焊性能总体得到改善。不过从 ERNiCrMo-3 封焊的三个试样测试结果依旧能发现手工封焊的不稳定性，人为因素影响较大，个别封焊试件热影响区域熔合比仍旧过大，硬度也出现超标问题。为此，对于管端封焊操作，建议材料上改用 ERNiCrMo-3 镍基合金焊丝，焊接上采用工厂机械封焊替代手工操作。

表 5-10　两种材料焊接的封焊层和热影响区硬度测试结果

试　　样		硬度，HV10	
封焊材质	编号	封焊层	热影响区
ATS-F309L	1	288、158	381、392、385、392
	2	452、456	464、314、280、195
	3	220、245	404、319、399、214
ERNiCrMo-3	1	133、170	136、355、174、167
	2	182、191	410、390、175、150
	3	193、202	352、324、177、195

封焊区域内缺陷和高硬度区的存在常常成为焊接接头失效源头，同样不当的焊接工艺也是环焊缝重要失效隐患。在焊接基管时，采用碳钢或低合金钢焊接材料往不锈钢成分的过渡层焊道上焊接，碳钢或低合金钢金属被耐蚀合金母材稀释后容易形成中合金钢焊缝金属。如对于 316L 或 N08825 衬里机械复合管焊接，按照传统工艺方案耐蚀合金层采用 316L 或 ENiCrMo-3 等相应耐蚀合金焊丝焊接，过渡层可能使用 309MoL 和 ENiCrMo-3 焊丝，填充和盖面焊道根据基管强度选用匹配的碳钢或低合金钢焊材。

根据舍夫勒焊接组织图来看(图 5-25)，过渡层焊接若采用 E390 型或 ENiCrMo-3 焊材，焊缝金属中 Cr 含量分别约为 24% 和 22%，Ni 含量分别约为 13% 和 55%，Mo 含量分别约为 2% 和 8%。进一步地采用碳钢(如 E4315，J427)或低合金钢焊材(E5015，J507)等在过渡层上焊接的话，按前道焊缝对后续焊道稀释率按 10% 计算(一般超过 10%)，这层焊缝金属材料的 Cr、Ni、Mo 含量分别取 10% 含量，而碳钢或低合金钢焊材焊缝含碳量约

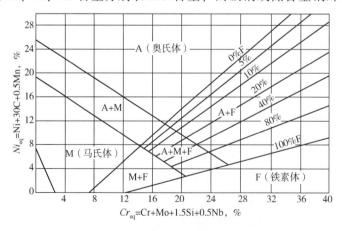

图 5-25　舍夫勒焊接组织图

为 0.12% 甚至更高。理论上讲上述操作将会分别形成约 0.12%C - 2.4%Cr - 1.3%Ni - 0.2Mo% 和 0.12%C - 2.2%Cr - 5.5%Ni - 0.8Mo% 成分的焊缝金属（忽略碳含量的稀释），而这种成分容易形成高硬度的马氏体组织，影响接头的塑性和韧性，严重时还可能产生冷裂纹，为后期管道安全运行埋下了失效隐患[8]。

结合失效机制分析来看，降低基管环焊缝开裂失效概率，一是要降低裂纹萌生的条件，提高裂纹或缺陷的检出率；二是要避免基管焊缝成为裂纹扩展通道，建立环焊缝韧性指标并匹配评定方法。为此，笔者提出了几项机械性能评定指标与方法。

（1）油气田现场在对检测合格的双金属复合管道焊口中开展后续抽查时发现了比例不低的环焊缝开裂现象存在，据此判断环焊缝有可能存在延迟裂纹现象，对此，在做焊接工艺评定过程中建议调整焊接工艺评定时间，要求试件在焊后或热处理完成后应冷却到室温延后 24 小时方可进行无损检测和性能评价。

（2）为了提高裂纹或缺陷的检出率，建议开展无损检测辅以金相检验的综合检测。整个环焊缝都应进行外观检验，焊缝外观成型应均匀一致，焊缝及其附近表面上不得有裂纹、气孔、夹渣等缺陷。焊缝表面不应低于母材表面且应与母材圆滑过渡，基管焊缝余高不得超过 3.5mm；基管焊缝咬边深度不应超过 0.4mm。环焊缝应沿环向开展三个位置的金相检验，焊缝应全部熔合并不允许出现裂纹，基管焊缝错边不大于 1.0mm，焊偏不大于基管最小壁厚 15% 且小于 3.0mm，同时要求剖面金相不得出现有淬硬马氏体组织。对于无损检测，整个环焊缝都应进行射线检测，检测结果达到 Ⅱ 级为合格，同时开展渗透检测，检测结果要达到 Ⅰ 级为合格。

（3）在传统管道焊缝强韧性能评定基础上，不仅要评价拉伸、弯曲和刻槽锤断等常规机械性能，管材冲击韧性和硬度性能也同样重要。对于基管侧环焊缝及其热影响区冲击试验，试样上耐腐蚀合金层应予以清除，试验温度一般为 0℃，有特殊要求时应符合设计文件规定；对于焊缝还要进行全区域硬度评价，硬度测定应在宏观组织检验试样上进行，试验位置参照图 5-26，测定焊接接头维氏硬度值（HV10），如果有条件的话，还可以尝试测试焊缝全区域硬度云图，对于高硬度区检测效果可能更为明显（图 5-27）。

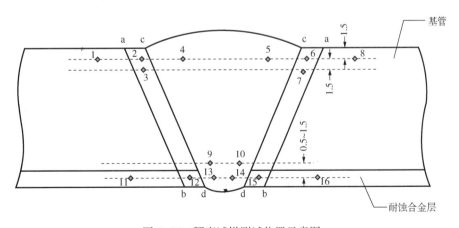

图 5-26　硬度试样测试位置示意图

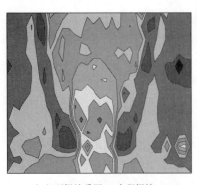

（a）环焊缝采用625全程焊接　　　　　　　　（b）环焊缝采用625+碳钢焊接

图 5-27　全区域硬度云图

结合上述焊接工艺评定方法，对利用过渡焊工艺焊接的某 316L 复合管道的环焊缝截取试样测试硬度值。硬度测试结果见表 5-11，发现填充区和过渡区域都有超过 400HV10 现象，说明该焊接接头可能存在马氏体脆硬组织，后期运行过程中环焊缝开裂风险较大。另外，依照上述评价方法在对两种过渡焊工艺焊接的 N08825 复合管焊接接头的焊接工艺评定中，还发现环焊缝试样弯曲试验开裂、夏比"V"形冲击韧性过低（表 5-12）以及局部硬度超标现象（表 5-13），同时还在基管焊缝组织中发现伴有裂纹缺陷（图 5-28）。以上测试结果都验证了新型焊接工艺评定方法在鉴别环焊缝机械性能方面的可行性，同时也说明了传统过渡焊工艺有较高的失效风险。

表 5-11　某 316L 复合管道环焊截取试样硬度测试结果

位置	盖面		填充		过渡		打底	
	1	2	3	4	5	6	7	8
硬度，HV10	240	250	406	381	428	408	201	199

表 5-12　夏比"V"形冲击试验结果

试件编号	温度，℃	KV2，J				FA，%			
		单个值			平均	单个值			平均
A	-20	4	5	4	4	0	2	0	1
B		7	13	15	12	2	5	5	4

注：试样规格：5mm×10mm×50mm

表 5-13　局部硬度试验结果

试件编号 A	序号	1	2	3	4	5	6	7	8	9	10	11
	硬度，HV10	150	149	147	145	410	399	404	161	150	155	138
	序号	12	13	14	15	16	17	18	19	20	21	22
	硬度，HV10	149	150	160	173	204	265	230	153	148	136	148
	序号	23	24	25	26	27	28	29	30	31	32	33
	硬度，HV10	173	175	169	167	190	188	190	184	177	180	187

试件编号 B	序号	1	2	3	4	5	6	7	8	9	10	11
	硬度，HV10	151	175	165	176	398	405	398	149	150	153	156
	序号	12	13	14	15	16	17	18	19	20	21	22
	硬度，HV10	151	175	178	162	163	170	160	170	158	160	144
	序号	23	24	25	26	27	28	29	30	31	32	33
	硬度，HV10	244	192	191	191	220	221	217	182	196	197	235

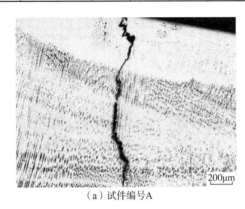 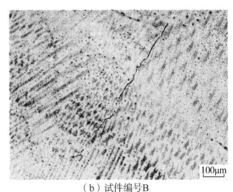

（a）试件编号A　　　　　　　　　（b）试件编号B

图 5-28　基管焊缝裂纹形貌

3. 基于环焊缝腐蚀失效控制的工艺评定方法建立

双金属复合管衬层一般较薄、通常不到 3mm，而在用端面封焊结构设计时[图 5-29（a）]，伸出的衬层会在管端封焊和管道对接焊接过程中局部反复受热。一旦在此过程中焊接工艺不妥或焊接操作不当或气体保护效果不佳，衬层金属就很容易发生损伤耐蚀性能下降[图 5-29（b）]。另外，油气田前期在双金属复合管焊接过程中使用氩气背面保护，总体保护效果良好。后来由于大口径复合管的使用，施工单位继续使用氩气保护存在难度继而改用了药芯焊丝钨极氩弧焊工艺焊接根部，实际应用过程中衬层焊缝背面不再充氩，只在正面充氩气保护。药芯焊丝钨极氩弧焊不锈钢，虽然在国内有一些焊接不锈钢金属成功应用案例，但总体来说该工艺对焊接工艺参数控制较严，现场焊接操作要求较高，尤其是仰焊位置更难控制。在双金属复合管焊接过程中发现使用药芯焊丝根焊的管道环焊缝失效问题较多，整体保护效果不佳，尤其是热影响区位置问题更为突出（图 5-30）。

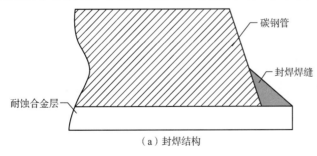 

（a）封焊结构　　　　　　　　　　（b）衬层损伤

图 5-29　封焊结构及衬层局部损伤

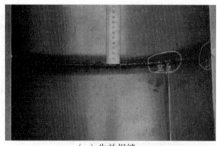

（a）失效焊缝一　　　　　　　　　　　　　（b）失效焊缝二

图5-30　衬层焊缝保护不佳

对如图5-31所示的环焊缝腐蚀坑表面和深处的元素含量分析可知，表面氧化造成了焊缝及其热影响区耐蚀合金元素不同程度流失，腐蚀坑表面的Cr含量明显低于腐蚀坑深处，而且焊缝和热影响区处Cr含量也分别低于H316L焊丝18.0%~20.0%的要求和316L母材16.0%~18.0%的要求。图5-32为取自环焊缝母材、焊缝和热影响区区域的电化学试样在3.5%NaCl溶液中开路电位和阳极极化曲线分析结果。可以看出，药芯焊丝钨极氩弧焊的焊缝和热影响区自腐蚀电位和点蚀电位都低于母材试样，焊缝和热影响区成了管道腐蚀薄弱区域。

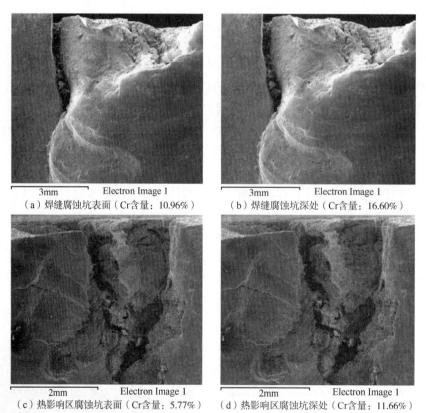

（a）焊缝腐蚀坑表面（Cr含量：10.96%）　　　（b）焊缝腐蚀坑深处（Cr含量：16.60%）

（c）热影响区腐蚀坑表面（Cr含量：5.77%）　　　（d）热影响区腐蚀坑深处（Cr含量：11.66%）

图5-31　环焊缝不同腐蚀坑区域耐蚀元素分布情况

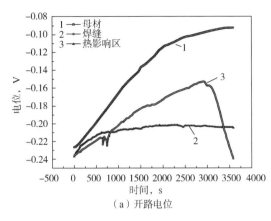
（a）开路电位

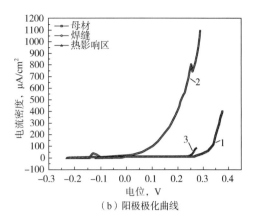
（b）阳极极化曲线

图 5-32 环焊缝不同区域腐蚀性能对比

总体来看，使用药芯焊丝根焊后，焊缝及热影响区表层都发现了不同程度的贫铬现象。不锈钢母材钝化膜表层 Cr 元素富集而焊接氧化皮表层 Cr 元素贫乏，分析发现焊接氧化皮外层由 Fe 的氧化物而内层则主要由 Fe 和 Cr 氧化物的两层结构所组成[23]。在氯化物环境中焊接氧化皮外层 Fe 氧化物抵抗侵蚀性离子破坏的能力较差、耐点蚀性能变劣，其主要是因为氧化皮合金表面形成了贫 Cr 区，即表面 Cr 浓度越低，点蚀越敏感。管道运行后，使用药芯焊丝的环焊缝保护效果不佳，耐蚀性能自然低于母材，成为腐蚀薄弱区，所以在焊接不锈钢复合管时不建议再继续使用药芯焊丝自保护代替背面氩气保护。

通常，焊接不锈钢时适当的背面保护气体是必不可少的，TIG 焊和 MIG 焊打底和定位焊时，背面必须保护，防止氧化并改善背面焊缝成形，另外热焊时也需要继续保护，否则反面将严重氧化。背面保护气体中的氧含量对环焊缝氧化程度有很大影响（图 5-33），焊接时管道内氧浓度超过 30ppm，316L 奥氏体不锈钢将开始明显氧化，大约 200ppm 含量的氧气就可使焊缝金属颜色变为黑色。因此，焊接时应对焊接背面保护气体中的氧含量严格限制，焊缝金属一般为稻草黄色时才可以接受，否则应对焊缝氧化色进行清理或酸洗。值得注意的是，如果焊缝氧化很严重，采用酸洗也难以清除的话，就必须采用机械清理加酸洗方法，而更为严重的氧化还将会影响根部焊缝成形和焊透。

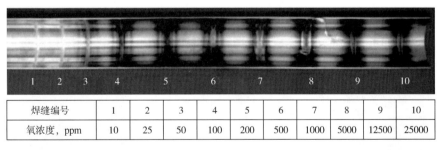

焊缝编号	1	2	3	4	5	6	7	8	9	10
氧浓度，ppm	10	25	50	100	200	500	1000	5000	12500	25000

图 5-33 不同氧浓度下环焊缝表面氧化程度

围绕环焊缝氧化的快速鉴别，笔者基于多年的焊接工艺评价经验，提出了以下四个方面耐蚀性能鉴别方法，可供参考。

（1）除了要求焊缝应 100% 连续，还要求其满足 S31603 奥氏体不锈钢焊后铁素体含量

5%~13%，双相不锈钢焊缝铁素体含量为35%~65%且不允许有害金属间相。

（2）引入耐蚀合金层焊缝氧化反应的验收准则做法，进一步考察耐蚀合金层焊缝及其热影响区的性能。图5-34和图5-35给出了验收图例参考，据此可快速评定双金属复合管耐蚀合金层焊缝损伤情况，同时在现场焊接过程中引入了高清摄像技术对环焊缝内表面焊接质量进行同步检查以进一步剔除焊接损伤环焊缝，图5-36为检测发现的焊缝氧化形貌。

（a）非常好的结果，不变色

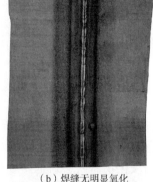
（b）焊缝无明显氧化

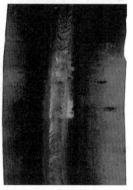
（c）轻微变色，焊缝有光泽，
无可见氧化层（一）

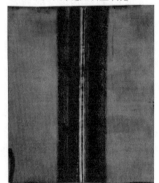
（d）轻微变色，焊缝有光泽，
无可见氧化层（二）

图5-34 可接受焊缝氧化反应的验收准则

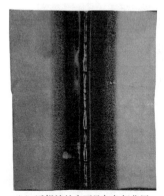
（a）近焊缝处有可见灰色氧化层

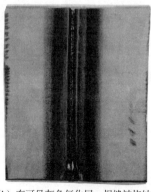
（b）有可见灰色氧化层、焊缝被烧蚀

（c）非常厚的氧化层

图5-35 不可接受焊缝氧化反应的验收准则

(a) 检测过程

(b) 检测发现的焊缝氧化形貌

图 5-36　高清摄像技术辅助焊缝内表面质量检验

（3）基于焊接接头工艺合格性判断的角度，对有腐蚀倾向的耐蚀合金层焊接接头，还应取样开展腐蚀试验评价。典型材料的腐蚀试验评价方法及验收指标见表 5-14，对于表 5-14 中未涉及的其他材料或试验方法，验收要求应协商确定。

表 5-14　部分耐蚀合金层材料腐蚀试验合格性要求

耐蚀合金层材质	腐蚀测试	试验条件	验收指标
UNS N08904(904L)	ASTM G48[24]方法 A	试验温度：25℃ 试验周期：24 小时	20 倍放大倍数下不得出现点蚀； 腐蚀速率应低于 4.0g/m²
UNS S31254	ASTM G48[24]方法 A	试验温度：50℃ 试验周期：48 小时	20 倍放大倍数下不得出现点蚀； 腐蚀速率应低于 4.0g/m²
UNS S31803	ASTM A923[25]方法 C	详见 ASTM A923	详见 ASTM A923[25]
UNS S32205	ASTM A923[25]方法 C	详见 ASTM A923	详见 ASTM A923[25]
UNS S32750	ASTM A923[25]方法 C	详见 ASTM A923	详见 ASTM A923[25]
UNS N08825	ASTM G48[24]方法 A	试验温度：22℃ 试验周期：72 小时	20 倍放大倍数下不得出现点蚀； 腐蚀速率应低于 4.0g/m²
UNS N06625	ASTM G48[24]方法 A	试验温度：50℃ 试验周期：72 小时	20 倍放大倍数下不得出现点蚀； 腐蚀速率应低于 4.0g/m²

（4）考虑到耐蚀合金复合管最终要用到高腐蚀油气集输环境中，焊接接头在苛刻腐蚀工况的耐蚀性能决定了管材的使用寿命，因此，对环焊缝腐蚀环境适用性评价也将是焊接工艺评定的重要内容。

对于环焊缝耐蚀性能评价主要分为两个方面：一是基管侧焊接接头在湿硫化氢环境中可能存在 HIC 和 SSC 问题。当基管侧焊接接头有 HIC 试验要求时，应按照 GB/T 8650—2015《管道和压力容器抗氢致开裂评定方法》[26]规定的方法使用 A 溶液进行试验，试验结果应满足 CLR≤15%、CTR≤5% 和 CSR≤2% 要求；当基管侧焊接接头有 SSC 试验要求时，应依据 GB/T 4157—2017《金属在硫化氢环境中抗硫化物应力开裂和应力腐蚀开裂的实验室试验方法》[27]规定的四点弯曲方法，试样应力加载 72% 的规定最小屈服强度，使用 A 溶液进行试验。720 小时试验后应在 10 倍放大倍数下对试样受拉伸面进行检查，受拉伸表面上出现任何开裂或裂纹的试样应视为不合格，能证明这些开裂或裂纹不是硫化物应力开裂引起的除外。二是耐蚀合金层焊接接头耐蚀性能评价，既要依据标准 T/CSTM 00127—2019《金属材料高压釜腐蚀试验导则》[28] 进行失重腐蚀试验评价还应考虑依据标准 T/CSTM 00127—2019《金属材料高压釜腐蚀试验导则》[28] 和 GB/T 15970.2—2000《金属和合金的腐蚀 应力腐蚀试验 第 2 部分：弯梁试样的制备和应用》[29] 规定的四点弯曲方法开展应力腐蚀开裂评价。两项试验均应在模拟现场工况环境中进行，失重腐蚀试验周期应不低于 168 小时，应力腐蚀开裂试验周期不得小于 720 小时。失重腐蚀试验后试样平均腐蚀速率应低于 0.025mm/a，且不得出现点蚀；应力腐蚀开裂试验后应在 10 倍放大倍数下对试样受拉伸面进行检查，受拉伸表面上出现任何开裂或裂纹的试样应视为不合格，能证明这些开裂或裂纹不是 SCC 引起的除外。

依据上述耐蚀性能评价方法，本节验证了焊接工艺对复合管对接焊缝晶间腐蚀性能的影响，具体从焊接参数与焊接材料两个方面开展试验验证。试验管材规格为 ϕ323.9mm×(8.8+2)mm 的 L415N/316L 机械复合管，管端采用封焊处理，封焊材质为 ER309LMo，环焊缝焊接试验参数见表 5-15。

表 5-15 焊接工艺参数

1. 正常对接焊：实心焊丝打底+氩气背保护							
焊道	焊材	焊材规格 ϕ mm	电源极性	焊接电流 A	电弧电压 V	气体流量，L/mm	
						正面	背面
根焊	ER316L	2.2	DC−	90~110	9~12	8~10	≥25
过渡焊	ER309MoL	2.4	DC−	100~120	9~12	8~10	≥25
填充焊	CHE507	2.5	DC+	60~80	20~24	—	—
盖面焊	CHE507	2.5	DC+	60~80	20~24	—	—

2. 大热输入量对接焊：实心焊丝打底+氩气背保护							
焊道	焊材	焊材规格 ϕ mm	电源极性	焊接电流 A	电弧电压 V	气体流量，L/mm	
						正面	背面
根焊	ER316L	2.2	DC−	110~130	9~12	8~10	≥25
过渡焊	ER309MoL	2.4	DC−	120~140	9~12	8~10	≥25
填充焊	CHE507	2.5	DC+	80~100	20~24	—	—
盖面焊	CHE507	2.5	DC+	80~100	20~24	—	—

3. 正常对接焊：药芯焊丝打底							
焊道	焊材	焊材规格 ϕ mm	电源极性	焊接电流 A	电弧电压 V	气体流量，L/mm	
						正面	背面
根焊	ATS−F316L	2.2	DC−	90~110	9~12	8~10	
过渡焊	ATS−309MoL	2.4	DC−	100~120	9~12	8~10	
填充焊	CHE507	2.5	DC+	60~80	20~24	—	—
盖面焊	CHE507	2.5	DC+	60~80	20~24	—	—

4. 大热输入量对接焊：药芯焊丝打底							
焊道	焊材	焊材规格 φ mm	电源极性	焊接电流 A	电弧电压 V	气体流量, L/mm	
						正面	背面
根焊	ATS-F316L	2.2	DC-	110~130	9~12	8~10	—
过渡焊	ATS-309MoL	2.4	DC-	120~140	9~12	8~10	—
填充焊	CHE507	2.5	DC+	80~100	20~24	—	—
盖面焊	CHE507	2.5	DC+	80~100	20~24	—	—

截取的环焊缝试样宏观金相形貌如图 5-37 所示，可以看出电流变化对环焊缝热影响区宽度影响较大，其中正常电流情况下热影响区宽度分别为 1.312mm 和 1.425mm，而大热输入量环焊缝热影响区宽度较大分别达到了 2.247mm 和 3.395mm，已基本覆盖到封焊焊缝下部的衬层，对衬层金属性能影响较大。进一步结合图 5-38 和表 5-16 中的微观形貌和金相组织结果分析，正常焊接的环焊缝热影响区不锈钢晶粒与母材相当，而大的热输入量会导致环焊缝热影响区不锈钢金相组织粗大，力学性能和耐腐蚀性能可能都会随之下降。

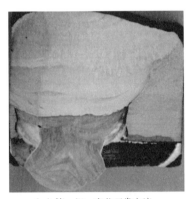

（a）第一组：实芯正常电流
（热影响区宽度约1.312mm）

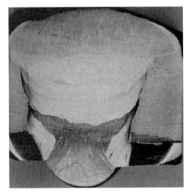

（b）第二组：实芯大热输入量
（热影响区宽度约2.247mm）

（c）第三组：药芯正常电流
（热影响区宽度约1.425mm）

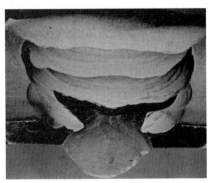

（d）第四组：药芯大热输入量
（热影响区宽度约3.395mm）

图 5-37　不同焊接工艺参数下环焊缝宏观形貌

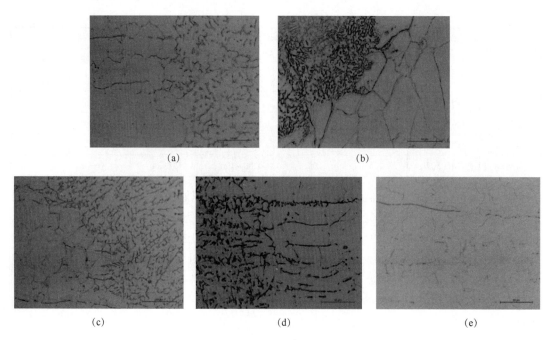

图 5-38　不同焊接工艺参数下环焊缝微观形貌

表 5-16　不同焊接工艺参数下环焊缝金相组织

序　号		显微组织	晶粒度
（a）	第一组：实心焊丝正常电流	HAZ：粗大的奥氏体+少量 δ 铁素体	7.0 级
（b）	第二组：实心焊丝大热输入量	HAZ：粗大的奥氏体+少量 δ 铁素体	5.0 级
（c）	第三组：药芯焊丝正常电流	HAZ：粗大的奥氏体+少量 δ 铁素体	7.0 级
（d）	第四组：药芯焊丝大热输入量	HAZ：粗大的奥氏体+少量 δ 铁素体	5.5 级
（e）	母材	奥氏体+少量带状分布铁素体	8.0 级

　　按照 ASTM A262 E 法对环焊缝进行晶间腐蚀试验，不同焊接方案下的晶间腐蚀结果如图 5-39 所示。除了采用实心焊丝正常电流焊接的试样晶间腐蚀试验合格外，其余试样均不合格。不合格试样发生了不同程度的腐蚀，腐蚀部位主要位于试样的背部，即基/衬接触面，腐蚀坑产生的具体位置主要位于环焊缝熔合线和热影响区范围内，所有含腐蚀坑的试样弯曲后均在正面处（即衬层内表面处）产生不同程度的裂纹。在内充氩保护气氛中采用实心焊材正常焊接工艺的环焊缝，内衬层环焊缝晶间腐蚀弯曲后，焊缝部分没有出现腐蚀坑和晶间腐蚀弯曲开裂现象，晶间腐蚀结果合格。

　　通过以上的试验可以看出，焊接材料与焊接参数的控制均可以影响双金属复合管道环焊缝腐蚀性能。其中实心焊材正常焊接工艺下，可以保证环焊缝的耐腐蚀性能；实心焊材大热输入量焊接工艺下，晶间腐蚀会在环焊缝熔合线出现腐蚀坑，主要因为大的热输入量尤其是过渡焊会将封焊层中的 C、Fe 和其他有害元素熔入打底焊缝熔合线附近造成；药芯焊材正常焊接工艺下，晶间腐蚀会在热影响区出现腐蚀坑，这主要是由于无氩气内保护气药芯焊丝对接焊，会造成环焊缝热影响区范围内衬层内表面氧化和烧损，引起环焊缝热影响区范围内的内衬层耐腐蚀性能下降；药芯焊材大热输入量焊接工艺下，晶间腐蚀会在熔合线和热影响区出现腐蚀坑，这是由于无氩气内保护和大热输入量的共同结果。

（a）第一组：正常对接焊（实心焊材+充氩保护）

（b）第二组：大热输入量对接焊　　（c）第三组：正常对接焊　　（d）第四组：大热输入量对接焊
（实心焊材+充氩保护）　　　　　（药芯焊材自保护）　　　　　（药芯焊材自保护）

图 5-39　不同焊接工艺下环焊缝晶间腐蚀试验后试样形貌

第二节　新型管端处理工艺及尺寸精度控制方法

一、不同管端处理工艺对比分析

1. 不同管端处理工艺性能对比

前文已经多次提到管端处理工艺质量直接影响后期的双金属复合管道环焊缝焊接质量，上一节研究虽然指出管端封焊更换为 ERNiCrMo-3 材料后可以初步解决硬度超高问题，但由于采用手工焊接，工艺上存在较大不确定性。实际应用中即使使用工厂封焊，仍然不宜作为普遍采用方式，因为工艺上并未解决封焊结构和工艺上普遍存在问题，比如封焊时内衬管烧穿、焊缝处应力集中以及管端内径控制不良导致的对接时错边量加大等，而且一旦需要现场封焊时，手工操作人为因素影响太大，实际管端封焊质量得不到保障。因此，本节将进一步采用 ERNiCrMo-3 材料堆焊，试验不同的管端封焊和堆焊工艺，通过硬度试验分析，展现不同管端处理工艺的性能特性。

管端封焊试验采用 L245、L360 和 L415 基材，焊材采用药芯和实心 309L（309L 采用不同的含 Mo 量）及 ERNiCrMo-3 分别焊接；工艺上采取焊前预热和不预热，开一次坡口和二次坡口等措施，焊后对焊缝、热影响区进行了硬度比较。硬度测试采用 HV10 负荷维氏硬度计，试验结果见表 5-17 至表 5-19。

表 5-17 L245 基材封焊区硬度试验测试结果

| 试样编号 | 309MoL(实心) | | | | | | 309L(药芯) | | | | | | ERNiCrMo-3(实心) | | |
| | 根部不开坡口 | | | 根部开坡口 | | | 根部不开坡口 | | | 根部开坡口 | | | 根部不开坡口 | | |
	BM	WM	HAZ	BM	WM	HAZ	BM	WM	HAZ	BM	WM	HAZ	BM	WM	HAZ
1#	153	183	186	152	263	159	156	423	177	150	188	179	153	174	218
2#	136	174	219	148	420	435	154	349	196	152	211	183	145	176	242

表 5-18 L360 基材封焊区硬度试验测试结果(根部不开坡口)

| 试样编号 | 309MoL(实心) | | | 309L(药芯) | | | ERNiCrMo-3(实心) | | |
	BM	WM	HAZ	BM	WM	HAZ	BM	WM	HAZ
1#	188	253	241	198	413	235	186	174	264
2#	189	152	251	206	380	227	195	169	264

表 5-19 L415 基材封焊区硬度试验测试结果

| 试样编号 | 309MoL(实心) | | | | | | 309L(药芯) | | | ERNiCrMo-3(实心) | | |
| | 根部不开坡口 | | | 根部开坡口 | | | 根部不开坡口 | | | 根部不开坡口 | | |
	BM	WM	HAZ	BM	WM	HAZ	BM	WM	HAZ	BM	WM	HAZ
1#	183	511	273	186	480	315	206	409	258	180	168	266
2#	206	403	285	185	461	317	180	423	245	175	185	256
3#	185	308	243				224	300	344			

管端堆焊试验选用强度较高的 X65 作为基管,基管直径为 219.1mm、壁厚为 12.7mm,选用 316L 材质作为衬管,管端堆焊 ERNiCrMo-3,焊材执行标准 AWS A5.14。相关标准要求母材硬度低于 248HV10,焊缝和热影响区硬度低于 345HV10。堆焊硬度测试位置如图 5-40 所示,具体测试结果见表 5-20。

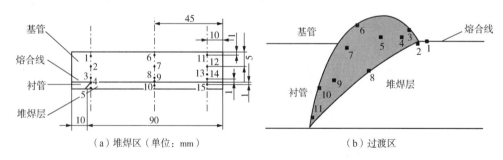

(a)堆焊区(单位:mm)   (b)过渡区

图 5-40 堆焊硬度测试位置

表 5-20 堆焊区及过渡区硬度测试结果

部位	1	2	3	4	5	6	7	8	9	11	12	13	14	15
堆焊区	186	185	187	233	203	176	174	173	205	204	179	172	186	168
过渡区	233	228	222	309	289	261	194	214	174	174				

选用 309MoL 实心焊丝封焊开单次坡口，L245/316L 复合管的焊缝和热影响区硬度没有超过 250 HV10，L360/316L 复合管焊缝和热影响区硬度在 250 HV10 边缘，而 L415/316L 复合管测试结果显示焊缝硬度全部超过了 250 HV10，部分焊缝区硬度甚至超过 500 HV10；选用镍基合金 ERNiCrMo-3 进行封焊，基管材料采用 L245、L360/L415 或 L450 中的任何一种时，焊缝区和热影响区硬度基本都可以控制在 270 HV10 之内，采用镍基合金材料堆焊可有效避免焊缝区域的硬度升高问题，相对于 309MoL 实心焊丝封焊性能上更具有保证。

对于 316L 机械复合钢管，基管钢级在 L245~L450 范围内，选用 309MoL 材料进行管端封焊，无论选用实心焊丝还是药芯焊丝，坡口为何种形式，在焊缝和热影响区都会出现硬度超高点。而采用 ERNiCrMo-3 材料堆焊，无论母材、焊缝和热影响区硬度都能达到标准要求。因此，使用 ERNiCrMo-3 材料开展管端堆焊，性能上将更有保证、技术上也更优越。

2. 管端堆焊工艺可操作性分析

相比于管端封焊结构设计和封焊工艺不够成熟，管端堆焊工艺总体来看性能上更稳定技术上也更优越，主要体现在以下两个方面。

（1）采用堆焊形式能够减少焊接缺陷、避免应力集中。双金属复合管的基管和内覆层之间存在一定间隙，焊接时必须使内覆层和基管先以冶金方式熔合成一体，再进行管口对接。管端堆焊可以将管端内覆层和基管由机械复合转变成分子结合，将复合结构导致的应力集中部位与对接焊缝熔合线的薄弱部位分离开，从而避免裂纹产生。同时，采用 ERNiCrMo-3 焊丝堆焊还可避免封焊焊缝形成的大量马氏体等脆硬组织，降低焊接接头的韧性和塑性，防止主要合金元素 Cr、Ni、Mo 的稀释和碳的渗透，保护了内覆层不锈钢金属的防腐性能，保证过渡区域金属的塑性和韧性，满足对基管金属的强度要求。

（2）采用管端堆焊能提高焊接一次合格率，有利于现场施工，且使用范围更广。管口堆焊复合管采用"V"形坡口，与常规封焊复合管相比坡口加工要更简单，焊接工艺也有所简化，如图 5-41 所示。管端堆焊复合管在出厂前完成堆焊，只有在管线连头时才需要现场堆焊，相比常规封焊复合管，省去了封焊、打磨和过渡层等焊接工序，大大提升焊接一次合格率，提高了工作效率。另外，从经济层面来看，管端堆焊 ERNiCrMo-3 虽然一定程度上抬高管材成本，但总体处于可控范围。

二、管端堆焊尺寸精度及工艺控制方法

双金属复合管环焊缝焊接的难点在于避免基管低碳钢对耐蚀合金污染导致不锈钢焊缝的耐腐蚀性下降，采用对接焊前先在管端堆焊耐蚀合金层的方法，可以大大降低复合管对接焊的难度，保证焊缝的耐蚀性能。

前期国内外对管端堆焊技术都还局限在研究阶段，并未将该技术应用在实际生产中[30-32]。对于堆焊方法的选择，没有明确的标准。堆焊方法直接决定堆焊层质量的好坏，而堆焊层的质量又与焊接接头的性能密切相关，因此，堆焊方法选择是否恰当，对管端堆焊工艺有着至关重要的作用。对于堆焊层质量评判的指标一般认为有以下四点。

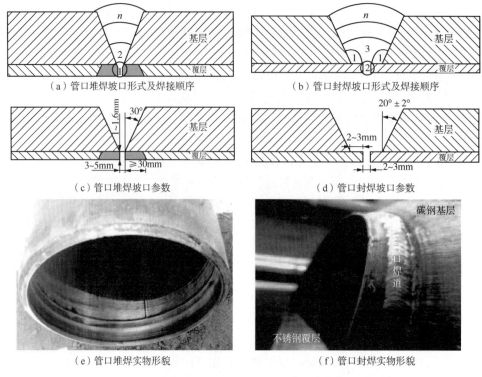

（a）管口堆焊坡口形式及焊接顺序　　　　　　（b）管口封焊坡口形式及焊接顺序

（c）管口堆焊坡口参数　　　　　　　　　　　（d）管口封焊坡口参数

（e）管口堆焊实物形貌　　　　　　　　　　　（f）管口封焊实物形貌

图 5-41　管口堆焊复合管与常规封焊复合管坡口参数对比

（1）稀释率：堆焊金属被稀释的程度与堆焊层的化学成分、组织性能密切相关，一般认为堆焊层的稀释率应低于 10%，最好控制在 5% 下，以确保其耐蚀性能。

（2）熔合区化学成分和组织结构：熔合区位于堆焊层与基体的交界处，其化学成分介于两者之间，组织结构和性能也有异于基材和堆焊层，对整个堆焊层的质量有着重要的作用。

（3）热循环的影响：堆焊层的焊接通常是多层多道的，后续的焊接必会导致前期焊道多次加热，使得堆焊金属和熔合区的化学成分、组织结构和内应力发生改变。

（4）热应力：堆焊层残余内应力会影响服役载荷产生的应力值大小，从而改变堆焊层开裂倾向。

为了更好地将堆焊技术用于生产实践，笔者先后尝试了脉冲熔化极气体保护工艺和热丝振动钨极氩弧焊工艺开展管端全自动堆焊并进行了工艺分析及性能测试。

1. 脉冲熔化极气体保护全自动堆焊工艺

熔化极气体保护焊是将耐蚀合金焊丝穿过电弧送到惰性气体保护的熔池中，通过增大送丝速度从而提高焊接电流来达到较高的熔敷效率，当然，大的送丝速度同时也产生了大的热输入，导致焊接熔池的深度向基体金属方向扩展，熔深的增加会引起铁离子稀释耐蚀合金层，使得堆焊层的冶金特性打折扣。具备脉冲电流转化功能的熔化极气体保护焊可以减少铁离子稀释和热输入，脉冲熔化极气体保护管端堆焊过程包含以下三个步骤[33]。

（1）坡口加工：采用机械加工方法，在坡口机上将待堆焊的复合管端部去除长为 60~70mm 的不锈钢内衬管；然后将基管内侧由外至内加工成一向内倾斜的坡口，坡口的倾斜角度为 3°~8°。

（2）堆焊：堆焊前基体表面采用丙酮进行焊前清理，采用钨极氩弧焊机在坡口根部进行氩弧焊打底，避免直接使用全自动堆焊时容易产生缺陷的问题。堆焊打底焊用电流为 150~170A，焊接速度为 55~70mm/min，保护气体（Ar）流量为 10~20L/min。打底焊后复合管进行水平固定，采用自动堆焊机从打底焊处开始由内至外进行堆焊并形成多层堆焊层。堆焊时焊接方向为螺旋线方向，焊道摆宽为 10~15mm，焊接电流为 170~200A，焊接电压为 20~25A，平均热输入量为 3~5kJ，保护气体（Ar）流速为 10~20L/min，层间温度控制在 50~70℃，旋转速度（工装频率）为 35~45Hz，共堆焊 5~10 道、2~3 层，道与道之间的搭接量为 30%~50%。堆焊结束后堆焊层内壁高度不低于不锈钢内衬管的内表面高度且其外端口高度不低于不锈钢内衬管的外端口高度，焊用不锈钢刷进行打磨抛光。

（3）焊后处理：采用机械加工方法，在坡口机上对堆焊层内壁和外端口进行处理，使得堆焊层内壁与不锈钢内衬管内壁相平齐并且将堆焊层的外端面处理为平端口。

性能测试用双金属复合管的基管规格为 $\phi219.1\text{mm}\times14.3\text{mm}$、材料为 X65 钢，衬管规格为 $\phi186\text{mm}\times3\text{mm}$、材料为 316L 不锈钢。打底焊及后续堆焊层所用焊丝为 $\phi1.2\text{mm}$ 的 ERNiCrMo-3，其成分见表 5-21。

表 5-21　$\phi1.2\text{mm}$ 的 ERNiCrMo-3 焊丝化学成分　　单位:%（质量分数）

成分	C	Mn	P	S	Si	Ni	Cr	Mo	Fe
实测	0.025	0.01	0.009	0.001	0.09	63.7	22.62	9.40	0.18
标准	≤0.1	≤0.5	≤0.015	≤0.015	≤0.5	≥58	20~23	8~10	≤5

采用脉冲熔化极气体自动焊完成管端堆焊后，分别测试了堆焊层硬度性能、化学成分、金相组织和结合强度，详见如下具体内容。

（1）硬度测量采用维氏硬度计，分别从堆焊层到碳钢母材沿 3 条线测量硬度，每条线测量 8 个点的硬度值，每个点测量 3 次取其平均值，测量间距为 1mm，其中 1~2 点为堆焊层的硬度值，其余点为母材的硬度值，测量结果如图 5-42 所示。从图 5-42 中可看出，沿 3 条线测量结果硬度分布均匀，其中堆焊层硬度值（测量点 1、2）介于 200~240HV10 之间，在靠

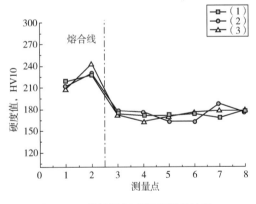

图 5-42　管端堆焊后硬度测量结果

近母材的堆焊层硬度值略有升高。由于刚开始堆焊时母材的部分碳元素发生扩散致使少量碳元素由母材扩散至堆焊层，使得堆焊层产生强化，因此靠近母材的堆焊层硬度值比距离母材较远区域的硬度值稍高。母材的硬度值（测量点 3~8）介于 160~200HV10 之间，母材处的硬度值分布均匀，没有出现升高或降低现象，说明堆焊层对母材的性能没有产生较大的影响。从硬度测量曲线的整体趋势来看，堆焊层的硬度值比母材的硬度值高。

（2）光谱分析从堆焊层外表面开始取样，试样规格为 50mm×50mm×2mm，采用光谱分析法对堆焊层进行化学成分测量，测量结果见表 5-22。将表 5-22 中元素含量与

ERNiCrMo-3的标准化学元素含量对比，两处堆焊层测试位置的化学元素含量均在标准[34]允许范围内，尤其是核心元素成分 Cr、Mo 和 Ni 相比标准要求均有一定富余，由此可基本判断堆焊层耐蚀性能也能满足要求。

表 5-22 堆焊层化学成分测量结果   单位:%(质量分数)

成分	C	Mn	Si	S	P	Cr	Mo	Fe	Ni
实测1	0.021	0.12	0.15	0.001	0.007	21.77	8.62	4.63	61.3
实测2	0.021	0.05	0.13	0.001	0.008	22.68	9.08	2.02	62.9

如图 5-43 所示为管端堆焊后不同部位的能谱扫描分析结果。图 5-43(a)展示了从堆焊层到碳钢母材 Cr、Ni、Mo 和 Fe 四种元素的线扫描结果，堆焊层的主要合金元素 Cr、Ni 和 Mo 在从堆焊层到碳钢母材界面处呈快速下降，三种合金元素在界面没有发生严重扩散，在靠近界面的堆焊层内三种合金元素分布比较均匀。因此，可以说本次堆焊试验中堆焊层的耐蚀性能并未受堆焊过程的影响；碳钢母材的主要元素 Fe 在从堆焊层到碳钢母材的界面处呈快速升高，说明 Fe 元素在界面处也没有发生明显扩散。图 5-43(b)为堆焊层的道与道之间对 Cr、Ni 和 Mo 三种元素的线扫描结果。可以看出，堆焊层的道与道之间这三种元素分布比较均匀，未见到局部存在耐蚀合金元素偏析现象。

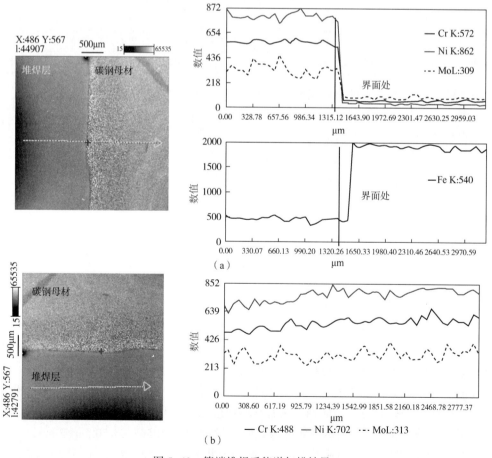

图 5-43 管端堆焊后能谱扫描结果

如图 5-44 所示为管端堆焊后的金相组织整体形貌。从图 5-44(a)可以看出，堆焊层与碳钢母材在界面处形成致密的冶金结合，在堆焊层与基管结合的界面处没有出现气孔、裂纹及熔合不良等缺陷，热影响区的宽度约为 500μm；图 5-44(b)展示了碳钢母材区金相组织，以铁素体(准多边形铁素体+多边形铁素体)和珠光体为主，还有少量的粒状贝氏体组织[35]；图 5-44(c)为热影响区组织，其晶粒与碳钢母材区晶粒相比，热影响区晶粒略微发生了长大；图 5-44(d)展示了堆焊层金相组织，可以看出堆焊层晶粒形貌为柱状树枝晶，组织为奥氏体组织，晶粒细小。

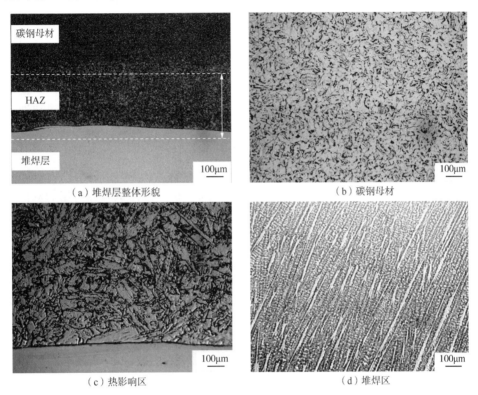

（a）堆焊层整体形貌　　　　　　　　　　（b）碳钢母材

（c）热影响区　　　　　　　　　　　　（d）堆焊区

图 5-44　管端堆焊后金相组织

对堆焊层的结合强度进行测量，取样及试验参考 ASTM A264—2009[36]标准，冶金复合板的结合强度标准一般要求不低于 140MPa。表 5-23 为管端堆焊后堆焊层与基管界面结合强度测量结果表，可以看出堆焊层与基管界面结合强度测量值远远大于标准值要求，平均结合强度值为 415MPa。

表 5-23　界面结合强度测量结果

编　　号	试样厚度，mm	试样宽度，mm	原始横截面积，mm²	结合强度，MPa
1	4.50	25.30	113.85	442
2	4.50	25.30	113.85	388

通过对管端堆焊的工艺试验及性能测试分析，成功地将脉冲熔化极气体保护自动堆焊技术应用在复合管生产中，并获得了合理的工艺参数范围。堆焊后堆焊层与基管之间呈致

密的冶金结合，界面处未出现气孔、裂纹及熔合不良等缺陷。堆焊后堆焊层的化学成分满足标准要求，在界面处未产生明显的化学元素扩散，堆焊层及基管内主要化学成分分布均匀，堆焊后未影响到基管的性能，同时也能保证堆焊层的耐蚀性能。堆焊层的硬度值高于基管，在堆焊层内部和基管内部硬度值分布较均匀。堆焊层内为柱状树枝奥氏体组织，晶粒细小；基管热影响区内晶粒相较基管发生略微长大。

2. 热丝振动钨极氩弧焊全自动堆焊工艺

前文已经提及脉冲熔化极气体保护堆焊工艺可以制备合格的管端堆焊，不过在具体生产实践发现该工艺还是存在焊缝成型质量差、飞溅大、焊接缺陷多以及一次焊接合格率不高的问题。随着焊接技术的发展，脉冲钨极氩弧焊堆焊方法逐渐被引入。脉冲钨极氩弧焊堆焊技术具有电弧稳定、热输入小以及便于精确控制电弧能量分布等特点，该技术采用脉冲式加热，熔池中金属高温停留时间短，金属冷凝速度快，可减少热敏感材料产生裂纹的倾向性。脉冲钨极氩弧堆焊工艺已成为一种高效节能的管端堆焊工艺，在管端堆焊应用中，既适合于薄壁管道的焊接，也可以焊接热敏感性高的金属材料。脉冲钨极氩弧焊采用低频调制的直流脉冲电流加热工件，焊接时通过对脉冲占空比、脉冲电流大小和脉冲电流频率的调节，控制焊接热输入量大小，进而保证焊缝及热影响区的尺寸和堆焊质量[37-38]。

本节首先采用脉冲钨极氩弧焊进行堆焊工艺试验分析，工艺试验分析用的双金属复合管的基管材料为 L360QS，耐蚀合金内衬为 316L，规格为 $\phi 219.1mm \times (10+2)mm$。管端堆焊材料使用规格为 $\phi 1.0mm$ 的 ERNiCrMo-3 焊丝，其化学成分见表 5-24。

表 5-24　$\phi 1.0mm$ 的 ERNiCrMo-3 焊丝化学成分　单位:%(质量分数)

C	S	P	Mn	Cr	Ni	Mo	Ti	Fe	Si
0.001	0.001	0.008	<0.01	22.9	63.4	9.1	0.20	0.15	0.09

根据堆焊工艺参数对焊缝成形的影响，制定了堆焊工艺参数，见表 5-25。

表 5-25　堆焊工艺参数

层次	焊接电流, A		电弧电压 V	送丝速度, cm/min		焊接速度 mm/min	频率 Hz	保护气流量 L/min	占空比 %
	峰值	基值		峰值	基值				
第一层	200~300	110~190	8~10	400~600	100~200	1000~3000	100	15~20	50
第二层	210~320	120~200	8~10	500~700	150~250	1000~3000	100	15~20	50

根据堆焊检测标准，首先进行堆焊外观检验，堆焊层表面呈均匀鱼鳞状焊缝外形，没有咬边、裂纹和气孔，按 DNV-OS-F101[39]《海底管道系统》要求进行射线探伤检测，结果为 I 级合格。

管端脉冲钨极氩弧堆焊后的微观金相组织如图 5-45 和图 5-46 所示。可以看出，焊缝与母材熔合良好，未发现气孔、显微裂纹和异常组织。堆焊焊道熔合区尺寸较小，熔合线附近的晶粒粗化不明显，焊缝中组织相分布均匀，晶粒细小。这主要是因为脉冲焊的热输入较小，冷却速度较快，抑制了晶粒的长大，细化了奥氏体晶粒，从而获得强度更高、韧性更好的焊缝组织。

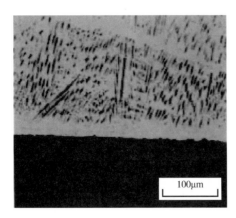

图 5-45　堆焊层与母材

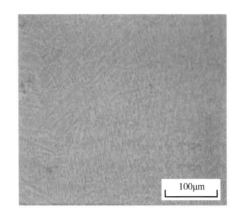

图 5-46　堆焊层

堆焊层拉伸试验结果见表 5-26，从表中可以看出，试样屈服强度、抗拉强度、延伸率和屈强比均符合标准要求，断裂位置位于衬层及非堆焊层区域的基管。冲击韧性测试试样采用夏比"V"形缺口，对于每一组试样要求单个冲击吸收功≥90J、平均值≥109.5J。冲击试验结果见表 5-27，堆焊层冲击韧性远远大于规定值。另外，按照 DNV-OS-F101[39]《海底管道系统》要求进行弯曲试验，弯曲试验芯棒直径为 50.8mm，两支承辊间的距离为 73.8mm，弯曲角度 180°；试验结果要求没有开裂和裂纹以及表面不得发现气孔和夹渣，经检测弯曲试验结果全部合格。

表 5-26　拉伸试验结果

取样位置	屈服强度，MPa		抗拉强度，MPa		延伸率，%		屈强比		断裂位置
	标准值	实测值	标准值	实测值	标准值	实测值	标准值	实测值	
堆焊层全焊缝	≥276	501	≥690	749	≥25.0	48.0			
堆焊层与衬层过渡区域焊缝	≥207	492	≥482	657	≥25.0	32.0			衬层
堆焊层基管	360~530	438	460~760	556	≥22.0	37.0	≤0.93	0.83	非堆焊层区域基管

表 5-27　室温夏比冲击测试结果

取样位置	吸收功单值，J	吸收功平均值，J
堆焊层	313，290，284	296

按照 ASTM A262—2013[40] 标准进行试验，取 3 个堆焊层试样放置在腐蚀试验溶液中，进行 24 小时加热试验，取出后洗净、干燥和弯曲，所有试样检测结果未发现晶间裂纹，无晶间腐蚀倾向。

通过大量试验，确定了管端堆焊工艺参数的选择原则。按照 DNV-OS-F101[39]《海底管道系统》要求对焊件进行工艺评定，无损检测、金相试验、拉伸试验、弯曲试验、冲击试验及晶间腐蚀试验均符合标准要求，证明此工艺可获得优质堆焊层，对双金属复合管的管端处理操作有一定指导意义。

当然，在后续大量生产实践中发现脉冲钨极氩弧焊堆焊工艺依旧存在堆焊效率低和管端尺寸精度控制难度大两方面问题。

一是普通的钨极氩弧焊堆焊，存在焊接熔敷率低，常规多层堆焊时易出现层间未熔、条形气孔等缺陷，这些都严重影响工业化生产的质量与效率。由于钨极氩弧焊是非熔化极，采用惰性气体保护，避免了大气对熔池的污染，可以解决未熔合的难题。但是在钨极氩弧焊堆焊过程中，钨极维持着焊接熔池，耐蚀合金焊丝需要分别送到熔池与钨极之间，其熔敷效率大幅度下降[41]。

二是管端尺寸精度控制难度大：由于管端内壁堆焊的热输入量较大，熔池在凝固的过程中会产生强大的收缩拉应力，造成管端出现缩口现象，越靠近管端，缩口越严重，薄壁管更容易出现较大的缩口现象。缩口会造成管端外径尺寸小于标准尺寸要求范围的下限，出现尺寸不合格现象。同时管端堆焊完的双金属复合管现场需进行对接焊，因此，管端内壁堆焊层需要精加工，以保证管端内径的一致性，使对口时不会出现较大的错边。如果管端存在较大的缩口现象，就会在内壁精加工时，在保证内径一致的同时造成管端壁厚(钢管壁厚和耐蚀合金层壁厚)的减小，引起壁厚不合格现象[42]。

为了解决脉冲钨极氩弧焊堆焊效率不高的问题，笔者创新了一种堆焊效率高、热输入小及缺陷率低的热丝振动送丝堆焊方法。该方法是焊枪左右摆动与焊丝的往复振动结合，在自动送丝过程中伴随焊丝的加热和轴向振动，将焊材熔敷在管子的内壁上，大大加速了焊接熔池的流动性，进而提高了堆焊效率。特别是对流动性差的材料，如镍基合金，在焊丝熔化时，振动的焊丝具有均匀搅拌熔池的功能，使得熔池金属在搅拌中气体快速逸出，减少了焊接热裂纹和气孔的产生。在振动送丝搅拌熔池的作用下，熔池均匀凝固结晶，堆焊层金相组织均匀细致，力学性能明显优于普通钨极氩弧焊和熔化极气体保护焊。该方法很大程度上提升了管端堆焊焊缝成型质量，显著提高了产品合格率与焊缝性能，不仅降低了管材制造成本，也减少了管端坡口加工的工作量[43]。

下面详细介绍利用热丝振动送丝方法开展管端堆焊操作，具体包括以下步骤。

（1）预热处理：对双金属复合管的焊接端进行预热处理，预热的温度为75℃。

（2）施焊：打开普通的焊机、保护气和通常用的送丝装置，调整焊接的电流为250A、电压为15V，在纯度为99.999%的氩气的保护气体下，焊枪在焊机的十字滑台带动下左右摆动，焊道均匀摊开，根据焊接电弧的长度自动调整焊枪的上下位置，在送丝装置的振动驱动装置的驱动下，焊丝沿着送丝方向往复振动，如图5-47所示。具体焊接热输入为0.5kJ/mm，焊丝振幅为4mm，振动送丝频率为1100次/分钟，送丝速度为4800mm/min，送丝速度变量为80mm/min，焊接速度为330mm/min，焊丝熔敷在管端上，形成3.5mm的堆焊层，完成堆焊。

上述的送丝装置中所用的振动驱动装置是普通的振动驱动设备。

按照标准要求，将上述完成堆焊的复合管端进行性能检测。用肉眼观察外观，检验射线探伤满足 JB/T 4730.2—2005[10]标准《承压设备

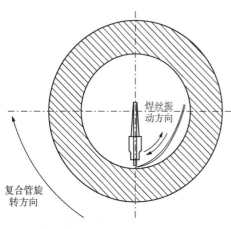

图 5-47　焊丝振动方向示意图

（图中标注：焊丝振动方向；复合管旋转方向）

无损检测》的Ⅱ级合格；焊缝侧弯按照 DNV-OS-F101[39] 标准执行，弯芯直径为 50.8mm，弯曲角度为 180°，弯曲试验后无可见裂纹，试样抗弯曲性能满足要求。

另外还采用自由摆动摆锤一次冲击打断缺口试样的方法对复合管堆焊处进行 0℃ 冲击试验，冲击试样的"V"形缺口槽分别开在熔合线处、熔合线往复合管方向 +2mm 处，熔合线往复合管方向 +5mm 处，试验结果远远优于标准规定值，具体数据见表 5-28。由表 5-28 可知各个位置的冲击吸收功能均远远大于标准值，说明本方法堆焊处复合管的冲击吸收功可以满足标准要求。对堆焊管端的焊缝进行环向和轴向的 10kg 维氏硬度检测，每个试样分别检测外层、中心和内层三条线，每条线上分别打 4 个点，硬度值见表 5-29。堆焊管端的焊缝进行环向和轴向的维氏硬度检测结果均小于标准最大允许值，满足标准要求。

表 5-28　堆焊处复合管基管冲击吸收功

位　　置	吸收功能，J	平均值，J	标准值，J
熔合线处开槽	330.5、218.2、347.4	298.7	27(20)
熔合线+2mm 处开槽	358.3、358.4、337.6	351.4	
熔合线+5mm 处开槽	361.0、327.3、316.8	335.0	

表 5-29　维氏硬度值

试样	位置	1	2	3	4	标准值
轴向硬度 HV10	外层	237	228	219	245	≤250
	中心	206	206	237	206	
	内层	297	285	302	264	≤305
环向硬度 HV10	外层	230	237	228	230	≤250
	中心	216	206	227	209	
	内层	270	243	274	254	≤305

3. 堆焊尺寸精度控制

管端缩径是堆焊过程中出现的严重问题之一，因为缩径导致机加后管端尺寸超差 0.6mm 以上，缩径导致的堆焊层减薄使得堆焊层主要化学成分含量中铁的稀释率也接近标准要求的上限，影响堆焊层质量。为了提高双金属复合管的质量，针对管端堆焊工艺进行了有效的革新和改进，通过优化焊接工艺参数和控制管端机加工艺来解决缩径问题，提高管端堆焊质量，以满足项目的技术要求[42]。

为保证工艺的适用性和可行性，本次工艺革新试验采用管材规格为 φ219.1mm×(11.1+3)mm，材质为 X65QO/TP 316L，化学成分见表 5-30，力学性能见表 5-31，堆焊材料采用 ER309LMo 焊丝与 ERNiCrMo-3 的实心焊丝，化学成分见表 5-32 和表 5-33。

表 5-30　复合管化学成分　　　　　　单位:%(质量分数)

材质	C	Mn	P	S	Si	Cr	Ni	Mo	N
X65QO	0.099	1.27	0.011	0.0015	0.39	0.26	0.034	0.11	0.0049
316L	0.0246	1.19	0.036	0.00096	0.47	16.59	10.27	2.0	0.0374

材质	Al	Cu	Nb	Ti	V	B			
X65QO	0.025	0.068	0.049	0.027	0.0019	0.0003			

表 5-31　复合管力学性能

材　质	屈服强度，MPa	抗拉强度，MPa	伸长率,%	屈强比
X65QO	540	570	—	0.86
316L	320	635	61.5	—

表 5-32　ER309LMo 焊丝化学成分　　　　单位:%（质量分数）

成分	C	S	P	Mn	Cr	Ni	Mo	Cu	Si
标准值	≤0.03	≤0.03	≤0.03	1.00~2.50	23.0~25.0	12.0~14.0	2.0~3.0	≤0.75	0.3~0.65
实测值	0.015	0.006	0.015	1.62	23.16	13.19	2.33	0.036	0.50

表 5-33　ERNiCrMo-3 焊丝化学成分　　　　单位:%（质量分数）

成分	C	S	P	Mn	Cr	Ni	Mo	Ti	Fe	Si
标准值	≤0.10	≤0.015	≤0.015	≤0.5	20.0~23.0	≥58.0	8.0~10.0	≤0.40	≤5.0	≤0.50
实测值	0.001	0.001	0.008	<0.01	22.3	63.4	9.1	0.20	0.15	0.09

　　本次工艺革新计划首先对焊接工艺参数进行全面的优化，堆焊参数的工艺革新思路是在保证总的堆焊厚度不变的基础上，减少第一层堆焊的热输入量和堆高，增加第二层的堆高，在精加工尺寸不变的情况下，减少管端缩径。在堆焊时距管端预留 10~15mm 不堆焊，之后按要求进行坡口加工，在减少缩径量的同时满足管端坡口尺寸要求。本项目要求管端堆焊长度不小于100mm，改进前的管端机加形式为常规坡口，管端缩径较为严重。改进后，管端预留 10~15mm 不进行堆焊，以减少管端缩径量。

　　堆焊前基体表面采用丙酮进行焊前清理，堆焊工艺参数调整见表 5-34。工艺改进前后试验结果验证，堆焊尺寸统计对比见表 5-35，精加工后尺寸对比见表 5-36。

表 5-34　堆焊工艺参数前后对照表

项　目	焊接层次	焊接方法	焊接电流，A	电弧电压，V	热输入，kJ/mm
改进前	打底焊	TIG	120~180	10~12	0.72
改进后			120~180	10~12	0.72
改进前	第一层	TIG	250~290	13~16	0.72
改进后			220~250	13~16	0.64
改进前	第二层	TIG	250~300	13~16	0.75
改进后			250~300	13~16	078

表 5-35　尺寸统计对比

工艺方案	堆焊层厚度，mm		总厚度，mm	机加，mm	管端缩径量，mm
改进前	第一层/第二层	3.49/3.50	6.66	1.74	3~3.5
改进后	第一层/第二层	2.49/3.84	6.33	1.08	1.8~2.3

　　注：管端缩径会造成精加工后尺寸的变化。

表 5-36　精加工尺寸要求

类　别	精加工检验内径尺寸，mm	精加工检验外径尺寸，mm	总壁厚，mm
公差	189.2~189.8	217.5~220.7	12.99~16.21

管端尺寸测量位置如图 5-48 所示，分别测试改进前后精加工后内径和外径尺寸以及壁厚变化情况，如图 5-49 至图 5-51 所示。对比结果表明在薄壁碳钢管上堆焊后，由于材质收缩率不同，管端容易出现严重的缩口现象，也易于造成加工后管材外径和壁厚不能达到规定要求。工艺改进前由于焊接热输入量大，同时管端没有预留约束量，造成管端缩径严重，堆焊层厚度过大，机加量加大，浪费焊丝，生产效率降低。采用堆焊时管端预留 10~15mm，同时减小焊接热输入量的焊接工艺后，在保证堆焊层厚度情况下，堆焊层总厚度减小 0.6mm 左右，节省焊丝 10%，机加效率提高 20% 左右，第一层热输入量降低，管口尺寸也能满足技术要求。

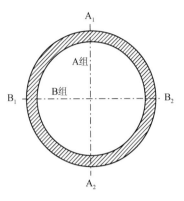

图 5-48　管端尺寸测量图

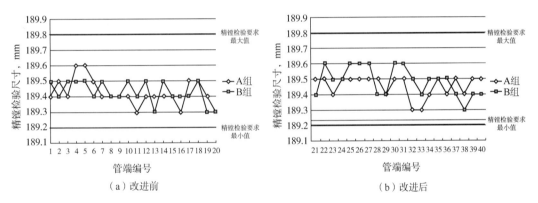

图 5-49　改进前后精加工后内径尺寸

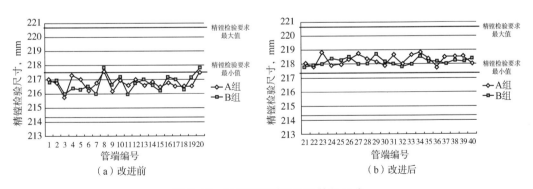

图 5-50　改进前后精加工后外径尺寸

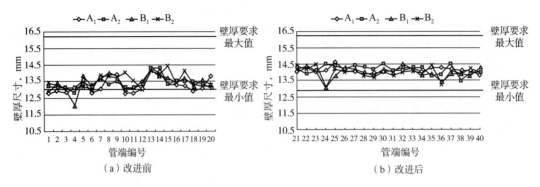

图 5-51 改进前后精加工后壁厚尺寸

从堆焊层外表面开始取样，试样规格为 50mm×50mm×2mm，采用直度光谱分析法对堆焊层进行 Fe 元素含量测量，测量结果见表 5-37。与改进前的 Fe 元素含量对比，堆焊层的 Fe 元素含量均符合标准要求（≤5%）。究其原因，主要由于堆焊工艺的改进，第一层的焊接热输入量降低，堆焊厚度减小，从而降低 Fe 元素的稀释率。

表 5-37 堆焊层 Fe 元素含量改进前后对比测量表

工艺方案	Fe 元素稀释率，%						平均，%
改进前	4.26	4.13	3.87	4.58	4.62	4.59	4.34
改进后	2.38	2.49	2.16	2.34	2.58	2.19	2.36

注：测量位置在堆焊层内表面以下 1mm 处。

根据堆焊检测标准，对新工艺堆焊层的其他性能开展了测试。首先进行堆焊外观检验，堆焊层表面呈规则的鱼鳞状波纹，没有咬边、裂纹和气孔，其次按 DNV-OS-F101—2013[39]《海底管道系统》和 HY 项目《堆焊层无损检验工艺规范》要求分别进行了 RT、PT 和 UT 检测，结果为 I 级合格。

根据《DNV-OS-F101；BD-SPC-SPF-SP-2003REV(0A)》要求进行测试，拉伸试验结果见表 5-38；夏比"V"形冲击试验的试样规格为 10mm×10mm×55mm，试验温度为 -16℃，具体试验结果见表 5-39。从检测结果来看，堆焊后的管端拉伸性能和冲击韧性同样满足标准要求，并未受到堆焊工艺的实质性影响。

表 5-38 拉伸试验结果

类别	堆焊层全焊缝拉伸		堆焊层与衬层过渡区域焊缝拉伸		基管拉伸	
	标准值	实测值	标准值	实测值	标准值	实测值
屈服强度，MPa	—	—	—	—	450~570	520
拉伸强度，MPa	≥690	730	≥482	645	535~655	625
延伸率，%	—	—	—	—	≥18.0	34.5
屈强比	—	—	—	—	≤0.92	0.83
备注	—		断于衬层		断于非堆焊层区域基管	

表 5-39　夏比冲击试验结果

试验值	吸收功单值，J	吸收功平均值，J
堆焊层	266、270、255	264
堆焊层/熔合线	152、151、111	139
标准要求	≥90	≥109.5

如图 5-52 所示为管端堆焊后金相组织形貌，从图 5-52(a)中可以看出，堆焊层与碳钢母材在界面处形成致密的冶金结合，在堆焊层与碳钢层结合的界面处没有出现气孔、裂纹以及熔合不良的冶金缺陷；图 5-52(b)为堆焊层金相组织，晶粒成柱状分布，组织为奥氏体与枝晶分布 δ 铁素体组织，组织细小、分布均匀，无气孔、裂纹、未熔合及其他夹杂物，熔合良好。

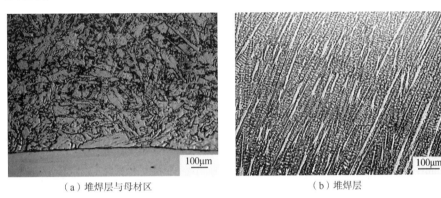

（a）堆焊层与母材区　　　（b）堆焊层

图 5-52　管端堆焊后的金相组织照片

试验按照 ASTM G28[44] 硫酸铁—硫酸试验方法取三个堆焊层试样进行 120h 晶间腐蚀试验。试样从腐蚀溶液中取出后，用蒸馏水和去离子水进行清洗、干燥和称重，按照 ASTM G28[44] 标准计算试样的平均腐蚀速率结果为 0.61mm/a，符合标准要求。此外，依据 ASTM A262[40] 方法 E 取堆焊层与衬层交接处 3 个试样进行 24 小时晶间腐蚀试验，试样从腐蚀溶液取出后，清洁干燥后，分别进行弯曲，放在 10 倍放大镜下观察，三个试样外表面均无晶间腐蚀而产生的裂纹，这说明在焊缝接头和堆焊层中不会发生晶间腐蚀，主要由于 Cr、Ni 和 Mo 等微量元素，有效防止晶间腐蚀的发生。

进一步对双金属复合管堆焊层按照如图 5-53 所示位置进行硬度分析，所有测试值都小于 250HV10(表 5-40)，结果满足要求。

表 5-40　复合管硬度检测结果

位置	硬度值，HV10							
母材	A_1	A_2	A_3	A_4	A_5	—	—	—
	194.5	188.5	188.5	221.0	209.0	—	—	—
近堆焊层	B_1	B_2	B_3	B_4	B_5	—	—	—
	198.5	200.5	223.0	230.0	245.0	—	—	—
堆焊层	C_1	C_2	C_3	C_4	C_5	C_6	C_7	C_8
	179.0	194.5	234.5	230.0	198.5	209.5	178.0	239.0

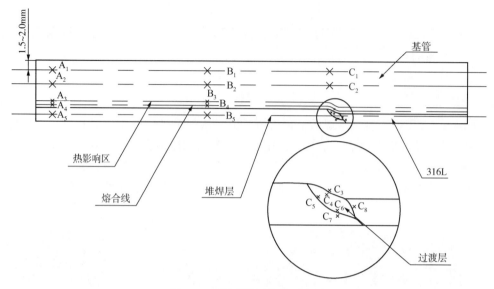

图 5-53　硬度测试位置示意图

通过对原有的堆焊工艺的革新，管端缩径量从原来的 3.0 ~ 3.5mm 减小到 1.8 ~ 2.3mm，铁元素稀释率从 4.34% 降低到 2.36%，堆焊层质量得到了大幅提高。革新工艺在平北黄岩一期油气田开发项目（PH1）中推广应用得到了非常好的效果，一次堆焊合格率达到 93%，相比于以往海管项目提高约 3%，由于管端堆焊的高质量，使得后续海上双金属复合管施工铺设对接焊合格率达到 99%，得到了业主、施工方和监理公司的一致好评。

上述控制管口缩径的方式，操作简单，可有效减小缩径对管端尺寸的影响，但是这种方法也存在一定问题依然有优化空间。管端切掉的预留部分会造成严重的材料浪费，同时即使切掉一部分，由于堆焊过程中产生的收缩拉应力依然会造成整个堆焊层区域内的小幅度缩径，精加工后造成管端壁厚减薄，承压能力减小；对于薄壁管来说，即使管端预留一定的余量，管端缩径依然严重，还无法从根本上解决管端堆焊的缩径问题。

第三节　新型环焊缝焊接工艺及试验分析

双金属复合管的环焊缝既要保证耐蚀合金层防腐蚀性能，又要维持管材整体承压能力。在双金属复合管焊接过程中，由于耐蚀合金层较薄，焊接工艺设计必须要克服管材壁厚不均和管材椭圆等问题，减少错边量避免局部位置出现碳钢基管与耐蚀合金层焊接现象；同时还要做好衬层环焊缝焊接工艺设计，保证耐蚀合金层焊缝金属化学成分与母材化学成分一致或稍高，避免焊缝或热影响区因耐蚀元素低于耐蚀合金层，在管道运行过程中形成腐蚀薄弱区；另外基管环焊缝焊接工艺设计，需要保证环焊缝与管材本体的强韧性匹配，不会成为导致失效的原因。

前述分析已经初步明确了双金属复合管环焊缝焊接工艺改进方向，即背面保护措施要使用氩气保护，端面处理宜使用堆焊工艺，而对接焊接宜全程使用 ERNiCrMo-3 焊材。本节将重点围绕焊接工艺分析，拟围绕环焊缝手工焊和全自动热丝振动 TIG 焊两条焊接工艺路线开发，开展环焊缝焊接工艺性能分析，旨在提高环焊缝焊接可靠性和焊接效率。

一、环焊缝焊接工艺分析

1. 管端结构设计

管端结构设计首先要考虑的就是管端处理工艺，目前，适用于现场焊接的管端处理结构主要有两种：

一种是前文已经介绍了管端堆焊处理工艺及尺寸精度问题。管端堆焊结构如图 5-54（a）所示，对整个坡口进行堆焊处理，即在整个坡口面堆焊耐蚀合金层，加工坡口，并进行坡口对接焊接。堆焊时选用 ERNiCrMo-3 镍基合金堆焊 1~3 层，加工（或修磨）坡口，保证整个坡口面有约 6mm 的耐蚀合金层，现场焊接难度减小，质量容易保证[45]。

另一种对耐蚀合金层进行封底焊接，对坡口进行修磨，然后进行对接焊。该方法可以解决耐蚀合金层与基管脱离问题，还可以增加接头处不锈钢等耐蚀合金的有效厚度，提高耐蚀性，但是工艺操作难度大，质量难以保证，现场操作比较费时。笔者同样也发明了一种适宜于小尺寸管材的管端处理结构，如图 5-54(b) 所示[46]。

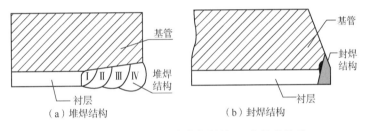

（a）堆焊结构　　　　　　　　（b）封焊结构

图 5-54　焊缝过渡层宽度与焊缝 Ni 含量的关系

管端结构设计其次就是要解决如何开坡口问题，为了使焊缝全部焊透，并减少或避免焊接缺陷，保证焊接质量，当焊件厚度超过一定尺寸（视不同的焊接方法而定），应开坡口焊接。坡口形状、尺寸与焊接方法、焊接位置、焊件厚度等因素有关。坡口设计既要保证焊透、还要易于加工，同时要尽可能地节约填充金属，提高焊接生产率，尽可能减少焊件产生的变形和残余应力。

目前，在双金属复合管道焊接过程中主要采用以下两种坡口结构。一种是考虑到管道现场焊接的特点和工件的厚度，在采用焊条电弧焊时，一般选用如图 5-2 所示的单面"V"形坡口，坡口角度 30°~35°（单面）。选用该种坡口进行复合管对接焊时，坡口加工方便，焊接操作简单。然而，"V"形坡口有时并不是对接焊接的最优结构设计，首先由于坡口角度大（对接焊时坡口角度为 60°~70°），特别是对于厚壁大口径管，焊接填充量大、焊接时间长及焊接效率低；其次钝边长度为 0m，打底焊接时需留 3~5mm 的间隙，否则无法完成单面焊双面成型，因此对打底焊接操作技术要求较高的同时，无钝边长度会导致在打底焊接与过渡焊接时，靠近耐蚀合金层的碳钢或低合金钢易污染耐腐蚀合金层、从而降低焊道底部合金的腐蚀性能；最后，留间隙打底焊接时，背部气保护更难完成，保护气会从间隙溢出，因而无法达到保护气需要的浓度。于是，类似如图 5-3 所示的窄间隙"U"形坡口结构便被推出，该型坡口设计可以在单面焊双面成形情况下，确保内覆层焊缝不受基管成分的影响，提高内覆层焊缝的耐蚀性，而且填充金属量小，焊接效率也高。

2. 焊接方法选择

适合管道施工现场的焊接方法有焊条电弧焊（SMAW）、钨极氩弧焊（GTAW 或 TIG）、熔化极气体保护焊（GMAW 或 MIG）及药芯焊丝电弧焊（FCAW）。影响焊接方法选用的因素主要包括焊接质量、焊接效率、焊接设备状况和可得到的焊接材料。

钨极氩弧焊（GTAW 或 TIG），可以自动焊，也可以手工焊。一般采用陡降特性（恒流特性）焊接电源，带有高频起弧装置和熄弧时电流衰减装置，直流正接（电极接负）。根焊时采用这种焊接方法，操作难度小，焊工容易掌握，背面成型和根部焊透性良好。TIG 用于根部焊道和薄壁材料的焊接，可得到非常纯净的高质量焊缝金属，但其效率较低。挪威一家管道公司标准规定，根部焊道必须用这种焊接方法。

焊条电弧焊（SMAW），通常称手工电弧焊，在我国应用很普遍，主要用于填充和盖面焊道。由于这种方法对强风很不敏感，特别适合现场焊接，这种方法因为比较灵活也常用于焊缝返修。SMAW 焊接过程的焊渣必须清理干净，否则容易形成夹渣。焊接过程飞溅较多，焊接坡口两侧母材应涂抹防飞溅剂（如白垩粉）。SMAW 用于根部焊道，表面质量不如 GTAW 焊，影响抗腐蚀性能，反面焊后需要打磨处理，这对小直径管道焊接是做不到的。根部焊道焊接时与 GTAW 比较，工艺难度较大，对焊工技能要求较高，但效率较高。SMAW 一般采用陡降特性焊接电源（恒流特性）。

结合双金属复合管道焊接工艺特点，考虑某些地面集输管道现场施工环境复杂，很多情况不利于自动化操作。同时大批量管道焊接施工焊接成本也需要着重考量，手工焊接费用目前还是要明显低于自动焊。因此，对于大口径的双金属复合管材焊接时，可以使用手工氩电联焊的方式，具体采用钨极氩弧焊进行打底焊接和过渡焊，填充和盖面焊道采用效率较高的手工电弧焊方法。对于小口径管材焊接，也可以使用钨极氩弧焊一焊到底来保障双金属复合管道的焊接可靠性。

对于海底管道铺管来说，铺管船的作业成本很高，而影响铺管作业进度主要因素之一就是管道对中和焊接。钢管椭圆度、厚度和平直度等尺寸公差与管道对中和焊接有直接的关系，使用管端堆焊正好可以解决管端尺寸偏差，既可以保证焊接质量的同时也解决了对中精度问题。管道的焊接主要是焊接效率问题，对于海底油气集输用双金属复合管，自动焊的费用早已构不成施工成本的矛盾焦点，因此，目前越来越多的焊接施工选择使用自动焊，既保证了焊接质量又提高了焊接效率。

3. 焊接工艺参数

双金属复合管道焊接严格意义上也属于异种材料焊接，焊接材料的选择对环焊缝性能有很大影响，前文已经多次指出使用多种焊材的过渡焊焊接工艺存在较大的焊接质量隐患。下面结合具体工艺要求，讨论焊接材料的选择。

小口径机械复合管对于管端封焊仍有一定需求，但由于衬层厚度较薄，封焊时衬层和基管均对焊缝金属有稀释作用，且由于封焊处导热性差，两种母材熔化量大，对焊缝的稀释更大，根据舍夫勒焊缝组织预测图，为了避免焊缝产生马氏体组织，焊接材料的 Cr、Ni 含量应该足够高。因此，封底焊道必须采用合金元素含量较高的耐蚀合金材料，通过前文的分析，相对来说使用镍基焊丝 ERNiCrMo-3 封焊质量更有保障。

根部焊道焊接时，焊接工程师们一般会选择与耐蚀合金层耐蚀性能相当或更高的焊丝，这样最终成型的焊缝耐蚀性能才有保障。通常与 316L 不锈钢匹配的焊材为 ER316L，而更高耐蚀性能的 ER309MoL 或 ERNiCrMo-3 也是备选项，2205 双相不锈钢会选用 ER2209 甚至镍基合金焊材 ERNiCrMo-3，而 N08825 则主要选用 ERNiCrMo-3。相对来说，采用同等匹配的耐蚀合金焊材焊接双金属复合管，尤其是大口径管材，会对焊接要求较高，施工余地相对较小，比如对于 316L 机械复合管，若使用 316L 焊丝打底一旦施工质量过程中保护效果不佳，焊缝及其热影响区很容易会成为腐蚀薄弱区，而使用镍基合金焊丝 ERNiCrMo-3 焊接施工操作空间就会大很多，所以近年来该型焊材常被用作打底焊接。

对于后续过渡焊，一般会采用比打底焊更高耐蚀等级的焊材，常用的过渡焊丝为 ER309MoL、ER2209 或 ERNiGrMo-3。对于填充焊和盖面焊的焊材选择，前面的分析已经指出即使在过渡焊丝使用 ERNiGrMo-3 镍基合金焊材时，使用低碳钢或低合金焊材进行填充和盖面焊道焊接，仍然出现过硬马氏体组织的可能性很高。因此，使用耐蚀合金焊材是更为可靠的焊材选择。但是在焊接碳钢或低合金钢基管时依旧有两类问题值得注意：一是熔合线附近的凝固过渡层问题，另一个是碳迁移过渡层问题。

对于凝固过渡层问题，焊缝中 Ni 的含量会对过渡层的宽度影响明显(图 5-55)，采用 ER309MoL 和 ER2209 焊丝焊接碳钢时，可能会发现在碳钢一侧的熔合线附近存在一个很窄的凝固过渡层，而采用镍基焊丝 ERNiCrMo-3 时该过渡层消失。碳钢或低合金钢对于焊缝的稀释作用导致熔合线附近形成 Cr 和 Ni 浓度梯度，当焊缝金属中的 Ni 含量降低到一定值时，会使焊缝熔合区内的奥氏体形成元素不足，从而成为不稳定的奥氏体，将形成类马氏体组织，使获得接头的脆性升高、塑性降低[47]，在焊接应力作用下还有可能造成开裂。

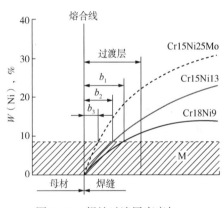

图 5-55 焊缝过渡层宽度与焊缝 Ni 含量关系

对于碳迁移过渡层问题，主要是由于焊缝金属和碳钢基管存在明显的碳浓度差。碳钢或低合金钢中的碳元素会通过熔合线向焊缝金属一侧发生迁移，导致在熔合线附近含碳量较高的碳钢一侧形成脱碳层，而在焊缝金属一侧形成增碳层。碳元素迁移的结果，将使焊接接头蠕变强度降低、热疲劳性能下降，易在脱碳层处产生裂纹。此外，由于碳迁移是发生在熔合区的界面处，使接头区域形成显著的硬度梯度，加上脱碳层表面生成的氧化物薄膜容易产生剥离，使得接头耐腐蚀性能下降。碳迁移的实质是由于 Cr 等碳化物形成元素与碳有较大的亲和力，两者容易结合形成稳定的碳化物而使 C 活度降低，导致碳元素发生上坡扩散。在碳元素扩散过程中，固溶在类马氏体中的 Cr 与 C 结合，在接头组织中析出富铬碳化物并不断长大。通常在碳迁移初期，固溶在类马氏体中的自由状态 Cr 原子浓度相对较大，因此，相应的碳迁移速度较快。随着加热时间的延长，固溶在类马氏体中的自由 Cr 原子不断与 C 原子结合，形成较为稳定的合金碳化物，被消耗一定量后，自由 Cr 原子浓度将大大降低，碳迁移速度也将逐渐减缓。

当固溶在类马氏体中的自由 Cr 原子全部与 C 充分结合而形成稳定的合金碳化物后，碳迁移现象随即停止而处于相对平衡状态。为了尽量减少接头中的碳迁移现象发生，在焊接过程中，焊接材料的选择显得尤为重要。根据文献报道，早期的一些异种钢焊接的锅炉设备都是采用奥氏体填充材料进行焊接，常导致接头熔合线部位发生断裂失效。针对这种情况，国内外先后改用镍基焊材来焊接这类接头，发现能有效地降低接头中的碳迁移速度，使接头使用寿命得到大幅度的提高。研究发现合金元素 Ni 对降低接头中的碳迁移是有利的，这是因为 Ni 是促进石墨化元素，可以有效降低碳化物的稳定性，削弱碳化物形成元素对碳的结合能力。此外，由于 Ni 本身对碳有较大的溶解度，因此，适当提高焊缝中的 Ni 含量可以减少焊接时碳元素的扩散[48]。

综合来看，无论对于凝固过渡层还是碳迁移过渡层，使用高 Ni 含量的 ERNiCrMo-3 镍基合金焊接材料相比 ER309MoL 和 ER2209 焊丝，焊缝性能都要更为容易掌控。

在焊接耐蚀合金金属时，因导热性差，膨胀系数大，为了防止焊缝及热影响区晶粒粗大，减少焊接应力和防止产生热裂纹，应尽量采用较小的规范参数，并降低焊接层间温度。在施工过程中应给施工人员配备测温仪。管端封焊时，碳钢或低合金钢基管和耐蚀合金衬层同时熔化，由于在边角堆焊焊接金属导热性差，必须选用较小的焊接电流，同时要保证较快的焊接速度以减少母材的稀释率。打底焊时，采用高镍基合金焊材，根部材料也为不锈钢或镍基合金，因此，选用焊接规范参数的原则是保证良好熔合的前提下选用较小的参数。第二层及以后的填充及盖面焊道，也宜尽量选用较小的规范参数和较低的层间温度。

二、手工钨极氩弧焊或氩电联焊焊接工艺

1. 端部封焊+手工氩弧焊工艺

1) 试验对象和焊接工艺

试验对象为规格 $\phi89mm \times (6+2)mm$ 的 20#/N08825 机械复合管，采用表 5-41 中的焊接工艺进行环焊缝焊接，对环焊缝焊接接头开展焊接工艺评定。

表 5-41　20#/N08825 机械复合管焊接工艺

焊接层道	焊接工艺	填充金属		电流		电压，V	速度 mm/min
		直径，mm	牌号	极性	电流，A		
打底	GTAW	2.4	ERNiCrMo-3	DC(-)	80~100	10~15	20~25
过渡	GTAW	2.4	ERNiCrMo-3	DC(-)	100~120	10~15	25~30
填充	GTAW	2.4	ERNiCrMo-3	DC(-)	100~120	10~15	25~30
盖面	GTAW	2.4	ERNiCrMo-3	DC(-)	110~130	10~15	25~35

组对前应采用砂轮清理坡口及两侧的锈污，然后用丙酮或酒精清洗坡口，要求 50mm 内不得有油污、杂质和铁锈。管子组对尽量采用外对口器，保证坡口间隙复合工艺要求（2~3mm），并且均匀。如果采用点固焊缝组对，必须在背面通气保护的前提下进行。打底层采用单面焊双面成型焊接工艺，焊接位置一般为水平固定，难度大，对焊工的技术要求高，是双金属复合管焊接质量要求最高的工序。如果打底层出现焊接问题，返修时将会十分困难。为了保证根部质量，采用钨极氩弧焊进行焊接。

焊前必须对管子内部、焊缝背面充 99.99% 的氩气一段时间，用气体氧含量测试仪从坡口间隙出处伸入抽取气体测量管子内部氧含量，当氧含量低于 50ppm 时开始焊接。焊接从底部 6 点钟位置开始，分左、右由下向上焊接。焊接工艺参数不能太大，焊速要较快，防止产生烧穿缺陷，焊接全程采用氩气保护。过渡焊焊接同样采用钨极氩弧焊方法，内部必须继续通氩气保护，焊接工艺参数仍然不能太大，焊速要较快，防止产生烧穿缺陷。填充焊道和盖面焊道采用钨极氩弧焊方法，采用多层多道焊方法，焊条尽量少摆动，焊接参数尽量小，焊速尽量高。盖面焊道要尽量减少咬边缺陷，如果产生，用砂轮打磨掉。

2）焊接工艺评定

利用金相显微镜对焊缝微观组织进行分析，分析结果如图 5-56 所示。基管组织为铁素体加珠光体组织，基管热影响区组织为铁素体加珠光体组织并伴有魏氏体组织，衬管为奥氏体组织，衬管热影响区为奥氏体组织，焊缝组织为结晶细密枝晶状奥氏体和 δ 铁素体，晶粒细小、抗腐蚀性能强。

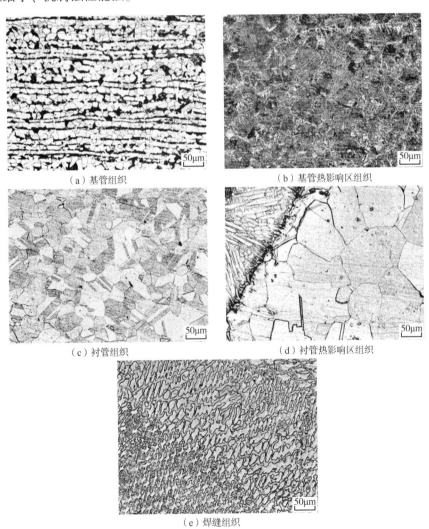

（a）基管组织　　　　　　　　　（b）基管热影响区组织

（c）衬管组织　　　　　　　　　（d）衬管热影响区组织

（e）焊缝组织

图 5-56　20#/N08825 机械复合管环焊缝金相组织

为了考察环焊缝的力学性能，取基管焊接接头焊缝试样，采用 GB/T 228.1—2010《金属材料拉伸试验第 1 部分：室温试验方法》[49] 和 GB/T 2653—2008《焊接接头弯曲试验方法》[50] 对焊缝拉伸性能和弯曲性能进行检验，测试结果见表 5-42。采用 GB/T 229—2007《金属材料夏比摆锤冲击试验方法》[51] 对焊缝夏比"V"形冲击吸收功进行测试，在 -20℃下焊缝中心夏比"V"形冲击吸收功在 62~66J 之间。硬度性能检测结果见表 5-43，其中基管区域硬度为 160~214HV10，横跨过渡层的硬度线数值为 165~226HV10，衬层部分的硬度为 189~220HV10，上述各项性能测试结果均满足 T/CSTM 00126—2019[20] 标准要求。

表 5-42　20#/N08825 机械复合管部分力学性能试验结果

拉伸性能		弯曲试验	吸收功（-20℃，5mm×10mm×50mm）	
Rm，MPa	断裂位置	弯曲 180°	KV2/J	FA/%
524、548	母材	面弯和背弯未出现裂纹	62、63、66	90、90、90

表 5-43　20#/N08825 机械复合管维氏硬度试验结果

序号	1	2	3	4	5	6	7	8	9	10	11
硬度，HV10	160	170	169	178	203	206	214	173	164	165	175
序号	12	13	14	15	16	17	18	19	20	21	22
硬度，HV10	168	165	171	189	213	226	214	170	172	167	174
序号	23	24	25	26	27	28	29	30	31	32	33
硬度，HV10	222	199	197	198	220	208	215	196	195	189	203

为了考察环焊缝的耐蚀性能，参照标准 ASTM G28—2008[44] A 法和 T/CSTM 00127—2019[27] 截取耐蚀合金层焊缝试样并进行了晶间腐蚀试验和电化学腐蚀试验，试验后试样腐蚀速率详见表 5-44。其中晶间腐蚀试样形貌如图 5-57（a）所示，腐蚀速率为 0.4867mm/a，试验结果满足标准要求；电化学腐蚀失重试样形貌如图 5-57（b）所示，试样表面未见明显点蚀迹象，平均腐蚀速率结果也达到验收指标要求。另外，依据标准 GB/T 4157[26] 规定的四点弯曲法加工了衬层焊接接头 SCC 试样，按照表 5-45 试验条件（流速除外）开展试验评价，试样应力加载 297MPa。SCC 试验后，所有试样未断裂，拉伸表面在 10 倍放大倍数下未见裂纹，试样宏观形貌如图 5-57（c）所示。

表 5-44　晶间腐蚀和电化学失重腐蚀试验结果

类　　别	平均腐蚀速率，mm/a	试样形貌
晶间腐蚀	0.4867	如图 5-57（a）所示
电化学失重腐蚀（试验条件见表 5-45）	0.0057	如图 5-57（b）所示

表 5-45　失重腐蚀试验条件

CO_2 分压，MPa	H_2S 分压，MPa	Cl^- 浓度，mg/L	温度，℃	总压，MPa	pH 值	转速，m/s
0.625	0.025	130000	75	10	5.5	4.0

（a）晶间腐蚀　　　　　　　（b）电化学腐蚀

（c）SCC

图 5-57　腐蚀试验后试样形貌

2. 管端堆焊+手工氩电联焊工艺

1）试验对象和焊接工艺

试验对象为油气田提供的 $\phi508\text{mm}\times(14.2+2.5)\text{mm}$ 的 L415/316L 双金属复合管现场焊接管段，管端使用 625 焊丝堆焊 50mm 长。环焊缝焊接工艺见表 5-46，为典型的氩电联焊工艺，背面保护气直到焊完第 4 层才撤离。

表 5-46　L415/316L 双金属复合管环焊缝焊接工艺

焊道	焊接方法	焊材牌号	直径，mm	焊接电流		电弧电压 V	气体流量，L/min	
				极性	电流，A		焊枪	背面
1	GTAW	ATN-CM3	2.4	DC-	85~95	8~11	8~10	15~20
2	GTAW	ATN-CM3	2.4	DC-	100~115	8~11	8~10	15~20
3	SMAW	INCONEL112	3.2	DC+	72~88	20~25		15~20
4	SMAW	INCONEL112	3.2	DC+	72~85	20~25		15~20
5	SMAW	INCONEL112	3.2	DC+	72~79	20~25		
6	SMAW	INCONEL112	3.2	DC+	74~82	20~25		
7-1	SMAW	INCONEL112	3.2	DC+	75~82	20~25		
7-2	SMAW	INCONEL112	3.2	DC+	76~88	20~25		

2）焊接工艺评定

拉伸试验结果见表 5-47，4 件拉伸试样均在母材断裂，抗拉强度位于 549~605MPa 区间，均高于标准 T/CSTM 00126—2019[20]要求。刻槽锤断试验 4 件试样断口均未发现超标缺陷，8件侧弯试样顺时针和逆时针弯曲180°均未发现裂纹，同样都能满足标准要求。24件试样冲击吸收功较高(表5-48)，能够满足一般工程抗脆性断裂和启裂韧性要求。硬度试验结果见表5-49，4件试样硬度测试位置和数量均一致，试验结果整体表明，焊缝金属硬度高于基管母材和衬层母材，基管母材硬度在200HV10左右，焊缝金属根焊区域硬度最高，在260HV10左右，填充焊和盖面焊硬度值较低、与基管硬度值相当。根据以上试验结果，焊缝机械性能满足标准要求，能够保证使用性能。

表5-47 L415/316L双金属复合管拉伸试验结果

试样位置	抗拉强度，MPa	断裂位置
焊接接头	601、594、595、605	母材
标准要求(最小值)	535	—

表5-48 L415/316L双金属复合管冲击试验结果

试样编号	试样规格 mm×mm×mm	温度，℃	吸收功，J			FA，%		
4#-1 焊缝			99	87	99	100	100	100
4#-1 热影响区			163	211	201	85	100	98
4#-2 焊缝			104	99	86	100	100	100
4#-2 热影响区	10×10×55	0	216	236	177	100	100	95
4#-3 焊缝			98	95	104	100	100	100
4#-3 热影响区			164	198	224	95	100	100
4#-4 焊缝			89	101	93	100	100	100
4#-4 热影响区			270	198	199	100	100	100

表5-49 L415/316L双金属复合管维氏硬度试验结果

4#-1 试验位置	1	2	3	4	5	6	7	8	9
硬度值，HV10	210	206	202	187	211	197	197	193	202
4#-1 试验位置	10	11	12	13	14	15	16	17	18
硬度值，HV10	200	203	216	204	207	210	212	190	188
4#-1 试验位置	19	20	21	22	23	24	25	26	27
硬度值，HV10	187	189	197	194	190	197	200	211	208
4#-1 试验位置	28	29	30	31	32	33	34	35	36
硬度值，HV10	210	180	188	194	202	184	192	188	171
4#-1 试验位置	37	38	39	40	41	42	43	44	45
硬度值，HV10	227	242	244	239	236	243	202	184	190
4#-1 试验位置	46	47	48	49	50	51	52	53	54
硬度值，HV10	204	207	202	220	244	245	234	264	254
4#-1 试验位置	55	56	57	58	59	60	61	62	—
硬度值，HV10	238	241	233	244	229	226	226	216	—
4#-2 试验位置	1	2	3	4	5	6	7	8	9
硬度值，HV10	209	206	203	178	207	220	217	211	211

4#-2 试验位置	10	11	12	13	14	15	16	17	18
硬度值，HV10	211	208	217	199	204	204	207	192	196
4#-2 试验位置	19	20	21	22	23	24	25	26	27
硬度值，HV10	197	204	206	209	203	207	209	209	211
4#-2 试验位置	28	29	30	31	32	33	34	35	36
硬度值，HV10	223	186	195	195	195	193	184	205	199
4#-2 试验位置	37	38	39	40	41	42	43	44	45
硬度值，HV10	215	225	224	216	215	215	183	181	188
4#-2 试验位置	46	47	48	49	50	51	52	53	54
硬度值，HV10	183	206	218	234	224	229	224	241	263
4#-2 试验位置	55	56	57	58	59	60	61	62	—
硬度值，HV10	260	235	241	282	252	231	234	222	—
4#-3 试验位置	1	2	3	4	5	6	7	8	9
硬度值，HV10	214	216	211	210	220	218	218	207	213
4#-3 试验位置	10	11	12	13	14	15	16	17	18
硬度值，HV10	211	217	222	192	221	217	220	202	203
4#-3 试验位置	19	20	21	22	23	24	25	26	27
硬度值，HV10	199	195	218	211	212	213	222	212	218
4#-3 试验位置	28	29	30	31	32	33	34	35	36
硬度值，HV10	214	198	203	213	199	190	189	191	180
4#-3 试验位置	37	38	39	40	41	42	43	44	45
硬度值，HV10	222	225	222	227	211	230	176	199	191
4#-3 试验位置	46	47	48	49	50	51	52	53	54
硬度值，HV10	193	210	217	233	233	240	287	280	247
4#-3 试验位置	55	56	57	58	59	60	61	62	—
硬度值，HV10	245	246	262	260	228	220	220	220	—
4#-4 试验位置	1	2	3	4	5	6	7	8	9
硬度值，HV10	210	206	202	177	227	219	214	212	202
4#-4 试验位置	10	11	12	13	14	15	16	17	18
硬度值，HV10	206	201	223	200	192	196	205	192	191
4#-4 试验位置	19	20	21	22	23	24	25	26	27
硬度值，HV10	190	173	217	201	210	214	206	210	209
4#-4 试验位置	28	29	30	31	32	33	34	35	36
硬度值，HV10	218	189	191	192	195	184	183	186	178
4#-4 试验位置	37	38	39	40	41	42	43	44	45
硬度值，HV10	228	239	234	241	228	241	210	179	193
4#-4 试验位置	46	47	48	49	50	51	52	53	54
硬度值，HV10	186	195	213	234	235	253	241	236	247
4#-4 试验位置	55	56	57	58	59	60	61	62	—
硬度值，HV10	244	253	250	266	251	241	212	211	—

　　4件金相试样衬管和基管均与焊缝金属结合良好，且整个焊缝金属与基管和衬管熔为一体，无明显宏观焊接缺陷。不过四个试样 A~F 各个区域金相组织有较大区别，取样位置如图 5-58 所示，详细试验结果见表 5-50，典型的金相形貌如图 5-59 所示。整体而言，在 4 个环焊缝金相试样中，未发现明显焊接缺陷和有害组织，仅在 4#-2 试样中 C 区的基管和衬管熔合线处有一缺陷，缺陷内有枝晶状非金属夹杂物，但该缺陷尺寸较小。

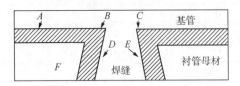

图 5-58　环焊缝低倍金相特征示意图

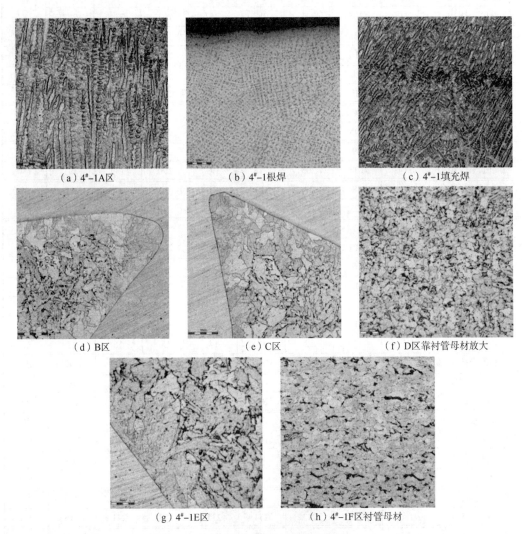

（a）4#-1A区　　　　　　　　（b）4#-1根焊　　　　　　　　（c）4#-1填充焊

（d）B区　　　　　　　　（e）C区　　　　　　　　（f）D区靠衬管母材放大

（g）4#-1E区　　　　　　　　（h）4#-1F区衬管母材

图 5-59　典型环焊缝金相形貌

表 5-50　环焊缝不同区域组织分析结果

位置		样品编号			
		4#-1	4#-2	4#-3	4#-4
A区	熔合线	F；F+少量 P	F；F+少量 P	F；F+少量 P	F；F+少量 P
	靠熔合线	B 粒+F+P	B 粒+F+P	B 粒+F+P	B 粒+F+P
	靠母材	F+P 等轴晶粒	F+P 等轴晶粒	F+P 等轴晶粒	F+P 等轴晶粒
B区	熔合线	F	F 等轴晶粒	F 等轴晶粒	F 等轴晶粒
	靠熔合线	F+少量 P	F+少量 P	F+少量 P	F+少量 P
	靠母材	F+P 等轴晶粒	F+P 等轴晶粒	F+P 等轴晶粒	F+P 等轴晶粒
C区		与 B 区基本相同	与 B 区基本相同；但靠 C 区右侧，外层管与内层管熔合线处有一缺陷，缺陷内有枝晶状非金属夹杂物	与 B 区基本相同	与 B 区基本相同
D区	熔合线	F	F	F，大多区域为等轴晶粒	F，大多区域为等轴晶粒，局部界面附近焊缝内组织分布不连续
	靠熔合线	F+P	F+P	F+P 等轴晶粒	F+P 等轴晶粒
	靠母材	F+P 等轴晶粒	F+P 等轴晶粒	F+P 等轴晶粒	F+P 等轴晶粒
E区		与 D 区基本相同	与 D 区基本相同，但靠熔合线局部为 B 粒+F+P	与 D 区基本相同	与 D 区基本相同
F区		F+P	F+P	F+P	F+P

另外，取衬层环焊缝试样进行了模拟工况下腐蚀适用性评价试验，试验条件见表 5-51，溶液配方见表 5-52。其中，选取氯离子浓度分别为 30000mg/L、80000mg/L 和 120000mg/L，pH 值均为 6.27，温度范围为 30~60℃，3 种情况基本可覆盖现场典型工况。试验结果表明，工况 1~3 复合管焊接接头（包括焊缝及堆焊层）平均腐蚀速率分别为 0.0004mm/a、0.0006mm/a 和 0.0010mm/a，平均腐蚀速率较低，且没有发现点蚀，环焊缝具有良好的耐蚀性。

表 5-51　腐蚀试验条件

序号	温度，℃	$p_总$，MPa	Cl^-，mg/L	p_{CO_2}，MPa	pH 值	流速，m/s	t，d
1	30	12	30000	0.0828	6.27	2	30
2	30	12	80000	0.0828	6.27	2	30
3	60	12	120000	0.0828	6.27	2	30

表 5-52　腐蚀试验溶液配方

序号	Cl^-，mg/L	pH 值	溶液浓度，mg/L				
			$NaHCO_3$	NaCl	$CaCl_2$	KCl	$MgCl_2$
1	30000	6.27	70249	30168	13104	3651	2100
2	80000	6.27	—	79092	44888	3651	2100
3	120000	6.27	—	79092	107381	3651	2100

总的来看，对于大口径双金属复合管材使用管端堆焊辅以 ERNiCrMo-3 焊材全程手工氩电联焊的焊接方式，从焊接工艺评价效果来看，同样具有可行性。不过考虑到焊工手工焊接操作的熟练程度以及镍基合金焊接的难度，在具体焊接过程宜要求施工方加大对焊工资质和相关工艺熟练程度的要求和培训，提高管道焊接可靠性。

三、全自动热丝 TIG 焊接工艺

为了提高焊接效率，笔者开发了一种双金属复合管的全自动热丝 TIG 焊接工艺，通过设计"U"形坡口，全程使用全自动热丝 TIG 焊完成打底焊、热道焊、填充焊和盖面焊[52]。

1. 焊接原理及工艺过程

1）焊接原理

在全位置焊接过程中，焊接空间位置不断变化，有平焊、下坡焊和仰焊，熔池在不同空间位置受力的不同，使焊缝成形变化显著，因此，要保持焊接过程中熔池的稳定性，使得焊缝成形一致，必须使熔池的自重与电弧吹力和液态熔池的表面张力达到平衡[53]。在全位置热丝 TIG 焊接工艺的基础上增加独立的热丝装置，使焊丝在被送入熔池前加热到熔化的临界状态，减少了焊丝对焊接电弧能量的吸收。由于同时对焊丝预热的能量和焊接电弧的能量分别独立控制，焊接熔敷速度的提高与焊缝热输入量的增加没有直接关系，因此，在不提高热输入条件下提高焊接熔敷速度，使焊丝熔化速度增加，可以大幅提高焊丝的熔敷效率及焊接速度[54]。

基于以上焊接原理，本节具体介绍了全自动热丝 TIG 工艺，该工艺与现有技术相比具有以下优点：

（1）全自动热丝 TIG 焊接工艺采用全自动焊，在合理的焊接工艺下，焊接工人只需要将焊机固定，起弧后观察熔池至熄弧就可以，整个焊接过程中不需要进行额外控制，降低了劳动强度和技术难度，避免了人为因素带来的质量问题。

（2）全自动热丝 TIG 焊接工艺可实现双金属复合管全自动打底、热焊，改变了以往双金属复合管采用手工氩弧焊或半自动焊接方法打底、热焊的焊接工艺方法，优化了焊接工艺，降低了操作技术难度，提高了焊接效率，比传统手工打底、热道焊效率提高了 4~5 倍。

（3）全自动热丝 TIG 焊接工艺在焊材上选择单一材质焊丝进行焊接，即打底、热焊、填充和盖面均为同一材质同一规格焊丝完成，焊接过程中不间断送丝，防止了频繁更换焊条引起的起弧和收弧坑，提高了整体焊接效率和合格率，也避免了使用多种焊材可能引起的混用风险。

（4）全自动热丝 TIG 焊接方式为热丝 TIG 焊，其较传统 TIG 焊而言熔敷效率显著提高，达到了 MIG 焊的水平。不过全自动热丝 TIG 焊缝质量却和 TIG 焊保持一致，其打底和热焊道的焊缝，在效率上高于传统 TIG 焊，在质量合格率上高于 MIG 焊。

（5）全自动热丝 TIG 焊接工艺在平焊、立焊和仰焊不同焊接位置采用不同参数，保证了焊缝的成型一致和可靠质量。

（6）全自动热丝 TIG 焊接工艺将热丝 TIG 焊首次用于全自动对接焊过程中，结合窄间限和小角度的坡口，降低了对接焊时的焊丝填充量，在保证焊接质量的同时，提高了效率，降低了成本。

2）材料及设备

双金属复合管规格为 φ168mm×（12.7＋3）mm，材料为 X65/316L。对接焊所用的焊丝为 ERNiCrMo-3 合金，规格为 φ1.2mm。试验采用奥地利焊机 TIP TIG，电源为 WIG500IDC，配备独立振动送丝系统，PLC 控制焊接参数。对口设备采用 φ168mm 内对口器，提高了效率。采用 5°±2° 的窄间隙坡口进行焊接，焊接的坡口形式如图 5-60 所示[55]。

图 5-60　X65/316L 双金属复合管焊接坡口形式

3）焊接方法

采用专用对口器进行窄间隙对接；内部带有氩气保护，氩气流量为 18~20L/min，等氩气浓度达到 5×10⁻⁴ 以下时，开始采用专用工装夹持轨道进行焊接。人工装卸机头，左右各一个机头，各焊一半，采用下向焊，正下方进行接头。整个焊接接头无需任何处理。

4）焊接工艺过程

焊接前对双金属复合管工件表面采用丙酮进行清理，并用液化气对管口预热到 70~100℃ 温度区间。管道内采用氩气保护，内部氩气浓度达到 5×10⁻⁴ 以下，把气体流量调至 20L/min，然后进行焊接。整个焊接过程分为根焊、热焊、填充焊及盖面焊，其具体焊接工艺参数见表 5-53。

表 5-53　X65/316L 双金属复合管焊接工艺参数

焊接过程	电流，A	送丝速度，m/min	焊接速度，m/min	焊道摆宽，mm
根焊	160~180	40~50	0.20~0.24	0
热道焊	200~240	50~60	0.18~0.22	2~4
填充焊	250~280	60~70	0.24~0.30	1
盖面焊	220~240	30~40	0.10~0.18	10~12

2. 焊缝检测结果与分析

如图 5-61 所示为复合管对接焊焊缝表面及背部成型情况，图 5-62 为焊缝切开后的内部成型外观。从图 5-61 中可以看出，焊缝表面成型和背部成型良好，无咬边等缺陷。对焊缝一周进行射线检验，拍片结果均为 I 级片，焊缝内部无气孔、未熔合等缺陷，满足 DNV-OS-F101—2010《海底管线系统》[39]标准的要求。

　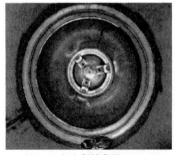

（a）焊缝表面　　　　　　　（b）焊缝背面

图 5-61　焊缝表面及背面成型形貌

图5-62　切断后的焊缝内部形貌

利用金相显微镜对焊缝微观组织进行分析，腐蚀液为氯化铁和盐酸水溶液，分析结果如图5-63所示。可以看出，焊缝的微观组织为结晶细密的枝晶状奥氏体，晶粒细小均匀，密度大，抗腐蚀性强，尤其抗晶间腐蚀性能优异。

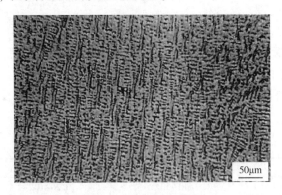

图5-63　焊缝金相组织

另外还分别对焊缝进行了拉伸、弯曲及低温冲击测试，结果显示各项性能指标均达到了 DNV-OS-F101-2010[39] 标准的要求。在-30℃下的焊缝中心冲击吸收功达到 170~180J 区间；拉伸试验结束后，试件均断在母材位置，抗拉强度达到 650MPa 以上，屈服强度达到 500MPa 以上；弯曲试验后焊缝表面均无裂纹产生。

综合以上分析，全自动热丝 TIG 对接焊设备及工艺参数表现出了很高的焊接稳定性，不仅降低了焊工的技能要求，而且还减少了人员的劳动强度。自动焊接系统在保障高质量、高可靠性和低返修率的同时，还大大提高了焊接生产效率，为海洋环境用双金属复合管焊接提供了一种兼顾焊接可靠性和焊接效率的焊接方法，值得大量推广使用。

<h2 style="text-align:center">参 考 文 献</h2>

[1] R. D. Kane, SM Wilhelm, T Yoshida, et al. Analysis of Bimetallic Pipe for Mobile Bay Service [J]. OTC 6282, 115-128, 1990.

[2] 杨刚 . X65/316L 复合管的焊接工艺及焊接质量控制[J]. 焊接技术，2012，41(12)：56-57.

[3] 汪建明 . Inconel 625/X65 复合管焊接工艺及接头性能研究[J]. 焊接，2012(8)：42-46.

[4] 张殿杰，陈晓霞，房子辉，等 . L485MB+316L 大管径复合管焊接工艺研究[J]. 中小企业管理与科技，2012(5)：311-312.

[5] 孙树山，杨利娜，秦增伟，等 . L245NB+316L 小管径复合钢管焊接工艺研究[J]. 研究与应用，2009

（14）：43-45.

[6] Miura R, Sakuraba M. Clad Steel Pipe for Corrosive Gas Transportation [J]. OTC 7790, 1995：845-851.

[7] 许爱华，院振刚，杨光，等．双金属复合管的施工焊接技术[J]．天然气与石油，2010，28（6）：22-28.

[8] 李为卫，刘亚旭，许晓锋，等．一种双金属复合管环焊缝焊接方法：ZL201310202717.X[P]．2013-10-02.

[9] 川庆油建．塔里木油田内部集输工程双金属复合管焊接施工发展历程焊评报告[R]．2015.

[10] JB/T 4730.2—2005 承压设备无损检测 第 2 部分：射线检测[S].

[11] 李磊，邝献任，姬蕊，等．某油田 316L/L360NB 机械式双金属复合管失效行为及原因分析[J]．表面技术，2018，47（6）：224-231.

[12] GB/T 3280—2007 不锈钢冷轧钢板和钢带[S].

[13] GB/T 9711—2017 石油天然气工业 管线输送系统用钢管[S].

[14] SY/T 6623—2012 内覆或衬里耐腐蚀合金复合钢管[S].

[15] 黄金昌．金属腐蚀与预防原理[M]．上海：上海交通大学出版社，1989：91.

[16] GB/T 20972.3—2008 石油天然气工业油气开采中用于含硫化氢环境的材料 第 3 部分：抗开裂耐蚀合金和其他合金[S].

[17] 王荣光，魏云，张清廉，等．奥氏体不锈钢 SUS316 及 SUS316L 在含 Cl^- 的饱和 H_2S 水溶液中应力腐蚀行为研究[J]．中国腐蚀与防护学报，2000，20（1）：47-53.

[18] SY/T 0452—2012 石油天然气金属管道焊接工艺评定[S].

[19] NB/T 47014—2011 承压设备焊接工艺评定[S].

[20] GB/T 13148—2008 不锈钢复合钢板焊接技术要求[S].

[21] T/CSTM/T 00126—2019 内覆或衬里耐蚀合金复合管道环焊缝焊接工艺评定[S].

[22] Li Fagen, Li Xunji, Li Weiwei, et al. Failure Analysis and Solution to Bimetallic Lined Pipe [J]. Mater. Sci. Forum, 2020, 993：1265-1269.

[23] 梁成浩．焊接氧化皮对奥氏体不锈钢孔蚀性能的影响[J]．腐蚀科学与防护技术，1998，10（5）：279-283.

[24] ASTM G48 Standard Test Methods for Pitting and Crevice Corrosion Resistance of Stainless Steels and Related Alloys by Use of Ferric Chloride Solution[S].

[25] ASTM A 923 Standard Test Methods for Detecting Detrimental Intermetallic Phase in Duplex Austenitic/Ferritic Stainless Steels[S].

[26] GB/T 8650—2015 管道和压力容器抗氢致开裂评定方法[S].

[27] GB/T 4157—2017 金属在硫化氢环境中抗硫化物应力开裂和应力腐蚀开裂的实验室试验方法[S].

[28] T/CSTM 00127—2019 金属材料高压釜腐蚀试验导则[S].

[29] GB/T 15970.2—2000 金属和合金的腐蚀 应力腐蚀试验 第 2 部分：弯梁试样的制备和应用[S].

[30] 孟大润．堆焊工艺在管道维修中的特殊应用[J]．化工装备技术，2011，32（1）：35-41.

[31] 秦华，胡传顺，肖峰．Inconel625 合金堆焊层组织和性能的研究[J]．热加工工艺，2010，39（10）：171-172.

[32] 魏志刚，李发林．小直径管内壁自动堆焊焊接工艺[J]．能源研究与管理，2010，（4）：88-90.

[33] 王小艳，潘建新，周华，等．复合管管端堆焊 Inconel625 合金工艺及性能研究[J]．热加工工艺，2011，40（21）：154-156.

[34] ASTM B443—2005 Standard Specification for Nickel-Chromium-Molybdenum-Columbium Alloy (UNS N06625) and Nickel-Chromium-Molybdenum-Silicon Alloy (UNS N06219) Plate, Sheet, and Strip[S].

[35] 郭世宝，李静宇，黄重，等．X65 管线钢的生产实践[J]．炼钢，2009，25(2)：8-11.

[36] ASTM A264—2009 Standard Specification for Stainless Chromium-Nickel Steel-Clad Plate[S].

[37] 石玗，郭朝博，黄健康，等．脉冲电流作用下 TIG 电弧的数值分析[J]．物理学报，2011(4)：1-7.

[38] 唐识，王海东．脉冲 TIG 自动焊工艺在核工程中的应用[J]．电焊机，2010(4)：11-17.

[39] DNV-OS-F101—2013. Submarine Pipeline Systems[S].

[40] ASTM A262—13 Standard Practices for Detecting Susceptibility to Intergranular Attack in Austenitic Stainless Steels[S].

[41] 王富铎，梁国萍，陈博，等．脉冲钨极氩弧焊技术在双金属复合管中的应用[J]．焊管，2016，39(1)：27-30.

[42] 王富铎，梁国栋，王斌，等．海洋用 CRA 双金属复合管管端全自动堆焊工艺改进[J]．焊管，2015，38(3)：43-47，51.

[43] 梁国萍，张燕飞，苑举纲．振动送丝的堆焊方法：ZL201210316938.5[P].2015-04-15.

[44] ASTM G28 Standard Test Methods for Detecting Susceptibility to Intergranular Corrosion in Wrought, Nickel-Rich, Chromium-Bearing Alloys[S].

[45] 张燕飞，王小艳，潘建新，等．一种碳钢/不锈钢复合管的管端封焊方法：ZL200910023576.9[P].2011-01-26.

[46] 李发根，常泽亮，李为卫，等．一种双金属复合管端部处理结构的制造方法：ZL201811289460.5[P].2021-04-30.

[47] 李循迹，陈东风，赵志勇，等．316L 内衬双金属复合管焊接关键技术研究[C]．中国腐蚀与防护学会承压设备专业委员会，中国特种设备检验协会，2014.

[48] 马启慧，王少刚，张亮，等．双相不锈钢与碳钢异种金属焊接研究综述[J]．焊管，2009(8)：26-30.

[49] GB/T 228.1—2010 金属材料拉伸试验第 1 部分：室温试验方法[S].

[50] GB/T 2653—2008 焊接接头弯曲试验方法[S].

[51] GB/T 229—2007 金属材料夏比摆锤冲击试验方法[S].

[52] 梁国栋，梁国萍，张燕飞，等．一种双金属复合管全自动对接焊工艺：ZL201310641717.X[P].2015-08-05.

[53] 周矿先．全位置窄间隙热丝 TIG 焊工艺浅评[J]．焊接技术，2000，29(3)：18-19.

[54] 吴青松．热丝 TIG 焊—高质量 TIG 焊与高效率 MAG 焊的结合[J]．电焊机，1996，26(4)：44-46.

[55] 王东红，郭江涛，钟炜，等．双金属复合管全自动 TT 对接焊工艺研究[J]．热加工工艺，2014，43(19)：216-217.

第六章　双金属复合管制造及应用技术发展趋势

第一节　新型双金属复合管产品制造及应用技术

双金属复合管在国内虽然应用起步较晚，但近些年来产品研发及相关配套技术发展迅速，十几家生产单位研发制造了多种各具特点的产品系列，双金属复合管产品在陆上和海上油气田应用已经超过 3000km，总体发展态势较好。近年来，随着油气资源勘探进一步深入，油气开采环境日益苛刻复杂，双金属复合管的需求将越来越大。当前双金属复合管应用还局限于高腐蚀环境用地面集输管网以及海洋浅水区开发用集输管道，极端苛刻的油气开采腐蚀环境以及海洋深水环境油气集输领域尚未涉足，现有的产品制造及应用技术还无法满足应用环境的拓展需要。因此，为了响应国家油气向深层和深海开发的战略需求，未来双金属复合管制造和应用技术的发展，一方面要在强化 2205 双相不锈钢冶金复合管制造技术攻关的同时，重点要围绕深层油气开采用双金属复合油管和深海油气集输用聚合物增强复合管产品开展制造工艺攻关；另一方面要在为不同产品配套应用技术的同时，进一步就产品类型和工艺差别可能引起性能可靠性差异，研究精细化设计技术。

一、双金属复合油管产品开发及应用技术

在油气勘探开发和生产过程中，油管柱承受拉伸/压缩、内压/外压、弯曲等复杂载荷作用，同时会遭受油/气/水、$H_2S/CO_2/Cl^-$ 等井下介质和温度作用。随着深井、超深井、特殊结构和特殊工艺井、强酸/大排量高压力反复酸化压裂增产改造等工况条件日益复杂，油管柱失效频发，严重制约了油气田的正常生产。近年来，我国油气井管柱失效概率平均介于 10%~20%，其中 60% 以上是因腐蚀造成的。例如我国西部某油田 2008—2012 年油管柱发生腐蚀断裂失效 123 井(次)，在完井过程中因油管柱失效造成的经济损失达 7.24 亿元，高产天然气井每口井修井费用高达 3000 万~5000 万元[1]。

高温、高压、高腐蚀性介质、复杂载荷和作业工艺等因素引起的管柱腐蚀问题严重威胁高温高压气井井筒的安全，而且新的腐蚀失效问题也随着高温高压气井开发生产过程不断出现。目前，在国内外高温高压气井开发过程中，因腐蚀导致的失效主要表现为：腐蚀穿孔、应力腐蚀开裂、管柱接头缝隙腐蚀密封失效等(图 6-1)。由于使用耐蚀合金纯材油管成本太高，油气田用户对兼顾耐蚀性和经济性的新型管材需求迫切，因此，双金属复合油管势必将在深层油气开发中大有作为[2]。

（a）腐蚀穿孔　　　　（b）应力腐蚀开裂　　　　（c）接头缝隙腐蚀　　　　（d）点蚀

图 6-1　高温高压气井管柱常见腐蚀失效形式

　　不同于油气集输用复合钢管，双金属复合油管有其独特而又复杂的技术需求。一是高压油气开采环境由于开关井或产量变化等可能会带来较高的衬层屈曲风险，这一环境特点直接限制了机械复合管使用，必须要制造冶金复合油管才能满足技术需求；二是由于直焊缝性能及尺寸规格等因素存在，油管一般不使用带焊缝管材，这一技术要求直接限制了有缝冶金复合油管的使用，必须要制造无缝冶金复合油管才能最大限度满足技术需求；三是对于有下作业工具需求的很多高压井，冶金复合油管内径将被严格限制，这又进一步限制了那些只试图增加耐蚀合金层而不顾及复合油管内径减小问题的复合工艺；四是考虑到双金属复合油管更多将被用作高温高压气井防腐，管端扣型设计上要在传统的结构和密封完整性技术要求上还要隔离腐蚀介质杜绝异种金属间的电偶腐蚀问题，螺纹连接设计难度较高。

　　国内外生产厂家对双金属复合油管制造上投入了大量资源，也取得了不错的进展。据了解，国内西安德信成、西安向阳和上海天阳等厂家都在开展相关制造技术研发，目前已有部分产品研发成功并下井试用（图 6-2）。在产品制造上，西安德信成和西安三环科技有限公司通过对爆炸焊成型工艺进行改进，采用爆炸复合工艺制作坯料，再辅以无缝管制作工艺流程制备双金属复合油管，该产品在结构和性能上能够无缝对接高温高压气井管材要求。在管端连接技术上，孙建安[3]等公布了如图 6-3（a）所示的双金属复合管螺纹接头及其制备方法，通过上扣使得公母螺纹啮合，通过密封结构的金属密封配合实现对复合介质的隔离，利用隔离层避免腐蚀介质接触螺纹及钢管本体，达到密封效果；马晓峰[4]等设计如图 6-3（b）所示的双金属复合油管连接结构，通过在管端设计 CRA 堆焊层辅以高强度冶金复合接箍来解决管端连接问题；而王鹏[5]等进一步提出了如图 6-3（c）所示的螺纹接头

（a）整体形貌　　　　　　　　　　（b）端部形貌

图 6-2　双金属复合油管实物形貌

部位开展局部增材制造，采用激光定量能量沉积方法在密封面和扭矩台肩上逐层堆积耐蚀合金至设计尺寸，防止管内腐蚀介质接触外部基管，进而保证螺纹接头的结构和密封完整性。

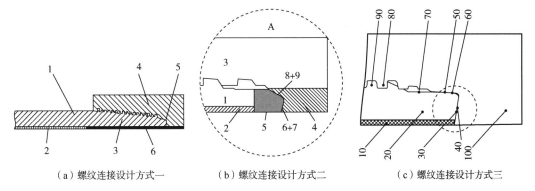

（a）螺纹连接设计方式一　　　　（b）螺纹连接设计方式二　　　　（c）螺纹连接设计方式三

图6-3　双金属复合油管螺纹连接设计

图6-3(a)：1—外管；2—内衬管；3—公螺纹；4—母螺纹；5—密封结构；6—隔离层

图6-3(b)：1—管体基管；2—管体CRA内覆层；3—接箍基管；4—接箍CRA内覆层；5—管端CRA堆焊层；
6—管体台肩面；7—接箍台肩面；8—管体密封面；9—接箍密封面

图6-3(c)：10—内管；20—外管；30—扭矩台肩面；40—接箍扭矩台肩面；50—密封面；60—接箍密封面；
70—过渡柱面；80—接箍螺纹；90—螺纹；100—接箍

在双金属复合油管质量控制技术指标和评价方法层面，目前国内外同样没有制定产品标准，产品制造和检验检测方法缺乏有效规定，管材应用还依然处于质量失控状态。为了加强产品质量检验和控制，提高油气田安全应用水平，迫切需要制定冶金复合油管产品标准。通常双金属复合油管的质量主要需要考虑以下几个方面技术指标和评价方法：首先要解决制造工艺确认，要求制造工艺能够同时兼顾碳钢或低合金钢基管的机械性能和耐蚀合金层的耐蚀性能；其次复合油管工艺技术复杂，对管材检验、评定和合格判据方面也提出了更高的技术要求，需要科学合理的基管和耐蚀合金层以及两者之间结合界面的性能指标和评价方法；再者螺纹连接可靠性评估需要在现有结构和密封完整性评价技术和指标基础上修订，以检验密封的可靠性及异种金属间电偶腐蚀问题的可能性；最后在双金属复合油管标识上，也需要在当前碳钢、低合金钢或耐蚀合金油管标识的基础上新建一套标志方法。

二、聚合物增强复合管产品开发及应用技术

陆上油气田已逐步进入开采的中后期，勘探开发难度增大、成本升高，而全球海洋油气资源潜力巨大、勘探前景良好。海洋油气资源主要分布在大陆架，约占全球海洋油气资源的60%，而大陆坡的深水、超深水的油气资源潜力也很可观，约占30%。大陆架浅水区域的油气资源开发起步较早，目前需要将储量开采延伸至海上深水区，对海底油气管道的需求量增大，但面临着向深海发展的技术难题[6]。

国际上主流的海底管道（钢管）铺设方法包括S-Lay、J-Lay和Reel-Lay等3种。S-Lay的铺管直径最大，Reel-Lay的铺管直径最小，但其铺管速度最快，J-Lay的铺管速

度最慢。S-Lay 的管线接长在水平位置施工，可同时进行多条焊缝的焊接和检验，J-Lay 的管线在 J-Lay 塔上完成，只能同时进行一条焊缝的焊接，而 Reel-Lay 在海上无需或很少量的焊接作业。不同铺管方法比较见表 6-1，与其他 2 种方法相比，开展双金属复合管铺管 Reel-Lay 优势明显，铺管速度最快，可缩短海上作业时间，大大降低铺管成本，不仅适用于浅水油气集输还能进入深水区域[7]。

表 6-1　不同铺管方法比较

铺管方法	最大铺管直径，m	铺管效率	应用水深	所需铺管张力	天气敏感性
S-Lay	1.524	适中	主要浅水	大	恶劣天气敏感
J-Lay	0.813	慢	主要浅水	小	恶劣天气敏感
Reel-Lay	0.508	快	水深无限制	小	恶劣天气不敏感

　　Reel-lay 铺管法需要通过将管子焊接并卷曲到一个大直径的卷辊上，通过铺管船将卷辊运输到海上作业地点，将卷管从辊上卸下并校直，从而在海中铺设。复合管缠绕到卷筒上和经过矫直器时会弯曲，产生方向相反的弯矩，机械复合管衬管会产生塑性变形，衬管容易与基管剥离甚至出现褶皱。显然，相比 S-Lay 铺管法，Reel-lay 铺管法管道变形更大，也意味着管材将面临更大的衬层起皱或屈曲失稳隐患。HMC 公司和代尔夫特理工大学研

究了双金属复合管弯曲过程中的力学特性影响因素，特别是复合管弯曲过程中内衬层起皱的产生和发展，发现现有机械复合钢管仅能保证在有限尺寸范围内极小的弯曲容量下允许使用。于是各大公司开始尝试大量技术方法增加管道弯曲性能，Statoil 公司和 Technip 公司申请了通过增加水压减小卷管过程中内衬层起皱的专利，图 6-4 展示了使用加水压技术开展 ϕ266.7mm×(19.7+3)mm 的 316L 机械复合管铺管现场；Technip 公司

图 6-4　使用加水压技术开展 Reel-lay 铺管

研究表明合理选择内衬层的厚度，无内压也能避免双金属复合管安装过程中内衬层起皱；Subsea 7 公司同样通过试验和数值模拟对水压减小卷管过程中内衬层起皱的影响规律进行了研究。工程实践证明，水压试验过程对衬层剥离有一定的改善，小的褶皱可以通过典型压试验的内压消除，但是大的褶皱水压试验不能完全消除。另外，增加管材壁厚、弯轴直径或使用水压能提高防止衬层起皱或屈曲，但使用这些方案不是增加了铺管成本就是提高了管材成本，经济性问题同样值得关注[7-12]。

　　机械复合管因为抗屈曲性能不足无法满足深水油气集输铺管需求，而冶金复合管由于成本等因素也未能大面积推广，在深水油气开发领域双金属复合管的应用推广受到了极大的限制。聚合物增强复合管是近年来国内外发展的替代深水用机械复合管的新兴防腐产品（结构如图 6-5 所示），目前已经在国内外海洋集输和陆上油气集输环境中得到应用[12]。该产品通过在基管和衬层之间加入聚合物增强层紧密黏接，大大提高了基/衬界面的结合强度，内衬管抗屈曲失稳能力大幅度提升，技术上很好地解决了机械复合管衬层起皱或屈

曲失稳以及海管 Reel-lay 铺设的问题，成本上相比机械复合管稍有提高但却明显低于冶金复合管。目前国外德国 BUTTING 公司已经开发了相关产品，而国内西安向阳航天材料股份公司也研发出了橡胶界面结构的复合管[13]，据了解该产品抗失稳能力达到 30MPa，目前已在地面集输管线试用。下一步待产品性能得到实践检验后，有望用于深海油气集输管道，助力海洋深水油气开发。

聚合物增强复合管作为近几年开发的一种新型产品，产品制造尚在起步过程中，相关产品质量控制也同样缺乏标准，目前中国石油集团工程材料研究院有限公司已经联合相关厂家开展了大量技术研究并完成标准草案起草，有望很快解决产品生产、检验无标准可依的问题。另外在铺管适用性评价技术上，前期开发的全尺寸弯曲和疲劳试验装置，主要适用于海洋环境应用于"S"形铺设方式，目前还暂不具备 Reel-lay 铺设方式下管材适应性评价功能。下一步有必要尽快装配如图 6-6 所示铺管适用性评价装置，并结合管材弯曲力学分析，搞清聚合物增强复合钢管在 Reel-lay 铺设方式下适用性范围，指导科学铺管。

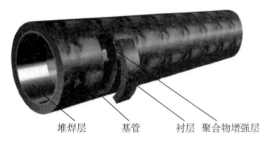

图 6-5　聚合物增强复合管结构

图 6-6　Reel-lay 铺管适用性评价装置

三、基于可靠性的双金属复合管精细化设计技术

近年来，我国双金属复合管生产制造技术上发展迅速，目前已形成了多项制造工艺并举、机械复合管和冶金复合管共存的局面。前期出于对产品成熟度和管道建设投资的双重考虑，油气田主要使用机械复合管。未来随着管材制造工艺技术的进步，冶金复合管和聚合物增强双金属复合管产品也将逐渐成熟，双金属复合管产品体系将进一步丰富，如何科学合理地确定三类管材的适用范围将会被提上日程。

目前，不同类型的双金属复合管产品性能及价格依旧存在一定差距，油气田用户需要结合设计最优可靠度原理(图 6-7)，综合考虑不同类型产品甚至是同一产品不同生产工艺下的性能和价格，最终优选经济技术性最佳的产品。

在管材性能方面，机械复合管结合强度不足存在衬层起皱或屈曲隐患，冶金复合管结合性能可靠但机械性能和耐蚀性能上略有损失，聚合物增强复合管结合性能介于机械复合管和冶金复合管之间，不过聚合物层耐

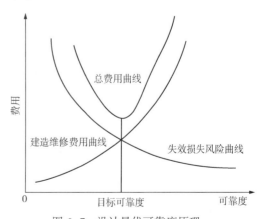

图 6-7　设计最优可靠度原理

用性还有待进一步考察。在价格方面，机械复合管工艺成熟价格最低，冶金复合管工艺复杂总体价格稍贵，聚合物增强复合管价格基本上介于两者之间略高于机械复合管。前面已经谈到不同厂家和制造工艺对耐蚀合金产品性能影响较大，考虑到双金属复合管复合工艺和热处理制度更加多样化，不同复合工艺和热处理制度下的产品性能差异相对更大。对于机械复合管不同复合工艺下产品结合性能稳定性存在较大差异，对于冶金复合管不同的热处理工艺意味着产品性能会有很大区别，油气田使用前宜对其工艺性能对比评价，并考虑可能的失效损失风险和建造维修费用，选定适宜的产品。

具体到油气田常用的机械复合管，前期的产品应用设计往往仅从复合管承压和耐腐蚀性方面考虑，忽略了衬层刚度设计，当机械复合管的衬管径厚比较大时，在复合管制作和使用过程中很容易导致衬层屈曲失稳现象。研究分析发现双金属复合管的衬层屈曲问题不仅与管材自身质量有关，而且与使用环境也息息相关，实质上双金属复合管抗失稳能力是由管材实际结合状态和衬层所受驱动应力两个方面共同决定。

在管材自身质量方面，机械复合管屈曲失稳临界压力和衬管径厚比、材质和初始缺陷有关，与衬层金属的屈服强度与复合管屈曲失稳临界载荷成正比，与径厚比、初始椭圆度和基/衬间隙与临界载荷成反比关系。因此，在机械复合管设计中应考虑径厚比对衬层鼓包失稳的影响，避免由于径厚比过大而造成的复合管鼓包失稳。同时，在管材制造过程中还应考虑衬管椭圆度及基/衬初始间隙对复合管鼓包失稳的影响，降低衬管初始椭圆度及基/衬间隙，提高抗鼓包能力。一般来说，衬层鼓包失稳临界压力远大于单一管的失稳临界压力，基/衬管材之间的约束力对衬层鼓包的影响较大，而目前机械复合管基/衬管材之间的作用大小是通过结合强度指标来体现的。增加结合强度可提高机械复合管失稳临界载荷，但是改善抗鼓包能力的总体作用很小，而且机械复合管结合强度也不能无限增大，若基/衬管材之间存在过大的结合强度还会导致衬层发生反向屈服。也就是说，双金属复合管自身提高抗屈曲失稳临界压力的能力有限，必然存在一个数值并不高的屈曲失稳临界值。

在双金属复合管道服役全生命周期内，管材结合状态变化贯穿始终。管道服役前的制造工艺参数、外防腐高温循环和地面弹性铺设弯曲载荷以及海洋铺管方式都会影响管材结合状态；管道服役后有时会因产量调整或事故等导致流量大幅度变化，由此引发的局部负压也可能会影响管材结合性能甚至触发结构失稳；另外管道运行过程中衬层发生损伤或穿孔也会加剧衬层屈曲现象的发生。在双金属复合管的全生命周期内，衬层所受驱动应力不断变化，管材衬层屈曲风险也时刻存在。有必要引入可靠性定性设计方法[14]，以便设计人员能够更好地查找后期应用环境可能存在的导致衬层屈曲失效的因素，通过分析全生命周期内管材不同阶段的抗失稳能力的变化，来溯源产品结合性能提出订货技术指标，形成机械复合管产品可靠性设计技术。

第二节　在役双金属复合管道完整性管理技术

前期研究更多注重于新建管道产品质量控制和焊接工艺可靠性提升等措施，对于在役双金属复合管道的完整性管理技术却涉及不多。虽然双金属复合管设计初衷是尽量减少后期检测维护，但是考虑到曾有衬层屈曲、衬层腐蚀、环焊缝开裂和环焊缝腐蚀等失效案例，使用过程中必要的风险评价与检测将不可避免，对于检测发现的损伤也有修复需求。

一、在役双金属复合管道风险评价技术

油气管道风险评分法既考虑了管道失效的风险因素，又能反映不同管段的风险高低，克服评价实施中缺少数据的困难，大量应用于长输管道风险评价中。目前，国内外已进行了近30年的研究，已经实现了由安全管理向风险管理的过渡，由定性风险分析向定量风险分析的转化，风险分析已逐步规范化。按照评价结果的量化程度，管道风险评价方法分为定性风险评价方法、半定量风险评价方法和定量风险评价方法[15]。定性风险评价方法对事故的发生概率与后果采用相对的、分级的方法来描述风险；定量风险评价根据统计数据或数学模型量化管道失效概率和后果，分析管道风险水平；半定量风险评价介于定性风险评价和定量风险评价方法之间，采用量化指标来评价失效概率与后果[16]。

基于上述评价方法，国内外已经发展形成了大量技术标准。API RP 1160[17]、ASME B31.8S[18]等完整性管理标准中对风险评价都有原则性指导要求，不过并未给出详细系统的风险评价方法。此外，各大石油公司均已开展了不同程度的风险管理工作，但其采用的技术要求和流程不尽相同，未发现有成熟的标准对管道相关风险管理工作进行指导和规范。国内中国石油集团工程材料研究院有限公司等单位对管道进一步规范了风险评价工作，确立了管道风险评价流程（图6-8），先后制定了SY/T 6859—2012[19]、SY/T 6891.1—2012[20]、Q/SY 1180.2—2014[21]和Q/SY 1180.3—2014[22]等标准，提升风险评价工作的可操作性。

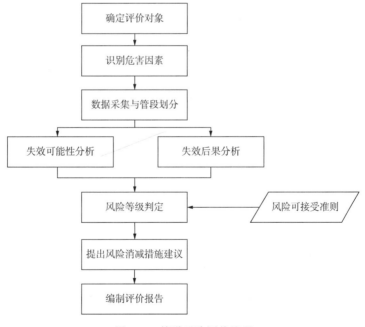

图6-8　管道风险评价流程

目前，针对长输管道风险评价已经形成诸多研究成果，但是对结构、工艺以及使用环境上差异较大的油气集输用双金属复合管还少见研究报道。定量风险评价需要大量数据基础，集输管道较长输管道距离短、交叉多并行多，且失效风险因素情况较为复杂，而且双金属复合管的双层结构属性和焊接问题会加剧分析过程繁杂化；经验型风险评价方法主观性强，易受评价人员知识储备和经验积累影响，而且不能量化风险程度，难以给出信服的评价结果；半定量评价方法对双金属复合管道进行风险识别，相比于定量风险评价法简单实用，相对于基于经验的评价方法又系统全面量化，可操作性较强。因此，短期来说选用半定量的油气管道风险评分法可能会更为简单适用，不过长期来看还是要尽快开展定量风险评价方法研究，以便精确开展在役双金属复合管道的风险评价。

二、在役双金属复合管道损伤检测技术

受双金属复合管结构和材料属性影响，现有各种无损检测方法对于检测评价复合管损伤均存在一定盲区。目前对于双金属复合管可行的检测技术主要还是集中在管道开挖后开展环焊缝检测，现有检测手段对于衬层屈曲、环焊缝开裂、衬层或环焊缝腐蚀等失效形式涉及不多，目前衬层屈曲问题可以借助当前成熟的变形检测技术使用通径检测器法或管内爬行机器人高清摄像法去实现屈曲形貌的有效识别检测，但衬层或焊缝腐蚀及开裂失效实现有效排查难度较大。

当前对于环焊缝开裂及耐蚀合金层或环焊缝腐蚀检测的前提就是开挖管道，利用传统超声、射线、磁粉或相控阵等方法检测，显然此类方法不适用于在役管线风险排查，开挖工程量巨大，可行性较差。非开挖条件下管道内外检测技术，虽然已经发展了多种技术，但是各类技术在面对双金属复合管检测时依旧各自存在问题，适用性和可靠性还有待于进一步验证。内检测技术在面对衬层屈曲复合管时不能有效通行，内检测无法开展，而且漏磁内检测技术对无磁奥氏体耐蚀合金焊缝腐蚀检测适用性值得商榷，研究发现漏磁只能检测基管损伤[图6-9(a)]，无法检测到位于不锈钢内衬上的人工缺陷[图6-9(b)]；压电超声内检测技术对于输气环境用复合管线耦合困难应用受限，电磁超声技术和电磁涡流相对可行但技术成熟度不够。内部涡流检测技术适用于大面积金属损伤的检测，对点腐蚀等小尺寸缺陷不易检出、最大尺寸小于10mm的缺陷检出率较低；电磁超声是目前市场上唯一能够在气管线中检测出裂纹缺陷的技术，采用非接触式方法、不需要液体耦合，最小可检出的裂纹深度为2mm；外检测技术中检验管线防腐层完整性的技术无法检测衬层管道损伤情况，磁力层析技术适用于检测铁磁性材料，但对于奥氏体组织耐蚀合金层损伤检测困难而且检测结果易受地磁场的影响；瞬变电磁检测技术更多应用于碳钢及低合金钢管线非开挖检测，双金属复合管外检测中未见应用；NoPig检测技术只能检测管道轴心非对称的金属损失，不能检测管壁厚度均匀减薄的情况[23-32]。

因此，双金属复合管的失效损伤问题，对现有检测技术提出了巨大挑战，目前还没有很好的应对措施。基于前述风险评价技术分析，当前相对可行的检测方法便是在风险评价基础上开展小范围检测验证，如半定量评价肯特打分法结合传统开挖验证可能就是一种相对可靠的检测方法。对于未来的检测技术提升方面，基于多种内检测技术集成可能是一个重要突破口。电磁超声技术是目前唯一能够在气管线检测出裂纹缺陷的技术，但最小2mm

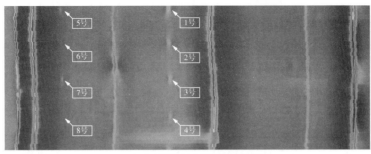

（a）1号至8号人工缺陷特征信号

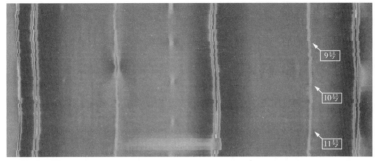

（b）9号至11号人工缺陷特征信号

图6-9 双金属复合管缺陷漏磁检测结果

1号至8号人工缺陷——圆形缺陷，位于基管侧；

9号至11号人工缺陷——为沿圆周方向的窄槽，位于衬管侧

裂纹深度检测精度不能满足双金属复合管道的检测要求，对于焊缝和热影响区的内焊道处形状反射波，易淹没小缺陷回波；相比来说，内部涡流检测技术可以检查管道内表面及近表面缺陷准确度较高，还可进行衬层损伤深度测量，相对技术可行性更大，将其与漏磁检测技术的基管检测能力结合，可能会为双金属复合管内检测提供可能。从 ROSEN 公司在我国海洋集输用双金属复合管应用效果来看，该集成技术能够适用于大面积金属损伤的检测，但对小尺寸点蚀缺陷检出效果不佳，检测精度上仍需进一步攻关[33]。

三、在役双金属复合管道损伤修复技术

管道修复技术在国外一般被称为"3R 技术"，即 Repair、Rehabilitation、Replace（修补、修复及更换管段）。修补多指管道日常维护、维修以及泄漏事故发生时的抢险和临时性维修，而修复及更换管道属于管道的永久性修复，国内也称为"管道大修"。在管道大修中，不仅要对管道防腐涂层进行修复和更换，最重要的是对管道的管体缺陷进行永久性修复。

目前，国内外针对管道缺陷和泄漏后的修复技术，根据修复方式和特点可分为以下四种：（1）金属焊接修复技术，包含补板、套筒（A/B 型、引流）、卡具（补板、封头、对开等）、换管（停输/带压开孔封堵焊管）；（2）夹具修复技术，包含机械夹具、环氧钢套筒；（3）内衬修复技术，包含内穿插法、内衬塑料管法、整体内衬法、软管反翻内衬法；（4）复合材料修复技术，包含预成型法、湿缠绕法。但是，以上修复技术都是围绕碳钢或低合金钢这类纯材管道开发，对于材料结构特殊的双金属复合管道适用性有限。关于双金

属复合管道，在耐蚀合金衬层及其焊缝未出现腐蚀损伤情况下，利用现有修复技术可对基管损伤进行修复补强，而一旦衬层损伤产生甚至穿透，高腐蚀性介质进入层间，现有修复补强技术将无法阻止介质对基管的快速腐蚀。另外现有修复技术还无法解决衬层屈曲修复问题，对于衬层出现较大变形或屈曲的管道，一旦影响管道正常运行目前还只能更换管线。

当前常用的防腐修复技术如清管、加注缓蚀剂、内涂层涂敷、智能内涂层修复及非金属内衬修复技术等，受到衬层屈曲限制修复技术难以实施，可行性不高而且经济性差[34-37]；利用补板、套筒或卡具等材料对局部腐蚀坑进行修复的金属焊接修复技术阻止不了穿过衬层的腐蚀介质对碳钢基材甚至修复材料继续腐蚀，只能作为短期修复手段；采用机械夹具或夹具注环氧的方法对管道局部进行修复的夹具修复技术和复合材料修复技术，同样面临着穿过衬层腐蚀介质腐蚀问题，即便使用复合材料修复也摆脱不了腐蚀介质在基/衬层间扩散出覆盖区域继续腐蚀碳钢基体的可能[38-41]。同样，当前抢维修技术及标准规范主要针对碳钢或低合金钢管道，使用的抢修技术都是在外部加强套筒或卡具进行堵漏抢修，并不适用指导双金属复合管道的泄漏抢修。

由于技术限制，客观上造成了双金属复合管道抢维修技术单一，不能进行预防性修复维护。当前，国内油气田尚未有效开展双金属复合管道修复工作，更多还是采取被动的抢维修，管道泄漏只能切割掉损伤管段重新换管焊接(图6-10)，抢维修周期较长，经济损失大。据了解，管径400mm以下管材抢修需要4~5天，管径400mm以上管材抢修甚至需要7~8天。

（a）发现刺漏　　　　　　　　（b）管端堆焊　　　　　　　　（c）置换管段

图6-10　双金属复合管道抢修现场

考虑到双金属复合管经常伴随衬层屈曲问题，传统清管修复工具难以通行，同时腐蚀损伤主要为焊缝区域，又决定了只能采用局部修复方式。传统管道修复技术及标准规范主要针对碳钢或低合金钢管道，若要完成材料结构及失效特性差异较大的双金属复合管道修复显然需要进行适当的技术改进。近年来，中国石油集团工程材料研究院有限公司发明了一种层间引流式注脂堵漏的双金属复合管道抢修修复技术(图6-11)，将树脂填充在引流式夹具与管道外壁形成的空腔，并穿过刺漏孔填充内部冲蚀坑和层间空腔，达到堵漏的效果。该技术解决了需停产放空换管的问题，在管道内仍有流动介质的条件下可以完成双金属复合管道泄漏点的堵漏，有望解决高腐蚀性介质继续腐蚀基管的困扰[42]。

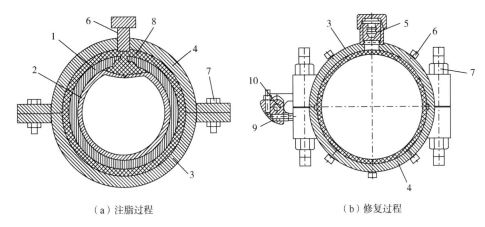

（a）注脂过程　　　　　　　　　　　（b）修复过程

图 6-11　引流式夹具注脂及其修复过程示意图

1—基管；2—衬管；3—第一壳体；4—第二壳体；5—引流孔；
6—小螺母阀门；7—紧固螺栓；8—树脂；9—定位销；10—转轴

参 考 文 献

[1] 冯耀荣，付安庆，王建东，等．复杂工况油套管柱失效控制与完整性技术研究进展及展望[J]．天然气工业，2020，40(2)：106-114.

[2] 赵密锋，付安庆，秦宏德，等．高温高压气井管柱腐蚀现状及未来研究展望[J]．表面技术，2018，47(6)：44-50.

[3] 孙建安，张忠铧，卢小庆．一种双金属复合管螺纹接头及其制备方法：CN112824727A[P]．2021-05-21.

[4] 马晓峰，李文升．一种双金属复合油管的连接接头：CN112049580A[P]．2020-10-16.

[5] 王鹏，胡美娟，吉楠，等．一种双金属复合油井管螺纹接头的局部增材制造方法：CN111872385A[P]．2020-11-03.

[6] 王海涛，池强，李鹤林，等．海底油气输送管道材料开发和应用现状[J]．焊管，2014，37(8)：25-29.

[7] 李刚，姜瑛，张蓬菲，等．Reel-Lay 在铺设海底机械复合管中的应用[J]．石油机械，2018，46(6)：48-51.

[8] 胡知辉，田凯，佟光军．深水 Reel-lay 铺管船与复合管铺设概述[J]．中国海洋平台，2015，30(4)：1-4.

[9] Toguyeni G A，Banse J. Mechanically Lined Pipe：Installation by Reel-Lay[C]．Offshore Technology Conference. Houston：Offshore Technology Conference，2012.

[10] S Riskanda Rajah t，Robertsg，Raov. Fatigue Aspects of CRA Lined Pipe for HP/HT Flowlines[C]．Offshore Technology Conference. Houston：Offshore Technology Conference，2013.

[11] Tkaczyk T，Pepin a，Denniel S. Integrity of Mechanically Lined Pipes Subjected to Multi-Cycle Plastic Bending[C]．ASME 2011 30th International Conference on Ocean，Offshore and Arctic Engineering. Rotterdam：ASME，2011.

[12] Schueller T，Hoffmann R，Ba Nse J，et al. GluBi Pipe-A New Development of A Reelable Lined Pipe[C]．OTC-27710-MS，2017.

[13] 王小安，李华军，叶长青，等．一种橡胶界面结构的双金属复合管及其制造方法：CN110450428A

[P]. 2019-11-15.

[14] 刘恒. 机械设计可靠性分析[J]. 科技经济导刊, 2019(24): 79.

[15] 林冬, 王毅辉, 秦林, 等. 当前管道风险评价中存在的问题及对策[J]. 油气储运, 2014, 33(9): 963-966.

[16] 郑启超, 刘静. 管道风险评价与决策方法研究进展[J]. 云南化工, 2020, 47(8): 15-18.

[17] API RP 1160 Managing System Integrity for Hazardous Liquid Pipelines[S].

[18] ASME B31. 8S Managing System Integrity of Gas Pipelines[S].

[19] SY/T 6859—2012. 油气输送管道风险评价导则[S].

[20] SY/T 6891. 1—2012. 油气管道风险评价方法第 1 部分: 半定量评价法[S].

[21] Q/SY 1180. 2—2014. 管道完整性管理规范第 2 部分: 管道高后果区识别[S].

[22] Q/SY 1180. 3—2014. 管道完整性管理规范第 3 部分: 管道风险评价[S].

[23] 卢泓方, 吴晓南, Tom Iseley, 等. 国外天然气管道检测技术现状及启示[J]. 天然气工业, 2018, 38(2): 103-111.

[24] 沈功田, 王宝轩, 郭锴. 漏磁检测技术的研究与发展现状[J]. 中国特种设备安全, 2017, 33(9): 43-52.

[25] 刘琰, 聂向晖, 周春, 等. 双金属复合管漏磁内检测试验研究[J]. 石油管材与仪器, 2020, 6(3): 30-33.

[26] Herbert W, Thomas M, Gerhard K. Progress in Ultrasonic In-Line Inspection[C]. Tehran: Iran Pipeline Pigging 2016, 2016: 53-58.

[27] 陈鹏, 韩德来, 蔡强富, 等. 电磁超声检测技术的研究进展[J]. 国外电子测量技术, 2012, 31(11): 18-21.

[28] Dubov A A. A Study of Metal Properties Using The Method of Magnetic Memory[J]. Metal Science & Heat Treatment, 1997, 39(9): 401-405.

[29] 王志涛, 韩文礼. 基于直流电位梯度法的滩浅海海底管道外防腐层破损检测技术研究[J]. 表面技术, 2016, 45(11): 134-138.

[30] Bruno Jurisic, Ivo Uglesic, Alain Xemard, at el. High Frequency Transformer Model Derived from Limited Information about The Transformer Geometry[J]. International Journal of Electrical Powerand Energy Systems, 2018, 94: 300-310.

[31] 姚欢, 刘琰, 冯挺. 瞬变电磁法(TEM)在我国石油工业埋地管道检测中的应用[J]. 石化技术, 2016, 1: 130-131.

[32] 王维斌, 董红军, 冯展军, 等. 非开挖 Nopig 检测技术发展现状与应用前景[J]. 油气储运, 2012, 31(3): 161-164.

[33] 李发根, 杨家茂, 冯泉, 等. 在役双金属复合管道失效机制及控制措施分析[J]. 焊管, 2019, 42(9): 64-68.

[34] Batisse D R. Review of Gas Transmission Pipeline Repair Methods[J]. Springer Netherlands, 2008: 335-349.

[35] Tiratsoo J N H. Pipeline Pigging Technology 2nd Edition[M]. USA: Gulf Professional Publishing, 1992: 1-460.

[36] Gregg M, Brown B, Mappin R, at el. Pipeline Internal Corrosion Control Using Inhibition[J]. Corrosion, 2005, 13(1): 243-51.

[37] Hughes E, Cole I S, Muster T H, at el. Designing Green, Self-Healing Coatings for Metal Protection[J]. NPG Asia Materials. 2010, 2(4): 143-151.

［38］Rogalski G，Fydrych D，Łabanowski J. Underwater Wet Repair Welding of API 5L X65M Pipeline Steel ［J］. Polish Maritime Research，2017，24(S1)：188-194.

［39］True W R. Composite Wrap Approved for US Gas Pipeline Repairs［J］. Oil & Gas Journal，1995 (2)：17221.

［40］Junior M. M. Watanabe，Reis J M L.，Mattos H S C. Polymer-Based Composite Repair System for Severely Corroded Circumferential Welds in Steel Pipes［J］. Engineering Failure Analysis，2017，81：135-144.

［41］Stephens R，Kilinski T J. Field Validation of Composite Repair of Gas Transmission Pipelines［R］. Final Report to the Gas Research Institute，Chicago，Illinois，GRI-98/0032，April 1998.

［42］马卫锋，聂海亮，刘冠军，等. 一种引流式夹具及利用其带压堵漏双金属复合管刺漏的方法：CN111237583A［P］. 2020-06-05.